Udo Quak (Hrsg.)
Fundgrube Mathematik

Kostenloses Zusatzangebot für die Käufer der Fundgrube: Kopiervorlagen und Übungsbausteine im Internet

Kopiervorlagen und Übungsbausteine dieser Fundgrube (Symbol:) bieten wir Ihnen als kostenloses Zusatzangebot auch online an.

Sie können diese Übungsbausteine und Kopiervorlagen verändern und Ihren Bedürfnissen anpassen, da diese im Word-Format angelegt sind.

Als Bonus stehen Ihnen online weitere ausgewählte Cornelsen-Materialien für Ihre Unterrichtsvorbereitung kostenfrei zur Verfügung.

Wie finden Sie diese editierbaren Versionen der Übungsbausteine? Rufen Sie einfach die Internetseite www.cornelsen.de/fundgruben auf und geben Sie dort Ihren unten genannten Webcode ein. Sie werden dann unmittelbar zu den Materialien weitergeleitet.

Cornelsen online http://www. cornelsen.de/fundgruben

Ihr Webcode für den Zugriff auf das Material: FGMM221852

Die Autoren

Udo Quak ist ein erfahrener Mathematiklehrer und Mitautor von "Mathemax", dem erfolgreichen Cornelsen-Lehrwerk für die Grundschule. Darüber hinaus schrieb er zahlreiche didaktische Publikationen für das Fach Mathematik.

Dr. Lothar Flade ist Referatsleiter für Lehrerfort- und Weiterbildung im Kultusministerium Sachsen-Anhalt. Er unterrichtete die Fächer Mathematik und Physik am Philanthropium in Dessau und hat später als Mathematik-Didaktiker an der Martin-Luther-Universität Halle/ Wittenberg gearbeitet. Er ist Autor zahlreicher Lehrwerke sowie mathematisch-didaktischer Publikationen.

Dr. Martin Liepach unterrichtet langjährig Mathematik, Informatik und Geschichte an einem Gymnasium in Königstein/Ts. Er ist Autor zahlreicher fachdidaktischer Publikationen für die Fächer Mathematik und Geschichte.

Dr. Hans-Dirk Lenius unterrichtete in den letzten Jahren die Fächer Mathematik und Physik in der Sekundarstufe I und II. Er ist Schulleiter an einer Potsdamer Oberschule und hat an den mathematisch-naturwissenschaftlichen Lehrplänen des Landes Brandenburg mitgearbeitet.

Benno Mohry ist ein erfahrener Mathematiklehrer. Er war lange am Gymnasium tätig und hat umfangreiche Erfahrungen in der Erwachsenenbildung. Nach längeren Lehrtätigkeiten, unter anderem auch im Ausland, unterrichtet er derzeit an einem Studienkolleg in Aachen. Er ist Autor zahlreicher didaktischer Publikationen für das Fach Mathematik.

Dr. Manfred Pruzina ist als Schulrat tätig und hat als Fachlehrer für Mathematik und Physik in der Oberstufe und als Mathematik-Didaktiker an der Martin-Luther-Universität Halle/Wittenberg gearbeitet. Er ist Autor zahlreicher Lehrwerke sowie mathematisch-didaktischer Publikationen und Mitglied des Redaktionskollegiums der Zeitschrift "Mathematik in der Schule".

Roland Zerpies ist ein erfahrener Mathematik- und Physiklehrer sowie Autor zahlreicher Lernhilfen und Nachschlagewerke. Darüber hinaus ist er als Schulpsychologe beratend an einem Gymnasium tätig, koordiniert u. a. Förderprogramme für Hochbegabte und bildet als Seminarleiter Schulpsychologen aus.

Udo Quak (Hrsg.)

Fundgrube Mathematik

[Neue Ausgabe]

Cornelsen
SCRIPTOR

Die in diesem Werk angegebenen Internetadressen haben wir überprüft (Redaktionsschluss: Juni 2006). Dennoch können wir nicht ausschließen, dass unter einer solchen Adresse inzwischen ein ganz anderer Inhalt angeboten wird.

Cornelsen online http://www.cornelsen.de

Bibliografische Information: Die Deutsche Bibliothek verzeichnet diese Publikation in der Deutschen Nationalbbliografie; detaillierte bibliografische Daten sind im Internet über http://dnb.ddb.de abrufbar.

Dieser Band folgt den Regeln der deutschen Rechtschreibung, die von August 2006 an gelten.

8.	7.	6.	5.	4.	Die letzten Ziffern bezeichnen
10	09	08	07	06	Zahl und Jahr der Auflage.

Redaktion: Stefan Giertzsch, Berlin
Satz: Rainer J. Fischer, Berlin
Umschlagentwurf: Simone Büchner, Berlin, unter Verwendung einer Zeichnung von Klaus Puth, Mühlheim
Sachzeichnungen: Stefan Giertzsch und Lennart Fischer, Berlin
Druck und Bindung: Clausen & Bosse, Leck
Printed in Germany
ISBN-13: 978-3-589-22185-1
ISBN-10: 3-589-22185-2

Gedruckt auf säurefreiem Papier,
umweltschonend hergestellt aus chlorfrei gebleichten Faserstoffen.

Inhalt

Vorwort

Ist die Mathematik wirklich eine so elitäre und strenge Wissenschaft, wie viele meinen? Kann der Mathematikunterricht für die Schülerinnen und Schüler nicht auch sehr vergnüglich sein? Ist die Anstrengung des Denkens nicht auch sehr unterhaltend? Was steckt eigentlich hinter den Zahlen und Zeichen? Kann man das Glück mathematisch vorausberechnen? Wo kommt die Mathematik eigentlich her? Was waren, was sind denn das für Menschen, die Mathematiker? Kann das Fach Mathematik auch etwas für das Schulleben tun? Kann man nicht auch mit Mathematik interessante Vertretungsstunden gestalten?

Auf diese und viele andere Fragen will Ihnen der vorliegende Band Antworten geben. Die Autoren haben gesammelt, was sich da und dort an Interessantem für den Mathematikunterricht findet. Sie haben zudem ihren eigenen Erfahrungsschatz daraufhin durchgesehen, ob er Ihnen Anregungen und Ideen liefern kann. Das alles ist in dieser „Fundgrube“ für Sie so aufbereitet, dass Sie es für Ihren Unterricht gut nutzen können.

Sie werden auf den folgenden Seiten viel Material aus Arithmetik, Geometrie und Stochastik finden, mit dem Sie Ihren alltäglichen Unterricht auflockern und bereichern können. Vieles können Sie auch gut für kurzfristig anberaumte Vertretungsstunden einsetzen. Mit manchem Problem, das auf den ersten Blick gar nicht mathematisch aussieht, können Sie sich als neue Lehrerin oder neuer Lehrer einer Klasse vorstellen. Mit Rätseln, Denkaufgaben und Knobeleien, mit seltsamen Zahlenphänomenen und mit vertrackten geometrischen Fragen können Sie eine Phase angestrengter Arbeit unterbrechen, eine besondere Leistung Ihrer Klasse belohnen oder die letzte Stunde vor den Ferien gestalten.

Sie finden Erläuterungen und historische Anmerkungen zu den Zahlen, den Zeichen und Wörtern, die in der Mathematik gebraucht werden, aber auch Material zu Alltagsproblemen aus mathematischer Sicht. Sie können mit Ihren Schülerinnen und Schülern den mathematischen Hintergrund von Wetten und Glücksspielen erarbeiten und sie verblüffende Entdeckungen zur Wahrscheinlichkeit machen lassen.

Vieles wird als Beispiel verstanden und vorgestellt, das Sie dazu verführen soll, einen ähnlichen Weg zu gehen oder nach anderen Möglichkeiten zu suchen. Dazu finden Sie vielerlei Historisches, Anekdotisches, Vergnügliches und sogar Poetisches zur Mathematik und zu den Mathematikern, das der Auflockerung und Abwechslung im fachunterrichtlichen Alltag dienen kann.

Anregungen zur Unterrichtsgestaltung werden ergänzt durch bewährte Tipps aus den Erfahrungen der Autoren, die Sie als Mathematiklehrer über den reinen Fachunterricht hinaus für Ihre Schule und das Schulleben nutzen können.
Wo es möglich war, ist der jeweiligen Aufgabenstellung, dem Rätsel oder der Knobelei auch immer eine Lösung beigegeben. Allgemeine Darstellungen oder kleine Beweisführungen sind der schnellen Lesbarkeit und Übersichtlichkeit wegen bewusst kurz und einfach gehalten.
Das Material dieser „Fundgrube“ ist für den Mathematikunterricht in der Sekundarstufe I aller drei Schulformen vorgesehen. Einiges, vor allem aus dem Bereich der Stochastik, kann auch in der Sekundarstufe II eingesetzt und dort zu weiterführenden Überlegungen genutzt werden. Wo es möglich und sinnvoll war, wurde jeweils ein Hinweis für den Einsatz in Schulform und Schuljahrgang gegeben. Dabei stehen die Großbuchstaben für den Schultyp, ergänzt um die vorgeschlagenen altersgemäßen Jahrgangsangaben (z. B.: H, R, G 5–8, das bedeutet: Hauptschule und Realschule und Gymnasium Klassen 5 bis 8). Bei differenziertem Einsatz der Aufgaben wurden die Angaben aufgeschlüsselt (z. B.: H 8; R, G 7 +, das bedeutet: Hauptschule Klasse 8 oder Realschule und Gymnasium Klasse 7 aufwärts). Dieser Hinweis soll Ihnen einen schnellen Zugriff ermöglichen, er ist aber nur als Vorschlag gedacht und kann natürlich je nachdem, wie Sie Ihre Lerngruppe einschätzen, geändert werden.
Allen Autoren, die für diese „Fundgrube“ Texte zur Verfügung gestellt haben, sowie allen Mitarbeiterinnen und Mitarbeitern des Verlages, die das Zustandekommen des Bandes so hilfreich befördert haben, danke ich.
Wenn in diesem Buch von Schülerinnen oder von Schülern, von Lehrerinnen oder von Lehrern gesprochen wird, ist immer jeweils das andere Geschlecht mitgemeint.

Udo Quak

1 Das alles ist Mathematik

1.1 Zahlen – Zahlen – Zahlen

1.1.1 Wunderbare Zahlenwelt

A Primzahlen H 7; R 6–7; G 6

Die Ermittlung der Primzahlen im Bereich der natürlichen Zahlen etwa bis 200 ist eine nicht sonderlich originelle, aber ganz nützliche Kopfrechenübung. Das bekannte **Sieb des Eratosthenes** (um 284 bis ca. 200 v. Chr.) kann dabei schnelle Hilfe leisten:

~~1~~	2	3	~~4~~	5	~~6~~	7	~~8~~	~~9~~	~~10~~
11	~~12~~	13	~~14~~	~~15~~	~~16~~	17	~~18~~	19	~~20~~
~~21~~	~~22~~	23	~~24~~	~~25~~	~~26~~	~~27~~	~~28~~	29	~~30~~
31	~~32~~	~~33~~	~~34~~	~~35~~	~~36~~	37	~~38~~	~~39~~	~~40~~
41	~~42~~	43	~~44~~	~~45~~	~~46~~	47	~~48~~	~~49~~	~~50~~
~~51~~	~~52~~	53	~~54~~	~~55~~	~~56~~	~~57~~	~~58~~	59	~~60~~
61	~~62~~	~~63~~	~~64~~	~~65~~	~~66~~	67	~~68~~	~~69~~	~~70~~
71	~~72~~	73	~~74~~	~~75~~	~~76~~	~~77~~	~~78~~	79	~~80~~

Zur Erinnerung: Man streicht zuerst die 1, die ja keine Primzahl ist. (Eine Primzahl hat genau zwei Teiler, nämlich 1 *und* sich selbst.) Dann markiert man jeweils die nächste nicht gestrichene Zahl und streicht deren Vielfache. Nun kann man von den Schülerinnen und Schülern untersuchen lassen:

- Wie viele Primzahlen gibt es im ersten, im zweiten Hundert?
- Wie viele **Primzahlzwillinge** (Primzahlzwillinge sind Primzahlen, die durch nur *eine* gerade Zahl getrennt sind, z.B. 5, 7 oder 11, 13 oder 17, 19) findet man im ersten Hundert, im zweiten Hundert?
- Gibt es auch **Primzahldrillinge**?

Auf einer vorbereiteten Folie oder einem Arbeitsblatt, die die Primzahlen z.B. bis 1 000 zeigen, kann man diese Untersuchung fortsetzen.

Von den natürlichen Zahlen zwischen 1 und 10 000 000 sind 664 579 Primzahlen. Die **größte bekannte Primzahl** (vor Drucklegung) wurde im Jahre

2006 durch die beiden amerikanischen Professoren Curtis Cooper und Steven Boone ermittelt. Sie heißt $2^{30402457}$–1 und hat über 9,15 Millionen Stellen. Wenn man sie aufschreiben will (30 Stellen pro Zeile und 30 Zeilen pro Seite), braucht man etwas mehr als 10 160 DIN-A4-Seiten.
Dass die Verteilung der Primzahlen überproportional sinkt, je weiter man in der Reihe der natürlichen Zahlen vorwärts kommt, zeigt diese Übersicht:

bis 10	4 Primzahlen	(40 %)
bis 100	25 Primzahlen	(25 %)
bis 1 000	168 Primzahlen	(16,8 %)
bis 10 000 000	664 579 Primzahlen	(6,65 %)
bis 1 000 000 000	50 847 534 Primzahlen	(5,08 %)
bis 10 000 000 000	455 052 512 Primzahlen	(4,55 %)

Schon der griechische Mathematiker Euklid (365–300 v. Chr.) hat herausgefunden, dass es unendlich viele Primzahlen gibt. Der Beweis ist ziemlich einfach: Die beiden aufeinanderfolgenden natürlichen Zahlen n und $n + 1$ sind teilerfremd. Ist die Anzahl der Primzahlen endlich ($p_1, p_2, p_3, \ldots$ pk), dann gibt es eine natürliche Zahl, die sich aus diesen **Primfaktoren** zusammensetzt, nämlich $n = p_1 \cdot p_2 \cdot p_3 \cdot \ldots \cdot$ pk. Kein Primfaktor $p_1, p_2, p_3 \ldots$ pk dieser Zahl kann dann aber Teiler der Zahl $n + 1$ sein. Da andere Primzahlen ausgeschlossen sind, muss $n + 1$ eine Primzahl sein. Dann ist aber die Anzahl der Primzahlen nicht endlich, sondern unendlich.

R, G 7

Es scheint, dass sich jede gerade Zahl ab 4 als Summe zweier Primzahlen (**Goldbach'sche Vermutung** – Christian Goldbach, 1690–1764) darstellen lässt, z. B.: 24 = 11 + 13.
Bisher ist das mit jeder geraden Zahl, mit der man es probiert hat, außer der 2 gelungen. Ob es aber immer funktioniert, ob diese Behauptung also allgemein gültig ist, konnte bisher nicht bewiesen werden. Jede ungerade Zahl, die größer als 5 ist, lässt sich als Summe dreier Primzahlen schreiben, z. B.:

$7 = 2 + 2 + 3, \; 45 = 29 + 13 + 3.$

Dies wurde 1937 von dem russischen Mathematiker I. M. Winogradow auch bewiesen. Im Unterricht können die Schülerinnen und Schüler zunächst durch eigenes Ausprobieren diese Behauptungen prüfen, bevor man ihnen die oben gegebenen Informationen mitteilt.

R 7; G 6–7

Interessant ist auch die folgende Aufgabe:

Wenn man in den Term $n^2 + n + 41$ für n eine natürliche Zahl einsetzt, erhält man eine Primzahl, also z. B. für $n = 4$

$4^2 + 4 + 41 = 16 + 4 + 41 = 61$ – und 61 ist eine Primzahl.

Ist das immer so? Gilt das für jede natürliche Zahl? Ergibt die Summe $n^2 + n + 41$ immer eine Primzahl? Wenn man hier versucht, einen Beweis über die vollständige Induktion zu führen (also verkürzt: was für n gilt, gilt auch für $n + 1$), hat man schnell eine Bauchlandung gemacht. Die Gleichung $n^2 + n + 41 = p$ gilt nur für die Zahlen von $n = 1$ bis einschließlich $n = 39$. Wenn man 40 einsetzt, erhält man eine teilbare Zahl, also keine Primzahl. Die Gleichung ist folglich nicht allgemein gültig. Lassen Sie Ihre Schülerinnen und Schüler einmal probieren.

B Quadratzahlen

R, G 7

Auch die Quadratzahlen, also die Quadrate n^2 der natürlichen Zahlen n, sind sehr reizvoll. So lässt sich jede Quadratzahl als Summe der entsprechenden Anzahl ungerader Zahlen darstellen:

$$1 = 1^2$$
$$1 + 3 = 2^2$$
$$1 + 3 + 5 = 3^2$$
$$1 + 3 + 5 + 7 = 4^2.$$

Der Beweis, dass das immer gilt, ist ziemlich einfach:
Es wird behauptet:

$$1 + 3 + 5 + \ldots + (2n - 1) = n^2.$$

Die nächste ungerade Zahl heißt $2n + 1$. Wenn man sie in der Gleichung auf beiden Seiten addiert, erhält man:

$$1 + 3 + 5 + \ldots + (2n - 1) + (2n + 1) = n^2 + 2n + 1, \text{ also}$$
$$1 + 3 + 5 + \ldots + (2n - 1) + (2n + 1) = (n + 1)^2.$$

R 7–8; G 7–8, 10

Von eigentümlichem Reiz ist auch die Darstellung der Quadrate der ungeraden natürlichen Zahlen mit Hilfe des **8er-Einmaleins**:

$$\begin{array}{rcrcl l}
1^2 = & 1 = & 0 \cdot 8 + 1 & & \\
 & & & \} & 1\,(1 - 0) \\
3^2 = & 9 = & 1 \cdot 8 + 1 & & \\
 & & & \} & 2\,(3 - 1) \\
5^2 = & 25 = & 3 \cdot 8 + 1 & & \\
 & & & \} & 3\,(6 - 3) \\
7^2 = & 49 = & 6 \cdot 8 + 1 & & \\
 & & & \} & 4\,(10 - 6) \\
9^2 = & 81 = & 10 \cdot 8 + 1 & & \\
 & & & \} & 5\,(15 - 10) \\
11^2 = & 121 = & 15 \cdot 8 + 1 & & \qquad \text{usw.}
\end{array}$$

Wenn man die Reihe weiterführt, wird man bestätigt finden, was die ersten Glieder schon vermuten lassen: Die Differenzen der ersten Faktoren wachsen immer um eins und bilden schließlich die Menge der natürlichen Zahlen. Man gebe hier die ersten zwei oder drei Beispiele vor und lasse dann die Schülerinnen und Schüler die Gesetzmäßigkeiten selbst finden. Im Jahrgang 10 kann auch die allgemeine Formel von den Schülerinnen und Schülern selbst, eventuell in Partnerarbeit oder in gemeinsamer Überlegung der ganzen Lerngruppe, gefunden werden. Sie lautet:
In N_0 ist $2n + 1$ eine ungerade Zahl, dann gilt:
$(2n + 1)^2 = 4n^2 + 4n + 1 = 4n\,(n + 1) + 1.$

Im Produkt $4n \cdot (n + 1)$ stecken die beiden aufeinanderfolgenden Zahlen n und $n + 1$. Eine der beiden Zahlen muss aber gerade, also durch 2 teilbar, sein. Dann ist aber das ganze Produkt ein Vielfaches von 8.

R, G 7

Ein anderes Beispiel stellt eine Beziehung zwischen den natürlichen Zahlen und ihren Quadraten und den geraden Zahlen her. Die Summe aus einer natürlichen Zahl und ihrem Quadrat ergibt, auch wenn man die Ordnung der natürlichen Zahlen einhält, zunächst ganz normal scheinende Summenwerte. Erst wenn man die Abstände zwischen den Summenwerten untersucht, stellt man fest, dass sich hier die Reihe der geraden Zahlen entwickelt. Die Abstände wachsen in der Reihenfolge der geraden Zahlen:

$0 + 0^2 = 0 + 0 = 0$	
	2
$1 + 1^2 = 1 + 1 = 2$	
	4
$2 + 2^2 = 2 + 4 = 6$	
	6
$3 + 3^2 = 3 + 9 = 12$	
	8
$4 + 4^2 = 4 + 16 = 20$	
	10
$5 + 5^2 = 5 + 25 = 30$	
	12
$6 + 6^2 = 6 + 36 = 42$	usw.

R, G 8–9

Die Quadratzahlen kann man aber auch noch folgendermaßen als Summen schreiben:

$$1^2 = 1 = 1^2$$
$$2^2 = 4 = 3 + 1 = 3 + 1^2$$
$$3^2 = 9 = 5 + 4 = 5 + 2^2$$
$$4^2 = 16 = 7 + 9 = 7 + 3^2$$
$$5^2 = 25 = 9 + 16 = 9 + 4^2 = \mathbf{3^2 + 4^2}$$
$$6^2 = 36 = 11 + 25 = 11 + 5^2 \text{ usw.}$$

Das kann in gleicher Weise weitergeführt werden. Von besonderer Bedeutung ist die vorletzte Zeile. Hier erhalten wir mit $3^2 + 4^2 = 5^2$ besondere Zahlen: die **pythagoreischen Zahlen** 3, 4 und 5.

Pythagoreische Zahlen sind Zahlentripel, die den Pythagorassatz erfüllen und ausschließlich aus natürlichen Zahlen bestehen. Die bekanntesten und auch geläufigsten pythagoreischen Zahlen, die schon die alten Ägypter zur einfachen Darstellung des **rechten Winkels** im Bauwesen benutzten, sind die schon oben genannten natürlichen Zahlen 3, 4, 5. Denn es gilt für die Seitenlängen eines rechtwinkligen Dreiecks nach dem bekannten Satz des Pythagoras:

$$3^2 + 4^2 = 5^2.$$

Andere Zahlentripel dieser Art sind z. B. 5, 12, 13 oder 16, 30, 34.

Mit einem einfachen Rezept kann man sich solche pythagoreischen Zahlen schnell selbst herstellen:

Man nehme zwei teilerfremde Zahlen und bilde ihre Quadratzahl. Das Zweifache des Produkts der beiden Zahlen, die Summe der beiden Quadratzahlen und die positive Differenz der beiden Quadratzahlen ergeben – richtig geordnet – ein entsprechendes Zahlentripel pythagoreischer Zahlen.

Beispiel:

$a = 5$ $b = 6$ $a^2 = 25$ $b^2 = 36$

1. pythagoreische Zahl: $36 - 25 = 11$
2. pythagoreische Zahl: $2 \cdot 5 \cdot 6 = 60$
3. pythagoreische Zahl: $25 + 36 = 61$

Die Gleichung $11^2 + 60^2 = 61^2$ muss also stimmen, und das tut sie.

C Vollkommene Zahlen G 6–7

Wenn man zu allen echten Teilern einer Zahl die 1 addiert und auf diese Weise die Zahl selbst erhält, nennt man sie eine **vollkommene Zahl**.
6 hat die echten Teiler 2 und 3, das ergibt: $1 + 2 + 3 = 6$.
Die nächste vollkommene Zahl heißt 28, denn es gilt: $1 + 2 + 4 + 7 + 14 = 28$.
Wenn man die schon von Euklid gefundene Formel für die Bildung vollkommener Zahlen

$V = 2^{n-1} \cdot (2^n - 1)$ [Bedingung: $(2^n - 1)$ muss eine Primzahl sein.]

benutzt, wird man schnell feststellen, dass die vollkommenen Zahlen innerhalb der natürlichen Zahlen sehr dünn gestreut sind. Dazu kommt, dass es hier u. a. noch zwei offene Probleme gibt: Man hat bisher noch keine vollkommene Zahl gefunden, die ungerade ist, und man weiß nicht, ob es unendlich viele vollkommene Zahlen gibt.

D Befreundete Zahlen R, G 6–7

Zwei Zahlen a und b nennt man befreundete Zahlen, wenn die Summe der echten Teiler von a und 1 die Zahl b ergibt und die Summe der echten Teiler von b und 1 die Zahl a ergibt.

Beispiel:

284 und 220

$T_{220} = \{1, 2, 4, 5, 10, 11, 20, 22, 44, 55, 110, 220\}$

also: $1 + 2 + 4 + 5 + 10 + 11 + 20 + 22 + 44 + 55 + 110 = 284$

$T_{284} = \{1, 2, 4, 71, 142, 284\}$

also: $1 + 2 + 4 + 71 + 142 = 220$.

Zwei andere befreundete Zahlen sind 1 184 und 1 210. Ein anderes Paar befreundeter Zahlen heißt 17 296 und 18 416. Das kann man gegebenenfalls nachrechnen, wenn auch mit etwas Mühe und Aufwand. Die nächsten Paare befreundeter Zahlen sind sehr viel größer, da ist das Nachprüfen schon schwieriger.
Insgesamt hat man bisher mehr als 12 000 solcher Paare befreundeter Zahlen gefunden.

E Fibonacci-Zahlen

R, G 8–9

Der italienische Mathematiker Leonardo Fibonacci (etwa 1180–1250) hat durch Addition, die nach der Vorschrift

$a_n = a_{n-1} + a_{n-2}$

durchgeführt wird, und aus den Ausgangszahlen 0 und 1 diese Folge von Zahlen entwickelt:

$0 + 1 = 1$
$1 + 1 = 2$
$1 + 2 = 3$
$2 + 3 = 5$
$3 + 5 = 8$
$5 + 8 = 13$ usw.

oder als Folge geschrieben:

1, 1, 2, 3, 5, 8, 13, 21, 34, 55, 89, 144, 233, 377, 610, 987, …

Wenn man die Quadrate zweier benachbarter Fibonacci-Zahlen addiert, erhält man wieder eine Fibonacci-Zahl. Zugleich gibt die Summe der zugeordneten Ordnungszahlen an, an welcher Stelle der Folge die neue Fibonacci-Zahl steht, z. B.:

$8^2 + 13^2 = 64 + 169 = 233.$

Also: Die Summe der Quadrate der 6. und der 7. Fibonacci-Zahl ergibt die 13. Fibonacci-Zahl.

Es wird erzählt, dass Fibonacci damit die Vermehrung von Kaninchenpärchen (Geschlechtsreife jeweils zwei Monate nach der Geburt) berechnen ließ. (Siehe auch: Enzensberger, H. M.: *Der Zahlenteufel.* München 1997, S. 108 ff.)

F Von der Abzählbarkeit der Zahlen

R, G 7

Die Menge der natürlichen Zahlen kann man abzählen, weil zu jeder beliebigen Zahl n noch eine nachfolgende Zahl n + 1, der Nachfolger, gebildet werden kann. Die Reihe der natürlichen Zahlen ist damit unendlich lang, aber eben doch abzählbar. Man kann das auch leicht durch ein kleines Spiel darstellen:

Zwei Spieler nennen abwechselnd eine natürliche Zahl. Gewonnen hat, wer zuletzt die größte Zahl genannt hat. Man wird schnell feststellen, dass dieses Spiel absurd ist, weil zu jeder Zahl, die Spieler A nennt, Spieler B immer eine größere Zahl sagen kann.

Abzählen kann man in diesem Sinne aber auch andere Zahlenmengen. Immer wenn es gelingt, eine unendliche Zahlenmenge so zu ordnen, dass sie der Reihe der natürlichen Zahlen eindeutig (umkehrbar eindeutig) zugeordnet werden kann, dann ist diese Zahlenmenge abzählbar. Das gilt z. B. für die folgenden Zahlenmengen:

– die Stammbrüche: … $\frac{1}{1}, \frac{1}{2}, \frac{1}{3}, \frac{1}{4}, \frac{1}{5}$ …

- die Primzahlen: 2, 3, 5, 7, 11, 13, 17, 19, 23, 29, 31, 37, ...
- die ganzen Zahlen: +1, −1, +2, −2, +3, −3, +4, −4, ...
- die Quadratzahlen: 1, 4, 9, 16, 25, 36, 49, ...

Den Schülerinnen und Schülern kann man dieses Phänomen der Abzählbarkeit durch entsprechende **Strichzuordnungen** zwischen der zu untersuchenden Zahlenmenge und der Menge der natürlichen Zahlen anschaulich machen. Noch ein anderes wichtiges und interessantes Phänomen kann man an diesen Zahlenmengen zeigen. Im Bereich der unendlichen Zahlenmengen ist die Anzahl der Elemente einer echten Teilmenge genauso groß wie die Anzahl der Elemente der dazugehörigen Obermenge. Also: Obwohl die Menge der Primzahlen **P** eine echte Teilmenge der Menge der natürlichen Zahlen **N** ist, hat **P** genauso viele Elemente wie **N**: $|\mathbf{P}| = |\mathbf{N}|$ obwohl gilt $\mathbf{P} \subset \mathbf{N}$.
Für die Mengen mit einer endlichen Anzahl von Elementen gilt dies nicht.

1.1.2 Zaubereien mit Zahlen

A Das Geheimnis der Zahlentürme

H 8; R 6–7

Mit Zahlen aus auf- und absteigenden Ziffernfolgen lassen sich einige schöne Multiplikationssäulen bauen. Durch multiplikative und additive Verknüpfungen ergeben sich gleichziffrige Ergebnisse.

$0 \cdot 9 + 1 = 1$	$0 \cdot 9 + 8 = 8$
$1 \cdot 9 + 2 = 11$	$9 \cdot 9 + 7 = 88$
$12 \cdot 9 + 3 = 111$	$98 \cdot 9 + 6 = 888$
$123 \cdot 9 + 4 = 1\,111$	$987 \cdot 9 + 5 = 8\,888$
$1\,234 \cdot 9 + 5 = 11\,111$	$9\,876 \cdot 9 + 4 = 88\,888$
$12\,345 \cdot 9 + 6 = 111\,111$	$98\,765 \cdot 9 + 3 = 888\,888$
$123\,456 \cdot 9 + 7 = 1\,111\,111$	$987\,654 \cdot 9 + 2 = 8\,888\,888$
$1\,234\,567 \cdot 9 + 8 = 11\,111\,111$	$9\,876\,543 \cdot 9 + 1 = 88\,888\,888$
$12\,345\,678 \cdot 9 + 9 = 111\,111\,111$	$98\,765\,432 \cdot 9 + 0 = 888\,888\,888$
$123\,456\,789 \cdot 9 + 10 = 1\,111\,111\,111$	$987\,654\,321 \cdot 9 - 1 = 8\,888\,888\,888$

Die schöne Eigentümlichkeit der Zahlentürme ist auf die Kombination multiplikativer und additiver Funktionen der „Repunitzahlen" zurückzuführen. Eine Repunitzahl (RUZ) (unitas = Einheit) besteht aus lauter Einsen.
RUZs $= 10^0 + 10^1 + 10^2 + \ldots + 10^{s-1} = (10^s - 1) : 9$.
(Weiterführende Literatur: Devendran, Thiagar, (Hrsg.): *Neues aus dem mathematischen Kabinett*. München 1985, S. 75–83.)

H 7; R 5–6; G 5

Nun soll noch die Frage beantwortet werden, welche der beiden Zahlengruppen aus auf- und absteigenden Ziffernfolgen von 1 bis 9 bei der Addition jeweils in einer Spalte untereinanderstehend die größere Summe ergibt: die linke oder die rechte?

9 8 7 6 5 4 3 2 1	1 2 3 4 5 6 7 8 9
8 7 6 5 4 3 2 1	1 2 3 4 5 6 7 8
7 6 5 4 3 2 1	1 2 3 4 5 6 7
6 5 4 3 2 1	1 2 3 4 5 6
5 4 3 2 1	1 2 3 4 5
4 3 2 1	1 2 3 4
3 2 1	1 2 3
2 1	1 2
1	1

Das Ergebnis überrascht, beide Zahlengruppen ergeben nämlich die gleiche Summe: 1 083 676 269. Wer es nicht glaubt, der rechne nach.

B Eine ausdauernde Zahl: 142 857 H 8; R, G 7

Wenn man 1 000 000 durch 7 teilt und den Rest unberücksichtigt lässt, so erhält man 142 857. Diese Zahl kommt als Periode der Dezimalbruchentwicklung von $\frac{1}{7}$ vor: $\frac{1}{7} = 0,142\,857\,142\,857\,142\ldots$ ist der erste Dezimalbruch, der eine Periode maximaler Länge besitzt, das heißt, dass die Länge der Periode um genau eins kleiner ist als die Zahl selbst. 142 857 die ausdauerndste aller Zahlen! Auch wenn man sie mit einer anderen Zahl multipliziert, die Ziffernreihenfolge erscheint immer wieder! Multipliziert man eine beliebige Zahl etwa mit 2, z.B. 256 479 · 2, so erhält man als Ergebnis eine Zahl mit ganz anderen Ziffern, nämlich 512 958. Rechnet man aber 142 857 · 2, so ergibt sich 285 714 und man sieht, dass nicht nur die sechs Ziffern der Zahl wieder erscheinen, sondern dass sie auch in derselben Reihe aufeinanderfolgen.

$142\,857 \cdot 1 = 142\,857$
$142\,857 \cdot 2 = 285\,714$
$142\,857 \cdot 3 = 428\,571$
$142\,857 \cdot 4 = 571\,428$
$142\,857 \cdot 5 = 714\,285$
$142\,857 \cdot 6 = 857\,142$

Immer wieder erscheinen also die Ziffern der Ausgangszahl 142 857 in der gleichen Abfolge, allerdings immer anders geordnet. Als kleine Denkstütze kann man sich Folgendes merken: Multipliziert man mit 2, beginnt das Ergebnis mit der zweitniedrigsten Ziffer der Zahl, multipliziert man mit 3, so beginnt das Ergebnis mit der drittniedrigsten Ziffer usw.

Die Zahl eignet sich bestens für manches Kabinettstück.

Schreiben Sie die Zahl 142 857 derart an die Tafel, als sei sie eine mit ganz willkürlich gewählten Ziffern gewählte Zahl. Nun fordern Sie jemanden auf, mit einem Würfel eine Augenzahl zu würfeln und Ihnen diese mitzuteilen. Sofort sind Sie in der Lage, das Ergebnis der Multiplikation an die Tafel zu schreiben. Selbstverständlich können Sie ebenfalls die Quersumme aller Ergebnisse sofort nennen. Sie beträgt natürlich immer 27. Für die Multiplikation mit der 7 ergibt sich: $142\,857 \cdot 7 = 999\,999$. Es gibt noch eine weitere Beziehung zwischen 142 857 und 9. Hierzu spalte man die sechsstellige Zahl 142 857 in zwei Dreiergruppen auf und addiere: $142 + 857 = 999$.
Die Multiplikation der Ausgangszahl lässt sich auch mit Zahlen über den Wert 7 hinaus fortsetzen. Der Trick besteht darin, dass man feststellt, wie oft die 7 darin enthalten ist und welcher Rest bleibt: 16 ist z.B. $2 \cdot 7 + 2$. Deshalb beginnt das Ergebnis auch mit der zusätzlichen 2! Die Restzahl wiederum gibt an, wie die Zahl dann weitergeht, in diesem Fall nämlich wie bei der Multiplikation mit der 2. Und schließlich muss noch die zusätzlich geschriebene Zahl hinten wieder abgezogen werden.

$16 \cdot 142\,857 = 2\,285\,712$
$16 = 2 \cdot 7 + 2$
$(4 - 2 = 2)$

$34 \cdot 142\,857 = 4\,857\,138$
$34 = 4 \cdot 7 + 6$
$(42 - 4 = 38)$

Wenn Sie nunmehr auch die Multiplikation über den Bereich 2 bis 7 beherrschen, können Sie den Rechentrick überzeugender gestalten, indem Sie den Multiplikator mit zwei oder drei Würfeln ermitteln lassen.

R, G 7

Ein anderes interessantes Beispiel ist die Multiplikation von 142 857 mit sich selbst. $142\,857^2 = 20\,408\,122\,449$. Zerlegt man diese Zahl von rechts beginnend in zwei Gruppen mit jeweils sechs Ziffern und addiert man diese, so erhält man:

$122\,449 + 020\,408 = 142\,857$.

C Eine sehr hilfreiche Zahl: 12 345 679

H 6–7; R 5–6; G 5

Schreiben Sie die Ziffer 4 so gern? Dann nehmen Sie doch einfach die Zahl 12 345 679 und multiplizieren diese mit 36! Das Ergebnis beträgt 444 444 444. Wollen Sie etwa mehrfach die Ziffer 6 erhalten? Nichts leichter als das. Auch hier hilft die Zahl 12 345 679 weiter. Multiplizieren Sie diesen Wert mit 54 und Sie erhalten 666 666 666. Sie können auch die anderen neunstelligen Zahlen mit gleichen Ziffern erzeugen. Man lässt die Zahl immer mit dem 9fachen der gewünschten Ziffer multiplizieren. Soll 777 777 777 erscheinen, so ist zu rechnen $12\,345\,679 \cdot 63$.

Wie leicht zu erkennen ist, fehlt in der Zahl die Ziffer 8. Multiplizieren Sie die Zahl jedoch mit der fehlenden 8, so erhalten Sie 98 765 432. Allerdings fehlt jetzt die 1.
Und noch ein eigentümliches Ergebnis: Wenn man eine gleich bleibende Dreiergruppe von Zahlen haben möchte, muss man diese hilfreiche Zahl mit einem Vielfachen von 3, das aber nicht zugleich auch Vielfaches von 9 sein darf, multiplizieren:

$12\,345\,679 \cdot 15 = 185\,185\,185.$

Lassen Sie Ihre Schülerinnen und Schüler probieren.

D Spiegelzahlen

H 5–7; R, G 5

Spiegelzahlen oder **Zahlenpalindrome** sind Zahlen, die sich wie Anna oder Otto vorwärts und rückwärts lesen lassen. Solche Spiegelzahlen kann man durch schriftliches Addieren aus beliebigen Zahlen herstellen. Man gibt eine Zahl, z. B. 23 504 vor und addiert so lange die jeweils umgekehrte Ziffernfolge dazu, bis eine Spiegelzahl erscheint. Manchmal geht das schnell, manchmal muss man auch länger rechnen:

23 504	64 036	127 082	407 803
+ 40 532	+ 63 046	+ 280 721	+ 308 704
64 036	127 082	407 803	716 507

716 507	1 422 124
+ 705 617	+ 4 212 241
1 422 124	**5 634 365**

Das Errechnen von Spiegelzahlen ist eine gute Möglichkeit, im 5. Schuljahrgang etwa das schriftliche Addieren noch einmal wiederholend üben zu lassen.
Spiegelzahlen ergeben sich auch, wenn man bestimmte Multiplikationen mit Zahlen aus der Ziffer 1 durchführt:

$1 \cdot 1 = 1$

$11 \cdot 11 = 121$

$111 \cdot 111 = 12\,321$

$1\,111 \cdot 1\,111 = 1\,234\,321$ usw.

Bis zu der Zahl 111 111 111 ergeben sich bei dieser Multiplikation wunderschöne Spiegelzahlen. Danach sehen die Zahlen dann etwas anders aus. Man sollte es probieren (lassen!).

1.2 Rechnen und Raten

1.2.1 Der Abakus

H 9; R, G 7–9

Der Abakus wurde in der Antike als Hilfsmittel zum Zählen und Rechnen benutzt. Das griechische Wort ábax (lateinisch: *abacus*) bedeutet ursprünglich Tablett, Tisch oder Tafel und ist wahrscheinlich aus dem phönizischen Wort *abaq* für Sand abgeleitet. Die Phönizierer zogen Rillen in den Sand, in denen Kiesel oder Muscheln zum Rechnen verschoben wurden.
Bei den Römern wurden mit *abacus* Spieltische, Buffets oder Anrichten, später aber vor allem Rechenbretter bezeichnet. Am weitesten verbreitet waren im klassischen Altertum die Münztafeln. Auf ihnen wurden die Zahlen durch kleine Steine, Münzen oder Rechensteine dargestellt.
Auf dem römischen Abakus stand jede Spalte für eine Zehnerpotenz. Man begann von rechts mit den Einern. Eine Zahl wurde dadurch dargestellt, dass in jeder Reihe die Anzahl der jeweiligen Einheiten durch entsprechend viele Steinchen oder Münzen ausgedrückt wurde.

Beispiel: 2 061 421

10^6 **M**	10^5 **C**	10^4 **X**	10^3 **M**	10^2 **C**	10^1 **X**	1 **I**
• •		• • • • • •	•	• • • •	• •	•
2	0	6	1	4	2	1

Man kannte und benutzte also in der Antike und auch im Mittelalter das Prinzip der Dezimalstellen. Es wurde aber nur auf dem Rechenbrett, nicht entsprechend in der Schrift angewandt. Das errechnete Ergebnis wurde vielmehr in römische Ziffern übertragen.
Eine weiterentwickelte Version setzte sich später durch. Man gliederte die Spalten nunmehr in zwei Teile. Die Steine oder Münzen im unteren Teil standen für die jeweilige Einheit, die im oberen Teil für die Hälfte der nächsthöheren Ordnung.
Gerechnet wurde, indem die Steine oder Münzen nach bestimmten Regeln hinzugefügt, weggenommen oder innerhalb der Spalten verschoben wurden.
Bei der **Addition** wurden die zu addierenden Zahlen in ihrer Darstellungsform zunächst auf das Brett gelegt und anschließend in die nächste ranghöhere Spalte verschoben, wenn in der vorausgehenden Spalte mehr als zehn

(bzw. fünf) Steine lagen. Bei der **Subtraktion** wurden die Steine entsprechend weggenommen. Bei einer **Multiplikation** wurden die Multiplikanden zunächst auf den Rechentisch gelegt und anschließend die Teilprodukte addiert: $620 \cdot 52 = 50 \cdot 600 + 2 \cdot 600 + 50 \cdot 20 + 2 \cdot 20 = 32\,240$.

Beispiel: 2 046 826

10^6	10^5	10^4	10^3	10^2	10^1	1
M	C	X	• M	• C	X	• I
• •		• • • •	•	• • •	• •	•
2	0	4	6	8	2	6

Spätestens im 1. Jahrhundert n. Chr. setzte sich eine weitere Verbesserung des Abakus durch. Die nunmehr handlichen Geräte waren die ersten „Taschenrechner" in der Menschheitsgeschichte. Sie bestanden aus einer kleinen Metallplatte, in der sich eine bestimmte Anzahl paralleler Schlitze befand, in denen Kugeln hin und her gleiten konnten. Von den Römern wurden diese Kugeln auch *calculi* genannt. In die Kunst des Rechnens mit dem Abakus wurden junge Leute durch einen Rechenmeister, den *calculator*, eingewiesen. Die Vor- und Nachteile des Abacus treten offen zutage. Während Addition und Subtraktion relativ einfach durchzuführen waren, setzten komplizierte Operationen eine gewisse Rechenfertigkeit und längere Ausbildung und Erfahrung voraus. In der Renaissance stritten sich die **Abakisten**, die Anhänger des Rechenbretts, mit den **Algoristen**, den Verfechtern der schriftlichen Rechnung mit den arabischen Zahlen, darüber, welche Methode effektiver sei. So ist in einem Buch des englischen Mathematikers Robert Recorde (1510–1558), dem Leibarzt der englischen Königin Maria Tudor, der Kampf zwischen Abakisten und Algoristen in einem Holzschnitt abgebildet. Die Arithmetik, dargestellt durch eine zwischen zwei Rechenmeistern aufrecht stehende Frau, scheint die Auseinandersetzung entschieden zu haben. Sie blickt nämlich in Richtung des arabische Zahlen verwendenden Rechners; auch ihr Gewand ist mit arabischen Zahlen bedeckt. Die arabischen Ziffern verdrängten jedoch nur ganz langsam das Rechenbrett und die römischen Ziffern. Vielfach machten sich sogar Widerstände gegen die neue Schreibweise breit. Im Jahr 1299 erließ der Rat von Florenz, wohl aus Angst vor Fälschungen, eine Verordnung, die das Schreiben der Zahlen in den neuen Ziffern verbot. In einem venezianischen Werk über die Buchführung heißt es: „Man verwendet einzig und allein die alten Ziffern, weil man sie nicht leicht fälschen kann wie jene der neuen Rechenkunst, bei der man mit Leichtigkeit aus einem Zahlzeichen ein anderes machen kann, wie man etwa aus der Null eine 6 oder 9 machen und ähnlich viele andere fälschen könnte."

Das Rechnen mit Papier und Feder setzte sich vor allem bei den Mathematikern und Astronomen durch. Im wirtschaftlichen Bereich blieb der Abakus weiterhin beherrschend. Bis zum Ende des 18. Jahrhunderts benutzten die englischen Finanzbeamten Münztafeln, die man *exchequers* oder auch *chekkerboards* nannte, zur Berechnung der Steuern. Aus diesem Grund heißt der englische Finanzminister noch heute Chancellor of the Exchequer („Kanzler des Schachbretts").

Die Nutzung des Abakus führte zu Redensarten, die noch heute gebräuchlich sind. So wird der Spruch „Vom Hundertsten ins Tausendste kommen" erst durch die Vorstellung des Rechenbretts verständlich. Von Martin Luther ist der Satz überliefert. „Der Teufel ist zornig und wirft das Hundert ins Tausent, und richt so mancherlei gewirre an, dass schier niemand weiß, was er glaubt." Es galt als Bild der Unordnung, wenn jemand auf dem Rechenbrett die Steine versehentlich auf die Tausender statt auf die Hunderterlinie setzte.

Die entscheidende Umgestaltung des römischen Abakus stammt aus China: Die Fünfer-Bündelung wurde weggelassen und auf Drähten wurden je 10 Kugeln aufgereiht, die zur leichteren Abzählung verschiedenfarbig markiert wurden. In dieser Form kam die Rechenmaschine nach Russland. Während des Feldzuges Napoleons nach Russland 1812 wurde der Pionierleutnant und Mathematiker Victor Poncelet (1788–1867) auf dem Rückzug gefangen genommen. In der Gefangenschaft lernte er die neue „russische Rechenmaschine" kennen und schätzen. Nach seiner Rückkehr nach Frankreich führte er dieses Rechengerät in den Schulen in Metz ein. Von dort verbreitete es sich über die französischen und über die deutschen Volksschulen.

Wer glaubt, dass in unserem Jahrhundert der Abakus nicht mehr genutzt wird, der irrt sich. Vor allem in den Ländern des Fernen Ostens sind diese Kugelrechenbretter noch immer im Gebrauch. Die Handhabung dieses Recheninstruments ist in der Tradition dieser Länder so fest verankert, dass selbst „verwestlichte" Chinesen und Vietnamesen, die in Bangkok, Singapur, Taiwan, Europa oder Amerika leben, weiterhin damit rechnen, auch wenn moderne Rechner zur Verfügung stehen. Von der Konkurrenzfähigkeit dieser Kugelrechner zeugt ein denkwürdiger Wettkampf, der im Jahr 1945 in Japan stattfand. Der Japaner Kiyoshi Matsuzaki war zunächst, nach harten Ausscheidungskämpfen innerhalb des japanischen Postministeriums, als Meister des **Sorobans**, des japanischen Kugelrechenbretts, ermittelt worden. In einem Match trat er nunmehr gegen den amerikanischen Soldaten Thomas Nathan Woods an, der aus verschiedenen Tests als „bester Bediener elektrischer Rechenmaschinen in Japan" hervorgegangen war. Der Wettkampf bestand aus fünf Aufgaben, die die vier Grundrechenarten und eine gemischte Aufgabe umfassten. Das Endergebnis lautete: Woods, mit seiner elektrischen Rechenmaschine, verlor 1 : 4 gegen Matsuzaki und seinen Soroban. Wer je einen kundigen Japaner auf dem Kugelbrett hat rechnen sehen, für den gibt es keinen Zweifel, dass selbst unter Einsatz neuerer Rechnergenerationen sich das Resultat, wenigstens bei Addition und Subtraktion, auch heute noch wiederholen könnte. Allein die fehlende Geschwindigkeit im Anschlag der Tastatur würde die meisten elektronischen Rechenbenutzer gegen einen geschickt bedienten Soroban ins Hintertreffen bringen.

1.2.2 Zahlen und Spielereien mit Zahlen

A Sind die Null und die Eins überhaupt Zahlen? H 9; R 8–9; G 8

In der Antike und auch noch im Mittelalter war es strittig, ob es sich bei der Null und der Eins überhaupt um Zahlen handelt. Die Wörter „Zahl" und „zählen" sind miteinander verwandt. Wenn nur *ein* Gegenstand vorhanden war, sah man keine Veranlassung zum Zählen. Daher verstand man unter Zahl zunächst nur die Mehrzahl. So definierte Thales von Milet die Zahl als Zusammenschluss von Einheiten. Aristoteles behauptete: „Die Eins ist keine Zahl." Auch Euklid rechnete die Eins nicht zu den Zahlen. Die griechischen Mathematiker der Antike definierten nur die positiven ganzen Zahlen, und es ist fraglich, ob die Eins nach dieser Definition eine Zahl ist. Die Eins wurde auch nicht zu den Primzahlen gerechnet. Dies wird in der Primzahldefinition Euklids offensichtlich: „Primzahl ist eine Zahl, die sich nur durch die Einheit messen lässt. Zusammengesetzt ist eine Zahl, die sich durch irgendeine Zahl messen lässt." Auch die Pythagoräer weigerten sich, Eins als Zahl anzuerkennen, da eine Zahl unverändert bleibe, wenn man diese mit Eins multipliziere. Noch 1740 schrieb George Louis Buffon (1707–1788) im Vorwort zu einer Newton-Schrift: *L'unité n'est point un nombre.* (Die Eins ist keine Zahl.) Die erste Zahlenerweiterung bestand also darin, dass man auch die Einheit als Zahl definierte.

Auch die Null wollte man zunächst nicht als Zahl gelten lassen. Bis zum Beginn der Neuzeit galt die Null nur als Lückenzeichen, das für sich nichts bedeutete. Die Babylonier deuteten durch zwei kleine Haken an, wenn eine Stelle innerhalb einer Zahl unbesetzt war. Nach der griechischen Definition der Zahl als Menge von Einheiten konnte die Null auch keine Zahl sein. Die indischen Mathematiker waren hingegen spätestens seit dem 7. Jahrhundert mit dem Rechnen mit null vertraut. Brahmagupta (geb. 598) gibt die Regeln für die Addition, Subtraktion und Multiplikation mit der Null korrekt an, hat aber bei der Division durch null Schwierigkeiten. Er behauptete $0 : 0 = 0$ und für beliebige positive oder negative Zahlen: $\pm a : 0 = 0 : \pm a = 0$. Im Laufe der Zeit erkannte man, dass sich die **Lösungstheorie der Gleichungen** wesentlich vereinfachte, wenn man 0 und negative Zahlen als Koeffizienten zuließ. Gleichungen in der Form $p(x) = 0$ treten zunächst vereinzelt bei verschiedenen Autoren auf. Manchmal ergibt sich diese Form von selbst im Laufe der Rechnung. Bei der Divisionsaufgabe $(x^3 + 1) : (x + 1)$ schreibt Michael Stifel (1487–1567) den Dividenden in der Form $x^3 + 0x^2 + 0x + 1$. Heute rechnet man die Null manchmal sogar zu den natürlichen Zahlen. Ein wichtiges Argument dafür ist, dass die Kardinalzahlen als Anzahlen der Elemente von Mengen erklärt werden und dass man aus guten Gründen auch die **leere Menge** $\varnothing$ zu den Mengen rechnet. Dies tat George Boole (1815–1864) zunächst ohne besondere Begründung, später mit einer ausdrücklichen Erklärung.

B Die Zahl Hundert in verschiedener Gestalt

H, R, G 5–7

Alle Zahlen lassen sich mit Hilfe nur der Grundrechenarten auf vielfältige Weise darstellen. Die Möglichkeiten sind unbegrenzt. Von besonderem Reiz ist die verschiedene Darstellung herausgehobener Zahlen. Hier soll das mit der 100 geschehen. Dabei dürfen nur die vier Grundrechenarten, aber auch rationale Zahlen benutzt werden. Die Zahl 100 soll gebildet werden

mit 5 Einsern $111 - 11$

mit 6 Einsern $(11 - 1) \cdot (11 - 1)$

mit 7 Einsern $1\,111 : 11 - 1$

mit 8 Einsern $111 - 11 - 1 + \frac{1}{1}$

mit 5 Fünfen $5 \cdot 5 \cdot 5 - 5 \cdot 5$

mit 6 Fünfen $(555 - 55) : 5$

mit 7 Fünfen $55 + 5 \cdot 5 + 5 \cdot 5 - 5$

mit 8 Fünfen $555 : 5 - 5 - 5 - \frac{5}{5}$

mit 9 Fünfen $55 \cdot 5 - 5 \cdot 5 \cdot 5 - 55 + 5$

mit 10 Fünfen $555 : 5 - 5 - 5 - \frac{55}{55}$

mit 11 Fünfen $55 + 5 + 5 + 5 + 5 + 5 + 5 + 5 + 5 + 5$

mit 12 Fünfen $555 : 5 + \frac{5}{5} - \frac{5}{5} - \frac{5}{5} - 5 - 5$

mit 13 Fünfen $55 + 5 \cdot 5 + 5 \cdot 5 + \frac{5}{5} - 5 - \frac{55}{55}$

mit 14 Fünfen $5 \cdot (5 + 5 + 5) + \frac{5}{5} + \frac{5}{5} + 5 \cdot 5 - \frac{5}{5} - \frac{5}{5}$.

Man kann die 100 als Summe auch nur aus den Ziffern 1 bis 9 bilden:
nämlich so: $1 + 2 + 3 + 4 + 5 + 6 + 7 + 8 \cdot 9 = 100$

oder so: $74\frac{9}{18} + 25\frac{3}{6} = 100$.

Schwieriger ist es schon, die 100 aus den Ziffern 1 bis 9 und der 0 nur durch eine Addition zu bilden. Rationale Zahlen sind wieder zugelassen. Es sind mehrere Lösungen möglich. Hier sind drei Beispiele:

$$50 + 49 + \frac{38}{76} + \frac{1}{2} = 100$$

$$19\frac{3}{6} + 80\frac{27}{54} = 100$$

$$70 + 5\frac{3}{6} + 24\frac{9}{18} = 100$$

Zum Schluss noch eine besonders schwere Knobelei. Die Ziffern 1, 2, 3, 4, 5, 6, 7, 8, 9 sind, ohne dass die Reihenfolge verändert wird, so zu gruppieren und durch Addition oder Subtraktion zu verbinden, dass man wieder das Ergebnis 100 erhält.

Es gibt zehn verschiedene Lösungen:

$123 + 45 - 67 + 8 - 9 = 100$

$123 + 4 - 5 + 67 - 89 = 100$

$123 - 4 - 5 - 6 - 7 + 8 - 9 = 100$

$123 - 45 - 67 + 89 = 100$

$12 + 3 + 4 + 5 - 6 - 7 + 89 = 100$

$12 + 3 - 4 + 5 + 67 + 8 + 9 = 100$

$12 - 3 - 4 + 5 - 6 + 7 + 89 = 100$

$1 + 2 + 3 - 4 + 5 + 6 + 78 + 9 = 100$

$1 + 2 + 34 - 5 + 67 - 8 + 9 = 100$

$1 + 23 - 4 + 56 + 7 + 8 + 9 = 100$

C Summen von ungeraden Zahlen

H, R, G 5–7

Die 10 kann man als Summe von vier ungeraden Zahlen schreiben:

$10 = 1 + 3 + 3 + 3$

$10 = 1 + 1 + 3 + 5$

$10 = 1 + 1 + 1 + 7$

Die Zahl 20 kann man auf elf verschiedene Weisen als Summe von acht ungeraden Zahlen schreiben:

$20 = 1 + 1 + 3 + 3 + 3 + 3 + 3 + 3$

$20 = 1 + 1 + 1 + 3 + 3 + 3 + 3 + 5$

$20 = 1 + 1 + 1 + 1 + 3 + 3 + 5 + 5$

$20 = 1 + 1 + 1 + 1 + 1 + 5 + 5 + 5$

$20 = 1 + 1 + 1 + 1 + 3 + 3 + 3 + 7$

$20 = 1 + 1 + 1 + 1 + 1 + 3 + 5 + 7$

$20 = 1 + 1 + 1 + 1 + 1 + 1 + 7 + 7$

$20 = 1 + 1 + 1 + 1 + 1 + 3 + 3 + 9$

$20 = 1 + 1 + 1 + 1 + 1 + 1 + 5 + 9$

$20 = 1 + 1 + 1 + 1 + 1 + 1 + 3 + 11$

$20 = 1 + 1 + 1 + 1 + 1 + 1 + 1 + 13$

Mit den Schülerinnen und Schülern sollte man ein Beispiel, vielleicht das erste oder das letzte, gemeinsam erarbeiten. Dabei können auch schon Vorüberlegungen zur Systematik der Lösungen angestellt werden, bevor die Schülerinnen und Schüler dann die übrigen Lösungen selbstständig suchen.
Lassen Sie anschließend Ihre Schülerinnen und Schüler ähnliche Versuche mit anderen geraden Zahlen machen.

D Addieren im Schnellverfahren

H, R, G 5–7; G 8

Vom kleinen Carl Friedrich Gauß erzählt die Anekdote (siehe Seite 109), dass er ein Verfahren zum schnellen Addieren der Zahlenfolge 1 bis 60 gefunden und damit seinen Lehrer verblüfft hat. Der Trick ist ganz einfach: Gauß hat die gesuchte Summe S zweimal gebildet, nämlich so:

$$S_1 = 1 + 2 + 3 + 4 + \ldots + 58 + 59 + 60$$
$$S_2 = 60 + 59 + 58 + 57 + \ldots + 3 + 2 + 1.$$

Für jedes Glied der beiden Reihen ergibt sich die Summe 61, also

$$S_1 + S_2 = 2 \cdot S = 60 \cdot 61.$$

Da man nur S braucht, gilt

$$S = 30 \cdot 61 = 1\,830.$$

Lassen Sie Ihre Schülerinnen und Schüler nun auch andere Zahlenfolgen berechnen, etwa 1 bis 100, 1 bis 1 000, 1 bis 80 usw., bevor Sie die allgemeine Formel mit ihnen erarbeiten:

$$S = \frac{n \cdot (n + 1)}{2}.$$

E Rechnen mit dem Kalender

H 7–9; R 8–9; G 8

Der Kalender, mit dem wir unsere Zeit messen, wurde durch Dekret des Papstes Gregor VII. am 15. Oktober 1582 eingeführt. Das Jahr wird zu 12 Monaten oder 365 Tagen gezählt. Dabei gelten diese Regeln:

> Jahre, deren Jahreszahl durch 4 teilbar ist, heißen **Schaltjahre**. In diesen Jahren wird der Februar um einen Schalttag von 28 Tagen auf 29 Tage verlängert. In den Jahren, deren Jahreszahl durch 100 teilbar ist, entfällt dieser Schalttag. Er bleibt aber erhalten, wenn die Jahreszahl durch 400 teilbar ist.

Auf der Grundlage dieser Kenntnisse und dem Wissen um die Länge der einzelnen Monate lassen sich Zeitspannen bis auf den Tag genau berechnen:
Wie viele Tage alt bin ich heute? Wie viele Jahre und Tage alt sind meine Mutter, mein Vater, meine Großeltern?
Wie viele Tage sind seit der Französischen Revolution, seit der Reformation (31.10.1517), seit der Kaiserkrönung Karl des Großen (25.12.800), seit Beginn unserer Zeitrechnung vergangen?

Wie viele Tage lebten

G. W. Leibniz	(1.7.1646–14.11.1716)
J. S. Bach	(21.3.1685–28.7.1750)
J. W. v. Goethe	(28.8.1749–22.3.1832)
W. A. Mozart	(27.1.1756–5.12.1791)
A. Einstein	(14.3.1879–18.4.1955)

usw. ad libitum?

Für überschaubare Zeiträume lässt sich leicht der Wochentag eines bestimmten künftigen Datums errechnen:

Der 25.1. fällt, so nehmen wir an, auf einen Sonntag. Welchen Wochentag haben wir dann am 5.5. desselben Jahres?

25.1. – 31.1.	6 Tage
1.2. – 28.2.	28 Tage
1.3. – 31.3.	31 Tage
1.4. – 30.4.	30 Tage
1.5. – 5.5.	5 Tage
Summe:	100 Tage

Beim Dividieren durch 7 ergibt sich ein Rest von 2. Der 2. Tag von Sonntag an ist der Dienstag. Der 5.5. fällt also auf einen Dienstag, und wenn es ein Schaltjahr ist, auf den Mittwoch.

Ähnlich kann man auch den Wochentag für ein schon vergangenes Datum errechnen. Immer wenn dabei ein Jahr überschritten wird, muss man natürlich darauf achten, ob es sich um ein Schaltjahr handelt.

F Schriftlich multiplizieren auf neue Art H 7; R, G 5–6

Die Eingeborenen einer fernen Südseeinsel können schriftlich addieren und subtrahieren. Multiplikation und Division und damit das Einmaleins sind ihnen aber unbekannt. Sie können nur halbieren und verdoppeln. Trotzdem sind sie in der Lage, größere Zahlen miteinander zu multiplizieren.Und das machen sie so:

Es soll die Aufgabe 57 · 38 gelöst werden.

57	38
~~28~~	~~76~~
~~14~~	~~152~~
7	304
3	608
1	1 216
	2 166

Die Insulaner schreiben die beiden Faktoren nebeneinander. Fortlaufend halbieren sie dann den 1. Faktor und schreiben die Ergebnisse untereinander, bis sie zur 1 gelangen. Dabei werden Reste nicht berücksichtigt. Sie fallen einfach weg. Der 2. Faktor wird parallel dazu immer verdoppelt. Anschließend wer-

den alle Zeilen, in deren linker Spalte eine gerade Zahl steht, durchgestrichen. Die verbleibenden Zahlen der rechten Spalte werden addiert. Und schon hat man das Ergebnis. Dieses einfache Verfahren des schriftlichen Multiplizierens ist auch mit größeren Zahlen möglich, es wird dann allerdings durch das fortlaufende Verdoppeln schnell mühselig. Lassen Sie Ihre Schülerinnen und Schüler probieren.
Und wenn Sie gefragt werden, warum das so geht, ist hier die Erläuterung: Wenn die Zahlen der linken Spalte alle gerade blieben, würde sich am Produkt durch das Halbieren und Verdoppeln nichts ändern. Die 1 wäre die einzige ungerade Zahl, die stehenbleibt, und neben ihr stünde auch das Endergebnis. Bei den ungeraden Zahlen bleibt aber immer ein Rest 1, zu dem auch die entsprechende Zahl in der rechten Spalte gehört. Diese wird aber 1-mal nicht berücksichtigt(es steht $7 \cdot 304$, beim nächsten Schritt fällt aber $1 \cdot 304$ unter den Tisch). Deshalb müssen diese Zahlen am Ende zum scheinbaren Ergebnis ($1 \cdot 1\ 216$) addiert werden.

G Ein paar Rechentricks H, R, G 5

1. „Denk dir eine Zahl aus“, fordert Sara ihre Freundin Lena auf. „Addiere zu deiner Zahl die 1. Nun multipliziere das Ganze mit 3. Hast du? Nun noch einmal die 1 dazu und abschließend deine gedachte Zahl. – Wie lautet jetzt das Ergebnis?“
„52!“, sagt Lena. – Sara denkt kurz nach: „Dann hast du dir die 12 ausgedacht.“
Lösung: Vom genannten Ergebnis muss erst 4 subtrahiert werden, was übrig bleibt, wird durch 4 dividiert, ergibt **12**.

2. Die gedachte Zahl wird mit 2 multipliziert, dann wird 5 addiert. Das Ergebnis wird mit 5 multipliziert und dazu 3 addiert. Dann lässt man mit 10 multiplizieren, wieder wird 3 addiert, und zum Schluss lässt man 150 subtrahieren. Wenn das Endergebnis 1 433 heißt, dann war 13 die gedachte Zahl.
Lösung: Von den Hundertern der Ergebniszahl muss 1 subtrahiert werden:
$1\ 433 \rightarrow 14 - 1 = 13$.

3. Eine Zahl wird ausgedacht und verdoppelt. Dann wird 4 addiert und das Ganze mit 5 multipliziert. Anschließend wird 12 addiert und das Ergebnis mit 10 multipliziert. Wenn man nun 1 020 erhalten hat, war 7 die gedachte Zahl.
Lösung: Vom genannten Ergebnis wird 320 subtrahiert. Wenn man dann durch 100 dividiert, also einfach zwei Nullen von rechts wegstreicht, erhält man die gedachte Zahl 7.

4. Die **Fünferpotenz** einer Zahl zwischen 1 und 20 hat immer dieselbe Einerziffer wie die Zahl selbst. Wenn man also eine gedachte Zahl aus diesem Bereich mit dem Exponenten 5 potenziert, kann man aus dem Ergebnis schließen, welche Zahl potenziert wurde. Wenn das Ergebnis kleiner als 100 000 ist, lag die gedachte Zahl unter 10, ist es größer als 100 000, muss man zur Einerziffer immer 10 addieren, wenn man die gedachte Zahl nennen will.

5. Jemand schreibt eine vier- oder fünfstellige Zahl auf. Er bildet die Quersumme dieser Zahl und subtrahiert sie von ihr. Aus dem Ergebnis wird eine Ziffer gestrichen. Wenn man die übrig gebliebene Zahl genannt bekommt, kann man sagen, welche Ziffer gestrichen wurde.
Beispiel: 7 258; Quersumme: 22
7 258 – 22 = 7 236.
Aus der Zahl wird verdeckt die 3 gestrichen. Aus einer der Zahlen, die man aus den verbliebenen Ziffern bilden kann (726, 627, 267, 672, 762, 276), kann man ermitteln, dass die 3 gestrichen wurde. Man muss nur von dieser Zahl wiederum die Quersumme bilden und diese zum nächsten Vielfachen von 9 ergänzen, also: 7 + 2 + 6 = 15; 15 + **3** = 18.
Das funktioniert übrigens auch, wenn man von der Quersumme wieder die Quersumme zieht, so lange, bis man eine einstellige Zahl bekommt.

6. Den nicht bekannten **Geburtstag** eines Freundes kann man leicht durch Rechnen ermitteln. Man bittet die Tageszahl mit 7 zu multiplizieren, 3 zu addieren, das Ergebnis zu verdoppeln, noch einmal die Tageszahl und die Zahl des Monats zu addieren und das Ergebnis zu nennen. Aus dem Ergebnis dieser Rechnung lässt sich Tag und Monat des Geburtstages ermitteln.
Beispiel: Der Geburtstag (21. März 1685) von Johann Sebastian Bach.
Tageszahl 21 mit 7 multipliziert ergibt 147. Dazu wird 3 addiert, das ist 150. Die 150 wird verdoppelt: 300. Zu der 300 wird noch einmal die Tageszahl 21 und die Monatszahl 3 (für März) addiert. Das ergibt als Schlussergebnis 324. Nun kommt's: Von 324 subtrahiert man 6, das macht 318. Die 318 dividiert man durch 15, also 318 : 15 = 21 und Rest 3. Der unvollständige Quotient 21 nennt die Tageszahl von J. S. Bachs Geburtstag und der Rest 3 die Monatszahl (3 = März).
Interessant ist es, mit den Schülern des 9. oder 10. Jahrgangs zu untersuchen, warum das so geht. Hier muss man sich den Kalender und seine Struktur noch einmal gut ansehen.

7. Noch ein letzter Rechentrick:
Eine dreistellige Zahl kleiner als 500 wird auf einen Zettel geschrieben und irgendwo versteckt. Nun denkt sich ein anderer eine dreistellige Zahl zwi-

schen 500 und 1 000 aus. Zu dieser Zahl lässt man eine Zahl addieren, die man angibt. Vom Ergebnis wird die Tausender-Ziffer gestrichen und zu den Einern addiert. Die so entstandene Zahl wird von der ursprünglich ausgedachten subtrahiert. Die Differenz entspricht der zuvor versteckten Zahl.
Beispiel: Die Zahl 385 wird versteckt. – Ein Zuhörer denkt sich die Zahl 593 aus. Man bittet ihn, zu dieser Zahl die Zahl 614 zu addieren. Das Ergebnis lautet 1 207. Die 1 des Tausenders wird gestrichen und den Einern zugezählt: 207 + 1 = 208.
Dann bittet man, die Differenz aus der gedachten Zahl 593 und der 208 zu bilden: 593 – 208 = 385.
Das ist aber die Zahl, die man als „Hellseher“ schon vorher aufgeschrieben und versteckt hatte.
Das Geheimnis liegt in der ersten Addition. Die Zahl 614 ist die Differenz aus 999 und der versteckten Zahl: 999 – 385 = 614. Man muss sich also die zuvor versteckte Zahl gut merken und immer zu 999 ergänzen.
Und nun bleibt nur noch festzustellen: Weitere interessante Rechentricks erfährt man bei der örtlichen Finanzbehörde oder beim Bundesfinanzminister.

H Paare und Permutationen

H, R, G 5–7

1. An einer Party nehmen 24 Gäste teil. Wenn jeder Gast jedem anderen zur Begrüßung die Hand reicht, wie viele **„Händedrücke“** gibt es dann?
Lösung: Hier handelt es sich um die Paarbildung aus den Elementen einer Menge mit sich selbst. Ein einfaches Beispiel zeigt mit Hilfe einer Tabelle, wie die Lösung aussehen muss:

	a	b	c	d
a	aa	ab	ac	ad
b	ab	bb	bc	bd
c	ac	bc	cc	cd
d	ad	bd	cd	dd

Von den Möglichkeiten her gesehen, handelt es sich zwischen den Gästen a, b, c und d um 16 „Händedrücke“.
Da sich niemand selbst begrüßt, fällt die Diagonalreihe weg. Die Anzahl der übrigen „Händedrücke“ muss halbiert werden, denn wenn Gast a dem Gast b die Hand reicht, dann muss das nicht noch einmal wiederholt werden, indem Gast b nun Gast a begrüßt.

Allgemein: $H = \frac{n^2 - n}{2}$.

Ähnliche Paarbildungen lassen sich für Sportwettkämpfe herstellen, bei denen jede Mannschaft gegen jede Mannschaft spielt, wobei man allerdings beachten muss, ob es auch Rückspiele gibt, wie z.B. bei der Fußballbundesliga.

H 8–9; R 7–8; G 6–7

2. Die folgenden Kombinationen lassen sich leicht mit **Baumdiagrammen** darstellen:

   Wie viele verschiedene Bekleidungsmöglichkeiten ergeben:
   - ein Strohut, ein roter Hut;
   - ein gelber, ein roter, ein schwarzweiß gestreifter Pulli;
   - eine Wollhose, eine Jeanshose, ein Rock;
   - Sandalen, Sportschuhe?

   Es gibt, wenn man unter ästhetischen Gesichtspunkten auf das Aussehen keinen Wert legt, 36 Möglichkeiten, sich unterschiedlich zu bekleiden.

   Oder:

   Ein Restaurant bietet auf seiner Speisekarte vier verschiedene Vorspeisen, sechs Hauptgerichte und zwei Desserts an. Wie viele verschiedene Menüs lassen sich zusammenstellen?
   Es sind immerhin 48 verschiedene Speisefolgen möglich, auch wenn sich einige davon nur geringfügig, also etwa in der Art des Nachtisches, voneinander unterscheiden.

H 9–10; R 7–8; G 6–7

3. **Permutationen:** Wenn man die Reihenfolge einer Anzahl von Elementen immer wieder verändert, spricht man von Permutationen. Auch hier kann man jeweils alle Möglichkeiten für eine bestimmte Anzahl von Elementen aufschreiben. Und diese Anzahl kann man auch vorher berechnen.
   Beispiel: Wie viele und welche vierstelligen Zahlen lassen sich aus den Ziffern 2, 4, 6 und 8 bilden? Wie heißt die **größte**, wie heißt die **kleinste Zahl**?

   Die **Lösung** ist einfach:

2 468	4 268	6 248	8 246
2 486	4 286	6 284	8 264
2 648	4 628	6 428	8 426
2 684	4 682	6 482	8 462
2 846	4 826	6 824	8 624
2 864	4 862	6 842	8 642

   Es gibt also 24 verschiedene Zahlen, die kleinste Zahl heißt 2 468 und die größte 8 642. Wenn man will, kann man nun die Schülerinnen und Schüler noch die Summe aller entstandenen Zahlen und die Differenz zwischen der kleinsten und der größten Zahl berechnen lassen.

Die Anzahl der Permutationen lässt sich leicht errechnen:
- bei 4 Gliedern: $1 \cdot 2 \cdot 3 \cdot 4 = 24$;
- bei n Gliedern also: $1 \cdot 2 \cdot 3 \cdot \ldots \cdot (n - 1) \cdot n = n!$ (sprich: *n* Fakultät).

Bei Mengen mit wenigen Elementen kann man die möglichen Permutationen und ihre Anzahl leicht durch systematisches Aufschreiben feststellen.
Bei größeren Mengen ist das mit beträchtlichem Aufwand verbunden. Wenn bei den Leichtathletikmeisterschaften nur **8 Läufer** am 5 000-m-Endlauf teilnehmen, gibt es immerhin (theoretisch ohne Berücksichtigung der sportlichen Qualitäten der einzelnen Läufer) schon 40 320 Möglichkeiten für die Reihenfolge bei der Ankunft im Ziel. Bei 10 Läufern wären es schon 3 628 800 Möglichkeiten.

1.2.3 Zahlenrätsel

A Zahlensuche — H, R, G 5

In dem folgenden Buchstabengewirr verstecken sich 20 Zahlen. Die Zahlwörter sind horizontal und vertikal geschrieben. Die Summe aller Zahlen ergibt tausend.
Derartige Zahlensuchspiele lassen sich relativ einfach anfertigen. Der Rätselcharakter ist für die Schüler sehr motivierend. Dabei sind verschiedene Spielvarianten denkbar. Sie können nur die Anzahl der zu suchenden Zahlen angeben oder lediglich die Summe der Zahlen nennen. Im letzteren Fall führt das zu einer erhöhten Rechenaktivität der Schüler, da bei diesem Vorgehen immer wieder mit Hilfe von Zwischenergebnissen überprüft wird, ob die genannte Summe bereits erreicht wurde.
Die Suche kann man als **Partnerarbeit** organisieren. Als Variante bietet sich an, nach einem bestimmten Zeitraum jeweils einen der Partner, beispielsweise den Partner rechts, zur nächsten Zweiergruppe wechseln zu lassen. Dies hat den Vorteil, dass Bewegung in die Gruppen kommt und unterschiedliche Leistungsstände durch den Wechsel ausgeglichen werden.
Der Spielrahmen lässt sich auch ändern, indem man daraus einen **Wettbewerb** macht. Teilen Sie Ihre Klasse in eine bestimmte Anzahl von Gruppen und bearbeiten Sie das Blatt als Wettspiel! Gewonnen hat, wer in einer bestimmten Zeit die meisten Zahlen gefunden hat.
Statt die Plätze zu wechseln, müssen die Gruppenpartner in jeder Gruppe nach jeweils einigen Minuten das Arbeitsblatt an die rechts von ihnen sitzenden beiden Schüler weitergeben. Das Spiel wird dadurch schneller, Niveauunterschiede in den Gruppen werden ausgeglichen, die Konzentration erhöht sich.

A	S	L	K	J	S	I	E	B	Z	I	G	L	F	N	U	Z	T	R	N	H	E
D	Z	F	A	D	I	A	R	T	E	D	P	Z	W	O	E	L	F	J	E	B	N
E	W	R	P	O	T	H	V	I	E	R	K	O	I	U	Z	I	G	R	U	E	T
U	E	W	R	E	Z	T	K	L	S	K	D	F	D	I	L	K	F	D	N	S	L
Z	I	U	B	M	N	E	U	N	Z	I	G	K	O	C	Z	E	H	K	M	A	O
P	O	M	N	H	G	T	R	E	W	D	L	O	P	S	D	R	S	E	K	P	W
S	I	E	B	E	N	U	N	D	V	I	E	R	Z	I	G	L	O	N	F	A	T
W	T	R	M	J	U	Z	S	K	O	W	Q	M	G	W	R	T	P	L	O	C	B
I	P	F	U	E	N	F	U	N	D	S	I	E	B	Z	I	G	M	U	S	H	L
S	E	R	L	S	O	W	K	D	F	U	E	N	F	L	U	F	V	Q	L	T	A
E	V	A	T	O	Z	E	H	N	V	A	Z	T	E	O	P	L	I	D	N	U	M
O	P	C	R	L	P	O	U	L	K	L	K	R	W	B	O	I	U	R	T	N	Z
M	F	H	S	J	F	U	E	N	F	H	U	N	D	E	R	T	P	E	A	D	E
L	P	T	O	N	H	G	R	J	Z	W	L	P	O	U	Z	E	R	I	E	Z	B
V	B	D	K	L	J	Z	A	C	H	T	Z	E	H	N	I	W	U	L	R	W	N
O	S	X	U	F	D	E	M	G	R	A	V	I	B	E	T	Q	J	K	Z	A	X
K	I	O	F	U	E	N	F	U	N	D	Z	W	A	N	Z	I	G	U	J	N	L
A	E	Y	P	K	O	I	U	L	G	F	D	S	R	W	F	B	U	S	I	Z	R
O	B	I	U	F	B	M	K	O	P	A	C	H	T	Z	I	G	S	E	B	I	Y
W	E	R	Z	O	K	L	Y	B	N	R	E	A	L	T	V	M	B	C	S	G	W
A	N	S	E	I	N	S	B	M	L	G	F	D	S	R	U	R	K	H	L	J	U
Q	R	E	Z	U	O	I	P	W	A	S	D	F	G	H	J	K	L	S	Y	C	B

Lösung: 1, 2, 3, 4, 5, 6, 7, 8, 9, 10, 12, 18, 25, 28, 47, 70, 80, 90, 175, 400

B Zahlen-Kreuzworträtsel (Lösung auf Seite 38) H, R, G 5–8

waagerecht

1 So viele Kilogramm hat ein Zentner
2 Mit dieser Zahl fängt die Zählerei an
3 Das bekommt man bei einem Dutzend
4 Anzahl eines närrischen Rates
5 Hier lacht die Zahl ohne l
6 Das bekommt man bei zwei Dutzend
7 So viele bilden ein Triumvirat
8 Die Zahl ist wichtig für das Dezimalsystem
9 So etwas bezeichnet man auch als Duo
10 Die traf das tapfere Schneiderlein auf einen Streich
11 Wenn man Glück hat, erwischt man alle beim Kegeln
12 Dauer eines Fußballspiels in Minuten ohne Verlängerung

senkrecht

1 Um diese Stunde gibt es Tee in England
13 So viele Spieler stehen beim Fußball auf dem Platz
14 Das haben die Babylonier mit den Uhren gemeinsam
15 Die erste Ansage beim Skatspielen
16 So viele gibt es beim Quartett
17 Sie gilt vielen als Unglückszahl
18 Von dieser Zahl wollte man lange nichts wissen
19 Plus eins ergibt die Zahl

C **Kreuzzahlenrätsel** (Lösungen auf Seite 38) H, R, G 5–6

Addieren und Subtrahieren

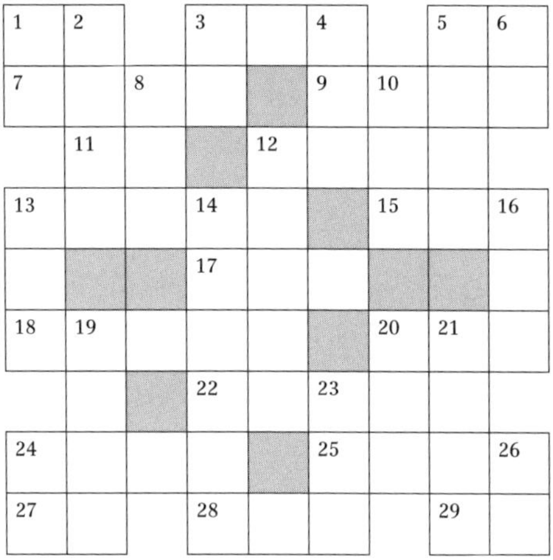

waagerecht

1 479 – 411
3 115 + 53
5 59 + 38
7 2 912 + 3 408 + 1 617
9 8 331 – 3 818
11 101 – 71 + 29 – 19
12 367 + 254 + 1 007 + 833
13 75 503 – 21 844
15 500 – 129
17 1 246 + 1 076 – 1 614
18 39 820 + 804 + 26 516 + 4 999
20 4 261 – 3 834
22 61 025 – 6 311 – 11 804
24 1 999 + 800 – 455
25 21 020 – 17 816
27 54 + 19
28 1 000 – 818
29 139 – 27 – 76 + 47

senkrecht

1 45 + 55 – 72 + 39
2 12 699 – 3 756
3 8 + 9
4 311 + 222 + 311
5 11 666 – 874 – 1 675
6 150 – 77
8 9 285 – 8 979
10 1 447 + 498 – 1 382
12 9 399 + 10 987 + 8 706
13 134 + 84 + 223 + 116
14 663 110 – 118 473 + 28 804
16 808 – 701
19 335 + 755 + 847 + 96
20 2 255 – 1 843
21 3 789 + 1 662 – 3 443
23 1 820 – 888
24 110 – 83
26 14 + 29

Multiplizieren und Dividieren

H, R, G 5–6

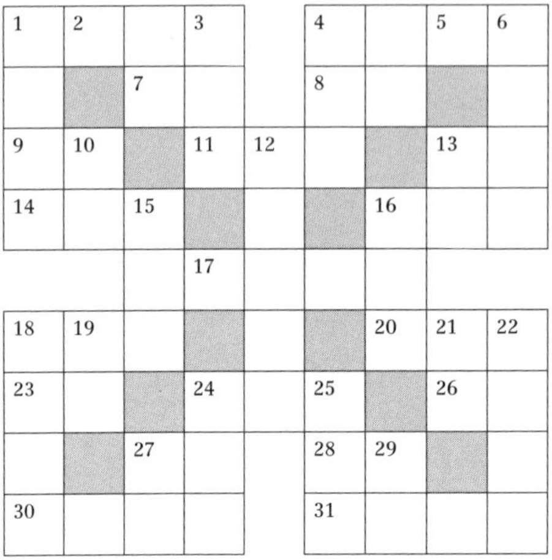

waagerecht

1 38 · 64
4 84 · 98
7 1 633 : 23
8 4 · 17
9 8 · 9
11 10 288 : 16
13 4 · 18
14 8 · 86
16 791 : 7
17 541 · 39
18 34 770 : 38
20 4 326 : 7
23 3 · 23
24 65 · 9
26 1 148 : 14
27 3 843 : 63
28 532 : 19
30 251 · 32
31 164 · 47

senkrecht

1 14 856 : 6
2 555 : 15
3 24 · 9
4 6 904 : 8
5 1 568 : 56
6 29 · 87
10 4 · 7
12 876 · 48
13 1 633 : 23
15 75 · 11
16 14 · 14
18 83 · 116
19 1 596 : 84
21 144 : 8
22 56 · 148
24 36 864 : 72
25 17 · 31
27 9 · 7
29 3 · 29

Potenzieren

H, R, G 5–6

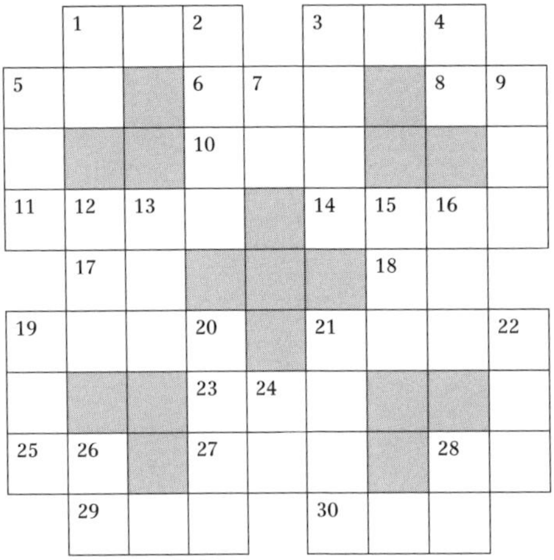

waagerecht

1 12^2
3 29^2
5 6^2
6 $10^3 - 10 \cdot 3^2$
8 $3^4 - 2^2$
10 $13^2 + 1^2$
11 $62^2 + 3^5 + 6^4$
14 $10^2 \cdot 6^2 + 6^2$
17 $2^3 \cdot 5^1$
18 $7^2 - 3^2$
19 $75^2 + 18^2 + 15^2$
21 $(2^3)^4$
23 $1^3 + 2^3 + 3^3 + 4^3 + 5^4$
25 $3^4 + 3^2 + 3^1$
27 $2^3 \cdot 3^1 \cdot 5^2 + 2^1 \cdot 5^2$
28 3^4
29 $5^4 - 2^5 + 2^3$
30 $2^2 + 2^4 + 3^3 + 3^5$

senkrecht

1 4^2
2 17^3
3 $71^2 + 51^2 + 19^2$
4 $2^3 + 3^2$
5 $13^2 + 6^3$
7 $5^2 - 2^3$
9 $3^2 \cdot (2^2 + 2^4 + 2^6)$
12 7^3
13 $11^3 - 23^2$
15 $2^7 \cdot 5^1$
16 $3^1 \cdot 10^2 + 3^2$
19 $10^3 - 10^0$
20 $3^2 \cdot 23^2$
21 $2^7 + 2^1 \cdot 3^7$
22 $1 + 11^2 + 12^2 + 13^2 + 14^2$
24 $3^2 + 4^2$
26 $(6 + 3)^2 - (6^2 + 3^2)$
28 $9^2 - 9^0$

Lösungen: *Zahlen-Kreuzworträtsel (Seite 34)*

		F	U	E	N	F	Z	I	G		E	I	N	S
		U					W							E
		E		Z	W	O	E	L	F					C
		N					I				A			H
E	L	F					U				C			Z
							N		A	C	H	T		I
	V		D				D				T			G
V	I	E	R	U	N	D	Z	W	A	N	Z	I	G	
	E		E		U		W				E			Z
D	R	E	I		L		A		Z	E	H	N		W
			Z		L		N				N			A
	Z	W	E	I			Z							N
			H			S	I	E	B	E	N			Z
N	E	U	N				G							I
								N	E	U	N	Z	I	G

Kreuzzahlenrätsel: (Seite 35)
Addieren und Subtrahieren

6	8		1	6	8		9	7
7	9	3	7		4	5	1	3
	4	0		2	4	6	1	
5	3	6	5	9		3	7	1
5			7	0	8			0
7	2	1	3	9		4	2	7
	0		4	2	9	1	0	
2	3	4	4		3	2	0	4
7	3		1	8	2		8	3

Seite 36)
Multiplizieren und Dividieren

2	4	3	2		8	2	3	2
4		7	1		6	8		5
7	2		6	4	3		7	2
6	8	8		2		1	1	3
		2	1	0	9	9		
9	1	5		4		6	1	8
6	9		5	8	5		8	2
2		6	1		2	8		8
8	0	3	2		7	7	0	8

(Seite 37)
Potenzieren

	1	4	4		8	4	1	
3	6		9	1	0		7	7
8			1	7	0			5
5	3	8	3		3	6	3	6
	4	0				4	0	
9	3	2	4		4	0	9	6
9			7	2	5			3
9	3		6	5	0		8	1
	6	0	1		2	9	0	

D Silbenrätsel und Buchstabenrätsel

H, R, G 7–9

Silbenrätsel 1

Aus den folgenden Silben sind Fachwörter aus der Mathematik zu bilden und in die entsprechenden Zeilen einzutragen. Aus den Anfangsbuchstaben wird von oben nach unten gelesen ein Wort für $\sqrt[2]{}$ gebildet.

ab – aus – ber – bil – chen – chung – de – der – der – do – dung – e – ex – fangs – ge – gen – glei – ka – kel – kel – län – lig – lin – maß – me – me – nent – ner – po – quer – re – rech – recht – sa – schen – schie – sum – sum – ta – um – un – win – win – wink – zy

1 Summe der Ziffern einer Zahl _ _ _ _ _ _ _ _ _
2 Winkel im Kreis auf der Kreislinie _ _ _ _ _ _ _ _ _ _ _ _ _
3 Ein Satz, der wahr oder falsch sein kann _ _ _ _ _ _ _
4 Körper aus 12 regelmäßigen Fünfecken _ _ _ _ _ _ _ _ _ _
5 Altes Hilfsmittel zum Rechnen _ _ _ _ _ _ _ _ _ _ _ _ _
6 Zuordnung zwischen zwei Mengen _ _ _ _ _ _ _ _ _
7 Modernes Hilfsmittel z. Rechnen _ _ _ _ _ _ _ _ _ _ _ _ _ _
8 Im Dreieck beträgt sie 180° _ _ _ _ _ _ _ _ _ _ _
9 Aussageformen mit <oder> verbunden _ _ _ _ _ _ _ _ _ _ _
10 Deutsch für orthogonal _ _ _ _ _ _ _ _ _ _ _
11 Gerade Rundsäule _ _ _ _ _ _ _ _ _ _ _ _
12 Hochzahl in der Potenzrechnung _ _ _ _ _ _ _ _
13 Messinstrument für Strecken _ _ _ _ _ _ _ _
Lösungswort: _ _ _ _ _ _ _ _ _

Silbenrätsel 2

H 9–10; R, G 8–9

Aus den folgenden Silben sollen neun Wörter gebildet werden. Ihre Anfangsbuchstaben ergeben von oben nach unten gelesen den Namen für einen wichtigen Teilbereich der Mathematik.

che – de – eck – el – el – eu – flä – ge – gen – in – kel – klid – le – lip – mit – nen – o – ber – ra – rech – recht – se – senk – tan – te – te – tel – win

1 Linie, unendlich und krümmungsfrei _ _ _ _ _ _
2 Regelmäßig runde Fläche mit zwei Mittelpunkten _ _ _ _ _ _ _
3 Alle Seitenflächen eines Körpers _ _ _ _ _ _ _ _ _ _
4 Halbiert eine Strecke _ _ _ _ _ _ _ _ _ _ _ _ _ _ _ _
5 Mathematiker in der Antike _ _ _ _ _ _
6 Gerade, die einen gemeinsamen Punkt mit einem Kreis hat _ _ _ _ _ _ _ _
7 Rechtwinkliges Parallelogramm _ _ _ _ _ _ _ _ _ _ _ _
8 Ihre Summe im Dreieck beträgt 180° _ _ _ _ _ _ _ _ _ _ _
9 Altes Längenmaß _ _ _ _
Lösungswort: _ _ _ _ _ _ _ _ _

Buchstabenrätsel 1 H 9–10; R 9; G 8–9

In dem folgenden Buchstabensalat sind waagerecht und senkrecht acht Namen für geometrische Körper versteckt. Suche sie heraus und schreibe sie daneben auf!

E	A	S	T	P	E	M	P	W	K	X	H
N	U	R	Z	Y	L	I	N	D	E	R	E
F	W	U	E	R	F	E	L	U	G	Y	X
T	E	T	R	A	E	D	E	R	E	A	A
D	R	O	M	M	K	U	G	E	L	K	E
U	S	V	B	I	T	O	G	I	K	C	D
W	Q	U	A	D	E	R	L	W	L	Z	E
E	I	R	U	E	X	H	L	N	E	Y	R

1 __________
2 __________
3 __________
4 __________
5 __________
6 __________
7 __________
8 __________

Buchstabenrätsel 2 H, R, G 9–10

In diesem Buchstabensalat sind die Namen von elf berühmten Mathematikern waagerecht und senkrecht versteckt.

B	G	A	U	S	S	O	P	E	U	K	L	I	D
F	C	A	N	T	O	R	A	K	R	I	E	S	E
X	G	T	H	A	L	E	S	Y	G	V	I	J	T
P	Y	T	H	A	G	O	R	A	S	I	B	Z	A
D	M	E	R	A	T	O	S	T	H	E	N	E	S
U	E	U	L	E	R	M	U	D	H	T	I	L	D
S	K	N	H	E	R	O	N	T	R	A	Z	C	U

1 __________
2 __________
3 __________
4 __________
5 __________
6 __________
7 __________
8 __________
9 __________
10 __________
11 __________

Lösungen:

Silbenrätsel 1: 1 **Q**uersumme; 2 **U**mfangswinkel; 3 **A**ussage; 4 **D**odekaeder; 5 **R**echenschieber; 6 **A**bbildung; 7 **T**aschenrechner; 8 **W**inkelsumme; 9 **U**ngleichung; 10 **R**echtwinklig; 11 **Z**ylider; 12 **E**xponent; 13 **L**ängenmaß
Lösungswort: **Quadratwurzel**

Silbenrätsel 2: 1 **G**erade; 2 **E**llipse; 3 **O**berfläche; 4 **M**ittelsenkrechte; 5 **E**uklid; 6 **T**angente; 7 **R**echteck; 8 **I**nnenwinkel; 9 **E**lle
Lösungswort: **Geometrie**

Buchstabenrätsel 1: waagerecht: Zylinder, Würfel, Tetraeder, Kugel, Quader; senkrecht: Pyramide, Kegel, Hexaeder

Buchstabenrätsel 2: waagerecht: Gauß, Euklid, Cantor, Ries, Thales, Pythagoras, Eratosthenes, Euler, Heron; senkrecht: Vieta, Leibniz

1.3 Geometrisches

1.3.1 Eine faltenreiche Angelegenheit

R 10; G 9–10

Wie oft kann man eigentlich einen großen Bogen dünnes Papier, z.B. Seidenpapier, immer wieder falten? Bei wie vielen Faltungen ist die Grenze der technischen Machbarkeit erreicht? Probieren Sie das mit Ihren Schülerinnen und Schülern zusammen aus. Lassen Sie sie vorher aber die Anzahl der **Faltungen schätzen**. Das Ergebnis ist erstaunlich, wie groß Sie den Bogen auch immer wählen.

H, R, G 5–6

Seidenpapier hat eine Dicke von 0,01 mm. Angenommen, man könnte unbegrenzt oft falten und die Papierschichten liegen dicht aufeinander: Wie viele Faltungen sind nötig, um die Höhe des Ulmer Münsters (169 m) oder des Eiffelturms (320,8 m) zu erreichen oder die Entfernung Erde – Mond (ca. 384 000 km) zu überwinden. Auch hier sind die Ergebnisse verblüffend. Lassen Sie also vorher schätzen.

Bei diesem Falten des Seidenbogens geraten Sie übrigens in das Grenzgebiet zwischen Arithmetik und Geometrie. Wir haben es hier mit **geometrischen Folgen** zu tun.

Lösung:

Ulmer Münster: $2^n = 169\ 000 : 0{,}01$ mm, also $n = \log_2 16\ 900\ 000$.

24 Faltungen ergeben eine Höhe von etwas mehr als 167 m. Wenn man die 25. Faltung vornimmt, erreicht man schon eine Höhe von über 335 m.

Eiffelturm: $2^n = 320\ 800 : 0{,}01$ mm, also $n = \log_2 32\ 080\ 000$.

Auch hier hat man mit der 25. Faltung (335,54 m) die Höhe des Eiffelturms bereits überschritten.

Abstand Erde – Mond: $2^n = 384 \cdot 10^9 : 0{,}01$, also $n = \log_2 38\ 400 \cdot 10^9$.

45 Faltungen reichen nicht, sie bringen ca. 351 840 km. Wenn man noch einmal faltet, ist man schon weit über den Mond hinaus, dann ist der Stapel nämlich ca. 703 680 km dick.

1.3.2 Topologisches

A Das Möbius-Band

H 10; R, G 8–9

Ein zu einem Ring zusammengeklebtes Band (Papierstreifen) dieser Gestalt (s. S. 42) besteht aus zwei Flächen und zwei Kanten. Es ist nicht möglich, einen Punkt auf der einen Fläche mit einem Punkt auf der anderen Fläche ohne Randüberschreitung bzw. einen Randpunkt mit einem Punkt des anderen Randes ohne Flächenüberschreitung zu verbinden. Wenn man dieses Band auseinanderschneidet und die beiden Enden nach einer einfachen Drehung wieder zusammenklebt, erhält man ein Möbius-Band.

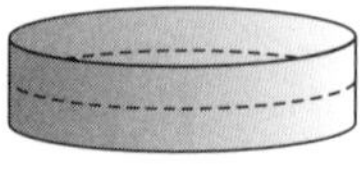

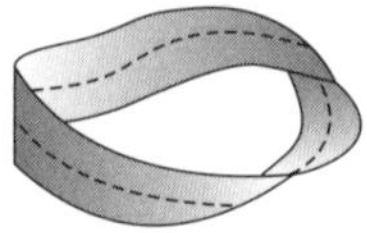

Nun gelingt das, was vorher unmöglich war. Das Möbius-Band hat nämlich nur eine Fläche und nur eine Randlinie. Probieren Sie's aus. Und was passiert, wenn Sie das Möbius-Band der Länge nach zerschneiden? Lassen Sie Ihre Schüler experimentieren.
Ähnlich interessant ist auch der **Torus**. Ein Autoschlauch oder ein Fahrradschlauch haben die Gestalt eines Torus. Wenn man ihn der Länge nach oder quer zum Ring aufschneidet, erhält man nicht zwei Stücke, wie es z.B. bei der Kugel der Fall wäre, sondern es bleibt ein zusammenhängendes Stück.

B Bloß vier Farben für eine Landkarte? H 9–10; R, G 8–9

Politische Landkarten werden so eingefärbt, dass zwei benachbarte Länder mit einer gemeinsamen Grenzlinie – ein Punkt gilt nicht als Grenze – jeweils mit unterschiedlicher Farbe gekennzeichnet werden. Dafür reichen unabhängig von der Anzahl der Länder vier Farben aus. Man kann das an einer Fantasielandkarte ausprobieren. Dass das immer so ist, also bei einer beliebigen Anzahl von Ländern, konnte erst vor kurzem unter hohem Computereinsatz an der Universität Illinois (USA) bewiesen werden.

C Die Pregelbrücken von Königsberg H 10; R, G 8–9

Die Stadt Königsberg wird vom Fluss Pregel durchflossen, der sich im Stadtgebiet teilt und eine Insel bildet. Sieben Brücken verbinden die einzelnen Ufer miteinander.

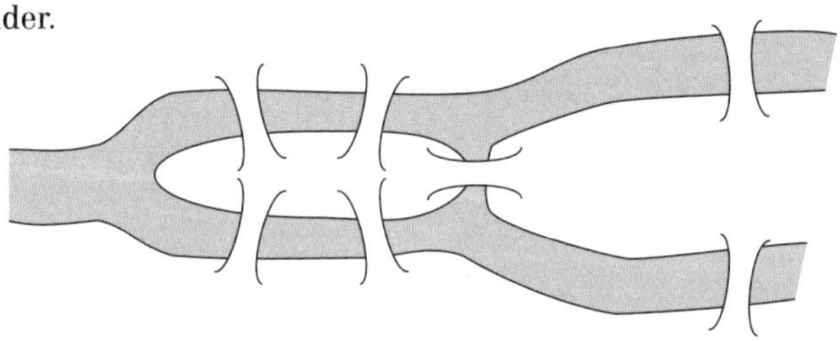

Es wird behauptet, der Königsberger Philosoph Immanuel Kant habe jeden Abend einen Spaziergang über die Pregelbrücken gemacht und bei diesem Rundgang jede Brücke nur einmal betreten. Ist das möglich?

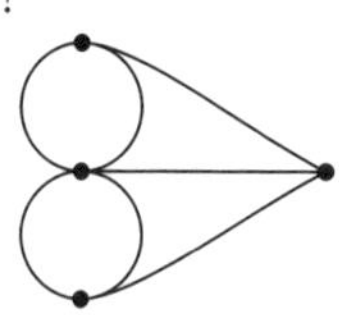

Wenn es möglich ist, müssten Sie diese Figur in einem Zug zeichnen können. Das geht aber nicht. Kant muss also irgendeine Brücke zweimal überquert haben. Solche Graphen aus Punkten (Ecken) und ihren Verbindungen (Kanten) lassen interessante Untersuchungen zu.

Ein Weg durch einen Graphen, bei dem jede Kante genau einmal durchlaufen wird, nennt man auch **eulersche Linie**. Eine eulersche Linie ist immer möglich, wenn bei allen Punkten in einem Graphen immer eine gerade Anzahl von Kanten zusammenstoßen. Sind genau zwei Punkte da, bei denen eine ungerade Anzahl Kanten zusammenstößt, hat der Graph bei diesen Punkten einen Anfangs- und einen Endpunkt. Das Haus vom Nikolaus ist solch ein Graph.

D Gas – Elektrizität – Wasser

H, R, G 7+

Das so genannte GEW-Problem (siehe Seite 180) gehört ebenfalls in das Gebiet der Topologie. Jede **geschlossene Kurve** trennt alle Punkte der Ebene in Innenpunkte (sie liegen innerhalb der Kurve) und Außenpunkte (sie liegen außerhalb der Kurve). Damit ist der so genannte **jordansche Kurvensatz** beschrieben. Bei dem GEW-Problem bleibt mindestens ein Haus oder ein Versorgungsbetrieb übrig, die außerhalb einer geschlossenen Kurve liegen, das Problem ist also nicht lösbar. Hier ist ein anderes Beispiel. Ist die Maus vor der Katze sicher? Hat sie sich richtig versteckt?

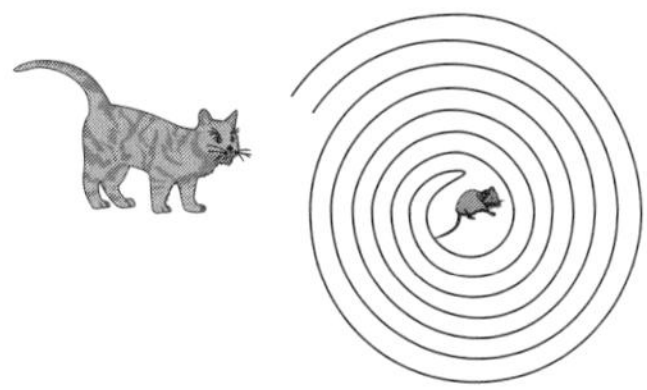

1.3.3 Begrenzte Unendlichkeit

R, G 9–10

Der polnische Mathematiker Waclaw Sierpinski (1882–1969) entdeckte 1912 Kurven, die innerhalb eines geschlossenen Bereiches bleiben und diesen Bereich vollständig ausfüllen. Solche Kurven heißen **Sierpinski-Kurven**.

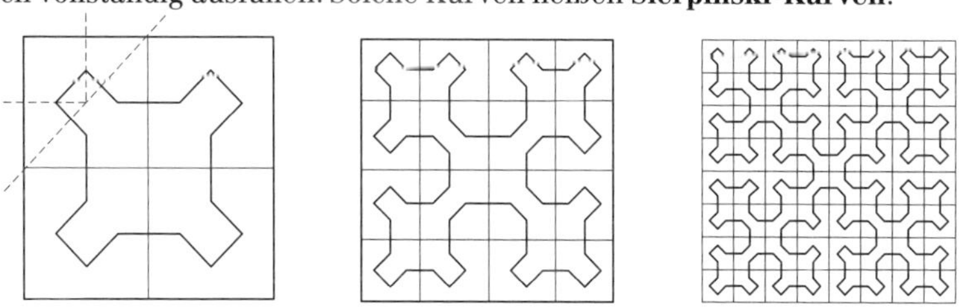

Das Konstruktionsprinzip ist gut mit Ihren Schülerinnen und Schülern zu erarbeiten. Das Quadrat links oben gibt eine Hilfe.

Ähnlich verhält sich die Kurve, die 1903 der dänische Mathematiker Helge von Koch (1870–1924) fand. Auch hier entwickelt sich das Gebilde trotz des begrenzten Bereichs zu einer unendlich langen Linie. Die Konstruktion ist einfach: Die Strecke a wird in drei gleiche Teile geteilt. Der mittlere Teil wird weggenommen und über der Lücke ein gleichseitiges Dreieck errichtet. Die Länge dieses Streckenzuges b beträgt $\frac{4}{3}$ der ursprünglichen Strecke a. Jeder Abschnitt des Streckenzuges b wird nun in der gleichen Weise verändert usw. Jeder neue Streckenzug verhält sich zum vorhergehenden wie 4 : 3.

Die Länge der Kurve wächst also über alle Grenzen, die Kurve selbst verliert sich aber nicht im Grenzenlosen. An dieser Stelle kommt es dann zu Berührungen mit der ganz modernen **Chaostheorie**.
Und so sieht die **kochsche Kurve** im Anfangsstadium dann aus:

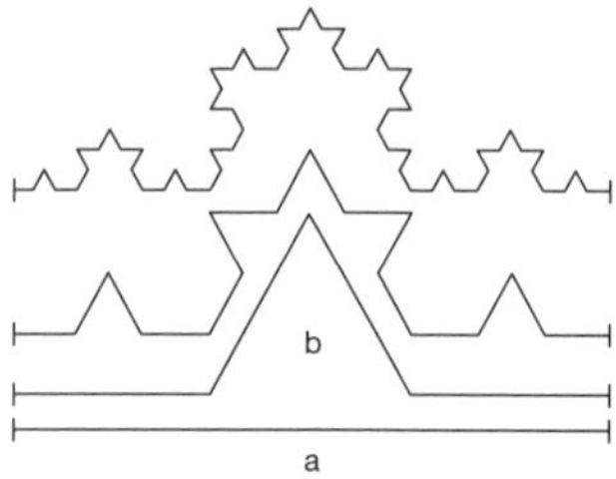

1.3.4 Zerlegen von Flächen

A

H 7; R, G 6–7

Ein Blatt Papier, das doppelt so lang wie breit ist (Seitenverhältnis 1 : 2), soll durch drei geradlinige Schnitte so zerlegt werden, dass acht gleich große Quadrate entstehen. Man lässt die Schülerinnen und Schüler am besten mit einem Blatt Papier von entsprechender Gestalt zunächst durch Falten probieren.
Die **Lösung** liegt gar nicht so nahe:

1. Schnitt: Das Blatt wird rechtwinklig zur langen Seite in der Mitte zerschnitten. Es entstehen zwei Quadrate.
2. Schnitt: Die beiden Quadrate werden übereinandergelegt in der Mitte parallel zu einer Seite zerschnitten. Es entstehen vier Rechtecke.
3. Schnitt: Die vier Rechtecke werden aufeinandergelegt und rechtwinklig zur langen Seite halbiert. Nun hat man acht Quadrate.

B

H, R, G 6

Ein Blatt Papier von quadratischer Gestalt soll durch einen Schnitt in vier gleich große Quadrate zerlegt werden.

Lösung: Das Papier wird über eine seiner Diagonalen gefaltet. Das entstandene Dreieck faltet man so, dass die beiden spitzen Winkel übereinanderliegen. Im neuen Dreieck wird der Schnitt von der Mitte der Hypotenuse zur Spitze des rechten Winkels ausgeführt. Vier gleich große Quadrate sind das Ergebnis.

C

H, R, G 6+

Vier Freunde wollen sich einen **Garten** von quadratischer Gestalt gerecht teilen. Weil sie sich so gut verstehen, will jeder mit seinem Grundstücksanteil an die Grundstücke aller anderen drei Freunde angrenzen. Wie kann diese Teilung aussehen?

Lösung:

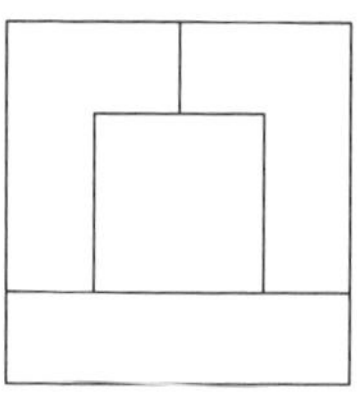

D

H 9–10; R 9; G 8–9

Und wie sieht diese Zerlegung aus, wenn ein **Grundstück** die Form eines Kreises hat?

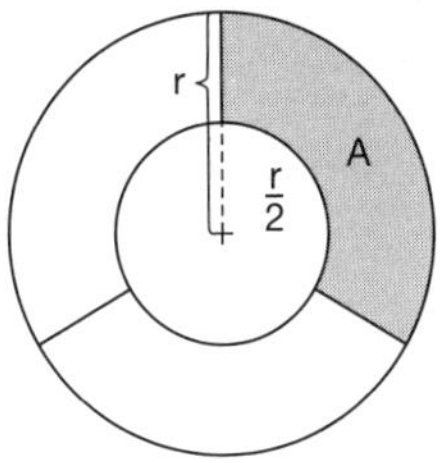

Lösung:

$$A = \left(r^2\pi - \left(\frac{r}{2}\right)^2 \cdot \pi\right) : 3$$

$$= \pi \frac{\left(r^2 - \frac{r^2}{4}\right)}{3} = \frac{\pi \cdot \frac{3r^2}{4}}{3} = \pi \cdot \frac{r^2}{4}$$

E

H, R, G 6 +

Vier Erben sollen sich dieses **Grundstück** teilen:
Das Testament bestimmt, dass alle vier Teile von gleicher Größe und von gleicher Gestalt sein sollen.

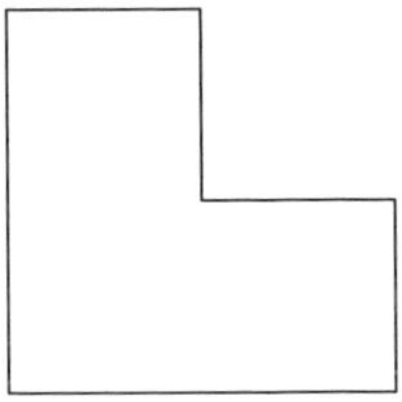

Lösung:

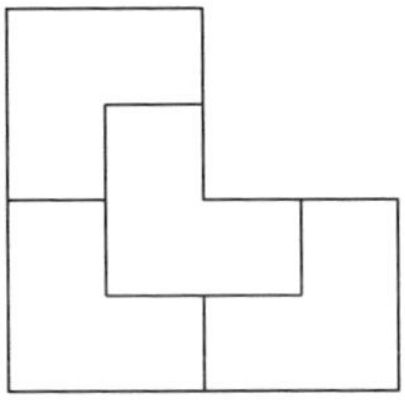

1.3.5 Zum Skizzieren und Zeichnen

A

H 7; R, G 6 +

Ein **Viereck** kann man durch eine Gerade in zwei Dreiecke teilen. Nun soll aber ein Viereck gezeichnet werden, das sich durch eine Gerade in drei Dreiecke zerlegen lässt.

Lösung:

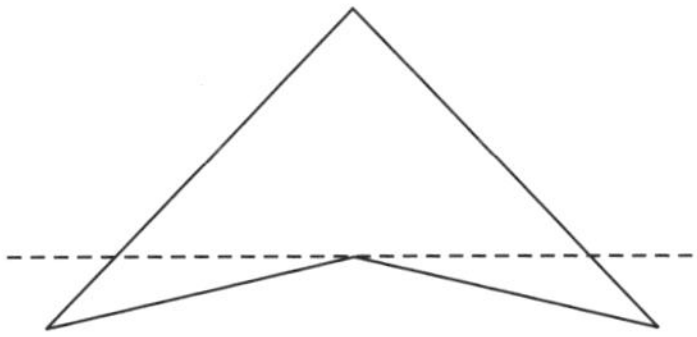

B

H 8; R, G 7 +

Fordern Sie Ihre Schülerinnen und Schüler auf, ein **Sechseck** mit sechs spitzen Winkeln zu zeichnen. Ist das möglich?

Lösung:

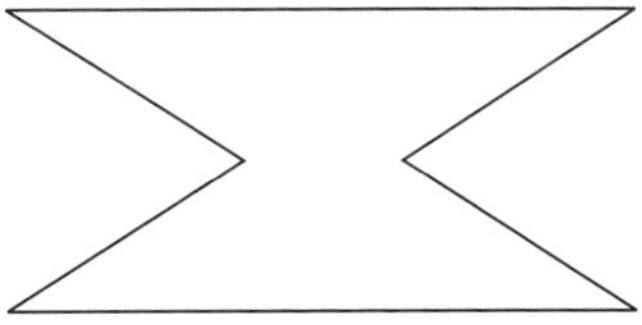

C

H 8; R, G 7

Kann man auch ein **Sechseck** mit 6 rechten Winkeln zeichnen?

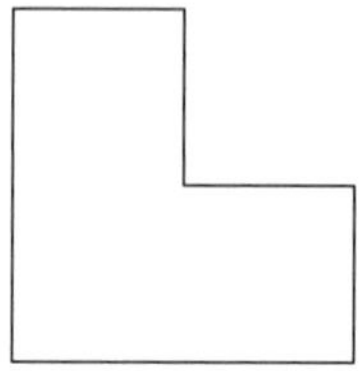

Lösung:

D

H 8 +; R, G 7 +

Die innen liegende Diagonale verbindet in einem **Viereck** zwei gegenüberiegende Ecken. In der Regel lassen sich zwei innen liegende Diagonalen zeichnen. Es gibt aber auch Vierecke, die nur eine solche Diagonale haben. Wie sieht so ein Viereck aus?

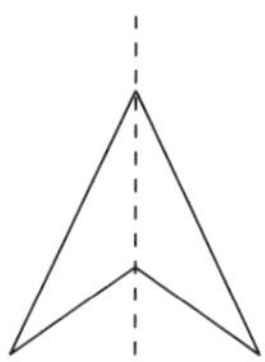

Lösung:

E

H 8; R, G 7 +

Und jetzt soll ein **Zwölfeck** mit zwölf spitzen Winkeln oder gar ein Zwölfeck mit zwölf rechten Winkeln gezeichnet werden.
Das geht so:

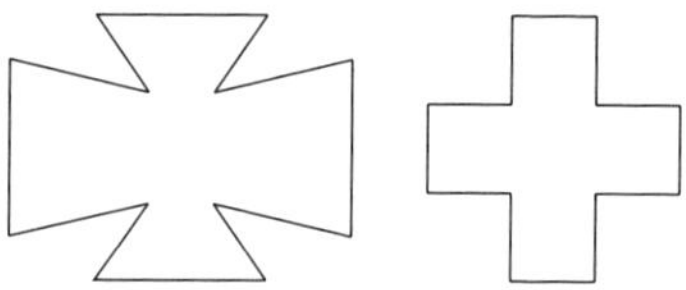

Lösung:

1.3.6 Körper und Netze

A

H 8–9; R, G 8

Sie geben Schrägbild und Netz eines Körpers als Arbeitsblatt oder als Folie für den Overheadprojektor vor. Markieren Sie eine Fläche im Netz durch Schraffierung oder Einfärbung und fordern Sie Ihre Schülerinnen und Schüler auf, diese Fläche entsprechend im Schrägbild zu markieren.
Markieren Sie genauso eine Ecke oder eine Kante und lassen Sie die im Schrägbild suchen.
Das Ganze auch umgekehrt: Die Markierung wird im Schrägbild vorgegeben und im Netz an entsprechender Stelle gesucht.

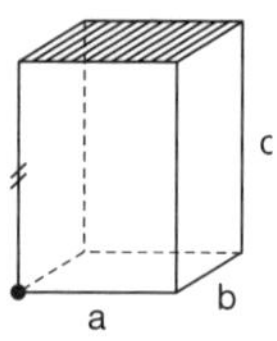

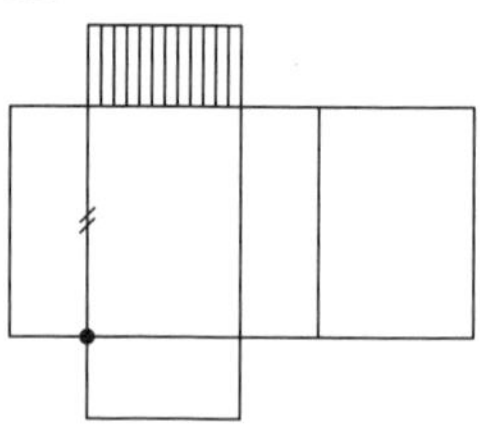

B H 9–10; R, G 8–9

Der eulersche Polyedersatz
Anzahl der Ecken – Anzahl der Kanten + Anzahl der Flächen = 2
$e - k + f = 2$
gilt in jedem konvexen (vollständig nach außen gewölbten) Körper, also auch in den Körpern, wie sie im Geometrieunterricht in der Regel vorkommen. Eine Kugel ist übrigens kein Polyeder.
Lassen Sie Ihre Schülerinnen und Schüler diesen Polyedersatz auf induktive Weise selbst finden. Die Ecken, Kanten und Flächen eines Körpers werden ausgezählt.

Die Ergebnisse werden in einer Tabelle

Anzahl der Ecken	Anzahl der Kanten	Anzahl der Flächen
...	...	...
...	...	...
...	...	...
...	...	...
...	...	...

an der Tafel festgehalten und nach hinreichend vielen Auszählungen gemeinsam erörtert.

1.4 Erfaltete Geometrie

Papierfalten ist weit mehr als bloßes Falten und Knicken. Aus Fernost kennen wir es als **Origami**, jener uralten Kunst des Papierfaltens, die seit jeher Laien wie Künstler faszinierte. Origamikünstler benötigen nicht mehr als ein Blatt Papier, dazu freilich ein Quäntchen Geschick und viel, viel Sorgfalt, um daraus vollendet schöne Figuren zu falten.
Hierzulande können wir nicht auf eine so alte, so reiche und so anregende Tradition des Papierfaltens zurückblicken. Und doch: Wer hätte sich nicht auch gelegentlich mit Faltübungen versucht; wer hätte sich nicht auch gelegentlich damit vergnügt, Spielzeuge zu falten – einen Papierflieger, ein Schiffchen, ein Windrad ...!
Wird ein Stück Papier gefaltet, so ist die Faltlinie eine Gerade. Faltet man ein weiteres Mal, sodass die soeben entstandene Faltlinie auf sich zu liegen kommt, wird die Senkrechte zu der Geraden erzeugt ...
Wer faltet, steckt unversehens inmitten der Geometrie! Die Kunst des Faltens ist ein hervorragender Zugang zum Geometrieunterricht. Wer faltet, braucht Auge, Hirn und Handfertigkeit. Falten fördert Einsicht, Verstehen und Begreifen!

Gleich weit

A Punkt auf Punkt

H, R 7–8; G 6

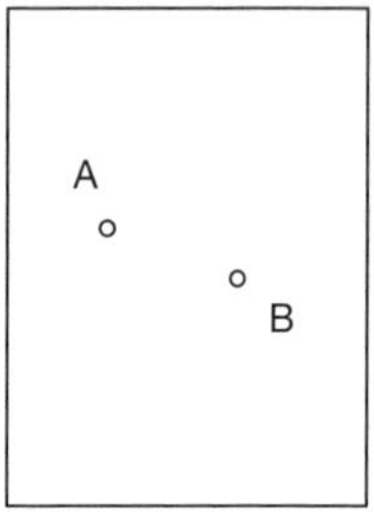

Man markiert zwei Punkte A und B.

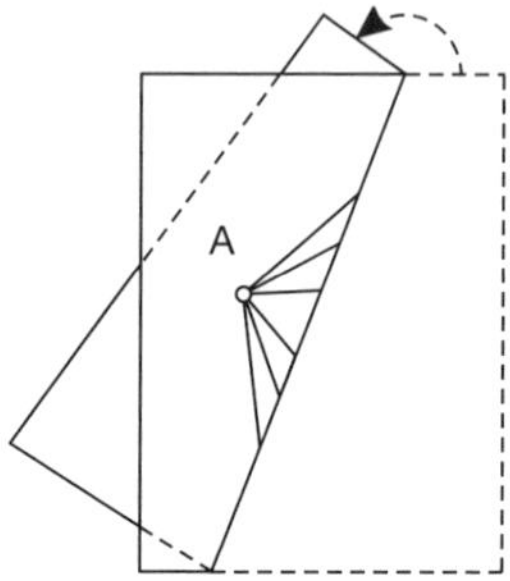

Man faltet so, dass die beiden Punkte zur Deckung kommen. Was sich auf einer Seite der Faltlinie findet, findet sich ebenso auf der anderen.

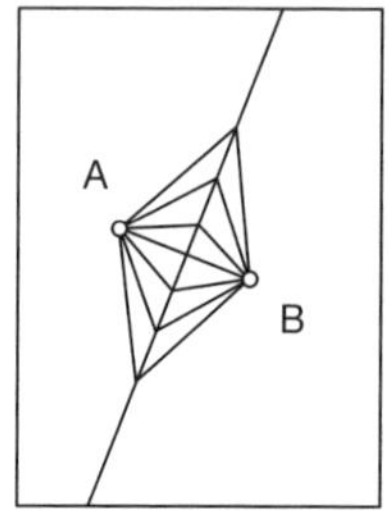

Die Faltgerade:

1. Sie ist Symmetrielinie.
2. Sie enthält jene Punkte, die von A und B gleich weit entfernt sind.
3. Sie halbiert die Strecke $\overline{AB}$.
4. Sie steht im Mittelpunkt von $\overline{AB}$ senkrecht auf $\overline{AB}$.

B Gerade auf Gerade

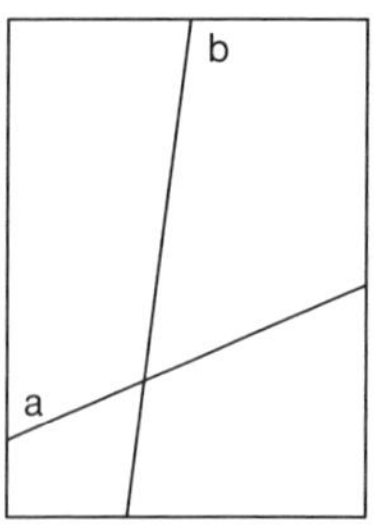

Die zwei Geraden a und b.

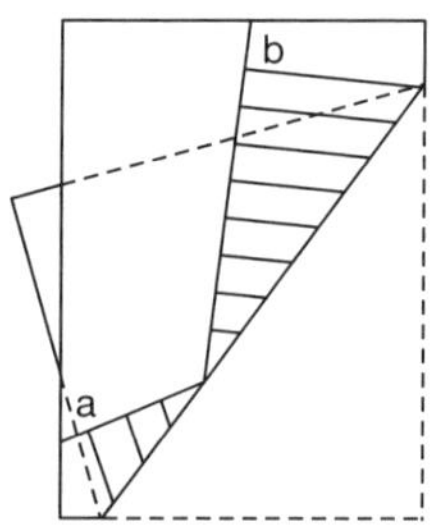

Man faltet so, dass die beiden Geraden zur Deckung kommen.
Was sich auf einer Seite der Faltlinie findet, findet sich ebenso auf der anderen.

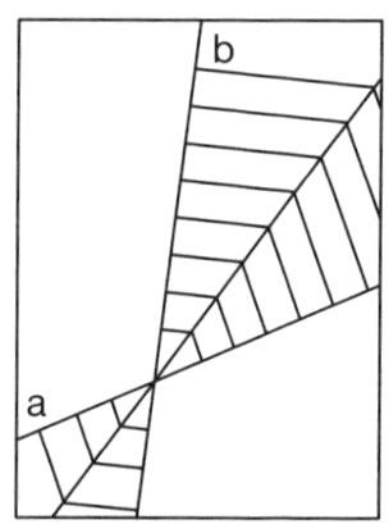

Die Faltgerade:

1. Sie ist Symmetrielinie.
2. Sie enthält jene Punkte, die von a und b gleich weit entfernt sind.
3. Sie halbiert den Winkel $\sphericalangle(a,b)$.

Vielecke

H, R, G 7 +

A Rechteck

Das irgendwie geformte Papier wird gefaltet – die erste Randgerade des Rechtecks ist erzeugt.

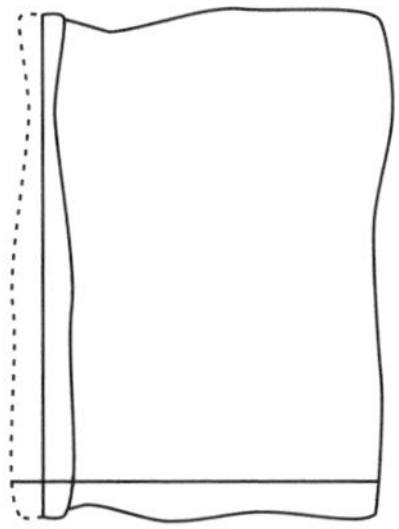

Man faltet so, dass die soeben erhaltene Faltlinie mit sich zur Deckung kommt – die neue Faltlinie bildet die zweite Randgerade.

Man wiederholt diesen Faltvorgang zwei weitere Male – das Rechteck ist gefaltet:

1. Die Innenwinkel sind rechte Winkel.
2. Je zwei gegenüberliegende Seiten sind gleich lang.

B Quadrat

Man geht von einem rechteckigen Papier aus – oder stellt es sich her!

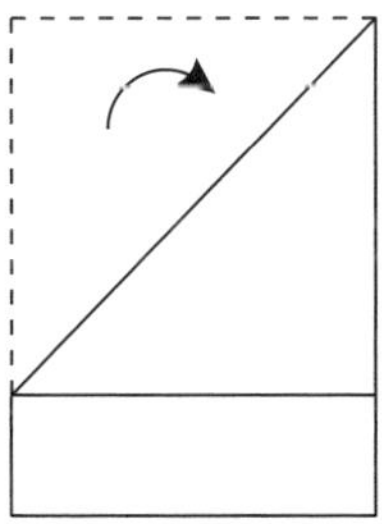

Man faltet so, dass eine der kürzeren Seiten mit einer der längeren zur Deckung kommt. Die Faltgerade ist Diagonale!

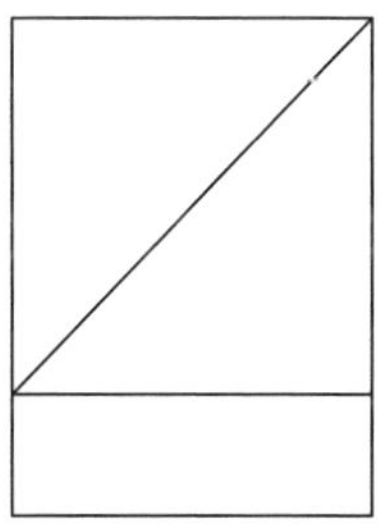

Am Ende der Diagonalen wird der überstehende Teil gefaltet; Rand liegt auf Rand!

Das Quadrat ist gefaltet:

1. Die Innenwinkel sind rechte Winkel.
2. Die vier Seiten sind gleich lang.

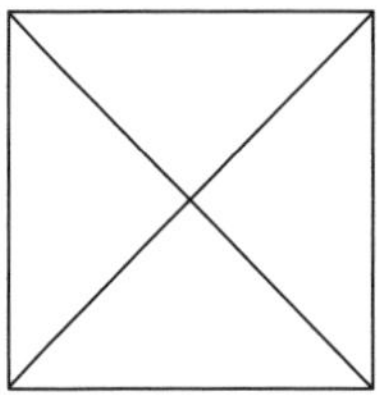

Wer will, faltet weiter – die zweite Diagonale – und so, dass gegenüberliegende Seiten zur Deckung kommen.
Man erkennt:
1. Die Diagonalen stehen senkrecht aufeinander.
2. Die Diagonalen sind gleich lang.
3. Die Diagonalen halbieren sich.

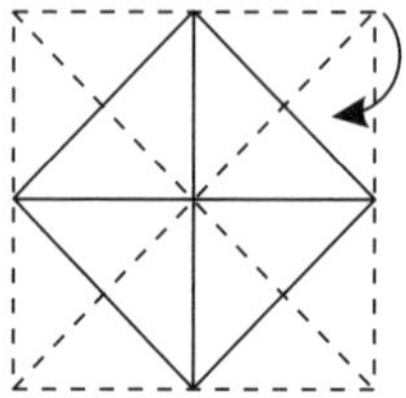

Man faltet so weiter, dass die Eckpunkte mit dem Diagonalenschnittpunkt zur Deckung kommen. Es entsteht ein Quadrat im Quadrat.

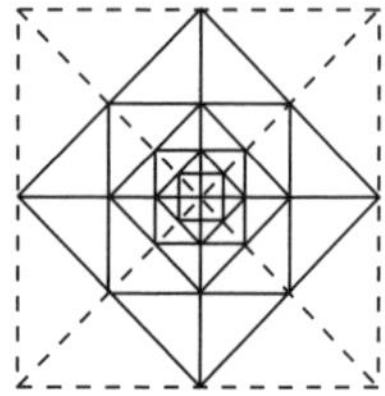

Man faltet weiter: – so, dass die Ecken des neuen Quad-rats auf den Diagonalen-schnittpunkt kommen. Und wieder entsteht ein Quad- rat; es ist das Quadrat im Quadrat des Quadrats …
Wie hängen sie miteinander zusammen, die Seiten, die Diagonalen, die Flächen …?

C Dreiecke

Gleichschenkliges Dreieck

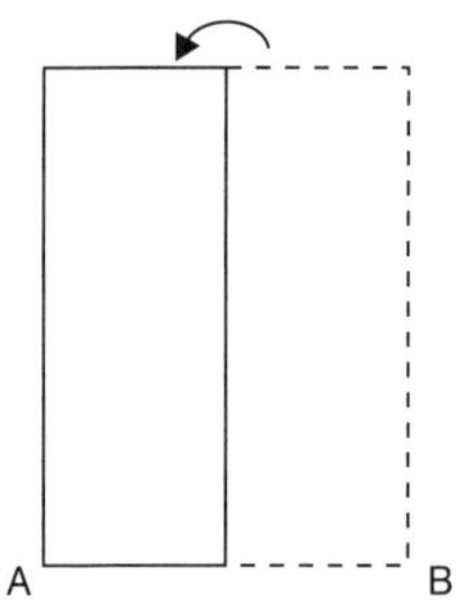

Man beginnt mit einem rechteckigen Papier und faltet so, dass zwei gegenüberliegende Seiten und damit auch die Eckpunkte A, B zur Deckung kommen.

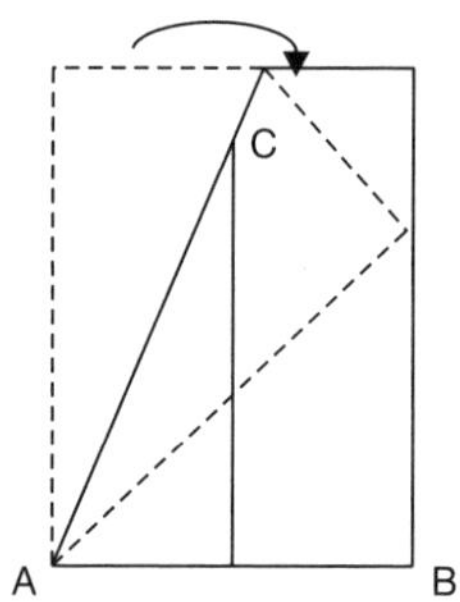

Man wählt einen Punkt C auf dieser Faltgeraden und faltet vom Punkt C zum Eckpunkt A des Rechtecks.

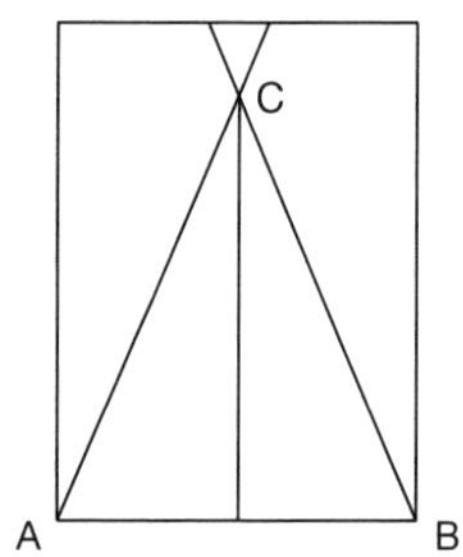

Man faltet von C zum Eckpunkt B des Rechtecks.
Das gleichschenklige Dreieck ist gefaltet:
1. Zwei Seiten sind gleich lang.
2. Zwei Winkel sind gleich groß.

Gleichseitiges Dreieck

Auch hier wird das rechteckige Papier so gefaltet, dass zwei gegenüberliegende Seiten und damit die Eckpunkte A, B zur Deckung kommen.

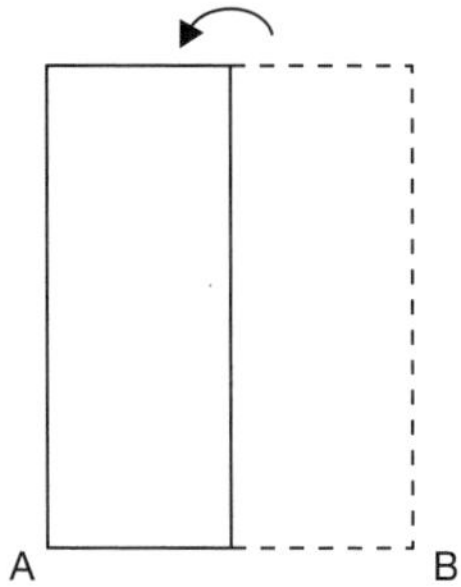

Der dritte Eckpunkt C liegt auf dieser Faltgeraden. Man erhält ihn, indem man durch B so faltet, dass A auf die Faltgerade zu liegen kommt.

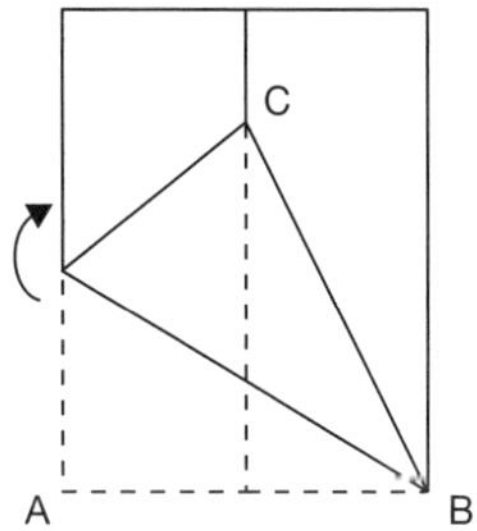

Nun noch die Faltlinien AC und BC, und das gleichschenklige Dreieck ist gefaltet: Alle drei Seiten sind gleich lang.

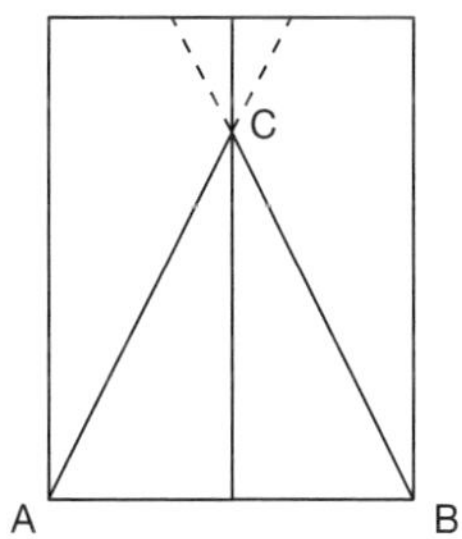

Wer mehr über das gleichschenklige Dreieck erfahren will, der faltet weiter: Die weitere Faltgerade bringt die Seite BC mit der Grundseite AB zur Deckung.
Man erkennt:
Die Faltgeraden durch das Innere des Dreiecks

- halbieren die Seiten.
- sind Höhen des Dreiecks.
- sind Mittellote des Dreiecks.
- sind Winkelhalbierende des Dreiecks …

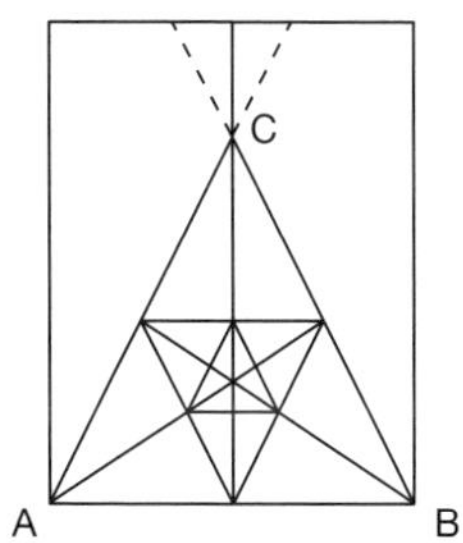

D Regelmäßiges Sechseck

H 9; R, G 8–9

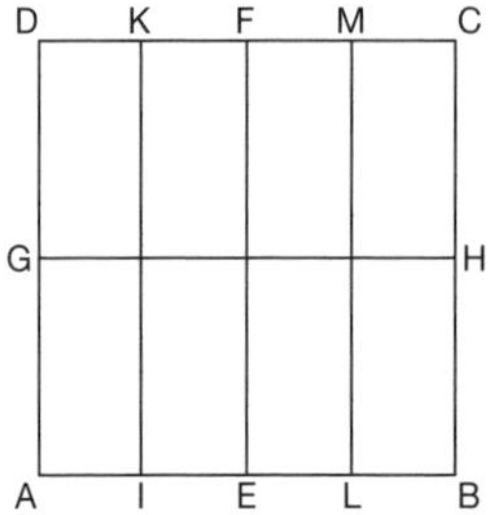

Das quadratische Papier ABCD wird mehrfach gefaltet:

- Die Faltlinie EF bzw. GH erhält man durch Halbierung des Quadrats ABCD.
- Die Faltlinie IK bzw. LM erhält man durch Halbierung des Rechtecks AEFD bzw. EBCF.

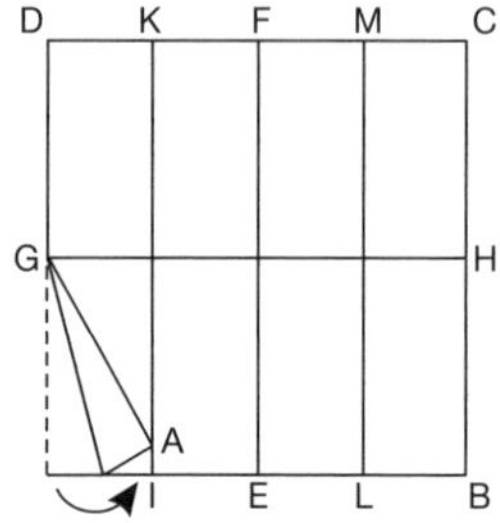

Durch G wird so gefaltet, dass der Eckpunkt A auf IK zu liegen kommt; dieser Punkt ist ein Eckpunkt des Sechsecks.
Entsprechend verfährt man mit B, C und D und erhält weitere Eckpunkte; sie bilden zusammen mit G und H das Sechseck.

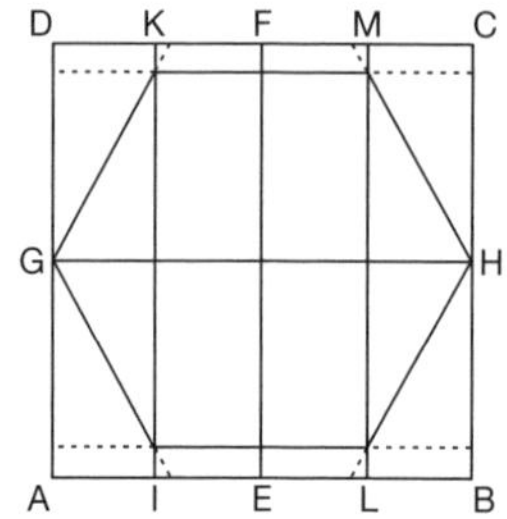

Das so erhaltene Sechseck ist ein regelmäßiges Sechseck:

- Die Seiten sind gleich lang.
- Die Innenwinkel sind gleich groß.

Man erkennt dies sofort, wenn zusätzlich durch gegenüberliegende Eckpunkte gefaltet wird; die Figur enthält 6 gleichseitige Dreiecke!

E Regelmäßiges Achteck

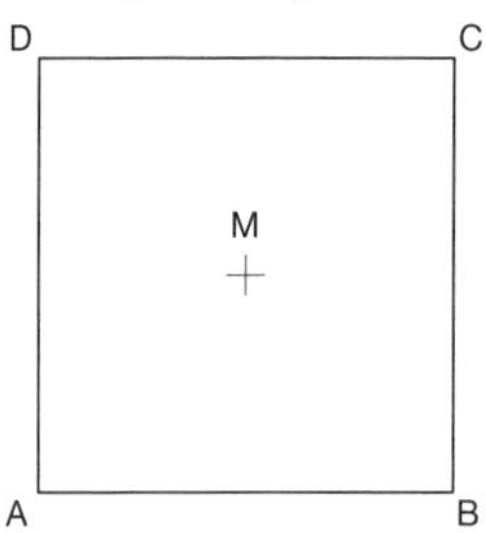

Man geht aus vom quadratischen Papier ABCD. Zunächst wird durch Falten der Mittelpunkt M, d. h. der Diagonalenschnittpunkt, festgestellt.

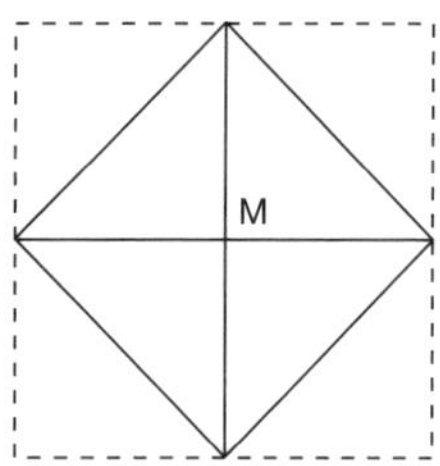

Nun wird so gefaltet, dass jeder Eckpunkt auf M zu liegen kommt; es entsteht ein Quadrat im Quadrat.

Jetzt werden die Winkel, die das Ausgangsquadrat mit dem gefalteten Quadrat bildet, halbiert. Die Schnittpunkte dieser neuen Faltlinien und die Seitenmitten sind Eckpunkte eines regelmäßigen Achtecks:

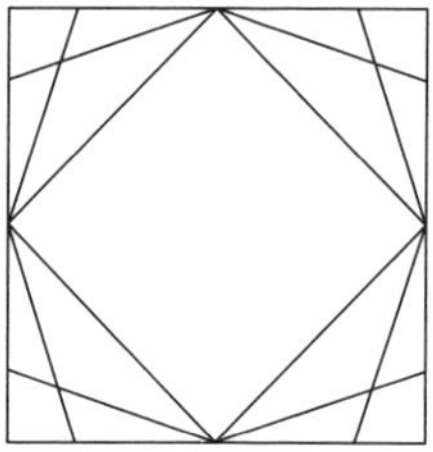

- Alle Seiten sind gleich lang.
- Alle Winkel sind gleich groß, sie messen $90° + 2 \cdot \frac{45°}{2}$.

F Regelmäßig oder nicht?

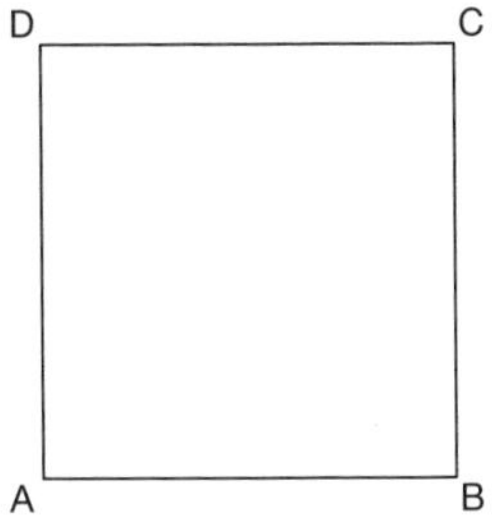

Ausgangsfigur ist das Quadrat ABCD.

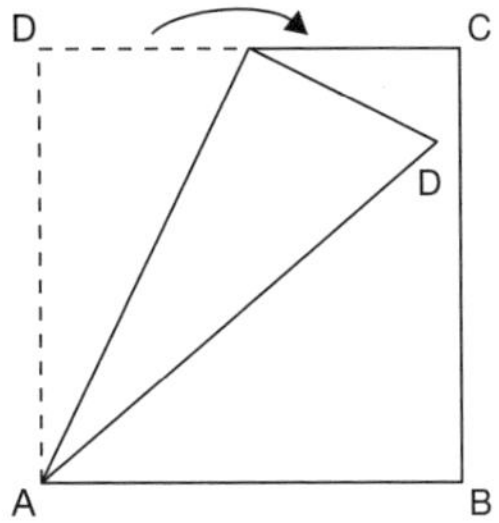

Man faltet:
- von A zu den gegenüberliegenden Seitenmitten.
- und von B, von C, von D zu den Seitenmitten.

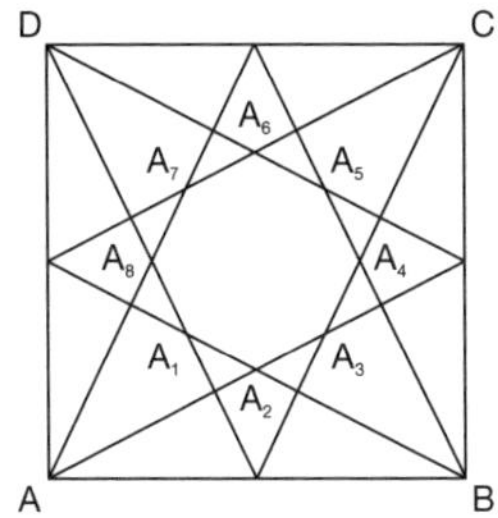

Die Schnittpunkte der Faltgeraden bestimmen das Achteck: $A_1A_2A_3A_4A_5A_6A_7A_8$. Sind die Seiten gleich lang? Sind die Innenwinkel gleich groß? Ist es regelmäßig?

Kurven

A Erfaltete Parabel

H 10; R, G 8–9

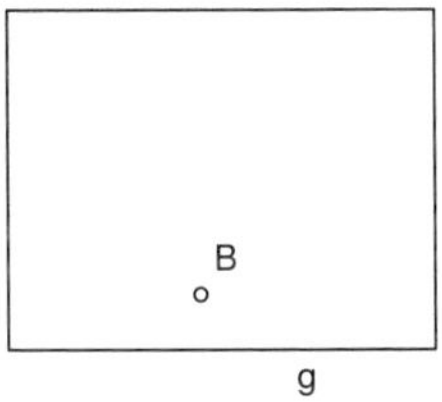

Ja, selbst Kurven lassen sich falten! Wir gehen aus von einem rechteckigen Papier. Die wesentlichen Elemente für die Faltung:
- die Gerade g, wir wählen die untere Seitenkante des Rechtecks;
- ein Punkt B, er ist in der Abbildung markiert.

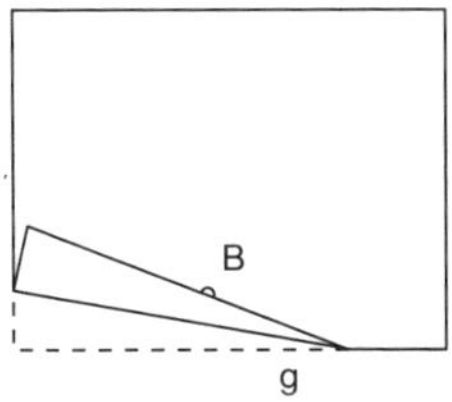

Es wird stets so gefaltet, dass die Gerade g durch den Punkt B geht. Gefaltet wird möglichst oft.

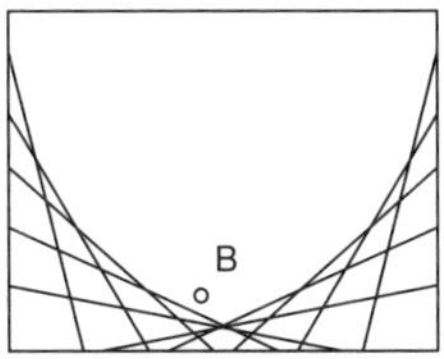

Die Faltgeraden: Sie hüllen eine Parabel ein. Die Einhüllung ist grob, wenn nur wenig gefaltet wurde; sie ist fein, wenn häufig gefaltet wurde.

B Erfaltete Ellipse

H 10; R, G 8–9

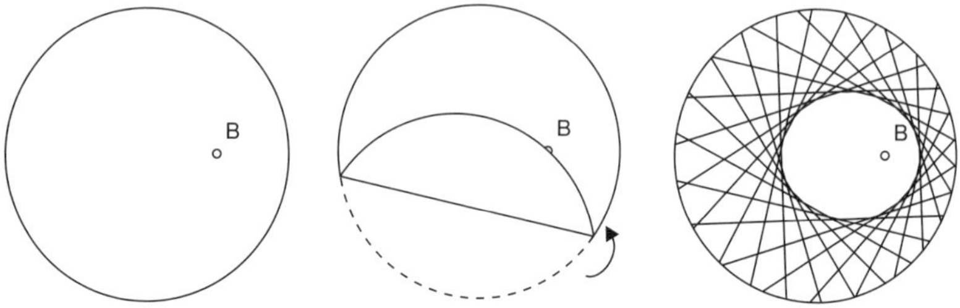

Hier genügt als Ausgangsfigur kein Rechteck, gefragt ist hier ein Kreis. Man markiert einen Punkt B irgendwo im Kreis.

Man faltet stets so, dass der Kreisrand durch den Punkt B verläuft. Gefaltet wird möglichst oft.

Die Faltgeraden hüllen eine Ellipse ein. Die Einhüllung ist grob, wenn nur wenig gefaltet wurde; sie ist fein, wenn häufig gefaltet wurde. Übrigens: Ist B der Kreismittelpunkt, so hüllen die Faltgeraden einen Kreis ein.

1.5 Kürzeste Wege

R, G 8 +

Probleme lösen ist gut, sie optimal zu lösen ist besser! Im Alltag und im Beruf, in Wirtschaft und Technik geht es immer wieder darum, möglichst **günstige Problemlösungen** zu finden.

Wir stellen ein Bündel von Wegeproblemen vor. Dabei begnügen wir uns freilich nicht mit der ganz alltäglichen Frage: „Wie bitte komme ich von A nach B?" Und auch die Frage: „Wie bitte komme ich auf dem kürzesten Weg von A nach B?" ist uns zu simpel. Wir fragen nach kürzesten Wegen mit Nebenbedingungen – einfachen Nebenbedingungen; denn ein kleiner Dreh zu viel, und schon versagen unsere elementargeometrischen Werkzeuge!

Geometrie lebt in Bildern, sie nutzt die Anschauung. Algebra gilt als spröde, abstrakt, formalistisch. Geometrie und Algebra werden häufig genug als feindliche Brüder gesehen – ganz zu Unrecht! Wir haben geometrische Konstruktionen gelegentlich in die Algebra übersetzt. Diese rechnerische Begleitung will zeigen, wie sehr Geometrie und Algebra aufeinander angewiesen sind und sich gegenseitig ergänzen. Elementargeometrische Konstruktionen führen auf elementare algebraische Lösungen; versagt die Elementargeometrie, dann versagt auch die elementare Algebra!

Brückenschlag

A und B liegen auf verschiedenen Seiten eines geradlinigen Flusses. Man plant eine Straßenverbindung, eine möglichst kurze. Wie soll die Straße verlaufen, wo soll die Brücke gebaut werden?

Die kürzeste Verbindung ist die Luftlinie, d. h. die Strecke AB. Sie ist die typisch „mathematische“ Lösung. In der Praxis wird sie nicht realisiert; technische und finanzielle Gründe verlangen, dass die Brücke nicht schräg über den Fluss, sondern senkrecht zum Ufer geführt wird.

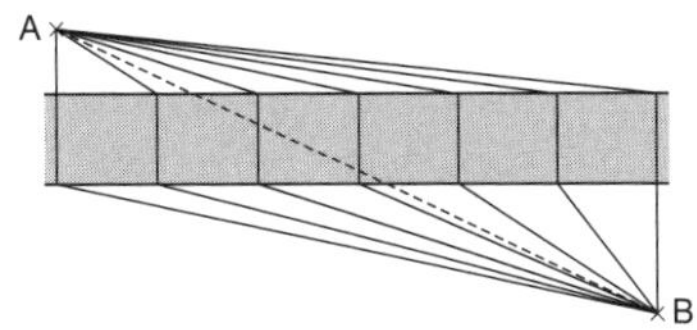

Eine Brücke ist deshalb – gleichgültig wie der restliche Straßenverlauf geplant wird – so lang wie die Flussbreite. Das Problem reduziert sich darauf, die restliche Landstraße zu minimieren. Dabei ist vom Fluss abzusehen.
Wir nehmen ihn daher aus den Betrachtungen heraus; das bedeutet mathematisch eine Parallelverschiebung der einen Halbebene um die Flussbreite. B verschiebt sich dabei nach B'. Der kürzeste Weg von A nach B' ist der geradlinige.

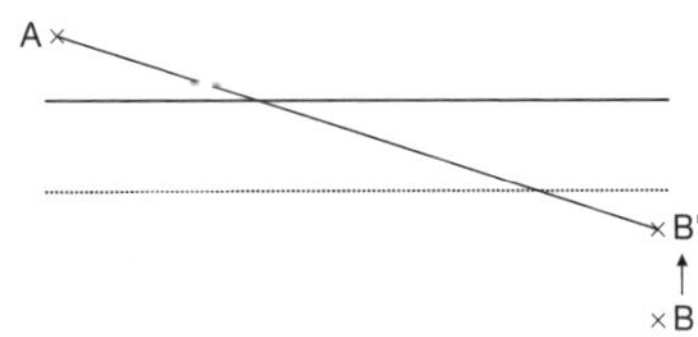

Wir machen nun die Parallelverschiebung rückgängig, lassen den Fluss wieder erscheinen und bauen die Brücke: der kürzeste Weg von A nach B ist gefunden!

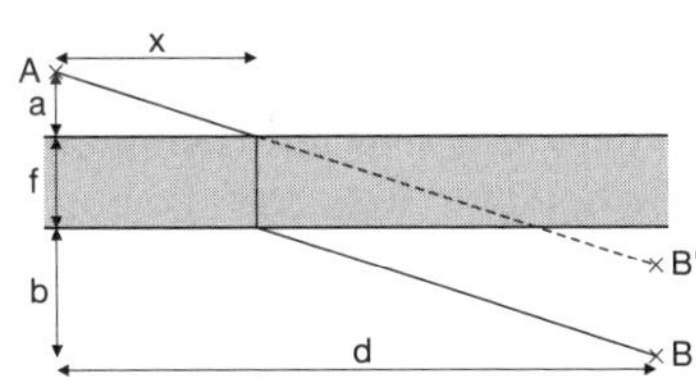

Wem's gefällt, kann dieser konstruktiven eine rechnerische Lösung anfügen. Die Länge s des Zick-Zack-Weges von A nach B setzt sich zusammen aus der Flussbreite f und der Strecke AB'; diese wiederum bestimmt sich nach Pythagoras aus jenen Daten a, b, d, f, die A und B festlegen (vgl. Abb.):

$$s = f + \overline{AB'} = f + \sqrt{d^2 + (a + b)^2}\,.$$

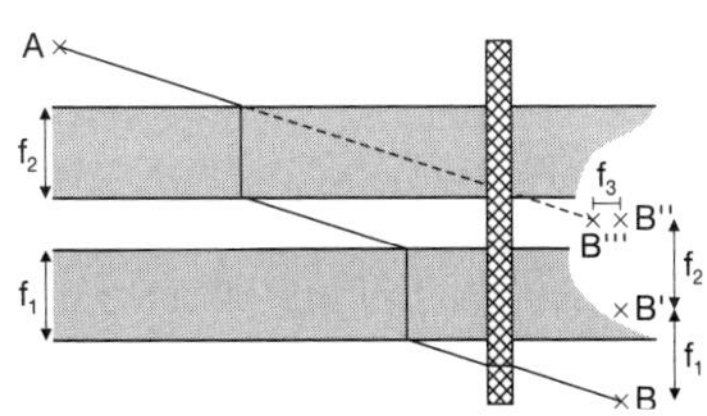

Die etwas kürzere Luftlinie l berechnet sich ebenfalls nach Pythagoras zu

$$l = \sqrt{d^2 + (a + b + f)^2}\,.$$

Der Abschnitt x (er legt die Position der Brücke fest) berechnet sich mit Hilfe des Strahlensatzes zu

$$x : d = a : (a + b), \text{ d. h. } x = \frac{a}{a + b} \cdot d.$$

Übrigens: Liegen zwischen zwei Orten A und B mehrere Hindernisse dieser Art – wir verstehen darunter Kanäle, Eisenbahnlinien, Autobahnen u. Ä. – so greift die gleiche Lösungsidee:

1. Parallelverschiebungen,
2. Verbindungsstrecke der transformierten Orte,
3. Rücktransformation der Parallelverschiebung.

Zuerst zum Bach

Andy und seine Freunde wollen von A zurück zum Zeltlager Z. Auf dem Weg dorthin sollen noch ihre Wasserkanister gefüllt werden; sie müssen deshalb einen Umweg machen, um an einem geradlinig verlaufenden Bach vorbeizukommen.

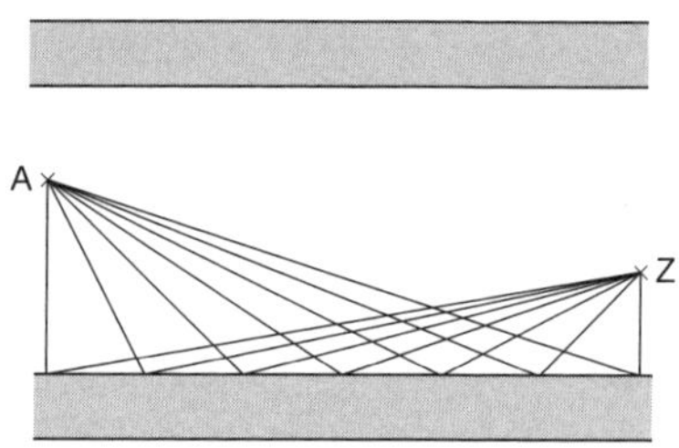

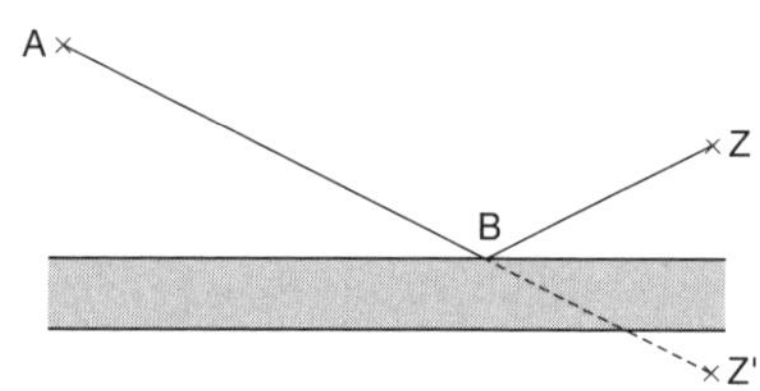

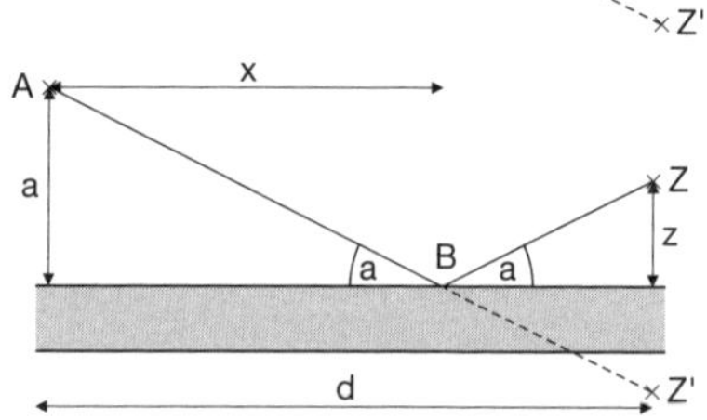

Welcher Weg von A vorbei am Bach zum Zeltlager Z ist der kürzeste? Sie gehen von A aus geradlinig zum Bach und von dort geradlinig zum Zeltlager Z, denn jeder andere Weg wäre länger!

Welcher dieser vielen Hakenwege ist also der kürzeste? Eine simple Transformation macht die Lösung augenscheinlich! Z wird am Bachufer gespiegelt; sein Spiegelbild ist Z'. Jeder Hakenweg von A über B nach Z ist genauso lang wie der gespiegelte Weg von A nach Z'. Unter diesen Wegen lässt sich der kürzeste sofort ausmachen: Es ist die Strecke $\overline{AZ'}$!

Übrigens: Der kürzeste Hakenweg $\overline{AB} + \overline{BZ}$ hat eine bemerkenswerte geometrische Eigenschaft. Wegen der Spiegelsymmetrie ist der Winkel zwischen AB und dem Bach genauso groß wie jener zwischen dem Bach

und BZ. Die Eigenschaft, kürzeste Verbindungen zwischen A und Z zu sein, ist gleichwertig dem aus der Optik wohl bekannten Reflexionsgesetz „Einfallswinkel gleich Ausfallswinkel“.
Sind die Positionen von A und Z relativ zum Bach zahlenmäßig bekannt, dann lässt sich die Länge des kürzesten Weges von A nach Z mit Hilfe des Pythagoras leicht berechnen; es ist
$\overline{AB} + \overline{BZ} = \overline{AZ'} = \sqrt{(a + z)^2 + d^2}$.
Der Abschnitt x (er legt die Stelle B am Bach fest) bestimmt sich mit Hilfe des Strahlensatzes zu

$$x : d = a : (a + z)\,, \text{ d. h. } x = \frac{a}{a + z} \cdot d.$$

Zuerst zum Teich

Conny und ihre Clique wollen von C zurück zum Zeltlager Z. Auf dem Weg dorthin wollen sie zum Teich – einem kreisrunden! – um dort zu schwimmen. Welcher Weg von C vorbei am Teich zum Zeltlager Z ist der kürzeste?
Ob zum Bach oder zum Teich – für passionierte Camper macht das kaum einen großen Unterschied, wohl aber für Mathematiker! Der Grund: Der kürzeste Weg vorbei am Bach ist durch Spiegelung an der Ufergeraden unmittelbar ersichtlich; bei einem kreisförmigen Ufer versagt dieses Lösungsverfahren.
Wie beim Bach gilt jedoch auch beim Teich das Reflexionsgesetz, gleichgültig ob der Teich kreis-, parabel-, ellipsenförmig oder irgendwie anders geformt ist: Der kürzeste Weg trifft so auf den Teich, dass Einfalls- und Reflexionswinkel gleich groß sind.
Nehmen wir nämlich an, B sei jener Punkt des Kreises, in dem das Reflexionsgesetz $\alpha = \beta$ erfüllt ist. Für jeden davon verschiedenen Kreispunkt B_1 ist dann $\overline{CB_1} + \overline{B_1Z} > \overline{CB} + \overline{BZ}$. Ist T der Schnittpunkt von CB_1 mit der Tangente t in B und ist Z' der Spiegelpunkt von Z an t, dann gilt:

1. $\overline{CB_1} + \overline{B_1Z} = (\overline{CT} + \overline{TB_1}) + \overline{B_1Z} = \overline{CT} + (\overline{TB_1} + \overline{B_1Z}) > \overline{CT} + \overline{TZ}$ (vgl. Abb. S. 58) Denn der direkte Weg von T nach Z ist kürzer als der Umweg über B1.
2. $\overline{CT} + \overline{TZ} = \overline{CT} + \overline{TZ'} > \overline{CZ'} = \overline{CB} + \overline{BZ'} = \overline{CB} + \overline{BZ}$ – klar, denn der direkte Weg von C nach Z' ist kürzer als der Umweg über T.
3. Also ist $\overline{CB_1} + \overline{B_1Z} > \overline{CB} + \overline{BZ}$.

Ein elementares Konstruktionsverfahren liefert diese grundlegende Einsicht freilich nicht!
Wir stellen eine Lösungsmethode mittels Niveaulinien vor. Niveaulinien kennt jeder! Auf Wander- und Landkarten sind es die Höhenlinien, die Punkte gleicher Höhe verbinden. Auf Wetterkarten sind es die Isobaren, sie verbinden Punkte gleichen Drucks.
Bei dieser Aufgabe interessieren Abstände. Wir zeichnen deshalb die Niveaulinien für die Abstandssummen von C und Z.

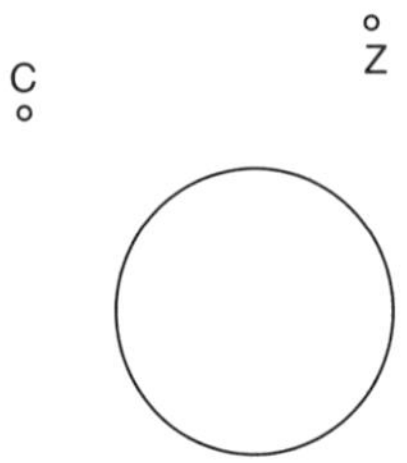

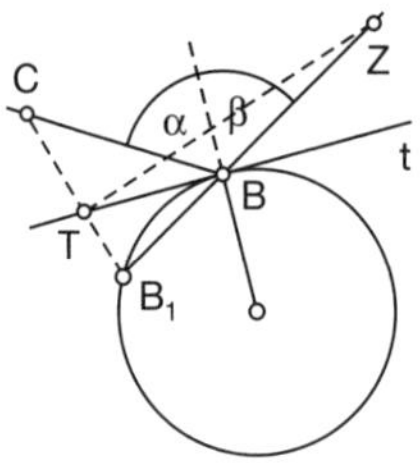

Die beiden Enden eines Fadens mit der gewünschten Abstandssumme werden in C bzw. Z fixiert. Bei gestrafftem Faden markiert der Zeichenstift Punkte gleichen Abstands; die so entstehenden Niveaulinien sind Ellipsen. Von allen Ellipsen, die mit dem Teich gemeinsame Punkte haben, hat die (eine) Berührellipse die kürzeste Abstandssumme. Der kürzeste Weg geht deshalb über den Berührpunkt B: $\overline{CB} + \overline{BZ}$.

Wer rasch und verlässlich Ellipsen zeichnen kann, der kann auch den kürzesten Weg vorbei am Teich konstruieren. Nun sind Ellipsen mit den klassischen Werkzeugen Zirkel und Lineal nicht mehr geschlossen konstruierbar; die Niveaulinienmethode ist daher keine elementargeometrische Lösung!

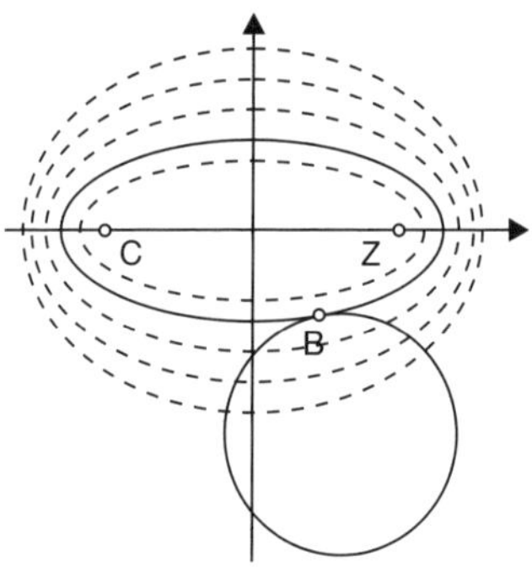

Die geometrisch gewonnenen Einsichten können auch hier in die Algebra übersetzt und weiterentwickelt werden.

1. Die Gültigkeit des Reflexionsgesetzes a = b bzw. $\alpha' = \beta'$ lässt sich nutzen, geometrisch gefundene Lösungen auf ihre Genauigkeit zu prüfen. Ist nämlich der Punkt B konstruiert, dann liegen auch die Strecken $\overline{CB}$, $\overline{BZ}$ und die Tangente t fest und man kann die Anstiege mc, mz, mt dieser Strecken bzw. der Tangente ermitteln. Daraus bestimmen sich die Winkel α' bzw. β' gemäß

$$\tan \alpha' = \frac{m_c - m_t}{1 + m_c m_t} \text{ bzw. } \tan \beta' = \frac{m_t - m_z}{1 + m_t m_z}.$$

Das Maß der Übereinstimmung dieser Werte gibt Auskunft über die Exaktheit der gefundenen Lösung.

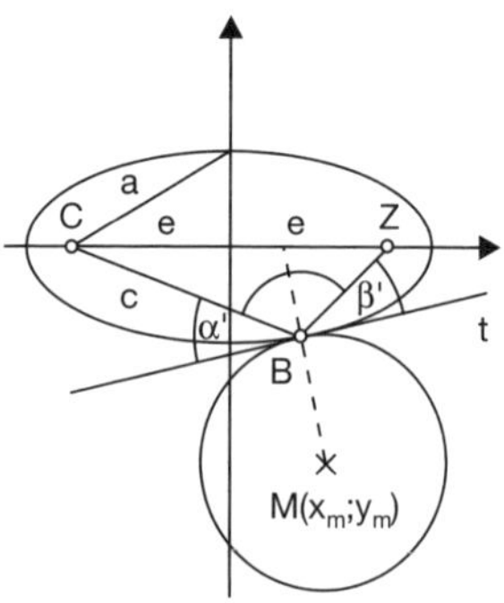

2. Beim Niveaulinienverfahren sind zunächst der kreisförmige Teich und die Niveaulinien, d. h. Ellipsen, formelmäßig zu beschreiben:

$$(x - x_m)^2 + (y - y_m)^2 = r^2$$

$$\frac{x^2}{a^2} + \frac{y^2}{a^2 - e^2} = 1$$

(x_m, y_m sind die Mittelpunktskoordinaten des Kreises, r sein Radius; a ist die halbe Abstandssumme, e ist der halbe Abstand von C zu Z). Dieses Gleichungssystem kann keine, eine oder zwei Lösungen haben. Es ist jener Fall zu bestimmen, in dem es nur eine einzige Lösung gibt. Die rechnerische Behandlung dieses Gleichungssystems höheren Grades ist alles andere als elementar – kein Wunder, denn auch das zu Grunde liegende geometrische Verfahren ist nicht elementar!

Am Billardtisch

Auf dem Billardtisch liegen eine weiße Kugel W und eine rote Kugel R. Die weiße Kugel W soll so gegen die Bande B_1 gestoßen werden, dass sie nach der Reflexion die rote Kugel R trifft. In welche Richtung muss gestoßen werden? Routinierte Billardspieler arbeiten mit Effet. Der Stoß mit dem Queue wird so raffiniert ausgeführt, dass der dadurch verursachte Drall die Kugel auf geradezu mysteriös anmutenden Kurven rollen lässt. Wir sind keine Profis. Die Kugeln werden zentral gestoßen und rollen deshalb geradlinig, wobei die Reflexionen dem Gesetz „Einfallswinkel gleich Ausfallswinkel“ gehorchen.

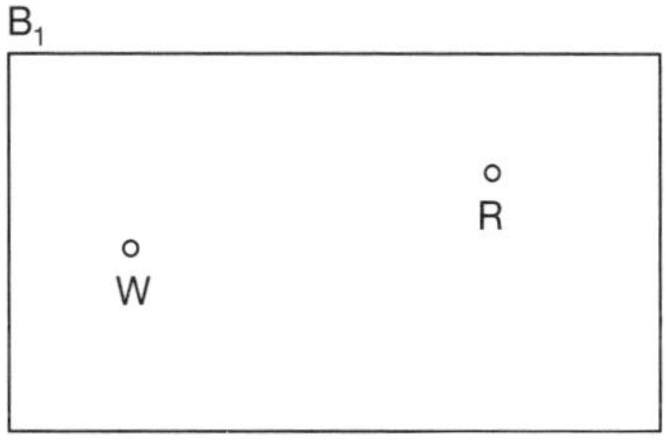

Von den vielen Wegen, die eine Kugel von W aus zur Bande B_1 nehmen kann, ist derjenige abzuschätzen, der – dem Reflexionsgesetz genügend – zu R führt. Spiegelt man diese Wege an der Bande B_1, so erkennt man: Das Reflexionsgesetz wird von jenem Weg respektiert, der W mit dem Spiegelpunkt R' von R geradlinig verbindet. Dieser Weg ist gleichzeitig der kürzeste Weg von W nach R über die Bande B_1.

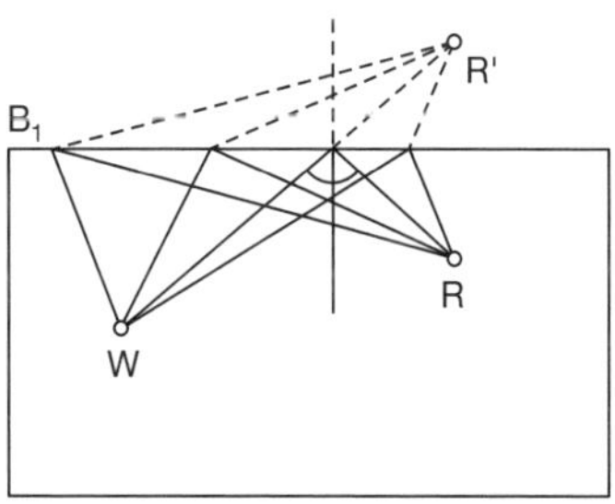

Auch diese geometrische Lösung lässt sich rechnerisch begleiten. Die Länge l dieses Weges bestimmt sich nach Pythagoras zu

$$l = \sqrt{(w + r)^2 + d^2}\,.$$

Und wer sich für den Abschnitt x interessiert – er markiert jene Stelle der Bande, auf die beim Anstoß zu zielen ist – bedient sich des Strahlensatzes und erhält:

$$x : d = w : (w + r), \text{ d. h. } x = \frac{w}{w + r} \cdot d.$$

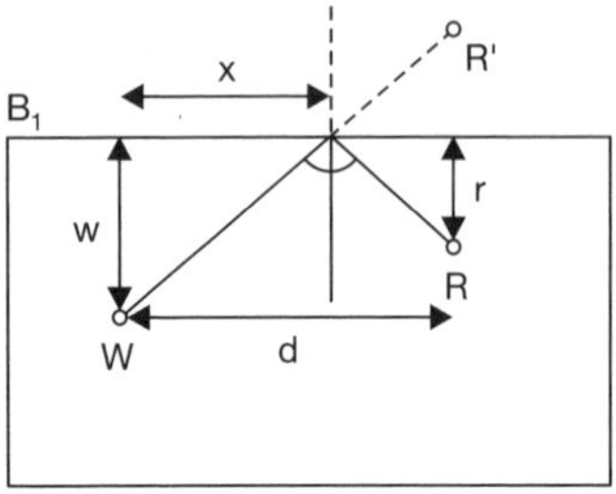

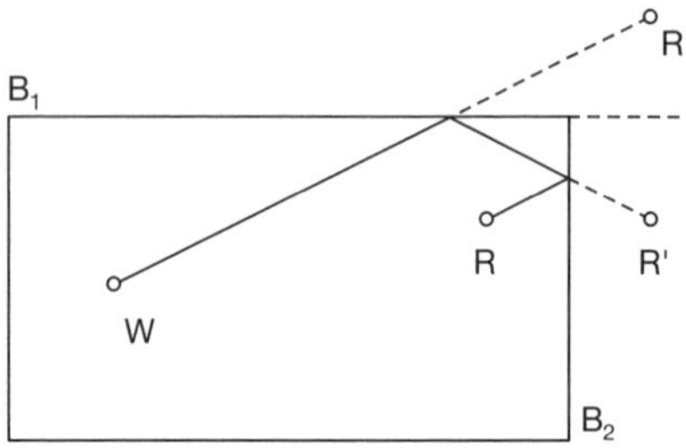

Der Billardtisch erlaubt vielfältige Variationen, z. B. diese: Wie muss man zielen, wenn die weiße Kugel W erst nach mehreren Reflexionen die rote Kugel R treffen soll – beispielsweise nachdem sie zuerst an der Bande B_1 und dann an der Bande B_2 reflektiert wurde?

Die Lösungsstrategie ist die gleiche!

1. R wird gespiegelt; zuerst an der Bande B_2(!) und dann erst an der Bande B_1; man erhält R''.
2. Der geradlinige Weg von W nach R'' ist der kürzeste.
3. Nun wird zurücktransformiert. Man spiegelt nunmehr zuerst an der Bande B_1 (!) und dann an der Bande B_2. Der so erhaltene Hakenweg von W nach R genügt dem Reflexionsgesetz.

Fliege und Spinne (R, G 8 +)

A

Fliegen sind der Spinnen Leibgericht. Am Boden einer zylindrischen Vase – sie ist 30 cm hoch, ihr Durchmesser beträgt 10 cm – sitzt eine Spinne. Diametral gegenüber sitzt auf halber Höhe eine Fliege. Wie kommt die Spinne auf kürzestem Weg zur Fliege?

Kürzeste Wege auf Flächen sind Stücke von geodätischen Linien; auf dem Zylinder sind sie Geraden oder Kreise.

Den kürzesten Weg von der Spinne S zur Fliege F erkennt man unmittelbar, wenn der Zylinder in die Ebene abgewickelt wird: Es ist die Strecke $\overline{SF}$.

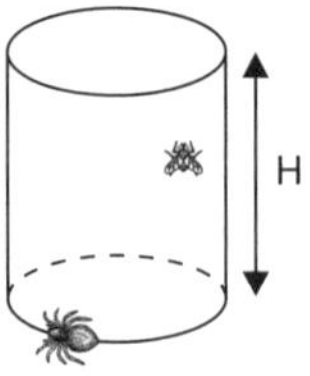

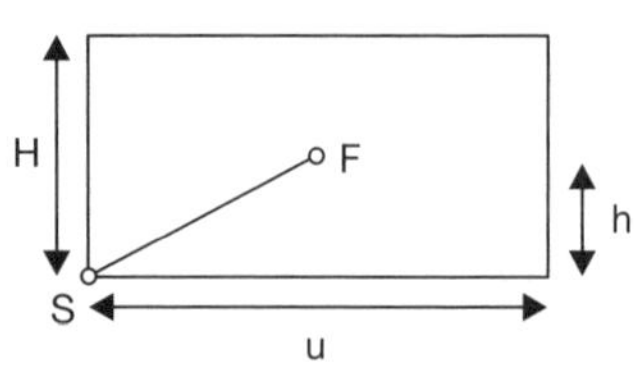

Ihre Länge bestimmt sich nach Pythagoras zu

$\overline{SF} = \sqrt{(\frac{u}{2})^2 + h^2}$.

Dabei ist der Umfang u = 10 π und h = 15, d. h. $\overline{SF} = \sqrt{25\pi^2 + 15^2} = 21{,}72$.

B

Die Spinne lauert wieder am Boden der zylindrischen Vase (Höhe H = 30 cm, Durchmesser D = 10 cm). Diametral gegenüber sitzt wieder auf halber Höhe eine Fliege – allerdings sitzt die Fliege auf der Innenseite der Vase, die Spinne lauert auf der Außenseite.
Wie kommt die Spinne jetzt auf kürzestem Weg zur Fliege?
Die Spinne muss jetzt über die Außenflächen zum oberen Vasenrand und dann über die Innenfläche zur Fliege laufen. Wiederum wird die Zylinderfläche abgerollt und am oberen Rand gespiegelt. Jeder Weg von S zum Rand und weiter nach F ist genauso lang wie der entsprechende Weg zum Spiegelpunkt F'. Der kürzeste Weg von S nach F' ist der geradlinige, die Strecke $\overline{SF'}$. Die Längenbestimmung läuft wieder über den Pythagoras; es ist (s. Abb.):

$\overline{SF'} = \overline{SR} + \overline{RF} = \sqrt{(\frac{u}{2})^2 + (H + (H - h))^2}$

Der Umfang ist u = 10π, die Vasenhöhe H = 30 und h = 15:

$\overline{SF'} = \overline{SR} + \overline{RF} = \sqrt{25\pi^2 + 45^2} \approx 47{,}66$.

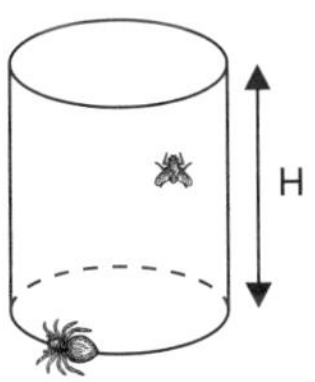

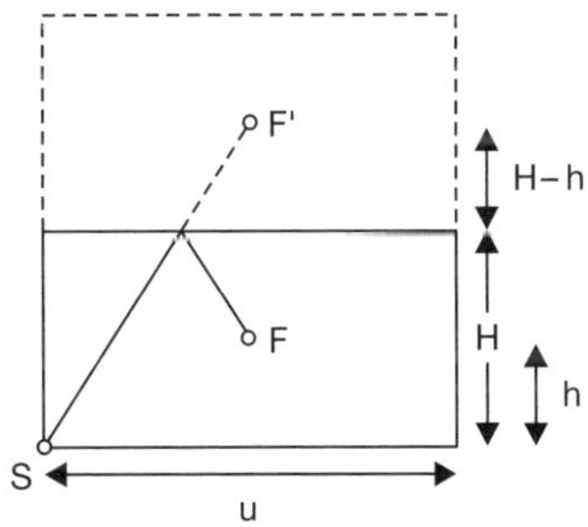

C

Spinne und Fliege sitzen im Inneren einer quaderförmigen Kiste. Die Spinne sitzt in der unteren Ecke der Vorderfront, die Fliege auf halber Höhe der diametral gegenüberliegenden Kante.
Welcher Weg von der Spinne zur Fliege ist der kürzeste?
Wird der Quader in die Ebene ausgefaltet, so erscheint der kürzeste Weg auch hier als geradlinige Verbindung von S nach F. Die Spinne kann allerdings auf unterschiedliche Weise zur Fliege krabbeln; wir falten deshalb den Quader auch unterschiedlich aus.

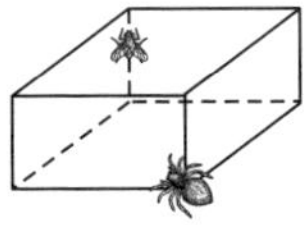

a) Die Spinne krabbelt nur über Seitenflächen: Die Spinne kann sich nach rechts oder nach links orientieren.
Nach Pythagoras ist

$x_1 = \sqrt{(a+b)^2 + (\frac{c}{2})^2}$ bzw.

$x_2 = \sqrt{(b+a)^2 + (\frac{c}{2})^2}$.

Man erkennt aus Zeichnung und Formel, dass beide Wege von gleicher Länge sind: $x_1 = x_2$.

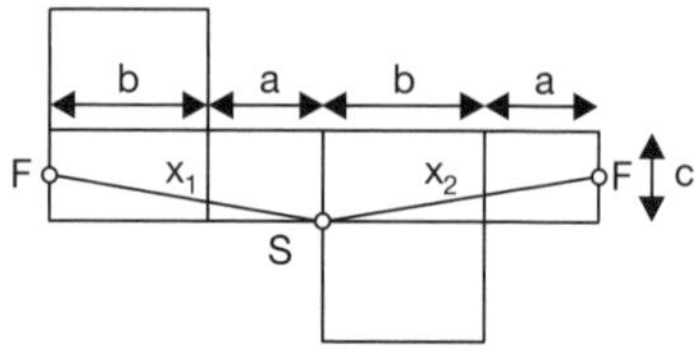

b) Die Spinne krabbelt über die Grundfläche: Die Spinne kommt über die linke oder die hintere Seitenkante zur Fliege.
Die Längen dieser Wege bestimmen sich zu:

$x_3 = \sqrt{(a + \frac{c}{2})^2 + b^2}$ bzw.

$x_4 = \sqrt{a^2 + (b + \frac{c}{2})^2}$.

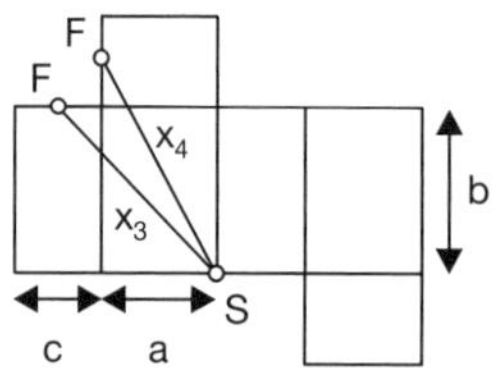

c) Die Spinne krabbelt über die Deckfläche.
Auch hier ergeben sich vier kürzeste Wege: zwei über die vordere und zwei über die rechte Oberkante. Ihre Längen sind:

$x_5 = \sqrt{(a + \frac{c}{2})^2 + (b + c)^2}$ bzw.

$x_6 = \sqrt{(a + c)^2 + (b + \frac{c}{2})^2}$

$x_7 = \sqrt{a^2 + (b + \frac{3}{2}c)^2}$ bzw.

$x_8 = \sqrt{b^2 + (a + \frac{3}{2}c)^2}$.

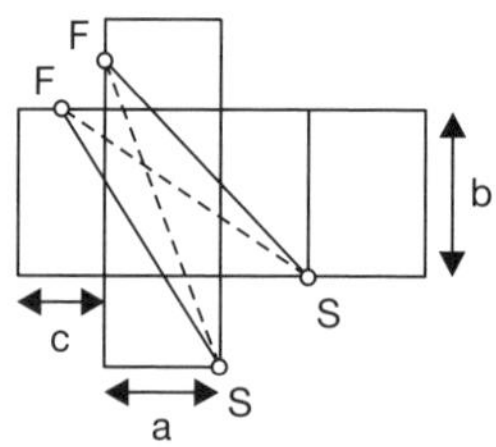

Unter diesen acht Wegen ist der kürzeste herauszufinden. Die Wege über die Deckfläche sind keine Konkurrenten, sie sind länger als die anderen. Welcher der restlichen 4 (bzw. 3) Wege der kürzeste ist, hängt von den Kantenlängen a, b, c ab; so ist beispielsweise (siehe S. 63):

1. für a = 5, b = 10, c = 30 ist x_1 (bzw. x_2) der kürzeste Weg: $x_1 = x_2 \approx 21{,}21$; $x_3 \approx 22{,}36$; $x_4 \approx 25{,}50$.
2. für a = 12, b = 15, c = 10 ist x_3 der kürzeste Weg: $x_1 = x_2 \approx 27{,}46$; $x_3 \approx 22{,}67$; $x_4 \approx 23{,}32$.
3. für a = 10, b = 8, c = 14 ist x_4 der kürzeste Weg: $x_1 = x_2 \approx 19{,}31$; $x_3 \approx 18{,}79$; $x_4 \approx 18{,}03$.

Übrigens: Der jeweils kürzeste Weg lässt sich sehr präzise beschreiben, der Strahlensatz leistet dabei gute Dienste. So wird in unserem Beispiel 2 (d. h. für a = 12, b = 15, c = 10) der kürzeste Weg x_3 durch den Abschnitt x der Oberkante festgelegt. Nach dem Strahlensatz gilt x : b = a : (a + c/2), d. h. x = ab / (a + c/2) = 12 · 15/17 ≈ 10,59.

D

Spinne und Fliege sitzen auf einem kegelförmigen Zuckerhut; er ist 24 cm hoch, der Durchmesser der Grundfläche beträgt 14 cm. Die Spinne und die Fliege sitzen sich diametral gegenüber, die Spinne in der Höhe 4,8 cm und die Fliege in der Höhe 19,2 cm. Welcher ist der kürzeste Weg von der Spinne zur Fliege? Rollt man die Mantelfläche in die Ebene ab, dann ist der kürzeste Weg von S nach F augenscheinlich: Er ist die Verbindungsstrecke $\overline{SF}$.
Ihre Länge erhält man durch eine Maßstabszeichnung. Die abgewickelte Mantelfläche ist ein Kreissektor. Sein Radius ist die Mantellinie m; sie wird nach Pythagoras bestimmt zu $m = \sqrt{24^2 + \left(\frac{14}{2}\right)^2} = 25$.

Der Winkel α des Kreissektors ergibt sich aus dem Verhältnis von Kreisumfang u und Kreisbogen b. b liegt auf dem Umfang u des Grundkreises.

Es ist deshalb $a = b/u = \frac{2\pi 7}{2\pi 25} 360° = 100{,}8°$. Man erhält $\overline{SF} \approx 17$.

Was sich konstruieren lässt, lässt sich auch berechnen! Der kürzeste Weg $\overline{SF}$ ist eine Seite des Dreiecks SFK. Das ist bestimmt durch $\angle SKF = \frac{\alpha}{2} = 50{,}4°$ und die Seiten $\overline{SK}$ und $\overline{FK}$. Diese wiederum sind Abschnitte der Mantellinie, sie korrespondieren zu den Höhen 4,8 bzw. 19,2. Nach dem Strahlensatz ist also $\overline{SK} = 5$ und $\overline{FK} = 20$. Der Rest erledigt sich mit Hilfe des Kosinussatzes:
$\overline{SF}^2 = \overline{SK}^2 + \overline{FK}^2 - 2\,\overline{SK} \cdot \overline{FK} \cos \angle SKF$, d. h. $\overline{SF} \approx 17{,}25$.

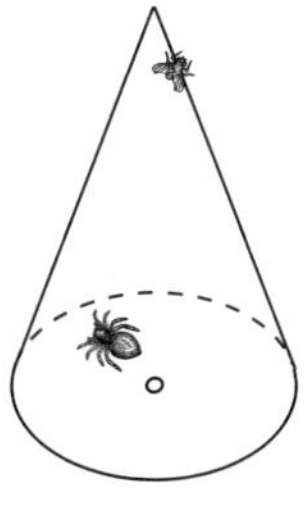

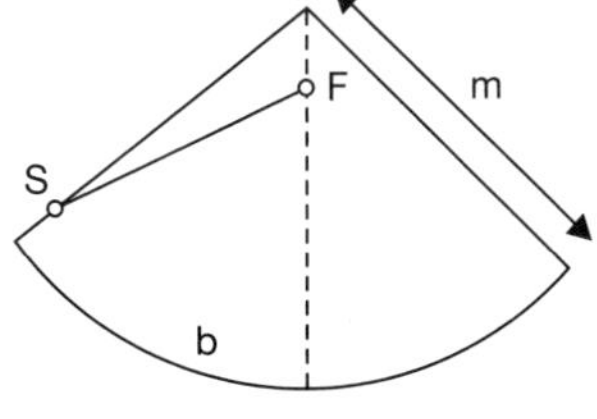

E

Auf dem kegelförmigen Zuckerhut (Höhe H = 24 cm, Grundkreisdurchmesser D = 14 cm) sitzt auf halber Höhe eine Spinne. Sie will auf die Suche nach Beute gehen. Welches ist der kürzeste Weg, um die Mantelfläche einmal zu umlaufen?

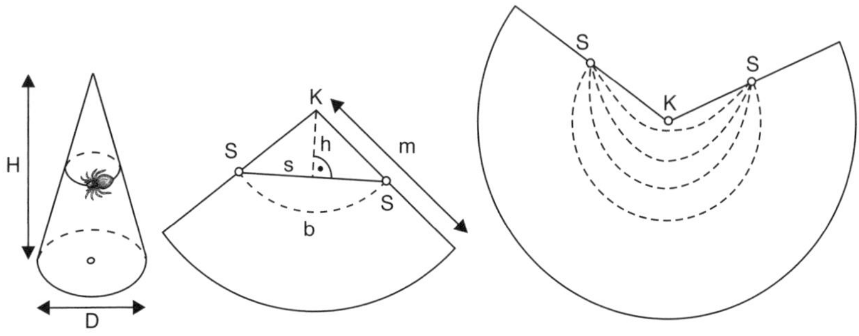

Man ist geneigt, den kürzesten Weg mit jenem Kreis zu identifizieren, der bei einem Umlauf in gleicher Höhe entsteht. Hier trügt der Augenschein! Wir zeigen dies auf dreierlei Weise.

1. Ein Faden mit Schleife und einem kleinen Gewicht – besser noch ein Goldkettchen – richtet sich auf dem Kegel bestmöglich ein! Der Faden bzw. das Kettchen legen sich keineswegs in einem horizontalen Kreis um den Kegel, sie hängen vielmehr ein wenig durch!
2. Dieses experimentelle Verfahren zeigt zwar, dass der Augenschein trügt, Einsicht jedoch verschafft die Geometrie. Die kürzeste geschlossene Linie erkennt man auf einen Blick, wenn man den Kegel längs der Mantellinie durch S schneidet und die Mantelfläche in die Ebene abrollt.
   Der kreisförmige Weg erscheint dann als Kreisbogen b; der kürzeste Weg von S nach S zurück ist die zum Bogen b zugehörige Sehne s!
3. Und natürlich lässt sich diese geometrische Einsicht rechnerisch begleiten: Der Kreis auf halber Kegelhöhe hat den Umfang

   $b = \pi \cdot \frac{D}{2} \approx 21{,}99$. Für die Sehne s gilt $\frac{s}{2} = \frac{m}{2} \cdot \sin \frac{100{,}8^\circ}{2}$, es ist also $s \approx 19{,}26$.

   Beim Start ist die Spinne $\frac{m}{2} = 12{,}5$ von der Kegelspitze entfernt. Der kürzeste Umlauf führt sie ein Stück hinauf und bringt sie der Kegelspitze näher. Der kürzeste Abstand zur Kegelspitze bestimmt sich zu

   $h = \frac{m}{2} \cdot \cos\frac{100{,}8^\circ}{2} \approx 7{,}98$.

Übrigens: Diese Überlegungen versagen bei „stumpfen“ Kegeln, d. h. bei Kegeln, deren Mantelflächen Kreissektoren sind, die größer als ein Halbkreis sind.

Kein Wunder, denn hier gibt es zu jedem Weg um den Kegel herum einen kürzeren! Ob und wann dieser Fall eintritt, ist von den beiden entscheidenden Kegelgrößen D und H abhängig; der Kegelmantel muss größer als ein Halbkreis sein.
Das bedeutet: $\pi \cdot m < \pi \cdot D$ und wegen $m^2 = H^2 + \left(\frac{D}{2}\right)^2$: $H < \frac{D}{2} \cdot \sqrt{3}$.

1.6 Lug und Trug – optische Täuschungen

Sein und Schein (H, R, G 6 +)

Der Mensch hat über Generationen hinweg **Wahrnehmungsgewohnheiten** entwickelt, die ihn meist recht zuverlässig über die Wirklichkeit informieren. Dennoch geben sie die Wirklichkeit nicht immer originaltreu wieder. Wir sehen die Dinge eben nicht immer so, wie sie sind. Unsere Wahrnehmungsorgane sind nicht bloße Sensoren; die nur registrieren. Zusammen mit unserem Hirn leisten sie weitaus mehr! Sie verarbeiten die auf uns einströmende Fülle von Reizen; sie selektieren, sie filtern, sie deuten, sie interpretieren und werten. Das ist sinnvoll und nützlich, ja lebensnotwendig. Und trotzdem können wir im Einzelfall auch getäuscht und fehlgeleitet werden.
Hier sind einige Beispiele aus Geometrie und Optik. Gerades erscheint nicht gerade, Paralleles nicht parallel, Gleichlanges nicht gleich lang, Gleichgroßes nicht gleich groß ... Die Beispiele machen augenscheinlich, wie unsere Wahrnehmung uns gelegentlich verführt, Dinge nicht so zu sehen, wie sie wirklich sind. Sie machen damit auch deutlich, wie notwendig es ist, nicht immer dem ersten Augenschein zu trauen. Wer sicher sein will, muss in Frage stellen, muss prüfen, muss messen, muss beweisen ...

A Gerade – oder nicht?

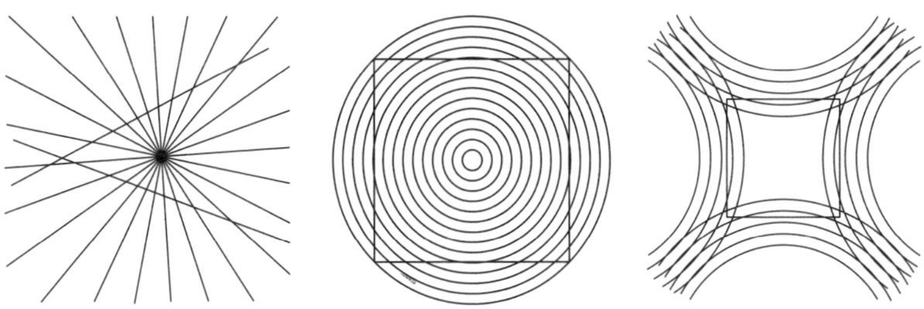

Die beiden Linien – sie sind Geraden, auch wenn sie gebogen erscheinen.

Die beiden Vierecke – es sind exakte Quadrate! Die Umfangslinien sind gerade, weder nach innen noch nach außen gekrümmt.

B Parallel – oder nicht?

Auch wenn die Bilder etwas anderes suggerieren – die beiden Linien sind parallele Geraden, nicht gekrümmt und überall von gleichem Abstand! Die Geraden rechts/links – sie laufen weder aufeinander zu noch voneinander weg, sie sind streng parallel! Es sind die horizontalen und vertikalen Strecken, die unsere Wahrnehmung so erfolgreich täuschen!

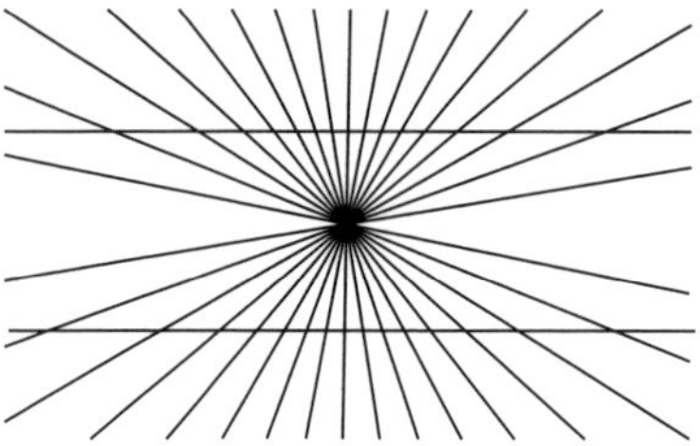

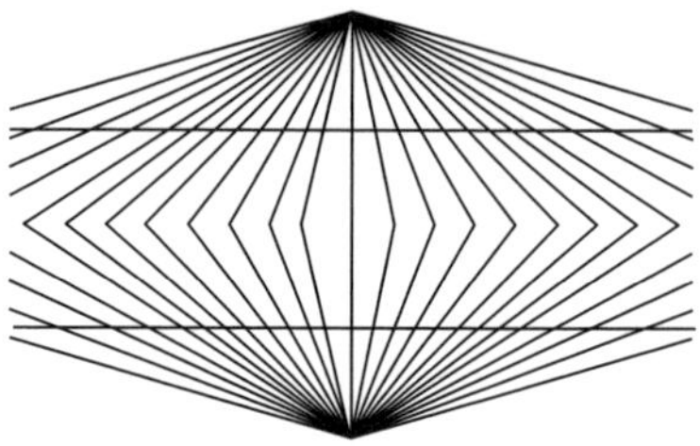

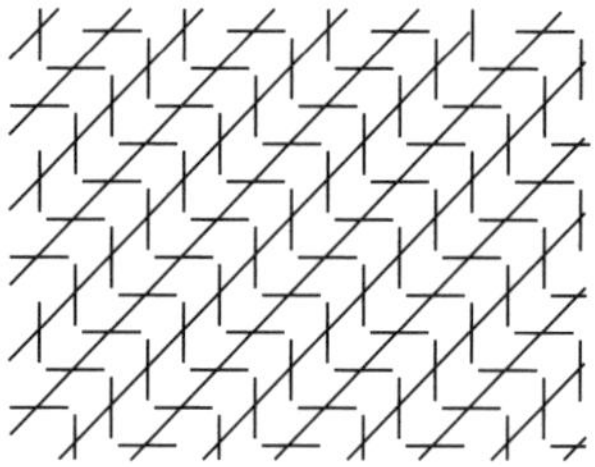

C Gleich lang – oder nicht?

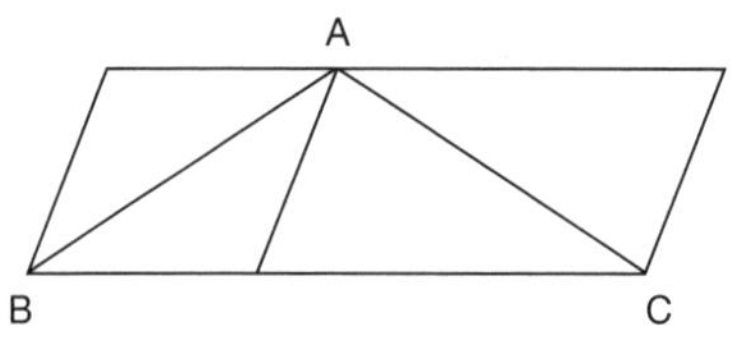

Die Strecken $\overline{AB}$ und $\overline{AC}$ sind gleich lang.

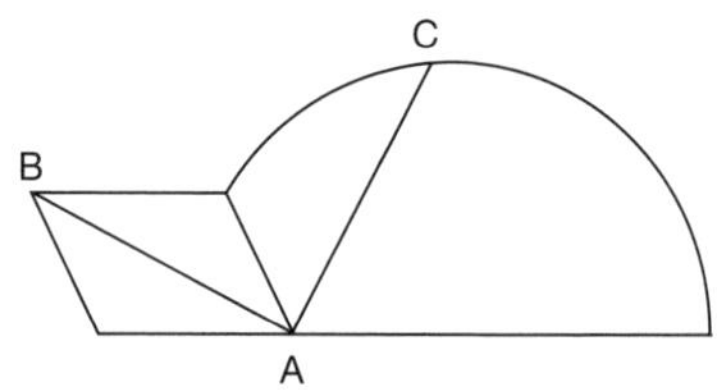

Auch hier: $\overline{AB} = \overline{AC}$!

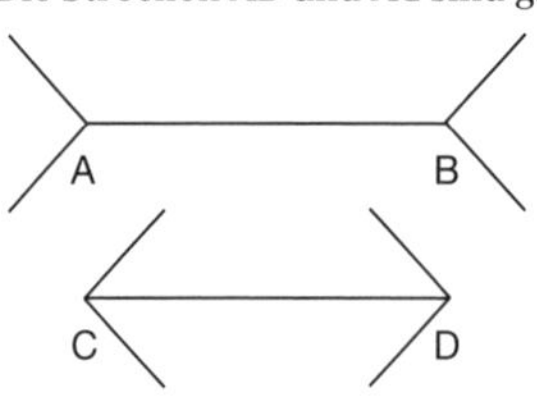

$\overline{AB} = \overline{CD}$

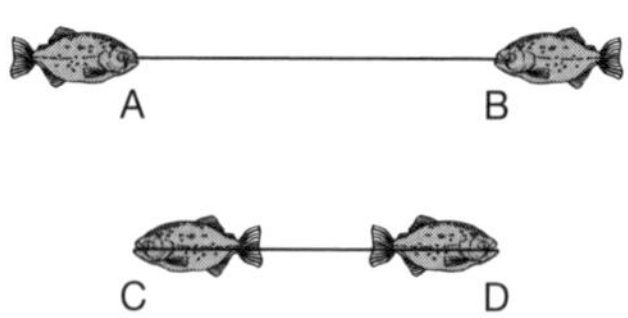

$\overline{AB} = \overline{CD}$

D Gleich groß – oder nicht?

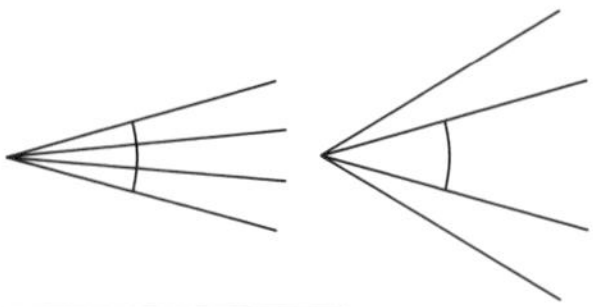

Die beiden markierten Winkel sind gleich groß!

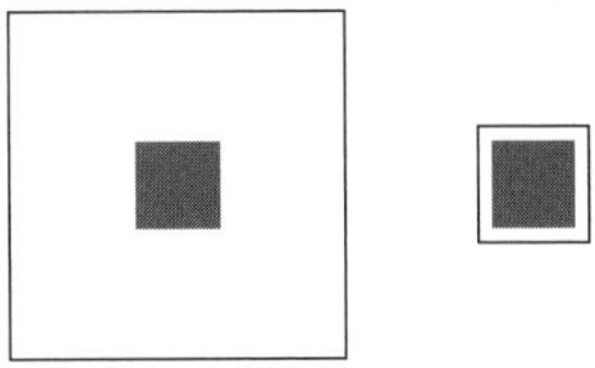

Die beiden inneren Quadrate – sie sind gleich groß!

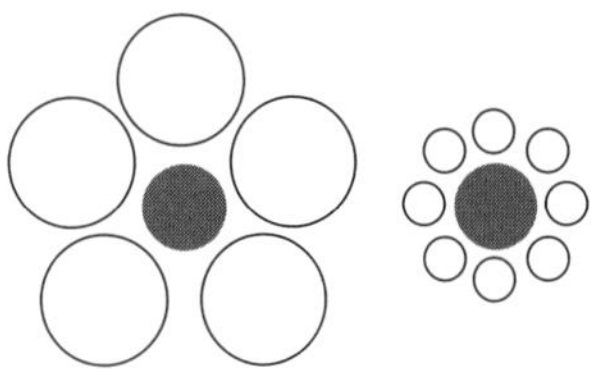

Die beiden inneren Kreise – sie sind gleich groß!

Paradoxes (R, G 9–10)

Zu den wichtigsten Prinzipien der Lehre von Flächen gehören **Erhaltungssätze:** Wird ein Flächenstück verschoben, wird es gedreht, wird es zerschnitten und wieder zusammengefügt, so geht dabei kein noch so kleines Flächenstückchen verloren, auch kann dabei kein noch so kleines Flächenstückchen neu entstehen.

Um so aufregender sind Beobachtungen, die diesen Grundsätzen zu widersprechen scheinen. Sie rütteln an den Grundfesten und bedeuteten – sollten sie zutreffen – unabsehbare Katastrophen! Hier einige dieser Beobachtungen:

A Quadrate und Rechtecke

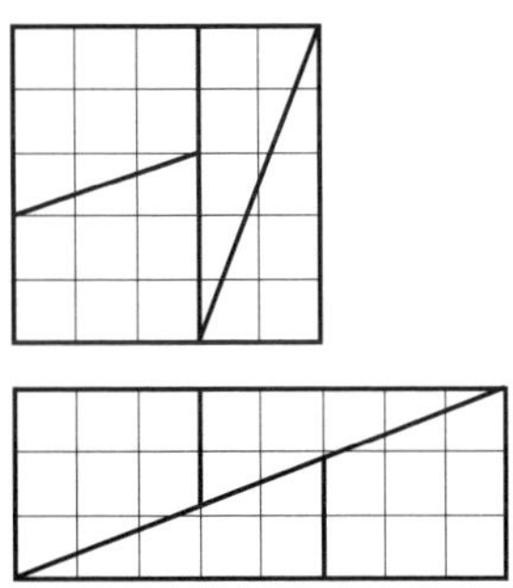

$5 \cdot 5 = 3 \cdot 8$?

Das Quadrat des Flächeninhalts $5 \cdot 5$ wird wie im Bild rechts zerschnitten; die Teilstücke werden zu einem Rechteck des Flächeninhalts $3 \cdot 8$ zusammengefügt.

Der Skandal: Eine Flächeneinheit ist verschwunden!

8 · 8 = 5 · 13?

Ein 8 × 8-Quadrat wird zerschnitten und zu einem 5 × 13-Rechteck zusammengefügt. Woher kommt die zusätzliche Flächeneinheit?

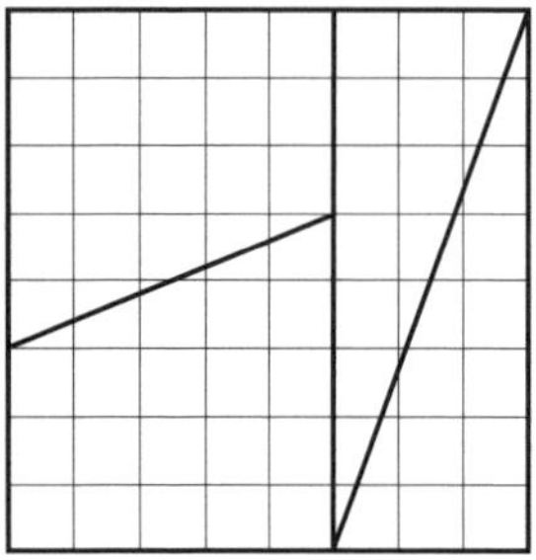

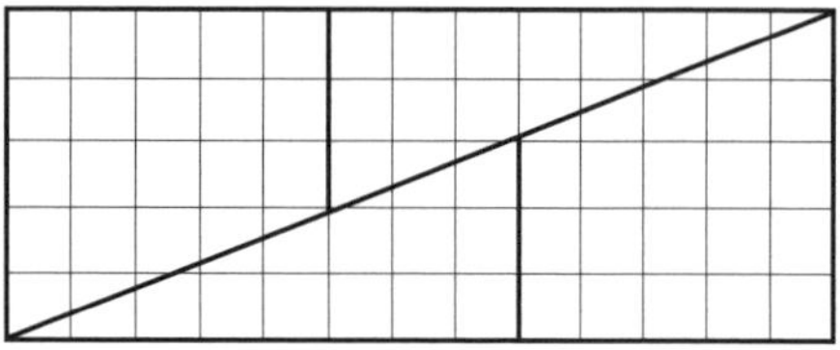

13 · 13 = 8 · 21?

Hier führt ein 13 × 13-Quadrat zu einem 8 × 21-Rechteck, also 169 = 168?

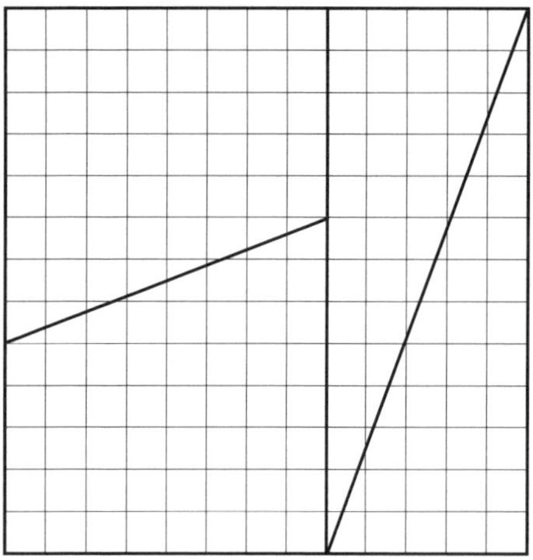

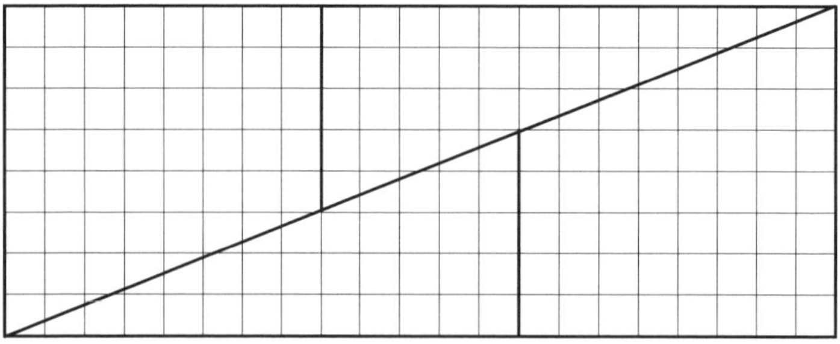

Die Reihe solcher Beispiele lässt sich fortsetzen. Besonders geeignet sind dafür Quadrate, deren Seitenlänge eine **Fibonacci-Zahl ist**.
Das nachfolgende skandalöse Beispiel wäre demnach ein 21×21-Quadrat. Geeignetes Zerschneiden und Zusammenfügen führt zu einem 13×34-Rechteck, also $441 = 442$!
Der Widerspruch löst sich in all diesen Fällen nach einem einheitlichen Erklärungsmuster: Die vier Quadratteile lassen sich nicht zu einem Rechteck zusammenfügen! Der Außenrand ist rechteckig, im Innern ist nicht alles so stimmig, wie es scheint.

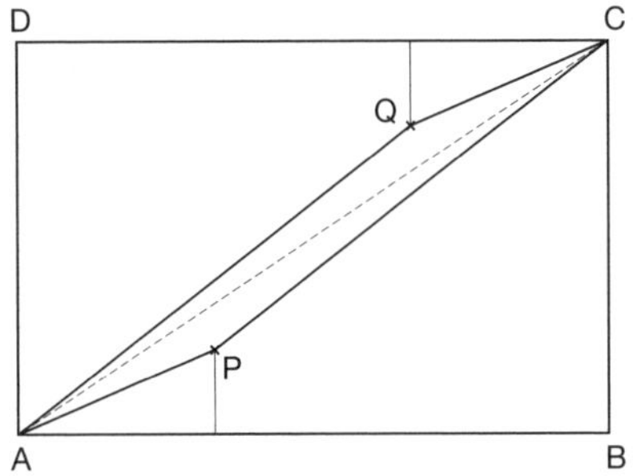

Wieder einmal trügt der Augenschein. Trapez und Dreieck reichen im Innern nicht genau an die Rechtecksdiagonale heran. Ihre Berandungen umschließen vielmehr ein lang gestrecktes Parallelogramm; die Abbildung zeigt dies stark übertrieben. Und hier versteckt sich jene Flächeneinheit, die sich das eine Mal in Nichts aufzulösen, das andere Mal aus dem Nichts zu entstehen scheint!
Der Knick APC (bzw. AQC) lässt sich zahlenmäßig fassen. Man braucht sich nur die Anstiege m_{AC} der Diagonalen $\overline{AC}$ einerseits und der beiden Berandungen m_{AP} bzw. m_{PC} andererseits aufzuschreiben:

5 × 5-Quadrat

$$m_{AC} = \frac{3}{8} = \frac{45}{8 \cdot 5 \cdot 3} = 0{,}375$$

$$m_{AP} = \frac{2}{5} = \frac{48}{8 \cdot 5 \cdot 3} = 0{,}4$$

$$m_{PC} = \frac{1}{3} = \frac{40}{8 \cdot 5 \cdot 3} \approx 0{,}333$$

$\overline{AP}$ ist steiler, $\overline{PC}$ ist flacher als die Diagonale; Entsprechendes gilt für $\overline{QC}$ und $\overline{AQ}$.
Die Teile überlappen sich in genau einer Flächeneinheit!

8 × 8-Quadrat

$$m_{AC} = \frac{5}{13} = \frac{200}{13 \cdot 8 \cdot 5} \approx 0{,}385$$

$$m_{AP} = \frac{3}{8} = \frac{195}{13 \cdot 8 \cdot 5} = 0{,}375$$

$$m_{PC} = \frac{2}{5} = \frac{208}{13 \cdot 8 \cdot 5} = 0{,}4$$

$\overline{AP}$ ist flacher, $\overline{PC}$ ist steiler als die Diagonale; Entsprechendes gilt für $\overline{QC}$ und $\overline{AQ}$.
Die Teile füllen genau eine Flächeneinheit nicht aus!

13 × 13-Quadrat

$$m_{AC} = \frac{8}{21} = \frac{832}{21 \cdot 13 \cdot 8} \approx 0{,}381$$

$$m_{AP} = \frac{5}{13} = \frac{840}{21 \cdot 13 \cdot 8} \approx 0{,}385$$

$$m_{PC} = \frac{3}{8} = \frac{819}{21 \cdot 13 \cdot 8} = 0{,}375$$

$\overline{AP}$ ist steiler, $\overline{PC}$ ist flacher als die Diagonale; Entsprechendes gilt für $\overline{QC}$ und $\overline{AQ}$.
Die Teile überlappen sich in genau einer Flächeneinheit.

B Dreiecke

Der Hokuspokus, Flächen verschwinden bzw. in der Umkehrung aus dem Nichts entstehen zu lassen – er lässt sich auch bei Dreiecken vorgaukeln. Hier zwei Beispiele:

60 = 58?

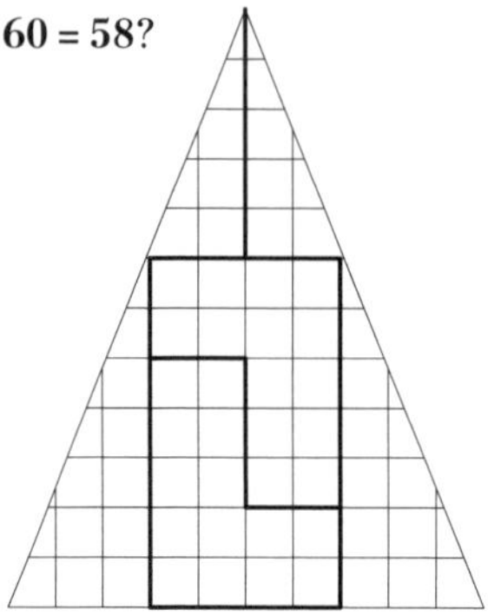

Der Flächeninhalt: $F_1 = \frac{10 \cdot 12}{2} = 60$.

Dieses Dreieck wird in sechs Teile zerschnitten.

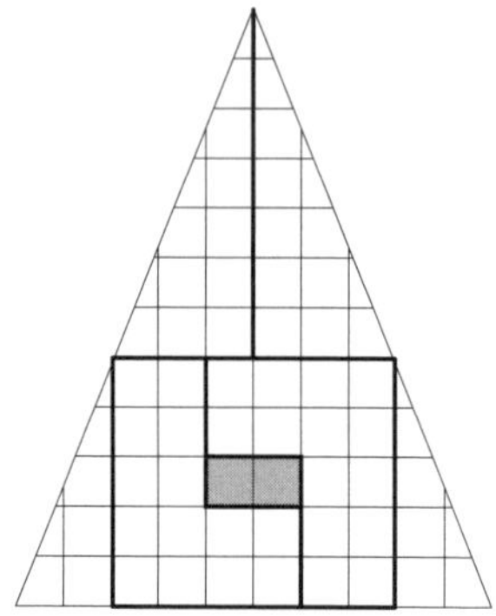

Die Teile werden neu zusammengesetzt. Es entsteht ein Dreieck gleicher Grundseite und Höhe – aber im Innern fehlen zwei Flächeneinheiten. Der Flächeninhalt ist nun: $F_2 = \frac{10 \cdot 12}{2} - 2 = 58$.

96 = 90?

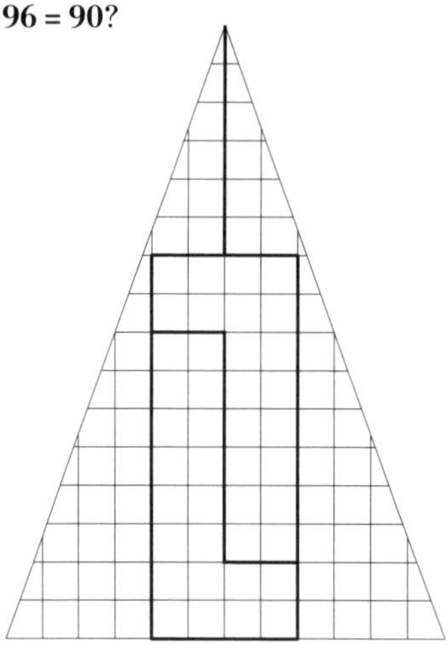

Der Flächeninhalt: $F_1 = \frac{12 \cdot 16}{2} = 96$.

Das gleiche Dreieck wird auch hier in sechs Teile zerschnitten.

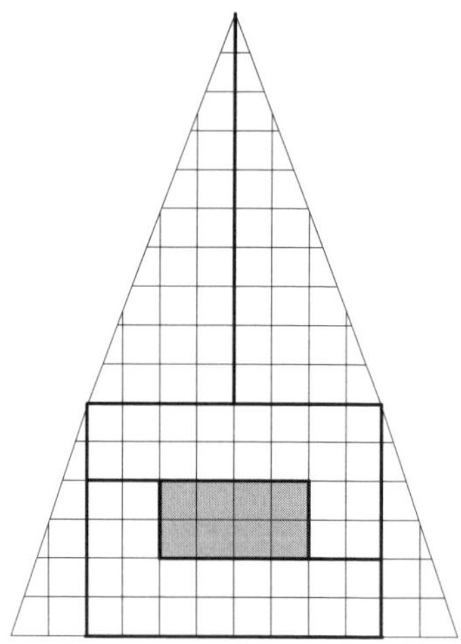

Die Teile werden neu zusammengesetzt. Es entsteht ein Dreieck gleicher Grundseite und Höhe – aber im Innern fehlen hier sogar acht Flächeneinheiten. Der Flächeninhalt ist nun: $F_2 = \frac{12 \cdot 16}{2} - 8 = 88$.

Man ahnt: Irgendetwas sieht anders aus, als es ist! Aber was?
Nun, beim Zusammenfügen der sechs Dreiecksteile, entsteht keineswegs ein neues Dreieck, es entsteht das Fünfeck ABQCP! Die Punkte P bzw. Q, in denen die verschiedenen Dreiecksteile zusammentreffen, liegen nämlich nicht auf der Strecke $\overline{AC}$ bzw. $\overline{BC}$; sie liegen außerhalb des Dreiecks ABC und bilden Ausbuchtungen. Die Flächeneinheiten, die im Innern fehlen – hier finden sie sich wieder!
Dass P bzw. Q tatsächlich Knickstellen sind, dass sie außerhalb des Dreiecks liegen, lässt sich mit Zahlen zweifelsfrei belegen. Wir notieren Anstiege: den Anstieg m_{AC} der Dreiecksseite $\overline{AC}$, sowie die Anstiege m_{AP} bzw. m_{PC} der Kanten $\overline{AP}$ bzw. $\overline{PC}$.

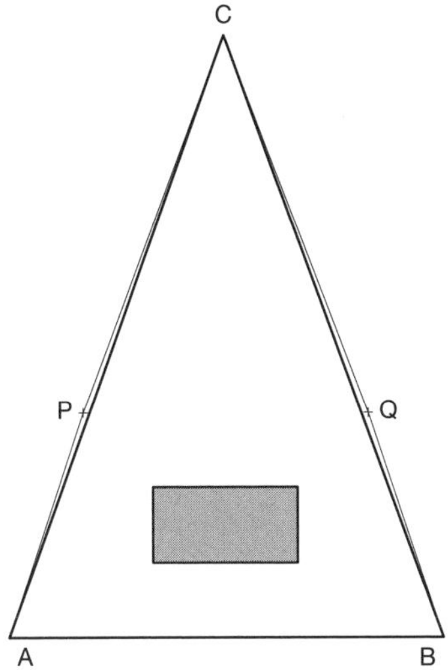

1. Beispiel

$m_{AC} = \frac{12}{5} = 2{,}4$

$m_{AP} = \frac{5}{2} = 2{,}5$

$m_{PC} = \frac{7}{3} \approx 2{,}33$

Die Kante $\overline{AP}$ verläuft steiler, die Kante $\overline{PC}$ flacher als die Dreiecksseite $\overline{AC}$.
P ist Knickstelle, sie liegt außerhalb des Dreiecks ABC!

2. Beispiel

$m_{AC} = \frac{16}{6} \approx 2{,}67$

$m_{AP} = \frac{6}{2} = 3$

$m_{PC} = \frac{10}{4} = 2{,}5$

Die Kante $\overline{AP}$ verläuft steiler, die Kante $\overline{PC}$ flacher als die Dreiecksseite $\overline{AC}$.
P ist Knickstelle, sie liegt außerhalb des Dreiecks ABC!

C Quadrate

Es gelingt mit jedem Quadrat, gleichgültig, wie groß oder wie klein es ist. Geeignet zerschnitten und zu einem neuen Quadrat zusammengefügt – und schon ist ein Flächenstück weggezaubert. Der Zauber lässt sich umkehren, das Flächenstück kann man zurückholen! Erneutes Umlegen, und das verloren geglaubte Flächenstück ist wieder da! Vgl. Abb. nächste Seite.
Auch hier wird man getäuscht – aber wie? Kein Zweifel: Das neu zusammengefügte Viereck ist ein Quadrat; die Seiten sind gleich, die Winkel sind gleich. Aber die Seitenlänge s des neuen Quadrats ist größer als die Seitenlänge a beim alten. Der Grund: s ist die Schnittlinie, sie verläuft schräg durchs Quadrat, sie ist deshalb länger als die Seite a.

Und so gelingt das Kunststück:

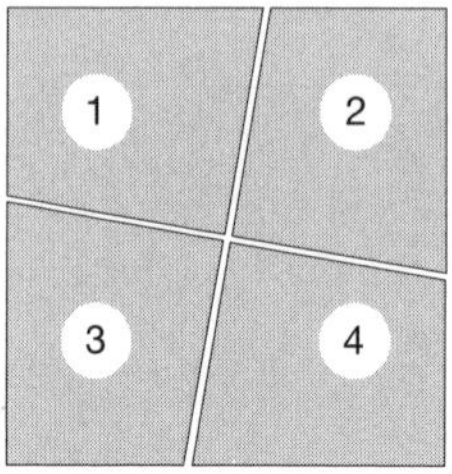

Das Quadrat wird zerschnitten, in vier deckungsgleiche Vierecke.

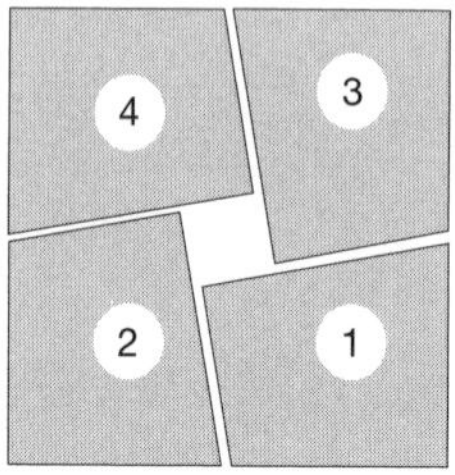

Sie werden umsortiert, zu einem neuen Quadrat. Die Schnittlinien werden Außenkanten. Das Problem: Das Quadrat hat ein Loch! Wo ist das fehlende Flächenstück geblieben?

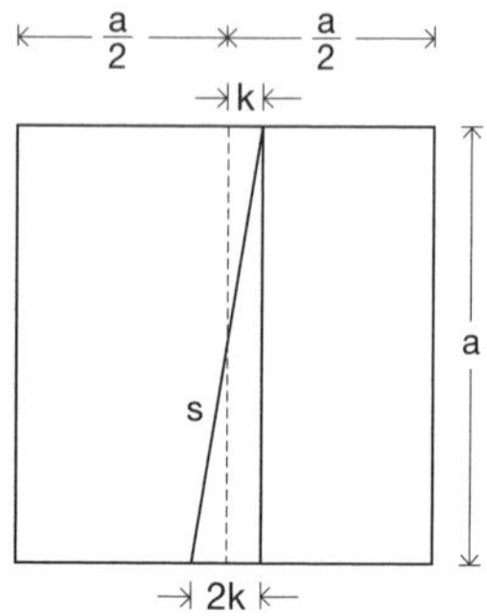

Mit Pythagoras erfährt man, um wie viel s länger ist als a. Wir führen einen Schnitt, er beginnt – um das kleine Stückchen k versetzt – abseits der Seitenmitte und endet auf der gegenüberliegenden Quadratseite, ebenfalls das gleiche Stückchen k jenseits der Seitenmitte. Also ist

$$s^2 = a^2 + (2k)^2.$$

Ist beispielsweise k = 0,5, so umrandet das neue Quadrat genau eine Flächeneinheit mehr als das alte; das muss im Inneren durch ein Loch eben dieser Größe ausgeglichen werden.

1.7 Räumliches

Würfelgeschichten

A

(H 9–10; R, G 8 +)

Vom Eckpunkt A eines Würfels werden Diagonalen zu zwei anderen Würfelecken gezogen. Welche Winkel schließen zwei solche Diagonalen ein?

Zum Ersten: Welche Diagonalenpaare sind überhaupt möglich?

Wir zählen sie, um nichts zu übersehen, in alphabetischer Reihenfolge auf:

(AC, AF), (AC, AG), (AC, AH), (AF, AG), (AF, AH), (AG, AH).

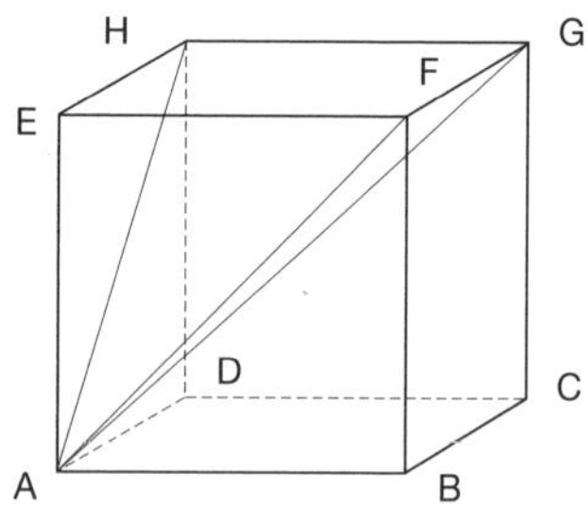

Zum Zweiten: Wie groß sind die jeweils eingeschlossenen Winkel?
$\angle(CAF) = \angle(CAH) = \angle(FAH) = 60°$, denn diese Dreiecke sind gleichseitig.
$\angle(CAG) = \angle(FAG) = \angle(GAH) \approx 35{,}26°$, denn diese Dreiecke sind rechtwinklig und haben die Seitenlängen a, $a\sqrt{2}$, $a\sqrt{3}$.

B

(H 8 +; R, G 7 +)

Ein Würfel besteht aus 3 × 3 × 3 Einheitswürfeln; er ist außen eingefärbt.
Wie viele der Einheitswürfel haben drei, wie viele zwei, wie viele eine, wie viele überhaupt keine farbige Fläche?

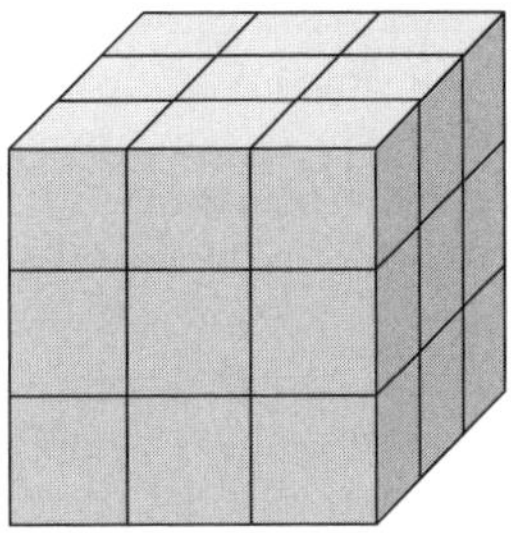

Würfel mit drei farbigen Flächen gibt es so viele, wie der große Würfel Ecken hat; denn nur diese Eckwürfel sind an drei Seiten gefärbt. Also gibt es davon genau 8.
Würfel mit zwei farbigen Flächen gibt es so viele, wie es Seitenkanten gibt; denn nur in der Mitte einer jeden Kante ist ein Würfel auf zwei Seiten gefärbt. Also gibt es davon 12.
Würfel mit nur einer farbigen Fläche gibt es so viele, wie es Würfelflächen gibt; denn nur in der Mitte einer jeden Fläche ist ein Würfel nur auf einer Seite gefärbt. Also gibt es davon 6.
Würfel mit keiner farbigen Fläche gibt es so viele, wie es Würfel „ganz im Inneren" des großen Würfels gibt. Also gibt es davon 1. Insgesamt wurden also 8 + 12 + 6 + 1 = 27 Würfel gezählt!
Übrigens: Wie ist es bei einem 4 × 4-Würfel, bei einem 5 × 5-Würfel?

C

(H 9–10; R, G 8 +)

Ein Würfel der Kantenlänge 3 soll in Einheitswürfel zerschnitten werden. Vor jedem neuen Schnitt dürfen die Teile neu zurechtgelegt werden.
Wie viele Schnitte sind erforderlich?

6 Schnitte – mehr sind nicht nötig, mit weniger geht es nicht! Mit sechs Schnitten ist der Würfel in 3 × 3-Einheitswürfel zerlegt; die Abbildung zeigt's: 2 Horizontalschnitte, 2 Vertikalschnitte, 2 weitere Vertikalschnitte. Mit weniger als sechs Schnitten geht's nicht; um den inneren Einheitswürfel frei zu schneiden, bedarf es (mindestens) sechs Schnitte!

D

(H 8 +; R, G 7 +)

Ein Würfel der Kantenlänge 4 steht auf einem Tisch; er ist aus Einheitswürfeln zusammengesetzt. Auf den dem Betrachter zugewandten Seiten sind Einheitswürfel entfernt worden.
a) Wie viele Würfel sind übrig geblieben?
b) Bei wie vielen Würfeln ist keine, eine, bei wie vielen Würfeln sind zwei, drei, vier, fünf Seitenflächen sichtbar?
Zu a) Von den ursprünglichen Würfeln stehen noch 35 Würfel.
Zu b) Welche Würfelflächen sind sichtbar?
Die systematische Methode: Man beginnt beim 4 × 4 × 4-Würfel; hier ist klar überschaubar, welche Würfelflächen sichtbar sind und welche nicht. Und dann baut man ab, Würfel für Würfel und verfolgt, wie sich die Sichtbarkeitsverhältnisse ändern. Der Nachteil dieser Methode: Sie ist bisweilen ungemein langwierig. In unserem Fall sind 64 – 35 = 29 Würfel abzubauen, also 29 Schritte zur Lösung durchzuführen! Ein Quäntchen Raumanschauung hilft gewaltig! Und trotzdem ist Systematik nicht abträglich; sie sorgt dafür, nichts doppelt zu zählen oder zu übersehen. Die Tabelle hält die Beobachtungsergebnisse fest. Es ist übrigens nichts dagegen einzuwenden, wenn man sich bei schwach ausgebildetem Raumanschauungsvermögen Bauklötze ausleiht, den Würfelrest nachbaut und die hier angegebenen Ergebnisse kontrolliert.

	0	1	2	3	4	5	Summe
1. Schicht	4	5	3	3	0	0	15
2. Schicht	0	5	3	1	2	0	11
3. Schicht	0	0	1	2	2	0	5
4. Schicht	0	0	0	1	3	0	4
Summe	4	10	7	7	7	0	35

E

(H 8 +; R, G 7 +)

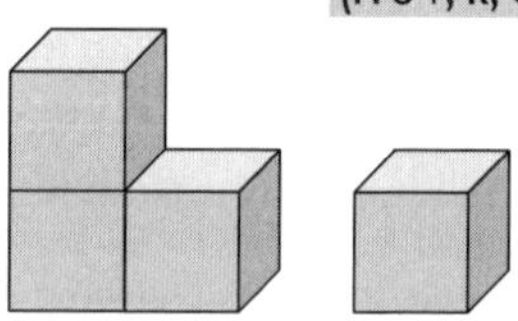

Ein „Drilling“ besteht aus drei Würfeln, die, wie in der Abbildung ersichtlich, verklebt sind. Es soll ein weiterer Würfel gleicher Art angeklebt werden – Würfelfläche auf Würfelfläche.
Wie viele unterschiedliche „Vierlinge“ kann man auf diese Weise erzeugen? Der zusätzliche Würfel kann am „Drilling“ an insgesamt 13 verschiedenen Positionen verklebt werden; sie liefern freilich nicht alle unterschiedliche „Vierlinge“ – aus Symmetriegründen. Welcher dieser 13 „Vierlinge“ gleich, welche

verschieden sind – das sagt uns unsere Raumanschauung oder die mit Bauklötzen nachgebauten Modelle!
Hier sind sie, unser „Drilling“ und die daraus erzeugten „Vierlinge“:

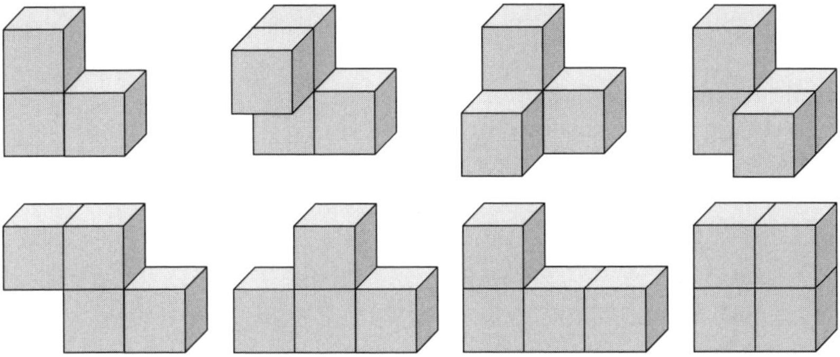

Übrigens: Die 7 Würfelkonstellationen – unter Einschluss des erzeugenden „Drillings“ und mit Ausnahme des letzten – sind als Somawürfel bekannt. Sie lassen sich leicht herstellen und bieten vielfältige Methoden, mehr oder weniger symmetrische räumliche Gebilde zusammenzufügen – eine davon: ein $3 \times 3 \times 3$-Würfel! Wer damit anfängt, kann nur schwer wieder aufhören!

Wenn man Würfel schneidet

A

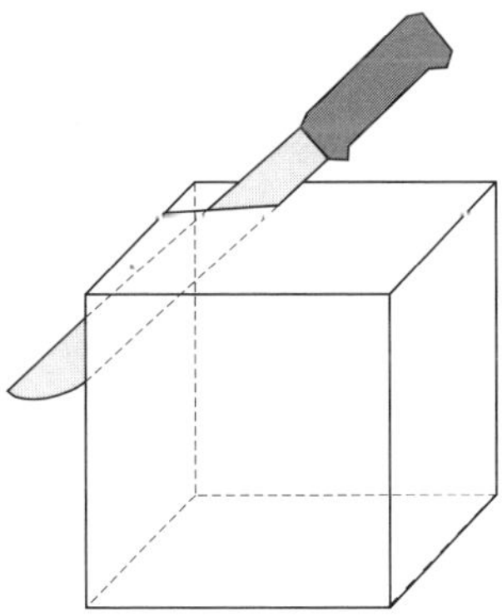

Durch einen Würfel wird ein ebener Schnitt gelegt. Welche Schnittflächen können dabei entstehen?

1. Begreifen spielt sich nicht nur im Kopf ab! Wir laden ein, einen Würfel aus Karton herzustellen. Dazu müssen 6 Quadrate gleicher Größe geschnitten werden, zusätzlich die Klebestreifen! Günstig ist es, möglichst wenig zu kleben.
Gefragt ist ein Netz des Würfels: Wie sollte der Karton geschnitten und geknickt werden? Gibt es mehrere Netze? Wie viele?

2. Es fördert Einsicht und Anschauungsvermögen, den fertigen Würfel zunächst einmal in die Hand zu nehmen und mögliche Schnitte zu planen und zu simulieren – zwei Stäbe, besser noch ein Stab und das Geodreieck bescheren interessante Erfahrungen. Es drängen sich Fragen auf:
- Wodurch wird ein Schnitt festgelegt?
- Wie viele Punkte, wie viele Schnittlinien kann man vorgeben, um einen Schnitt festzulegen?
- Wie viele Seitenflächen muss, wie viele kann ein ebener Schnitt treffen?

Und man gelangt zu ersten Einsichten:
Die Schnittlinien mit den Seitenflächen bilden den Rand der Schnittfläche. Bei einem ebenen Schnitt werden mindestens drei und höchstens sechs Seitenflächen geschnitten, denn mit mehr als 6 Seitenflächen kann ein Würfel nicht aufwarten. Mögliche Schnittflächen sind deshalb allenfalls 3-, 4- und 6-Ecke.

3. Die möglichen Schnittfiguren:
Dreiecke: Sie werden erzeugt, indem eine „Ecke" abgeschnitten wird. Dabei können gleichseitige, gleichschenklige und auch unregelmäßige Dreiecke entstehen. Die Abbildung zeigt ein unregelmäßiges Dreieck der Seitenlängen
$a = \sqrt{6^2 + 3^2}$,
$b = \sqrt{6^2 + 5^2}$,
$c = \sqrt{5^2 + 3^2}$.

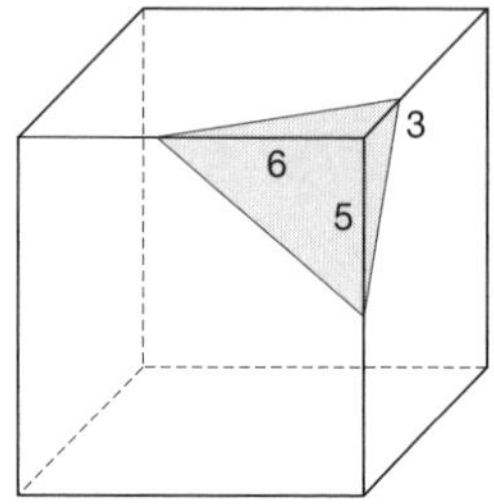

Vierecke: Hier müssen vier Seitenflächen geschnitten werden. Es können Quadrate, Rechtecke, Parallelogramme und Trapeze entstehen. In der Abbildung zeigt das Trapez FHPQ eine Schnittfigur.

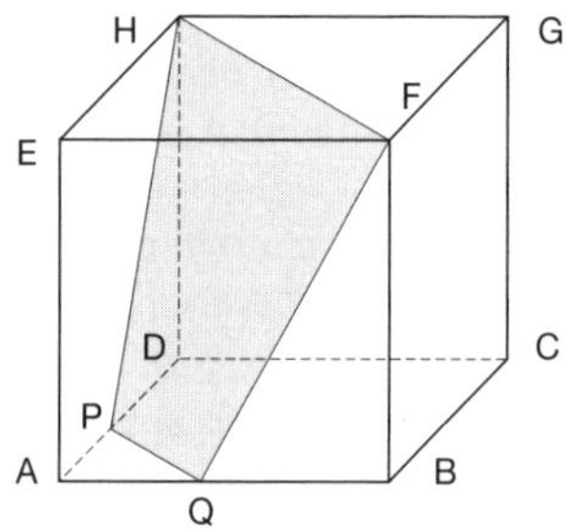

Fünfecke: Auch Fünfecke können Schnittflächen sein! Man denke sich beispielsweise die Trapezebene FHPQ um HP als Achse gedreht – es wird eine weitere Seitenfläche geschnitten, aus der viereckigen ist die fünfeckige Schnittfläche HPSTU geworden!

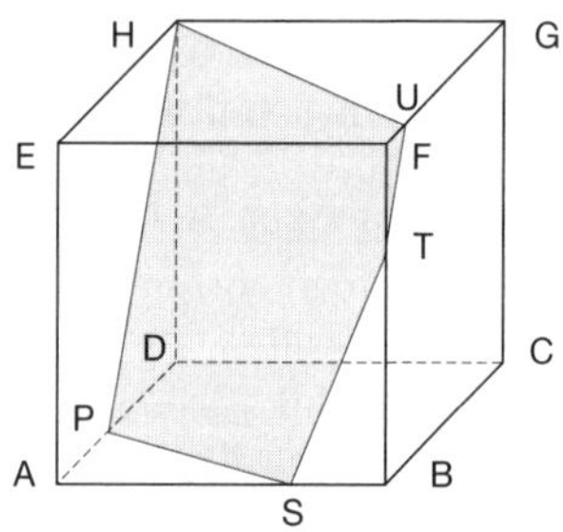

Sechsecke: Auch sie können erzeugt werden!
Man denke sich nunmehr die Fünfecksfläche HPSTU um ST als Achse gedreht – so wird auch die 6. Würfelfläche geschnitten; aus dem Fünfeck ist ein Sechseck geworden.

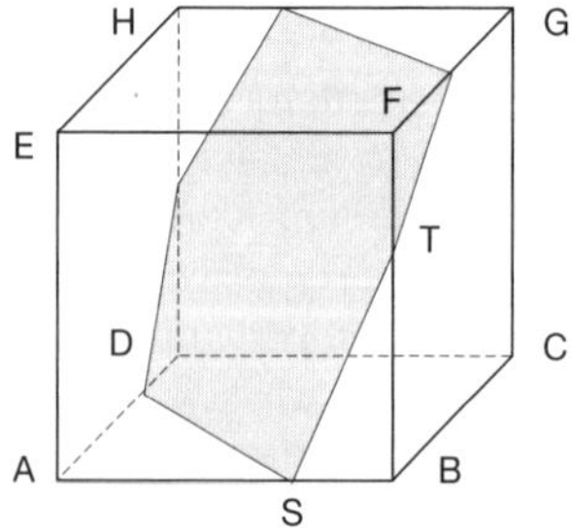

B

(H 10; R, G 9 +)

Durch einen Würfel wird ein ebener Schnitt gelegt. Welche regelmäßigen Schnittfiguren können dabei entstehen?

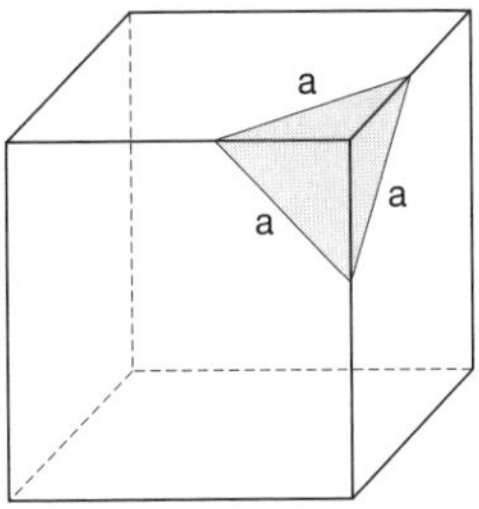

Gleichseitige Dreiecke entstehen, wenn ein Schnitt so gelegt wird, dass die von einem Eckpunkt aus gemessenen Abschnitte gleich lang sind.

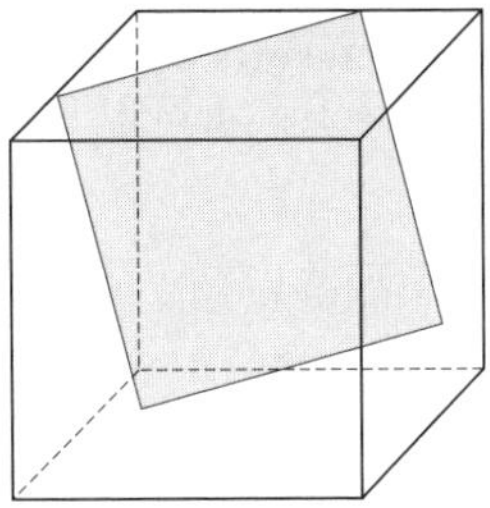

Quadrate entstehen durch Schnitte parallel zu einer Seitenfläche. Quadrate können aber auch „schräg" in den Würfel eingepasst werden.

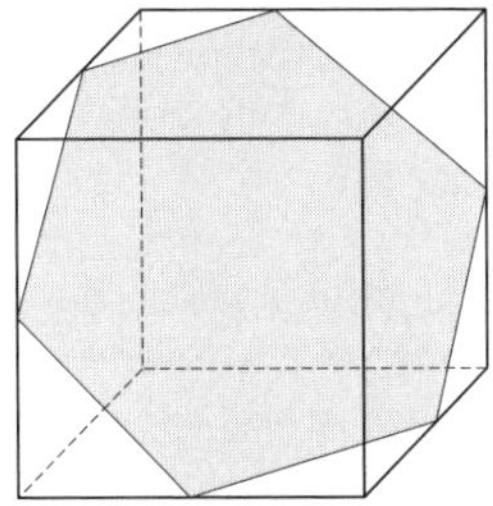

Regelmäßige Sechsecke entstehen, wenn der Schnitt so geführt wird, dass er alle Würfelseiten trifft und durch die Kantenmitten geht.

Eine Ausnahme bilden die Fünfecke: Fünfeckige Schnittflächen sind in keinem Fall regelmäßig!
Der Nachweis dieser kühnen Behauptung stützt sich auf eine für regelmäßige Fünfecke grundlegende Eigenschaft: Das Verhältnis von Diagonale und Seite bildet den goldenen Schnitt, d. h.

$\frac{d}{s} = \frac{1+\sqrt{5}}{2}$.

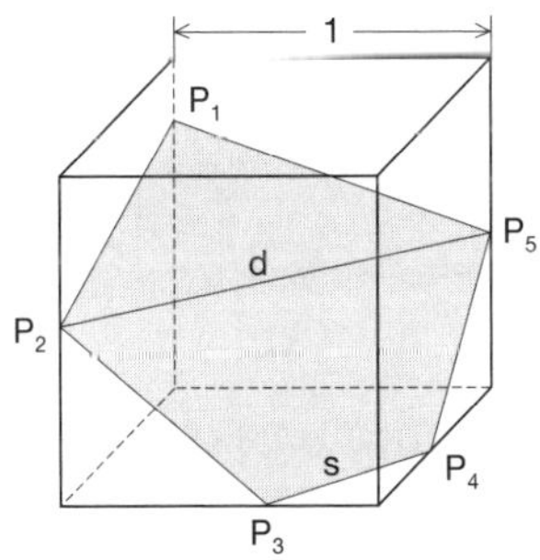

Nehmen wir an, man könne dem Einheitswürfel ein regelmäßiges Fünfeck $P_1P_2P_3P_4P_5$ einpassen. Es würde aus Symmetriegründen eine der Abbildung vergleichbare Lage einnehmen. Was folgt daraus?
Man erkennt, dass die Fünfecksdiagonale $\overline{P_2P_5}$ die Länge der Diagonalen einer Würfelfläche hat: $\overline{P_2P_5} = d = \sqrt{2}$. Zusammen mit dem oben erwähnten goldenen Schnitt bestimmt sich daraus die Fünfeckseite zu

$s = \frac{2\sqrt{2}}{1+\sqrt{5}}$. Uns genügt festzustellen, dass $s < 1$ gilt.

Es bereitet kein Problem, die Fünfeckseite $\overline{P_2P_3}$ in gleicher Länge einzurichten. Die Lage von P_2 lässt sich mittels des Pythagorassatzes präzise bestimmen; die Schnittfläche ist damit festgelegt!

Doch jetzt wird es spannend. Hat die Fünfeckseite $\overline{P_1P_2}$ ebenfalls die Länge s?
Die Antwort: ein klares Nein!
Ohne zu rechnen erkennt man: Da P_1 und P_2 auf Gegenkanten liegen, ist die Verbindungsstrecke $\overline{P_1P_2}$ auf jeden Fall länger als die Würfelkante; es ist also $\overline{P_1P_2} > 1$. $\overline{P_1P_2}$ kann mithin nicht von gleicher Länge wie $\overline{P_2P_3}$ und $\overline{P_3P_4}$ sein.

C

(R, G 9 +)

Dringend gesucht: das größte Quadrat, das einem Würfel der Kantenlänge 1 eingepasst werden kann.
Nein, das größte Quadrat hat nicht die Kantenlänge 1. Es gibt größere, die ins Würfelinnere passen; denn Quadrate können, wie in der Abbildung gezeigt, auch „schräg" im Würfel liegen.

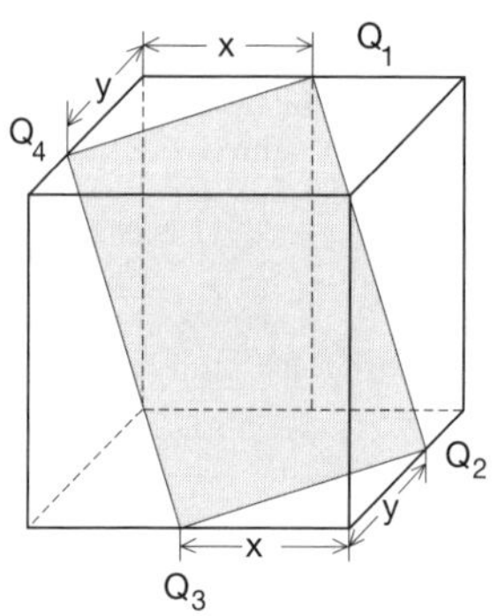

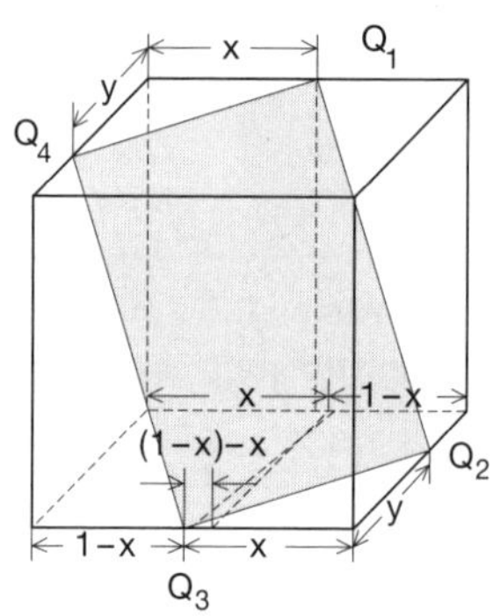

Soll $Q_1Q_2Q_3Q_4$ ein Quadrat sein, dann müssen die Seiten gleich lang sein:

$$\overline{Q_1Q_2} = \overline{Q_1Q_4}, \text{ d. h. } \sqrt{x^2 + y^2} = \sqrt{1^2 + (1-y)^2 + (1-x)^2}.$$

Daraus folgt: (1) $x + y = \frac{3}{2}$.
Es hat den Anschein, als gäbe es mehrere Quadrate, die auf diese Weise dem Würfel eingepasst werden könnten, beispielsweise solche mit

$$x = 0, y = \frac{3}{2}; x = \frac{1}{4}, y = \frac{5}{4}; x = \frac{1}{2}, y = 1; x = \frac{3}{4}, y = \frac{3}{4}; \ldots$$

Doch Vorsicht! Wir hatten gleich lange Seiten gefordert. Um Quadrat zu sein, reicht es jedoch keineswegs aus, Viereck mit gleich langen Seiten zu sein. Weiteres muss hinzukommen, Winkelbeziehungen beispielsweise oder die Gleichheit der Diagonalen. Wir wählen Letzteres; es erlaubt, in bewährter Weise auf Pythagoras zurückzugreifen! Es ist:

$$\overline{Q_1Q_3} = \sqrt{1^2 + 1^2 + (1-2x)^2}$$

$$\overline{Q_2Q_4} = \sqrt{1^2 + 1^2 + (2y-1)^2}.$$

$\overline{Q_1Q_3} = \overline{Q_2Q_4}$ führt auf: (2) $(1 - 2x)^2 = (2y - 1)^2$.

Aus (1) und (2) folgt: $x = \frac{3}{4}$ und $y = \frac{3}{4}$.

Das größte Quadrat, das dem Einheitswürfel eingepasst werden kann, hat demnach die Kantenlänge

$$\sqrt{x^2 + y^2} = \sqrt{(\tfrac{3}{4})^2 + (\tfrac{3}{4})^2} = \tfrac{3}{4}\sqrt{2} = 1{,}06.$$

Pythagoras im Dreidimensionalen (R, G 9 +)

Ein Würfel wird so geschnitten, dass die Schnittebene durch drei Eckpunkte geht. Es entsteht ein Tetraeder, das eine dreifach rechtwinklige Ecke besitzt.

- Wie groß ist die Summe der Inhalte der drei rechtwinkligen Tetraederflächen?
- Wie groß ist jene Tetraederfläche, die dem rechten Winkel gegenüberliegt?
- Wie hängen diese Inhalte miteinander zusammen?

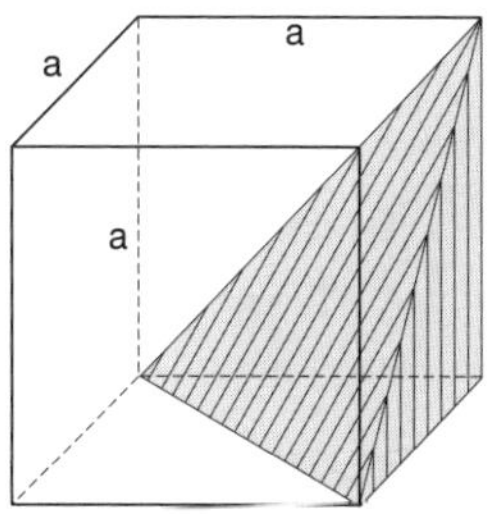

Die drei rechtwinkligen Dreiecke sind halbe Quadrate. Ist a die Würfelkante, dann ist die Summe ihrer Inhalte

$$F_1 + F_2 + F_3 = \tfrac{1}{2}a^2 + \tfrac{1}{2}a^2 + \tfrac{1}{2}a^2 = \tfrac{3}{2}a^2.$$

Das dem rechten Winkel gegenüberliegende Dreieck ist gleichseitig. Seine Kantenlänge misst $a\sqrt{2}$, seine Höhe bestimmt sich nach Pythagoras zu

$a\sqrt{\frac{3}{2}}$. Der Flächeninhalt ist deshalb $F_4 = \frac{\sqrt{3}}{2}a^2$.

Ein möglicher Zusammenhang zwischen $F_1 + F_2 + F_3$ und F_4 ist wegen des Wurzelterms zunächst schwerlich erkennbar. Also quadriert man, und schon lässt sich ein Zusammenhang formelmäßig angeben:

$$F_1^2 + F_2^2 + F_3^2 = \tfrac{3}{4}a^4 = F_4^2.$$

Zufall oder innewohnende Gesetzmäßigkeit? Die weitere Untersuchung soll dies klären. Ein Tetraeder hat eine dreifach rechtwinklige Ecke; man kann es sich durch einen Schnitt durch drei Eckpunkte eines Quaders der Kantenlängen a, b, c erzeugt denken. Für ein solches Tetraeder gilt der verallgemeinerte Pythagorassatz:

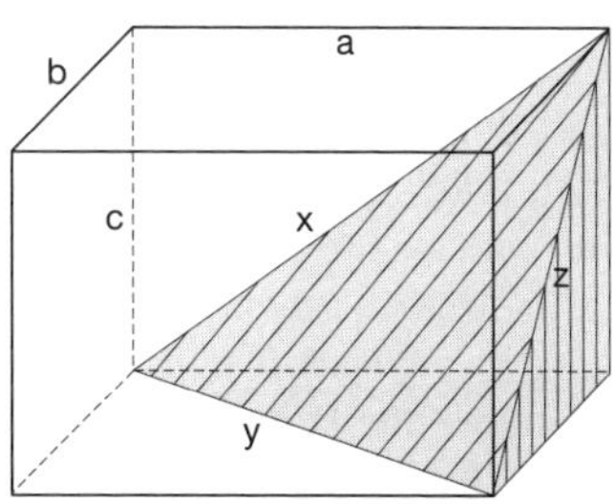

$$F_1^2 + F_2^2 + F_3^2 = F_4^2.$$

Dabei bedeuten F_1, F_2, F_3 die Inhalte der rechtwinkligen Tetraederflächen, F_4 den Inhalt der dem rechten Winkel gegenüberliegenden Tetraederfläche.

Es ist $F_1{}^2 + F_2{}^2 + F_3{}^2 = \left(\frac{ab}{2}\right)^2 + \left(\frac{ac}{2}\right)^2 + \left(\frac{bc}{2}\right)^2$ und $F_4{}^2 = \left(\frac{xh}{2}\right)^2$,

wobei x eine Seitenkante und h die zugehörige Höhe bedeutet.

Die Seitenkanten der Tetraederfläche F_4 bestimmen sich zu

$x = \sqrt{a^2 + c^2},\ y = \sqrt{a^2 + b^2},\ z = \sqrt{b^2 + c^2}$.

Für die Höhe h erhält man nach Pythagoras:

$h^2 = z^2 - x_1{}^2$ und $h^2 = y^2 - x_2{}^2 = y^2 - (x - x_1)^2$.

Daraus folgt $x_1 = \frac{z^2 - y^2 + x^2}{2x} = \frac{c^2}{\sqrt{a^2 + c^2}}$, d. h. $h^2 = b^2 + c^2 - \frac{c^4}{b^2 + c^2}$.

Also gilt

$$F_4{}^2 = \frac{x^2 h^2}{4} = \frac{a^2 + c^2}{4}\left(b^2 + c^2 - \frac{c^4}{a^2 + c^2}\right) = \frac{a^2b^2 + a^2c^2 + b^2c^2}{4} = F_1{}^2 + F_2{}^2 + F_3{}^2.$$

1.8 Kunterbuntes

Die verlorene Mitte

(H 8–9; R, G 8)

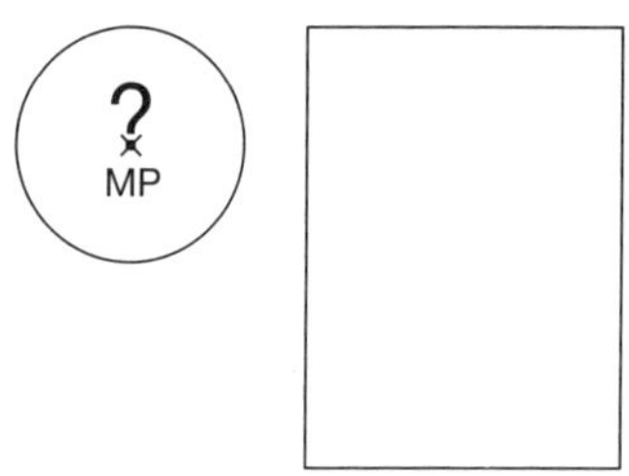

Mittelpunkt und Durchmesser eines Kreises sind verloren, sie werden dringend gesucht!
Und noch schlimmer: Für die Suche stehen weder Zirkel noch Lineal – die klassischen Suchhunde – zur Verfügung; nur Bleistift und ein DIN-A4-Blatt liegen bereit.
Kann man damit Durchmesser und Mittelpunkt konstruieren?
Man kann – mit nicht mehr als zwei Handgriffen! Der erste: Man legt eine Ecke des Papiers auf den Kreisrand. Die beiden Blattkanten schneiden den Kreis in zwei diametralen Punkten – der Durchmesser ist gefunden, Thales lässt grüßen!
Und der zweite: Eine Wiederholung des ersten, an einem anderen Randpunkt des Kreises freilich! Man erhält einen zweiten Durchmesser und damit auch den Kreismittelpunkt.

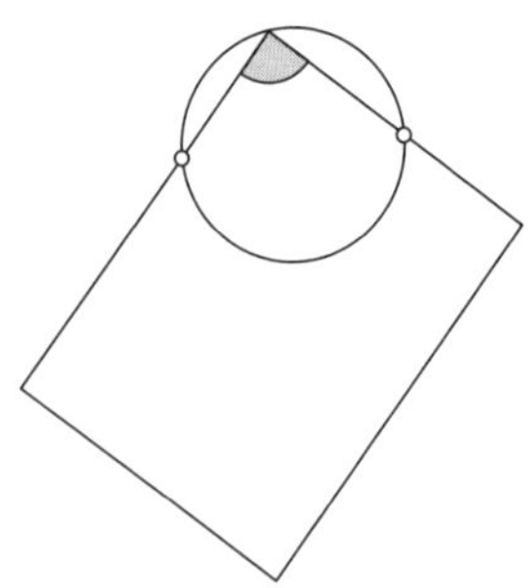

■ *Überschneidungen* (R, G 8–9)

a) Vier gleichseitige Dreiecke liegen so, dass sie sich irgendwie überschneiden; ihre Seitenkanten haben die Längen 6, 4, 4, 2.
Welche Fläche ist größer, die waagerecht schraffierte oder die senkrecht schraffierte?

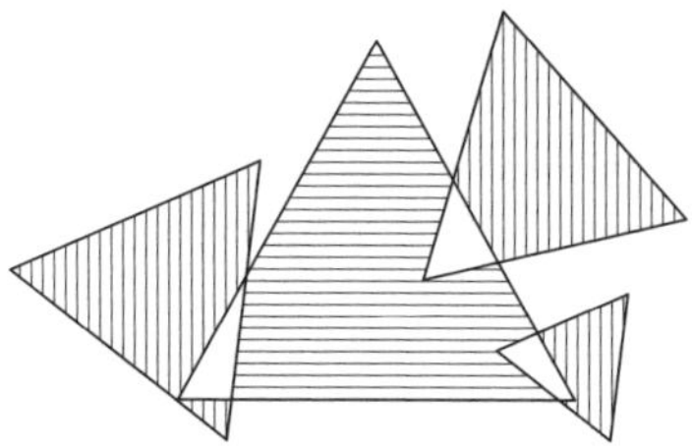

b) Vier Quadrate liegen so, dass sie sich überschneiden; ihre Seitenkanten haben die Längen 7, 6, 3, 2.
Welche Fläche ist größer, die waagerecht schraffierte oder die senkrecht schraffierte?

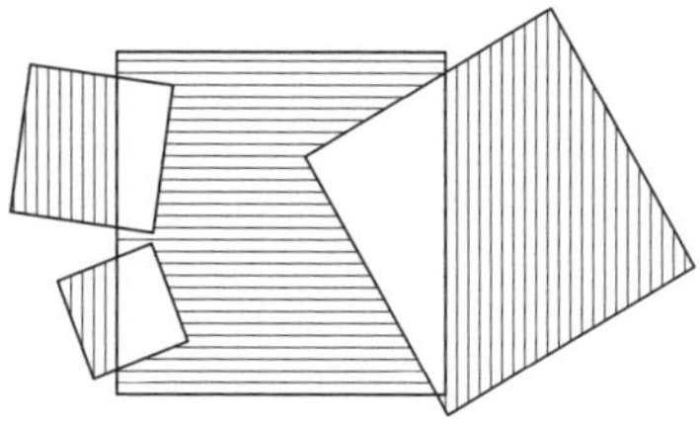

c) Vier Kreise liegen so, dass sie sich überschneiden; sie haben die Radien 9, 7, 4, 4.
Welche Fläche ist größer, die waagerecht schraffierte oder die senkrecht schraffierte?

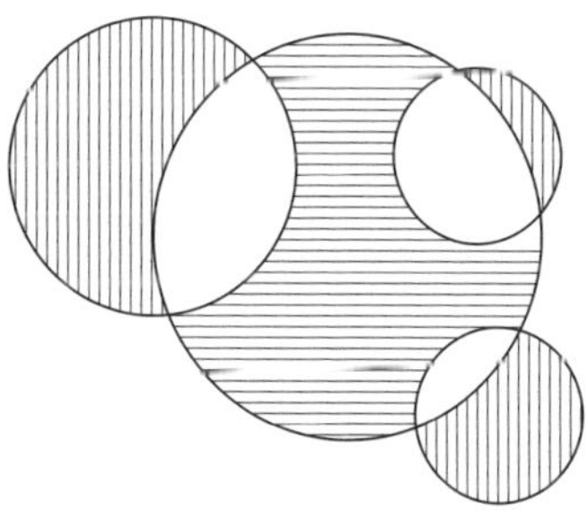

d) Gibt es weitere solche Beispiele? Gibt es Gegenbeispiele? Wie ist es, wenn sich nicht 4, sondern 3 oder 5 gleichseitige Dreiecke bzw. Quadrate oder Kreise überschneiden?

In allen Beispielen gilt: Die waagerecht schraffierte Fläche F_w ist genauso groß wie die senkrecht schraffierte F_s – gleichgültig, wie weit die kleinen Flächen die große Fläche überschneiden; die kleinen Flächen ihrerseits dürfen sich freilich nicht überschneiden.

Denn für die Dreiecke gilt:

Flächeninhalt des großen Dreiecks: $F_g = \frac{1}{2} \cdot g \cdot h = \frac{1}{2} \cdot 6 \cdot \frac{6\sqrt{3}}{2} = \frac{\sqrt{3}}{4} \cdot 6^2$

Flächeninhalt der kleinen Dreiecke: $F_k = \frac{\sqrt{3}}{4} \cdot 4^2 + \frac{\sqrt{3}}{4} \cdot 4^2 + \frac{\sqrt{3}}{4} \cdot 2^2 = \frac{\sqrt{3}}{4} \cdot 6^2$.

Die Inhalte sind gleich. Bei jeder Überschneidung verlieren sowohl F_g als auch F_k die gleichen Flächenteile und deshalb sind die waagerecht und senkrecht schraffierten Flächen gleich: $F_w = F_s$.
Im Fall der Quadrate bzw. Kreise gilt Entsprechendes:
Flächeninhalt des großen Quadrats: $F_g = a^2 = 7^2$
Flächeninhalt der kleinen Quadrate: $F_k = 6^2 + 3^2 + 2^2 = 7^2$
bzw.
Flächeninhalt des großen Kreises: $F_g = r^2\pi = 9^2\pi$
Flächeninhalte der kleinen Kreise: $F_k = 7^2\pi + 4^2\pi + 4^2\pi = 9^2\pi$
Die Beispiele zeigen, auf was es bei diesen Überschneidungen ankommt. Das Quadrat der Seitenkante (bzw. des Radius) der größten Fläche muss so groß sein wie die Summe der Quadrate der restlichen Seitenkanten (bzw. Radien).

Weitere Beispiele:
a) 5; 4; 3, denn $5^2 = 4^2 + 3^2$
b) 13; 12; 5, denn $13^2 = 12^2 + 5^2$
c) 11; 9; 6; 2, denn $11^2 = 9^2 + 6^2 + 2^2$
d) 15; 10; 10; 5, denn $15^2 = 10^2 + 10^2 + 5^2$
e) 13; 10; 7; 4; 2, denn $13^2 = 10^2 + 7^2 + 4^2 + 2^2$

■ *Gerecht geteilt* (R, G 8 +)

A

Ein kreisförmiger Kuchen soll in drei gleich große Teile zerschnitten werden. Wie sind die Schnitte zu legen?
Der „Kuchen" lässt sich auf beliebig viele Arten gleichmäßig aufteilen, wir schneiden auf vier unterschiedliche Arten:

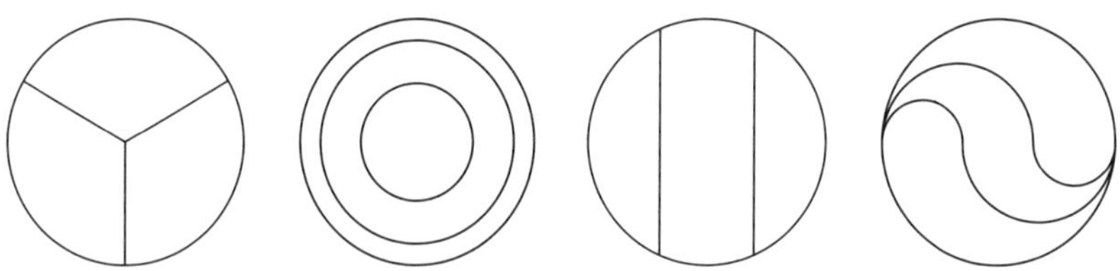

1. geradlinig, vom Mittelpunkt aus 2. konzentrisch 3. geradlinig, in Parallelschnitten 4. in Kreisbögen

1. Die gebräuchliche Version, einen Kuchen in gleiche Portionen aufzuteilen. Sie bedeutet, ein Drittel des Vollwinkels zu konstruieren – ein unproblematischer Auftrag!

2. Hier sind die Radien r_1 bzw. r_2 so zu bestimmen, dass gilt $r_1^2\pi = \frac{1}{3} r^2\pi$ bzw. $r_2^2\pi = \frac{2}{3} r^2\pi$. Das führt auf $r_1 = \frac{\sqrt{3}}{3} r \approx 0{,}577r$ bzw. $r_2 = \frac{\sqrt{6}}{3} r \approx 0{,}816r$.

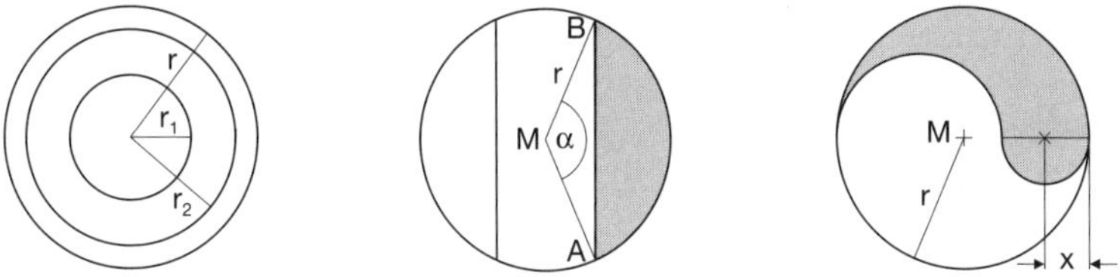

3. Das schwierigste Unterfangen! Hier ist die Sehne AB bzw. der zugehörige Mittelpunktswinkel a geeignet zu bestimmen. Der Kreisabschnitt über AB wird bestimmt aus Segment und Dreieck ABM; er muss ein Drittel des Kreises sein:

   $\frac{1}{2}r^2\alpha - r^2 \sin\frac{\alpha}{2}\cos\frac{\alpha}{2} = \frac{1}{3}r^2\pi$, d. h. $\alpha - \frac{2\pi}{3} = \sin\alpha$.

   Wir erhalten eine transzendente Gleichung – ein Indiz dafür, dass sich der gesuchte Winkel α weder geometrisch noch algebraisch exakt bestimmen lässt. Näherungsmethoden – beispielsweise systematisches Probieren oder Konstruieren des Schnittpunktes der Graphen von

   $f_1(x) = \alpha - \frac{2\pi}{3}$ und $f_1(x) = \sin\alpha$ – liefern $\alpha \approx 2{,}605$ (Bogenmaß) bzw.

   $\alpha \approx 149{,}26°$ (Gradmaß).

4. Für die entstehende Fischblase ist der Radius x zu bestimmen. Er ergibt sich aus der Bedingung, dass diese Fläche ein Drittel der Kreisfläche ausmachen soll:

   $\frac{1}{2}r^2\pi - \frac{1}{2}(r - x)^2\pi + \frac{1}{2}x^2\pi = \frac{1}{3}r^2\pi$, also $x = \frac{1}{3}r$.

B

(H 10; R, G 8 +)

Ein Quadrat soll in drei gleich große Teile zerschnitten werden. Wie sind die Schnitte zu legen?
Auch ein Quadrat lässt sich auf beliebig viele Arten gleichmäßig aufteilen, wir schneiden auf vier unterschiedliche Arten:

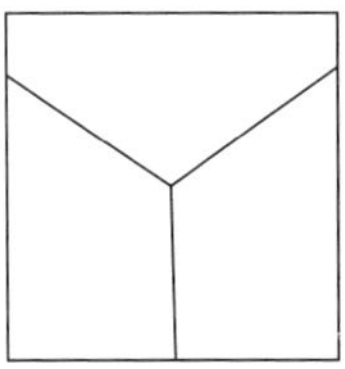

1. geradlinig, vom „Mittelpunkt“ aus

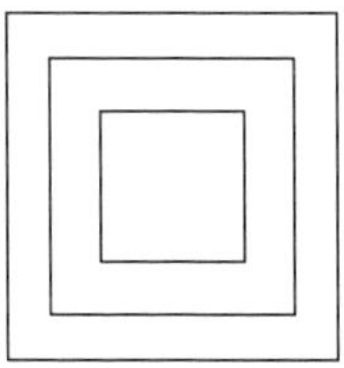

2. „konzentrisch“

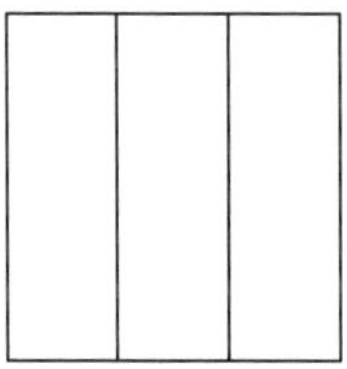

3. geradlinig, in Parallelschnitten

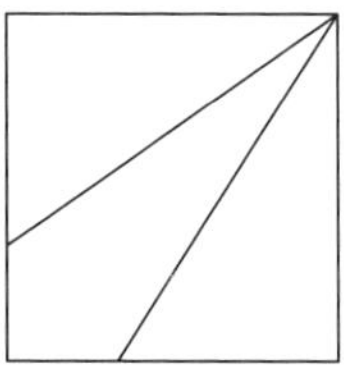

4. geradlinig, von einem Randpunkt aus

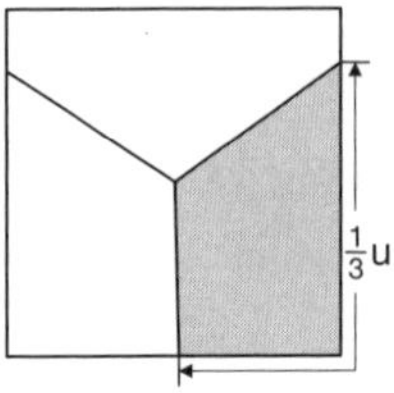

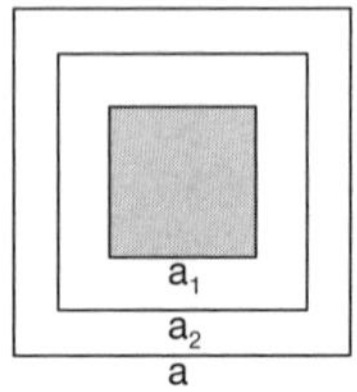

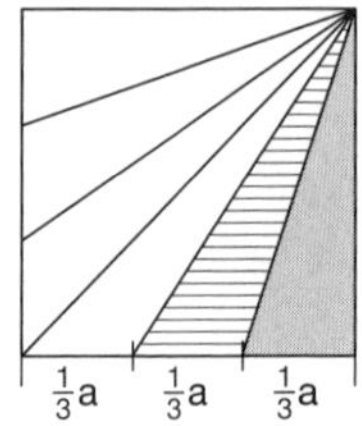

1. Gleiche Teile durch Schnitte vom „Mittelpunkt" – damit ist hier der Diagonalenschnittpunkt gemeint – lassen sich auf vielfältige und zudem einfache Weise erzeugen: man hat nur darauf zu achten, dass die Schnittgeraden den Rand, d. h. den Umfang dritteln!
   Jedes Teil hat den Inhalt

   $$F = \frac{1}{2} \cdot \frac{a}{2} \cdot \frac{u}{3}.$$

2. Welche Seitenlängen a_1 bzw. a_2 müssen die einzubeschreibenden Quadrate haben? Eine simple Rechnung gibt die Antwort:

   $$a_1{}^2 = \frac{1}{3}a^2, \text{ d. h. } a_1 = \frac{\sqrt{3}}{3}a \approx 0{,}577a \quad \text{bzw.}$$

   $$a_2{}^2 = \frac{2}{3}a^2, \text{ d. h. } a_2 = \frac{\sqrt{6}}{3}a \approx 0{,}816a.$$

3. Hier beim Quadrat – im Gegensatz zum Kreis – die einfachste Lösung: Drittelung einer Seite und zwei Parallelen!
4. Sechsteilung ist beim Quadrat einfacher und einsichtiger als Dreiteilung. Das längs der Diagonalen halbierte Quadrat wird gedrittelt – durch Drittelung der Quadratseite!

C

(H 10; R, G 8 +)

Ein Dreieck soll in drei gleich große Teile zerschnitten werden. Wie sind die Schnitte zu legen?
Auch hier wird auf vier unterschiedliche Arten geschnitten:
1. geradlinig, vom „Mittelpunkt" aus

2. „konzentrisch" 3. geradlinig, in Parallelschnitten 4. geradlinig, von einem Randpunkt aus

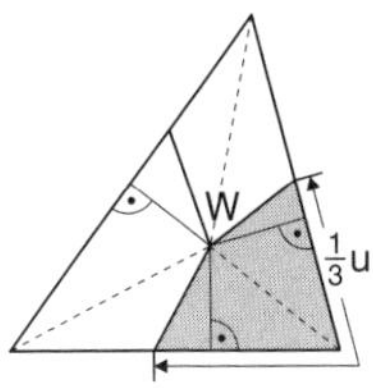

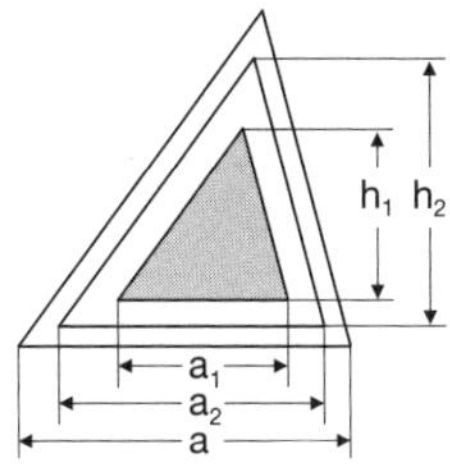

1. „Mittelpunkt" – darunter soll hier der Schnittpunkt W der Winkelhalbierenden verstanden werden. Der Rand des Dreiecks ist gedrittelt. Die Schnitte von W zu diesen Teilungspunkten zerlegen das Dreieck in gleiche Teile. Jede dieser Teilflächen lässt sich nämlich in Dreiecke zerlegen. Der Schnittpunkt W der Winkelhalbierenden garantiert für diese Teildreiecke gleiche Höhen; die Drittelung des Randes garantiert gleiche Grundseiten!
2. Wie sind die Höhen h_1, h_2 und die Seiten a_1, a_2 der einzubeschreibenden Dreiecke zu wählen?
   Wegen der Ähnlichkeit gilt
   $\frac{h_1}{a_1} = \frac{h}{a}$ bzw. $\frac{h_2}{a_2} = \frac{h}{a}$.

   Das Übrige erledigt auch hier eine simple Rechnung:

   $\frac{h_1 a_1}{2} = \frac{1}{3} \cdot \frac{ah}{2}$ und $\frac{h_1}{a_1} = \frac{h}{a}$ führt auf $a_1 = \frac{\sqrt{3}}{3} a \approx 0577a$, $h_1 = \frac{\sqrt{3}}{3} h \approx 0{,}577h$.

   $\frac{h_2 a_2}{2} = \frac{2}{3} \cdot \frac{ah}{2}$ und $\frac{h_2}{a_2} = \frac{h}{a}$ führt auf $a_2 = \frac{\sqrt{6}}{3} a \approx 0{,}816a$, $h_2 = \frac{\sqrt{6}}{3} h \approx 0{,}816h$.
3. Teilung durch Parallelschnitte – sie unterscheidet sich nicht wesentlich von „konzentrischer" Teilung; entsprechende Abmessungen sind gleich!
4. Die Drittelung des Dreiecks – sie wird erreicht durch die Drittelung einer Seite.

Rundherum (H 9–10; R, G 8 +)

A

Auf dem Tisch liegen zwei gleiche Münzen. Eine Münze bleibt fest, die andere wird um diese einmal abgerollt; sie ist dann wieder in ihrer Ausgangslage. Wie oft dreht sie sich dabei um ihren Mittelpunkt?

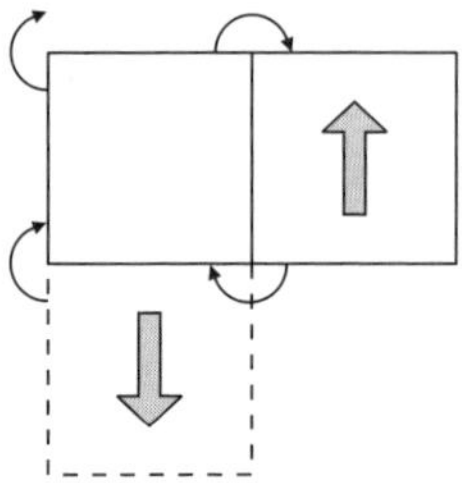

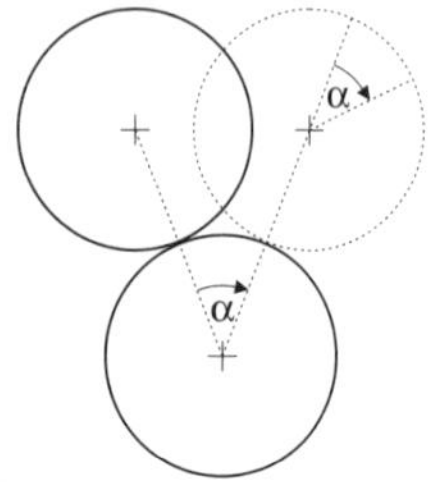

Die Münze rollt genau einmal ab – sie dreht sich also genau einmal! Das klingt zwar einleuchtend, es ist dennoch falsch! Wir prüfen diese „Lösung“ gleich dreimal.

1. Man probiert!
   Eine Münze bleibt fest, die andere rollt – sie gleitet nicht! Man stellt fest: Die Münze erfährt bei einem vollen Umlauf mehr als eine volle Drehung!
2. Man vergleicht!
   Wie ist es, wenn nicht Kreis am Kreis, sondern beispielsweise Quadrat am Quadrat, Vieleck am Vieleck abrollt?
   Die Abbildung zeigt: Ein Quadrat dreht sich an einer Ecke nicht um 90°, sondern um 180°.
   Rollt es einmal um das feste Quadrat, so dreht es sich insgesamt um $4 \cdot 180°$ – das sind zwei volle Drehungen!
3. Man schließt und analysiert!
   Die Bewegung der Münze lässt sich als Komposition zweier Vorgänge verstehen: das Abrollen längs einer Strecke einerseits, als Herumführen um die feste Münze andererseits. Wir entzerren diese beiden ineinander verwobenen Vorgänge:
   - einerseits in das Abrollen längs einer Strecke, die so lang ist wie der Umfang; dies führt zu einer vollen Umdrehung.
   - andererseits in das Herumführen um einen Kreis, ohne dabei zu rollen. Dies führt ebenfalls zu einer vollen Umdrehung.
   - Beide Bewegungen – ob gleichzeitig oder hintereinander ausgeführt – führen zu zwei vollen Umdrehungen.

Oder noch genauer:
Wird eine Münze um eine andere um den Winkel α herumgeführt, so erfährt sie eine Drehung um diesen Winkel α (siehe Abb.). Wird sie zusätzlich um den zu α gehörenden Bogen gerollt, so erfährt sie eine weitere Drehung um α. Das Abrollen um α bewirkt also eine Drehung um 2α.

B

(H 9–10; R, G 8 +)

Auf dem Tisch liegen

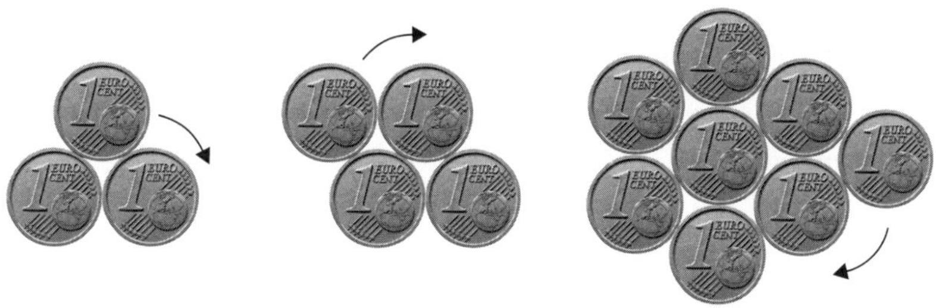

a) anfangs zwei Münzen b) anfangs drei Münzen c) anfangs sieben Münzen

Sie haben alle gleiche Größe und sie berühren sich wie in den Abbildungen. Eine weitere Münze gleicher Größe wird um diese Münzen abgerollt. Wie oft dreht sie sich um ihren Mittelpunkt, bis sie erstmals in ihre Ausgangslage zurückkehrt?
Auch hier lohnt es, mit Münzen oder Bierdeckeln zu experimentieren; man kommt nah an die exakte Lösung heran. Nach den vorausgegangenen Überlegungen im Abschnitt A lässt sich das Maß der Drehung erschließen.

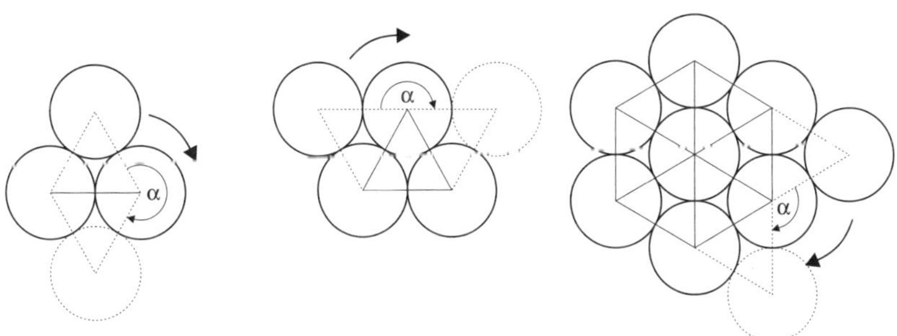

a) zwei Münzen: Bei jeder Münze wird ein Bogen über einem Winkel von $\alpha = 240°$ abgerollt, also $2 \cdot 240°$. Die Münze dreht sich um den doppelten Winkel, um $4 \cdot 240°$; das sind zwei volle und zwei Dritteldrehungen.

b) drei Münzen: Bei jeder Münze wird ein Bogen über $\alpha = 180°$ abgerollt, insgesamt also $3 \cdot 180°$. Die Münze dreht sich um das Doppelte, also um $6 \cdot 180°$; das sind drei volle Drehungen.

c) sieben Münzen: Bei jeder Münze wird ein Bogen über $\alpha = 120°$ abgerollt, insgesamt also $6 \cdot 120°$. Die Münze dreht sich um das Doppelte, also um $12 \cdot 120°$; das sind vier volle Drehungen.

C

Man verwendet unterschiedliche Münzsorten; der Radius der einen Sorte ist doppelt so groß wie der Radius der anderen. Man sollte sich nicht scheuen, Kreisscheiben mit solchen Radien in die Hand zu nehmen und zu experimentieren. Das notwendige Experimentiermaterial liegt bereit oder lässt sich mühelos beschaffen: Münzen oder Bierdeckel, Teller, Topfdeckel, Kartonscheiben ... Solche Experimente sind übrigens auch für die sich anschließende „mathematische" Bearbeitung von nicht zu unterschätzendem Interesse: sie veranschaulichen; sie geben Hinweise auf Zusammenhänge; sie vermitteln erste Einsichten; sie bestärken, wenn Experiment und Theorie harmonieren; sie warnen und korrigieren, wenn sich Disharmonien einstellen.

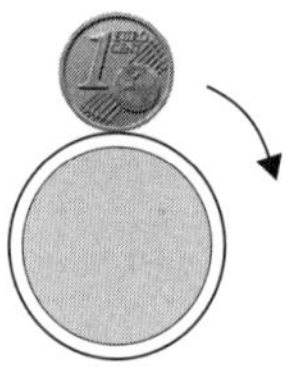

a) Die große Münze bleibt fest, die kleine rollt an ihr ab. Wie oft dreht sie sich um ihren Mittelpunkt, bis sie erstmals wieder in der Ausgangsposition ist?

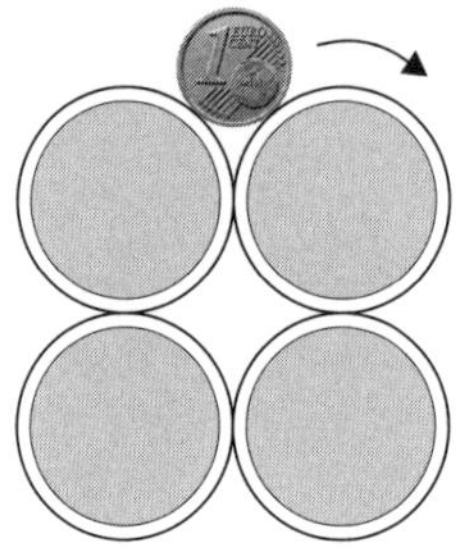

b) Vier große Münzen berühren sich wie in der Abbildung. Die kleine Münze wird an ihnen abgerollt. Wie oft dreht sie sich um ihren Mittelpunkt, bis sie erstmals wieder in der Ausgangsposition ist?

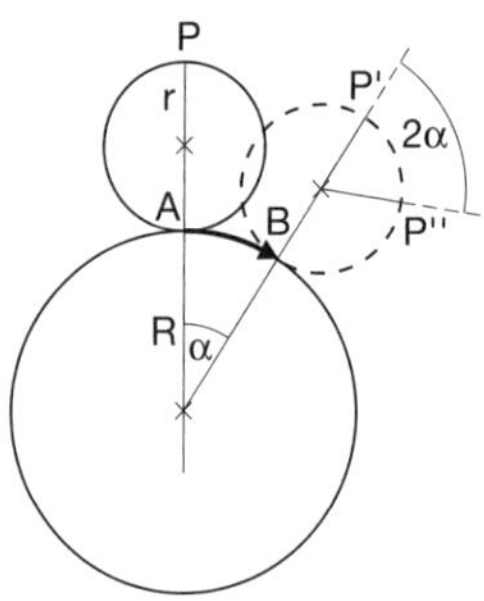

a) Wir untersuchen das Abrollen längs eines Bogens AB, der zum Winkel α gehört. Wie in A denken wir uns die Bewegung in zwei Komponenten zerlegt: – einerseits das Herumführen um α; es führt zu einer Drehung um den gleichen Winkel α; – andererseits das Abrollen längs einer Strecke $\overline{AB}$; es ist $\overline{AB} = R\alpha$ (wegen $R = 2r$). Dies bewirkt also eine Drehung um 2α. – Zusammen bewirkt dies eine Drehung um 3α.

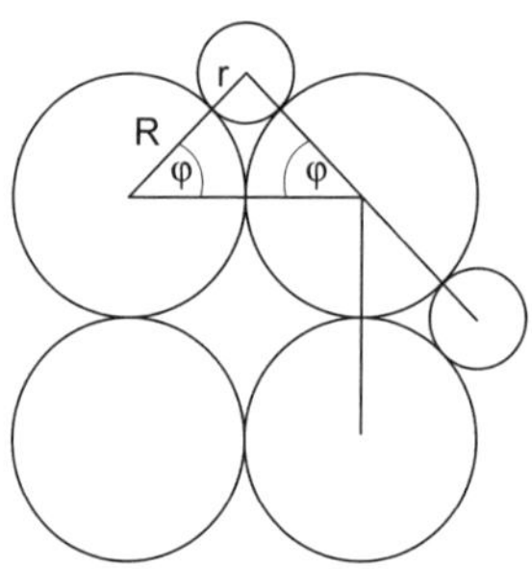

b) Die Lösung: Man muß die Kreisbögen bzw. die zugehörigen Winkel, über die abgerollt wird, ermitteln. Bei jeder Münze wird ein Bogen über $\alpha = 360° - 90° - 2\varphi$ abgerollt, insgesamt also $4d = 1080° - 8\varphi$. Die Münze dreht sich um das Dreifache, also um $3240° - 24\varphi$. Das Problem liegt also bei φ. Aus einer Maßstabszeichnung erhält man den Näherungswert $\varphi \approx 48°$. Rechnerisch bestimmt er sich aus $\cos\varphi = \frac{2}{3}$, d. h. $\varphi \approx 48{,}19°$. Die Münze dreht sich demnach um rund 2 083°.

D

Auf einem Tisch liegen mehrere Dosen vom Radius r, darüber liegt ein Brett. Um welches Stück wird das Brett vorangebracht, wenn die Dosen eine volle Umdrehung ausführen?

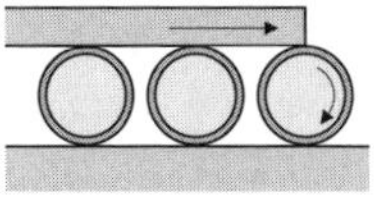

Die schnelle Lösung: Die Dosen führen eine Umdrehung aus, sie kommen also um den Dosenumfang $u = 2\pi r$ voran. Das Brett liegt auf ihrem "Rücken" und wird von ihnen getragen – also kommt es ebenfalls um das Stück $u = 2\pi r$ voran.

Die experimentelle Lösung: Einige Dosen aus der Küchenzeile, ein Stab oder Brett – und schon findet man, dass man mit der schnellen Lösung weit danebenliegt; sie war vorschnell. Was also ist falsch?

Die Lösung: Die Bewegung der Dosen lässt sich – analog zu der Bewegung der Münzen – in zwei Komponenten zerlegen:

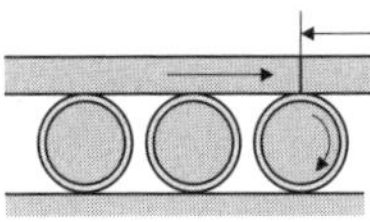

– einerseits der reinen Drehung, der Drehung auf der Stelle. Eine volle Umdrehung – sie bringt das Brett genau um den Dosenumfang voran.

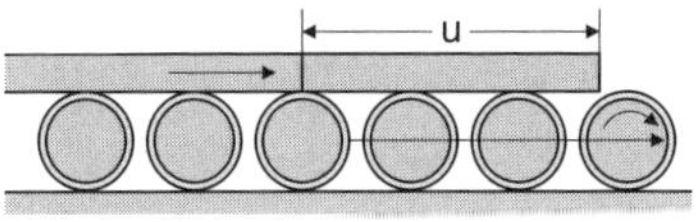

– andererseits die fortschreitende Bewegung auf dem Tisch. Sie könnte auch ohne die Drehbewegung erzeugt werden – auch sie bringt das Brett genau um den Dosenumfang voran. Das Brett kommt also um den doppelten Dosenumfang voran – in besten Übereinstimmung mit experimentellen Ergebnissen!

■ *... und ein Meter dazu!* (H 9–10; R, G 8 +)

A

Um eine Apfelsine spannt man einen Faden, einmal rundherum. Nun gibt man genau 1 m Fadenlänge hinzu und formt – so gut es geht – einen Kreis um die Apfelsine. Wie groß ist der Abstand zwischen Apfelsine und Faden?

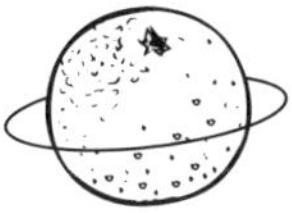

Jetzt denke man sich um die Erde ein Seil gespannt, rundherum längs des Äquators. Auch hier gibt man 1 m Seil hinzu. Es liegt nun nicht mehr eng am Äquator an; es wird so geführt, dass es rundherum gleichen Abstand zum Äquator hat. Wie groß ist dieser Abstand? Was kann zwischen Seil und Äquator durchschlüpfen, eine Maus, eine Ameise, gar nur ein Floh?

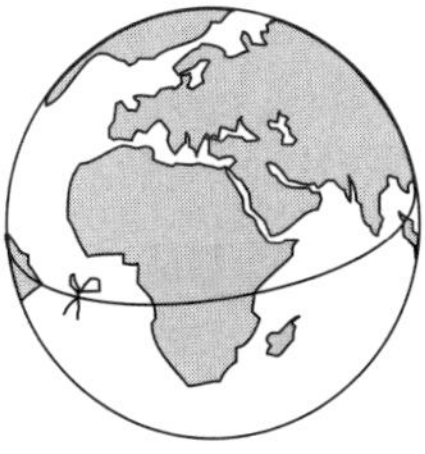

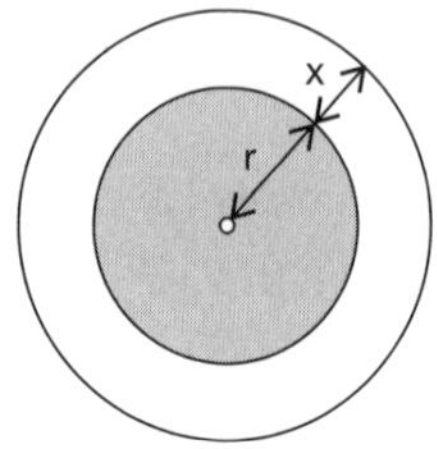

Der Abstand von Apfelsine zum Faden – er lässt sich direkt sichtbar und erfahrbar machen; man erhält rund 16 cm.
Im Fall der Erdkugel versagt die experimentelle Methode, stattdessen helfen Papier und Bleistift.
Auf den ersten Blick scheint es kaum möglich, den Abstand zahlenmäßig exakt zu fassen, wenn nicht einmal die Abmessungen der Erde exakt vorliegen.
Setzen wir also für den Erdradius r und für den Abstand x, so ist die Seillänge längs des Äquators gerade der Erdumfang $u = 2\pi r$. Fügt man 1 m an und formt einen Kreis, so ist der Umfang dieses abständigen Kreises $U = 2\pi(r + x)$. Beide Längen unterscheiden sich genau um 1 m, also gilt:

$$U - u = 1, \quad \text{d.h.} \quad x = \frac{1}{2\pi} \approx 0{,}159.$$

Der Abstand beträgt rund 16 cm – er ist genauso groß wie bei der Apfelsine! Ob Stecknadelkopf, Apfelsine oder gar Erdkugel, der zusätzliche Meter führt stets zu ein und demselben Abstand. In der Rechnung kommt dies dadurch zum Ausdruck, dass der Abstand x in keiner Weise vom Kreisradius r abhängt.

B

(H 9–10; R, G 8 +)

Statt um einen Kreis wird um ein regelmäßiges Vieleck ein Faden gespannt. Man gibt 1 m Faden hinzu und führt den verlängerten Faden in rundum gleichem Abstand um das Vieleck.

a) Wie groß ist der Abstand bei einem gleichseitigen Dreieck?
b) Wie groß ist er beim Quadrat?
c) Wie groß ist er beim regelmäßigen Sechseck?

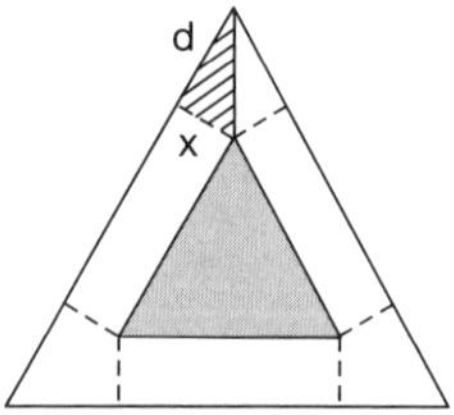

Man erkennt: Die zusätzliche Fadenlänge 1 m wird an den 3 Ecken benötigt, also ist $d = \frac{1}{6}$ m. Der Abstand x bestimmt sich aus $\tan 60° = \frac{d}{x}$ zu $x = \frac{1}{6\sqrt{3}} \approx 0{,}096$.

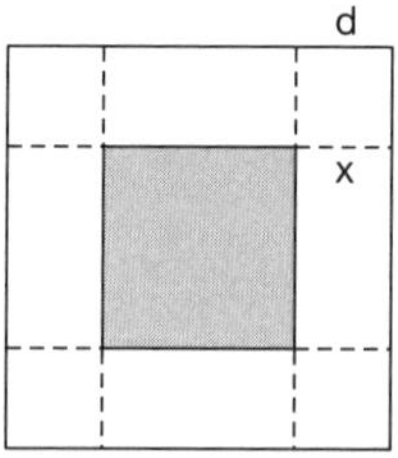

Die zusätzliche Fadenlänge wird an den 4 Ecken benötigt, also ist hier $d = \frac{1}{8}$ m.

Hier gilt $x = d = \frac{1}{8} = 0{,}125$.

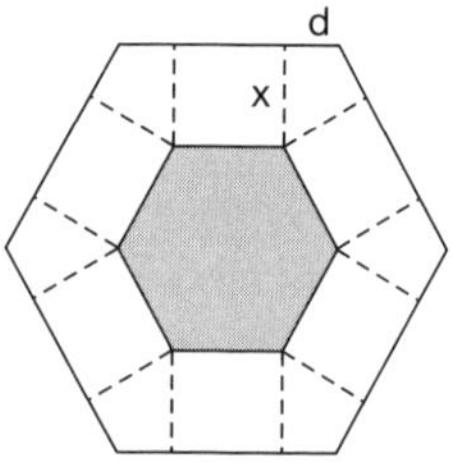

Hier hält die zusätzliche Fadenlänge an den 6 Ecken den Umfang auf Distanz:

$d = \frac{1}{12}$ m. Es gilt $\tan 30° = \frac{d}{x}$, d. h. $x = \frac{\sqrt{3}}{12} \approx 0{,}144$.

Bemerkenswert auch hier: Der Abstand ist unabhängig von den Abmessungen des Vielecks. Das bedeutet: die zusätzliche Fadenlänge von 1 m beschert gleichseitigen Dreiecken einen Abstand von knapp 0,1 m = 10 cm, sie beschert Quadraten den Abstand 0,125 m = 12,5 cm und regelmäßigen Sechsecken einen Abstand von rund 0,144 m = 14,4 cm. Je größer die Eckenzahl, umso größer der Abstand!

1.9 Sinnvolle Genauigkeit bei Resultatsangaben

Näherungswerte

1. Am 29. Spieltag der Bundesliga wurden in 9 Spielen 25 Tore geschossen und 375 000 Zuschauer verfolgten die Spiele in den Stadien.
Wie viele Tore wurden im Durchschnitt pro Spiel geschossen?
Wie viele Zuschauer waren durchschnittlich pro Spiel im Stadion?
Auf diese Fragen gibt ein Schüler folgende Antworten:
Es wurden im Durchschnitt pro Spiel etwa drei Tore geschossen.
Am 29. Spieltag waren im Durchschnitt 41 667 Zuschauer im Stadion.
Wie sind diese Schülerantworten zu werten?
Sind die Lösungen mathematisch korrekt?
Sind die Antworten hinsichtlich der Sachverhalte sinnvoll?
Wenden wir uns einer weiteren Aufgabe zu.

2. An einer Busfahrt nehmen 25 Schülerinnen und Schüler und eine Lehrkraft teil. Insgesamt sind für diese Fahrt 127 € an das Busunternehmen zu bezahlen. Wie viel muss jeder der Teilnehmenden bezahlen, wenn alle den gleichen Betrag entrichten sollen?
Hier steht man vor der Frage, wie das Taschenrechnerergebnis 4,8846154 zu runden ist. (Rundet man gemäß der Rundungsregeln, so würde man das „falsche" Ergebnis 4,88 € für den Fahrpreis jedes Einzelnen erhalten. Die Abrechnung mit diesem Ergebnis würde zu Problemen führen.)

3. Ermittle die Länge der Diagonalen eines Quadrats mit der Seitenlänge 1 m.
Wie ist das Ergebnis einer Schülerin zu werten, die für diese Aufgabe folgenden Antwortsatz formuliert: „Die Länge der Diagonalen beträgt 1,414213562 m."?
Solche Fragen ergeben sich im Mathematikunterricht häufig durch die Verwendung von Taschenrechnern und Computern. Fragen, welche Genauigkeit im Sachkontext notwendig ist, sind Gegenstand der Mathematik selbst. Immer dann, wenn man anstelle von reellen Zahlen (z. B. $\sqrt{2}$, π, sin 60°) mit rationalen **Näherungswerten** arbeitet oder wenn **Näherungsverfahren** angewendet werden, stellt sich die Frage der Genauigkeit. Innerhalb der numerischen Mathematik spielen derartige Problemstellungen – ein-

schließlich der Abschätzung von Fehlern – eine große Rolle. Im Mathematikunterricht wird man aber das Rechnen mit Näherungswerten (z.B. Fehlerrechnung, Intervallarithmetik, Konvergenzuntersuchungen für numerische Verfahren) nur in Anfängen berücksichtigen.
Von Bedeutung ist die Frage der Genauigkeit natürlich auch bei allen anderen Anwendungen der Mathematik. Dabei spielen u. a. folgende Aspekte eine Rolle:

- Sachverhalte der Aufgabe und damit verbundene explizite oder implizite Genauigkeitsforderungen
- Genauigkeit der in die Rechnung eingehenden Werte, sofern es überhaupt Näherungswerte sind
- Güte des mathematischen Modells
- Güte der verwendeten Rechenhilfsmittel und Art des Lösungsweges
- „Zweckmäßigkeitsfragen“ (z.B. Übersichtlichkeit von Resultatsangaben, Wahl geeigneter Einheiten)

Nicht bei jeder im Mathematikunterricht auftretenden numerischen Aufgabe sind all diese Aspekte zu beachten. Es wird auch weiterhin eine Vielzahl innermathematischer Aufgaben geben, bei denen alle gegebenen Daten und schließlich auch das Ergebnis als genau anzusehen sind. Darüber hinaus kann man Fragen der sinnvollen Genauigkeit von Resultaten immer dann umgehen, wenn in der Aufgabenstellung angegeben ist, mit welcher Genauigkeit das Resultat erwartet wird.

Beispiel:

4. Ermittle den Umfang eines Kreises auf Zentimeter genau, wenn sein Durchmesser mit 2,00 m gemessen wurde.

Anwendungsorientierung und Lebensnähe als wichtige didaktische Prinzipien des Mathematikunterrichts erfordern, numerische Resultate sachgerecht und entsprechend den Aufgabenbedingungen anzugeben und ggf. zu interpretieren. Das trifft nicht nur für Aufgaben zu, bei denen gegebene Daten Näherungswerte sind (Anzahl von Zuschauern), sondern auch für solche Aufgaben, die nur genaue Werte enthalten (Ermittlung der im Durchschnitt geschossenen Tore pro Spiel; Ermittlung des Buspreises pro Person). Werden Ergebnisse mit einer Genauigkeit angegeben, die von der Sache her nicht gerechtfertigt ist, so weist das auf Mängel im Verständnis für Anwendungen der Mathematik bei der Lösung von praktischen Problemen hin. Den Schülerinnen und Schülern Wert und Grenzen mathematischer Methoden zum Lösen praktischer Probleme zu verdeutlichen heißt auch, sie für die „Resultatsangabe mit sinnvoller Genauigkeit“ zu sensibilisieren.
Zur mathematischen Allgemeinbildung gehört, dass den Schülerinnen und Schülern das Arbeiten mit Näherungswerten vertraut ist. Der Mathema-

tikunterricht muss also die Schülerinnen und Schüler befähigen, beim Lösen von mathematischen Problemen auf sinnvolle Genauigkeit zu achten. Im Folgenden wird an einigen Schwerpunkten gezeigt, wie man das Arbeiten mit sinnvoller Genauigkeit im Mathematikunterricht anhand von Aufgaben thematisieren kann.

Erkennen von Näherungswerten

Betrachtungen zur sinnvollen Genauigkeit beginnen mit dem Erfassen des Sachverhalts. Da ist zunächst stets zu klären, ob die gegebenen Zahlen oder Größen Näherungswerte (NW) sind.
Eine generelle Antwort (etwa: Bei außermathematischen Aufgaben handelt es sich stets um NW und bei innermathematischen stets um genaue Werte) ist nicht möglich, z. B. sind die Aufgaben (3) und (4) innermathematischer Art; in Aufgabe (3) ist der gegebene Wert ein genauer Wert (Sollwert), in Aufgabe (4) ein Näherungswert (Messwert).
Ähnlich unterschiedlich kann es bei einem außermathematischen Sachverhalt sein. So ist zwar in Aufgabe (1) die Angabe der Zuschauer ein NW, aber die Anzahl der geschossenen Tore ein genauer Wert. Auch der Fahrpreis der Busfahrt in Aufgabe (2) ist ein genauer Wert. Beispiele, an denen die Schülerinnen und Schüler den Unterschied von genauen Werten und Näherungswerten erkennen können, finden sich auf Seite 97 ff.
An Beispielen sollte den Schülerinnen und Schülern der Unterschied zwischen mathematischen Objekten (als ideellen Objekten wie Rechteck, Trapez, Quadrat, Kreis ...) und realen Objekten (wie z. B. kreisförmiges Blumenbeet, rechteckiger Garten, quaderförmiger Mauerziegel) nach und nach bewusst gemacht werden.
Schüler höherer Jahrgangsstufen (etwa ab Jahrgangsstufe 8) sollten auch Unterschiede zwischen den folgenden Aufgaben erkennen können:

4a Berechne den Umfang eines kreisförmigen Blumenbeetes mit dem Durchmesser d = 2,00 m.

4b Berechne den Umfang eines Kreises, dessen Durchmesser 2 m beträgt.

Intervallcharakter von Näherungswerten – Wertschranken

Zuweilen ist von einem Näherungswert der zugehörige genaue Wert bekannt, wenn man z. B. das Sparguthaben von Familie Müller mit ca. 10 000 € angibt, der genaue Wert aber aus dem Sparbuch mit 9 976,87 € zu entnehmen ist.
Bei Verpackungen findet man mitunter solche Angaben wie 250 g ± 4 g, d. h., dass in einer Verpackung 246 g bis 254 g enthalten sein können. Der wahre Wert liegt also im angegebenen Intervall 246 g ≤ m ≤ 254 g. Je kleiner das Intervall ist, umso genauer ist der Näherungswert. 246 g wird auch als untere **Wertschranke** und 254 g als **obere Wertschranke** des wahren Wertes be-

zeichnet. 4 g ist also die **größtmögliche Abweichung** des Näherungswertes vom genauen Wert. Während man bei der Darstellung eines genauen Wertes auf der Zahlengeraden einen Punkt markiert, erhält man bei der Darstellung eines Näherungswertes (unter Berücksichtigung der größtmöglichen Abweichung vom genauen Wert) auf einer Zahlengeraden eine Strecke, auf der der genaue Wert liegt. Je kürzer diese Strecke ist, umso genauer ist der Näherungswert.
Manchmal ist aus dem Kontext zwar bekannt, dass es sich bei einer Angabe um einen Näherungswert handelt (z.B. bei Messwerten), obwohl eine mögliche Abweichung vom wahren Wert nicht explizit angegeben ist. Für diese Fälle wird im Allgemeinen folgende Vereinbarung getroffen: Die Abweichung des Näherungswertes vom genauen Wert beträgt maximal 0,5 Einheiten des Stellenwertes der letzten angegebenen Ziffer. Die Ziffern solcher Näherungswerte bezeichnet man als zuverlässige Ziffern.

Beispiele:

NW x	Anzahl der zuverlässigen Ziffern von x	Stellenwert der letzten angegebenen Ziffer	Hälfte des Stellenwertes der letzten angegebenen Ziffer	Bereich, in dem der wahre Wert liegt
12	2	Einer	0,5	$11{,}5 \le x \le 12{,}5$
2,2	2	Zehntel	0,05	$2{,}15 \le x \le 2{,}25$
3,32	3	Hundertstel	0,005	$3{,}315 \le x \le 3{,}325$

Um den Intervallcharakter von Näherungswerten und die Begriffe Wertschranken zu festigen, sind die Beispiele auf den Seiten 95 und 96 geeignet.

Genaue Werte oder Näherungswerte?

1. Welche der folgenden Resultate sind Näherungswerte und welche sind genaue Werte?
   a) 17 : 13 = 1,31 b) 8 : 5 = 1,6 c) 1 : 6 = 0,1667
   d) 5 : 3 = 1,666 … e) 3 : 6 = 0,5
2. Bei welchen der folgenden Angaben treten Näherungswerte auf?
   a) Im Stadion waren 5 000 Zuschauer.
   b) Mit den Zinsen des Vorjahres habe ich ein Guthaben von 233,45 €.
   c) Kathrin wohnt in der Schillerstr. 123.
   d) Die Entfernung Berlin – Hamburg beträgt 290 km.
   e) Frau Schulze fährt jährlich etwa 8 000 km mit ihrem Auto.
   f) Die Breite eines rechteckigen Gartens wurde mit 12,50 m gemessen.
   g) Die Länge des Quadrats betrage 10 cm.
   h) Laut Tarif kostet die Buskarte 2,10 €.

3. Runde bzw. verändere die Zahlenangaben gegebenenfalls sinnvoll:
   a) Einwohner einer Stadt: 23 456
   b) Telefonnummer von Michael: 23556
   c) Länge eines Wanderweges: 9,67 km
   d) Abfahrt des Zuges nach Berlin: 9:35 Uhr
   e) Zuschauer beim Sportfest: 1452
   f) Schülerinnen und Schüler der Goethe-Schule: 567
4. Nenne weitere Beispiele für das Auftreten von Näherungswerten.
5. Gib für die folgenden Zahlen Näherungswerte mit zwei (drei, vier) Ziffern nach dem Komma an.
   a) 2,12587
   b) $\frac{1}{3}$
   c) 2π
   d) $\sqrt{2}$

Schreibweise von Näherungswerten

Die Schreibweise $x_w = x \pm \Delta x$, wobei x ein Näherungswert und Δx die größtmögliche Abweichung vom wahren Wert x_w ist, ist gleichbedeutend mit $x - \Delta x \leq x_w \leq x + \Delta x$.
Beispiele: m = 250 g ± 4 g bedeutet 246 g ≤ m ≤ 254 g.

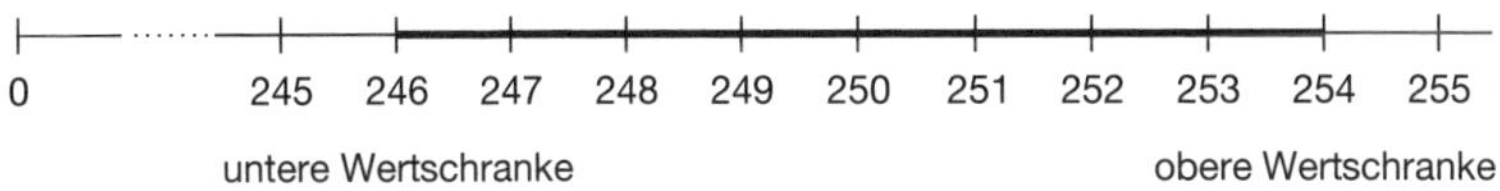

1. Vervollständige die Tabelle.

Näherungs wert x	Angabe des Intervalls für den wahren Wert m mit Hilfe einer Ungleichung	Untere Wertschranke	Obere Wertschranke
250 g ± 4 g	246 g ≤ m ≤ 254 g	246 g	254 g
900 g ± 30 g			
	388 g ≤ m ≤ 412 g		
		79,6 g	80,4 g

Werden bei einem Näherungswert keine Abweichungen angegeben, so geht man davon aus, dass der wahre Wert vom angegebenen Näherungswert nicht mehr als die Hälfte des Stellenwertes der letzten angegebenen Ziffer abweicht.
Beispiel: a = 1,4 m, d. h. die größtmögliche Abweichung beträgt 0,05 m.
Der wahre Wert von a liegt also zwischen 1,35 m und 1,45 m. Die Ziffern solcher Näherungswerte werden als zuverlässige Ziffern bezeichnet.

2. Vervollständige die Tabelle.

Näherungswert mit zuverlässigen Ziffern	Stellenwert der letzten angegebenen Ziffer	Untere Wertschranke	Obere Wertschranke	Bedingungen für den wahren Wert x
1,4	Zehntel	1,35	1,45	$1{,}35 \le x \le 1{,}45$
2,52	Hundertstel		2,525	
	Zehntel	2,25		
			5,5	
				$2{,}35 \le x \le 2{,}45$

3. Vervollständige die Tabelle.

Näherungswert mit zuverlässigen Ziffern	Anzahl der zuverlässigen Ziffern	Untere Wertschranke	Obere Wertschranke	Bedingungen für den wahren Wert x
2,3	2	2,25	2,35	$2{,}25 \le x \le 2{,}35$
0,04	1			
12,0				
$4{,}0 \cdot 10^3$				
	2	0,445		
				$4\,850 \le x \le 4\,950$
			13,25	

1. Die Nullen, die links vor der ersten von null verschiedenen Grundziffer stehen, werden nicht als zuverlässige Ziffern gezählt.
2. Bei Näherungswerten, die durch ganze Zahlen gegeben sind, ist eine Darstellung mit abgetrennten Zehnerpotenzen zur Angabe der zuverlässigen Ziffern vorteilhaft, da man sonst nicht genau angeben kann, wie viele zuverlässige Ziffern der Näherungswert hat.
3. Erläutere den Unterschied zwischen den Näherungswerten 2 m, 2,0 m, 2,00 m.

Rechnen mit Näherungswerten

Betrachten wir noch einmal die Aufgaben (4a) und (4b) auf Seite 93. In der Aufgabe (4b) geht in die Rechnung der genaue Wert 2 m ein. Als Ergebnis für den Umfang des Kreises erhält man 2 π m. Wenn Schüler bei dieser Aufgabe als Ergebnis 6,283185307 m angeben, ist das nicht falsch. Es handelt sich dabei um einen NW mit Taschenrechner-Genauigkeit. Im Mathematikunterricht strebt man aber zumeist „übersichtliche“ bzw. informative Ergebnisse an. Eine zusätzliche Forderung „Runde das Ergebnis auf Zehntel cm genau.“ – wie in Aufgabe 4 – wäre denkbar, um den Schreibaufwand in Grenzen zu halten. Eine ergänzende Forderung „Runde sinnvoll.“ ist aber unerfüllbar, weil es kein Kriterium für sinnvoll gibt. Das wäre nur gegeben, wenn wie in Aufgabe (4a) ein NW – nämlich d = 2 m – in die Rechnung eingeht.
Treten in Aufgaben Näherungswerte auf, dann kann das Ergebnis nicht genauer sein als der in die Rechnung eingehende ungenaueste Näherungswert. Um in solchen Fällen die Genauigkeit von Ergebnissen rationell zu bestimmen, können **Regeln der Ziffernzählung beim Rechnen mit NW** angewendet werden.

Sie lauten:

- Bei der Addition und Subtraktion von NW
  - sucht man denjenigen NW heraus, bei dem die letzte zuverlässige Ziffer am weitesten links steht und
  - rundet das Ergebnis auf diese Stelle.

  Beispiele: 35 m + 12,7 m + 3,78 m = 51,48 m ≈ 51 m
  76,0 kg – 23,46 kg – 2,7 kg = 49,84 kg ≈ 49,8 kg
- Bei der Multiplikation und Division von NW
  - sucht man den NW mit der geringsten Anzahl zuverlässiger Ziffern heraus und
  - rundet das Ergebnis auf diese Anzahl von Ziffern.

  Beispiele: 3,2 m · 5,32 = 17,024 m ≈ 17 m
  4,1 g : 7,02 = 0,584045584 g ≈ 0,58 g

Im Falle der Aufgabe (4a) müsste das TR-Resultat also auf Hundertstel gerundet werden.

Hinweis: Bei diesen Regeln handelt es sich um *Faustregeln* zur Angabe von Ergebnissen mit sinnvoller Genauigkeit. Faustregeln deshalb, weil ihre Anwendung nicht garantiert, dass das so ermittelte Ergebnis nur aus zuverlässigen Ziffern besteht.
Um den Schülerinnen und Schülern o. g. Regeln plausibel zu machen, kann man Wertschrankenberechnungen durchführen. Beispiele dazu finden sich auf der folgenden Seite. Diese Beispiele sind auch geeignet, die oben genannten Regeln für die Ziffernzählung zu festigen.

Regeln für das Rechnen mit Näherungswerten

1. Ermittle jeweils die obere und untere Wertschranke für die Summe der Näherungswerte **a**, **b**.

a	b	a + b	Untere Wertschranke	Obere Wertschranke
3,6	0,65	4,25	3,55 + 0,645 = 4,195	3,55 + 0,655 = 4,305
12,41	0,2	12,61		
32	1,56	33,56		
78,12	13			

Runde jeweils den Wert in der Spalte **a** + **b** so, dass er als Näherungswert in etwa das Intervall der unteren und oberen Wertschranke der Summe **a** + **b** beschreibt.

2. Berechne die Summe folgender Näherungswerte:

3,21 m	3,2?? t
+ 0,2? m	5,782 t
	+ 6,21? t

3. Berechne die Summe bzw. Differenz folgender Näherungswerte.
   a) 212,76 kg + 6,7 kg + 0,78 kg
   b) 13,76 m – 6,7 m – 0,56 m
   c) 7,0 l – 1,5 l – 0,25 l
4. Klaus misst die Länge einer Quadratseite mit 3,5 cm. Zwischen welchen Werten liegt der Umfang des Quadrats?
5. Ermittle jeweils die obere und untere Wertschranke für die Produkte der Näherungswerte **a**, **b**.

a	b	ab	Untere Wertschranke	Obere Wertschranke
3,8	0,67	2,546	3,75 · 0,665 = 2,49375	3,85 · 0,675 = 2,59875
12,41	0,2	2,482		
32	1,56	49,92		
78,12	13			

Runde jeweils den Wert in der Spalte **ab** so, dass er als Näherungswert in etwa das Intervall der unteren und oberen Wertschranke des Produktes **ab** beschreibt.

6. Berechne die Produkte folgender Näherungswerte.
   a) 2,32 m · 4,3 m
   b) $\pi \cdot (3{,}4\ \text{cm})^2$
7. Berechne die Produkte bzw. Quotienten folgender Näherungswerte.
   a) 3,2 : 0,8
   b) 12,3 · 1,34

Sachverhalt ist maßgeblich für Resultatsangabe

5. Wie viel Zinsen erhält man nach einem Jahr bei einem Zinssatz von 4,25 % für ein Guthaben von 6 585 €? (Taschenrechner-Resultat: 279,8625 €)

6. Ein zylindrisches Gefäß ist 4,00 m hoch und hat einen Durchmesser von 1,40 m. Wie viele solcher Gefäße werden in einem Chemiewerk benötigt, um 46 m^3 Säure zu lagern?
(Taschenrechner-Resultat: $V = 6{,}1575216\ m^3$; $46\ m^3 : V = 7{,}4705382$)

Bei beiden Aufgaben sollte den Schülerinnen und Schülern klar sein, dass die Angabe der Taschenrechner-Resultate als Ergebnis der jeweiligen Aufgaben unsinnig ist.
Obwohl Aufgabe (5) nur genaue Werte enthält, ist das Ergebnis nur mit zwei Stellen nach dem Komma anzugeben.
Die Daten in Aufgabe (6) sind zwar Näherungswerte, aber in diesem Fall können die oben genannten Regeln nicht zur Anwendung kommen, da nur eine natürliche Zahl (Anzahl der Gefäße) in Frage kommt. Außerdem muss hier – abweichend von den Rundungsregeln (!) – aufgerundet werden.
Die Beispiele zeigen, dass sinnvolle Genauigkeit nicht allein aus der Sicht des Faches Mathematik heraus erklärt werden kann. Die Gepflogenheiten bzw. die Vorgaben für ein sachverhaltsbezogenes Runden sind in manchen Fällen inhaltlich klar (z. B. werden Geldbeträge zumeist auf Cent gerundet, bei Anzahlen ist stets eine natürliche Zahl das Ergebnis, bei Materialberechnungen interessiert nicht schlechthin ein NW, sondern eine obere Wertschranke), können aber im Allgemeinen bei den Schülerinnen und Schülern nicht einfach vorausgesetzt werden.
Die Beispiele auf Seite 91 sind geeignet, solche Überlegungen nach dem Sachkontext im Mathematikunterricht zu thematisieren.

Einfluss des Modells auf die Genauigkeit

Die mathematische Behandlung realer Sachverhalte erfordert fast immer gewisse Idealisierungen. So widerspiegelt ein mathematisches Modell (z. B. eine Gleichung) den Sachverhalt in der Regel nicht vollständig, sondern nur in bestimmten Aspekten mehr oder weniger gut, also näherungsweise. Zum Beispiel kann man bei der Berechnung des Volumens eines Sandhaufens vom Kreiskegel ausgehen und die Formel $V = \frac{1}{3}\pi r^2 h$ anwenden. Hier sollte den Schülerinnen und Schülern aber auch bewusst gemacht werden, dass der Sandhaufen niemals ein (idealer) Kegel ist. Von daher kann die im mathematischen Modell erreichte Genauigkeit nicht gedankenlos übertragen werden. Es wäre also beispielsweise völlig sinnlos, ein aus den Angaben für den Umfang eines Sandhaufens $u = 16$ m und seiner Höhe $h = 8{,}5$ m erhaltenes Taschenrechner-Resultat von $57{,}720192\ m^3$ als Lösung anzugeben. Hier müsste wohl eine sinnvolle Antwort $V = 60\ m^3$ lauten. Einem Schüler, der als Resultat

58 m^3 angibt, muss aber wohl auch noch Verständnis für die Problematik zugestanden werden. Es kommt also nicht so sehr auf das (u. U. formale) Handhaben bestimmter Faustregeln an. Richtig ist vielmehr, dass die Schülerinnen und Schüler anhand derartiger Aufgaben die eingangs geforderte Sensibilität für die Problematik erwerben. Sie sollen erkennen, dass es bei praktischen Anwendungen der Mathematik meist nicht darauf ankommt, so genau wie möglich zu rechnen, sondern nur so genau wie nötig zu arbeiten.

Genauigkeit abschätzen

Formuliere jeweils einen Antwortsatz.

1. Die Länge a und die Breite b eines Rechtecks wurden gemessen ($a = 7{,}25$ m, $b = 3{,}2$ m). Berechne Umfang und Flächeninhalt dieses Rechtecks.
   Lösung: $u = 2(a + b)$ [20,9] $A = ab$ [23,2]

2. Die Durchmesser von Kreisen wurden gemessen. Gib jeweils den Umfang und den Flächeninhalt an.
   a) 5 m b) 5,0 m c) 5,00 m
   Lösung: $u = \pi d$ [15,70796327]
   $A = \pi r^2$ [78,53981634]

3. Ein Unwetter hat eine Fichte umgebrochen (s. Abb.). Wie hoch war sie?

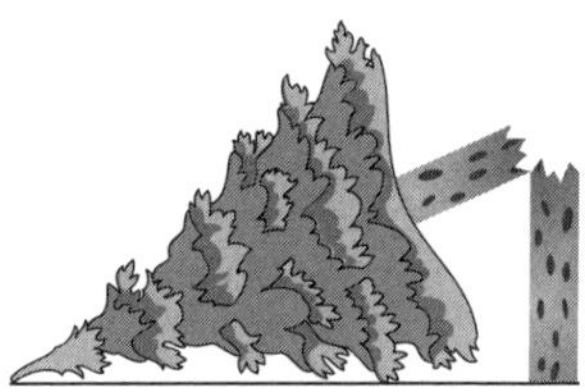

   Lösung: $x = \sqrt{(16{,}5\text{ m})^2 + (2{,}8\text{ m})^2} + 2{,}8$ [19,53588958]

4. Ein Sparguthaben von 2 300 € wird bei einem Zinssatz von 3,5 % nach 10 Monaten abgehoben. Wie viel Zinsen erbrachte das Guthaben in dieser Zeit?
   Lösung: $z = \frac{2300\text{ €} \cdot 3{,}5 \cdot 10}{100 \cdot 12}$ [67,08333333 € ≈ 67,08 €]

5. Ein Klassenzimmer ist 8,30 m lang, 5,50 m breit und 2,95 m hoch. Wie viele Schüler dürfen darin höchstens untergebracht sein, wenn je Schüler mit 3,00 m^3 Luftraum gerechnet wird?
   Lösung: $x = (8{,}30\text{ m} \cdot 5{,}50\text{ m} \cdot 2{,}95\text{ m}) : 3{,}00\text{ m}^3$ [44,88916667]

6. Für die Gewinner eines Preisrätsels sollen Bücher eingekauft werden. Einige Gewinner sollen ein Buch zu 9,90 € als ersten Preis, die anderen ein Buch zu 4,95 € als zweiten Preis erhalten. Insgesamt stehen 70 € zur Verfügung und es sollen Preise für 10 Preisträger gekauft werden. Wie viele erste Preise können höchstens vergeben werden?
   Lösung: Anzahl der ersten Preise: $n (0 < n < 10; n \in N)$
   Anzahl der zweiten Preise: $10 - n$
   $70\text{ €} = 9{,}90\text{ €} \cdot n + 4{,}95\text{ €} \cdot (10 - n)$
   $n = 4{,}14$

Hier noch ein weiteres Beispiel, um den Einfluss eines mathematischen Modells auf die Genauigkeit des Resultats zu verdeutlichen.

7. Kathrin lässt einen Drachen steigen, so hoch es der 87 m lange Bindfaden zulässt. Jürgen sieht den Drachen senkrecht über sich. Welche Höhe hat der Drachen erreicht, wenn Kathrin 62 Schritte von je 0,8 m Länge von Jürgen entfernt steht. (Der Durchhang der Drachenschnur wird vernachlässigt.)

   Als ein mathematisches Modell zur Lösung der Aufgabe bietet sich in erster Näherung das rechtwinklige Dreieck an. Der Durchhang der Drachenschnur und die Größe der Kinder sollen vernachlässigt werden. Dabei könnte man herausstellen, dass das rechtwinklige Dreieck den eigentlichen Sachverhalt zwar relativ gut widerspiegelt und für die praktischen Bedürfnisse ausreicht, aber dennoch eine starke Vereinfachung des realen Sachverhalts ist.
   Für die Länge der fehlenden Kathete x gilt dann:

   $$x = \sqrt{(87\,\text{m})^2 - (62 \cdot 0{,}8\,\text{m})^2}.$$

   Mit einem Taschenrechner erhält man den Wert $x = 71{,}47614987\,\text{m}$.
   Die gegebenen Werte sind bis auf die Anzahl der Schritte (62) Näherungswerte. Berücksichtigt man, dass 0,8 m der Näherungswert mit der geringsten Genauigkeit ist, so ist entsprechend den o. g. Regeln das Taschenrechner-Resultat auf 70 m zu runden. Wenn man bedenkt, dass das rechtwinklige Dreieck den eigentlichen Sachverhalt vereinfacht, also nur angenähert widerspiegelt, so ist eine Drachenhöhe mit größerer Genauigkeit wenig sinnvoll.

Schüler durch Übungen sensibilisieren

Bei vielen vor allem formalen Aufgaben ist es möglich, die Resultate mit großer Genauigkeit anzugeben. Um nun bei diesen Aufgaben ein übersichtliches und **sachbezogenes Resultat** zu erhalten, wird man im Allgemeinen die Ergebnisse aus Zweckmäßigkeitsgründen runden. Was zweckmäßig ist, kann u. U. implizit in der Aufgabe enthalten sein. Wenn z. B. eine **Wertetabelle für eine Funktion** mit dem Ziel aufgestellt wird, den Graphen der Funktion auf Millimeterpapier zu skizzieren, dann reicht gewöhnlich eine Angabe der Funktionswerte auf Zehntel – je nach Maßstab.
Im Allgemeinen kann von den Schülerinnen und Schülern nicht immer erwartet werden, dass sie genau erkennen, wann und wie weit eine Rundung im jeweiligen Fall zweckmäßig ist. Hier sollten von der Lehrkraft bei den einzelnen Aufgaben entsprechende Forderungen gestellt werden.
Überlegungen zur sinnvollen Genauigkeit sollten den Lösungsprozess von Aufgaben begleiten.

Schülerinnen und Schüler zur Resultatsangabe mit sinnvoller Genauigkeit zu sensibilisieren bedeutet vor allem, diesen Aspekt im Mathematikunterricht bei geeigneten Gelegenheiten konsequent zu beachten. Das schließt nicht aus, dass der Blick gelegentlich ausschließlich darauf zu konzentrieren ist und spezielle Übungen durchgeführt werden. Im Unterricht sollten die Schülerinnen und Schüler durch entsprechende **Diskussionen von Aufgabenlösungen** erkennen, dass es für die Angabe eines Resultats mit sinnvoller Genauigkeit zwar verschiedene Orientierungen gibt (z.B. Unterscheidung: genauer Wert, Näherungswert; Sachverhalt beachten; Regeln für das Rechnen mit Näherungswerten; Wertschrankenberechnungen), dass aber allgemein gültige Vorschriften dafür nicht existieren können, weil jeder Fall – abhängig von der Struktur, dem Sachverhalt und den gegebenen Werten – anders liegen kann. Es geht also darum, die Schülerinnen und Schüler zu befähigen, mögliche Hilfen für die Angabe von Resultaten mit sinnvoller Genauigkeit zu kennen und zu nutzen.

2 Sie haben die Mathematik geliebt

2.1 Wer ist das? – Berühmte Mathematiker

- Er wurde elf Jahre nach der Geburt des Archimedes in Kyrene an der Nordküste Afrikas geboren. Den größten Teil seines Lebens verbrachte er in Alexandria. Dort wurde er zunächst unter der Leitung des gelehrten Vorstehers der großen Bibliothek erzogen. Dann zog es ihn nach Athen an die philosophische Schule der Platoniker, wo er sich auch erstmals intensiver mit der Mathematik beschäftigte. Etwa 246 v. Chr. wurde er aus Athen wieder nach Alexandria gerufen, wo er fortan am Königshof als Prinzenerzieher und als Direktor der Bibliothek tätig war. Unsicher ist, ob er in späteren Jahren von seinem Posten entfernt wurde und ins Elend geraten ist. Allerdings melden mehrere Quellen übereinstimmend, dass er tatsächlich augenleidend, vielleicht sogar erblindet seinem Leben durch freiwilligen Hungertod ein Ende machte. Er galt als Universalgelehrter, der sich auf den Gebieten der Philologie, Grammatik, Literatur, Astronomie und Geographie eine vielseitige Bildung angeeignet hatte. Seine Verdienste liegen vor allem auf dem Gebiet der mathematischen Geographie. Er fertigte eine Erdkarte an. Dazu teilte er die Erde in Vierecke ein, nahm Vermessungen vor und berechnete den Erdumfang. Bekannt wurde er vor allem durch ein Verfahren zur Bestimmung von Primzahlen. Das „Sieb", mit dem man sämtliche Primzahlen feststellen kann, wurde nach ihm benannt (siehe Seite 10).

  Lösung: Eratosthenes von Kyrene, etwa 284 Kyrene–etwa 200 Alexandria

- Er wurde im Jahr der Entdeckung Amerikas durch Christoph Columbus in Staffelstein am Main geboren. Sein Vater besaß eine Mühle, einen Weinberg und einige Hausgrundstücke, sodass die zehnköpfige Familie in bescheidenem Wohlstand leben konnte. Als 17-Jähriger verließ er sein Elternhaus und begab sich zu seinem älteren Bruder nach Zwickau. In Erfurt gründete er 1517 eine Rechenschule für die Kaufleute und veröffentlichte noch im selben Jahr sein erstes Buch, in welchem er das Rechnen „auf den Linien", auf dem Abakus, behandelte. In seinem zweiten Buch, das 1522 erschien, stellte er nunmehr dem Rechnen mit dem Abakus das schriftliche Rechnen gegenüber. Damit griff er die sich abzeichnenden Veränderungen in der Rechenweise auf. Seit dem 12. Jahrhundert waren allmählich die indischen

Ziffern durch die Vermittlung der Araber nach Europa vorgedrungen. Sie begannen sich immer stärker durchzusetzen. Nach fünf Jahren Aufenthalt in Erfurt siedelte er nach Annaberg im Erzgebirge um, wo er als eine Art Buchhalter im Silberbergbau angestellt wurde. Zugleich richtete er eine neue Rechenschule ein. Er sammelte zahlreiche mathematische Probleme aus der Praxis, die eine Vorstufe zur Entwicklung der Algebra bildeten. Sein Ruhm beruht auf seinen pädagogischen, in deutscher Sprache geschriebenen Rechenbüchern. In einer Redensart wird sein Name in falscher Schreibweise gebraucht und lässt ihn dabei zu einer übergroßen Gestalt werden.

Lösung: Adam Ries, 1492 Staffelstein–1559 Annaberg

- Er war der Sohn eines vermögenden Kaufmanns aus St. Petersburg. Als er noch klein war, siedelte die Familie nach Deutschland über. Gegen den Wunsch des Vaters, der ihn gern als Ingenieur gesehen hätte, studierte er Mathematik in Zürich, Göttingen und Berlin. Er erhielt eine Professo-renstelle an der Universität Halle, wo er bis zu seinem Ausscheiden aus dem akademischen Dienst wirkte. Seine Publikation über die Kardinalzahl kann als die Geburtsstunde der Mengenlehre angesehen werden. Doch seine theoretischen Überlegungen trafen nicht auf ungeteilte Zustimmung, ja teilweise musste er sich scharfer Angriffe erwehren. Sein Kollege Kronecker hielt seine Theorie für eine gefährliche Form des Wahnsinns und war der Meinung, dass die Mathematik unter Führung unseres Mathematikers im Irrenhaus landen würde. Tatsächlich landete nicht die Mathematik, sondern unser Mathematiker in der Nervenklinik. Mit vierzig Jahren erlitt er den ersten von vielen Zusammenbrüchen, die sich mit unterschiedlicher Stärke während seines restlichen Lebens wiederholen sollten. Die Ursache für die schweren Depressionen, unter denen er litt, waren endogener Natur. Soweit es die Erkrankung zuließ, arbeitete er jedoch beharrlich weiter. So griff er die Idee der Schaffung einer geeigneten Organisation für den Gedankenaustausch und die Zusammenarbeit von Mathematikern auf und trieb diese voran. Es ist ihm im hohen Maße zu verdanken, dass 1890 in Bremen die „Vereinigung deutscher Mathematiker" gegründet wurde. Er zeigte, dass die Untersuchungen von Mengen sinnvoll sind. Die Forderung nach einer strengeren Betrachtungsweise in der ganzen Mathematik ist weitgehend seinen Bemühungen zu verdanken.

  Lösung: Georg Cantor, 1845 St. Petersburg–1918 Halle/Saale

- Er sagte von sich: „Ich habe so viele Einfälle, die vielleicht später von Nutzen sein werden, wenn sich eines Tages gründlichere Leute als ich eingehender mit ihnen beschäftigen und ihre schönen Gedanken mit meinen Mühen vereinen." Da er so viele Ideen hatte, zugleich aber zeitweise unter einem schlechten Gedächtnis litt, pflegte er alles zu notieren und kein Zettelchen zu vernichten. Daher können wir noch heute anhand seiner Aufzeichnungen die Wege seines Forschens und Denkens recht klar rekonstruieren. Als zwanzigjähriger Jurist gelangte er in den diplomatischen Dienst des Kurfürsten von Mainz. Im Auftrag seines Herrn wurde er nach Paris geschickt. Seine Mission am Hof des „Sonnenkönigs" Ludwig XIV. scheiterte jedoch. Aber der Aufenthalt blieb nicht ohne Folgen. Zuvor wenig mit mathematischen Dingen in Berührung gekommen, begann er in Paris Mathematik zu studieren. In den folgenden vier Jahren reifte er zu einem der bedeutendsten Mathematiker heran. Als er in Paris keine Anstellung finden konnte, trat er in den Dienst des Herzogs von Braunschweig. Als Bibliothekar und juristischer Berater des Fürsten war er die restlichen vierzig Jahre seines Lebens tätig. Als großer Denker verzettelte er sich hin und wieder in Nebensächlichkeiten. Da er für seine Verschwendungssucht immer Geld brauchte, entwirrte er gegen reichliche Belohnung die königliche Ahnenreihe, um dann gegründet auf diese Arbeit und durch seine hervorragenden Gesetzeskenntnisse legitime Ansprüche auf Herzogtümer nachzuweisen. Er aß für sein Leben gern und es gelang ihm nicht, sich zur Mäßigung zu bewegen. Als Universalgenie nimmt er nicht nur unter den bedeutenden Mathematikern einen Ehrenplatz ein. Auch als Philosoph leistete er Überragendes. Er gehört zu den Hauptgestaltern der heutigen mathematischen Formelschreibweise. So stammen von ihm der Multiplikationspunkt, die Schreibweise einer Proportion $a : b = c : d$ mit Doppelpunkt und Gleichsetzungszeichen und die Verwendung der Potenzschreibweise a^x.

Lösung: Gottfried Wilhelm Leibniz, 1646 Leipzig–1716 Hannover

- Man weiß nicht sehr viel von seinem Leben und seiner Persönlichkeit. In seiner kleinasiatischen Heimatstadt soll er angeblich ein kluger und gerissener Geschäftsmann gewesen sein. Als er eines Tages bemerkte, dass die Olivenernte besonders reichlich auszufallen schien, kaufte er sämtliche Ölpressen auf und vermietete sie zu einem hohen Zins weiter. Sicher ist zumindest, dass er sich intesiv mit der Mathematik und der Astronomie beschäftigte. Sein Wissen darüber eignete er sich wohl bei seinen zahlreichen Besuchen der Märkte an.
  Auf dem Gebiet der Astronomie wurde er ein berühmter Mann, als es ihm gelang, eine Sonnenfinsternis exakt vorauszuberechnen. Die dafür notwendigen Kenntnisse hatte er vermutlich von babylonischen Priestern gelernt. Der griechische Geschichtsschreiber Herodot berichtet gar, dass auf Grund der genauen Vorhersage der Sonnenfinsternis die Lyder, die Bewohner des westlichen Teils Kleinasiens, und die Perser mit ihrem Kampf aufgehört haben sollen und Frieden miteinander schlossen.

Der griechische Philosoph Platon überliefert über ihn folgende Geschichte: Als er wieder einmal die Sterne beobachtete, schaute er in den Himmel, ohne auf seinen Weg zu achten. Dabei fiel er in einen Brunnen. Eine thrakische Magd verspottete ihn daraufhin. Er wolle wissen, was am Himmel sei, was aber zu seinen Füßen liege, bliebe ihm verborgen.
Platon, Aristoteles und viele andere nach ihnen bezeichneten ihn als den ersten Philosophen. Stets wollte er dem Wesen der Dinge auf den Grund gehen. Wasser sah er als ein Urelement oder Prinzip aller Dinge an.
Zahlreiche geometrische Kenntnisse der Ägypter brachte er nach Griechenland, so beispielsweise die Sätze von der Gleichheit der Scheitelwinkel, der Basiswinkel im gleichschenkligen Dreieck, der Gleichheit und Halbierung der Diagonalen im Rechteck, der Kongruenz der Dreiecke, die in einer Seite und den Anwinkeln übereinstimmen. Einer der wohl bekanntesten Sätze in der Mathematik lautet: Die Ecken eines rechtwinkligen Dreiecks liegen auf dem Kreis mit der Hypotenuse als Durchmesser. Dieser Kreis wird mit seinem Namen bezeichnet.

Lösung: Thales von Milet, ca. 624–547 v. Chr.

- Die Familienlegende berichtet, dass er die „Elemente" des Euklid als Knabe ohne Schwierigkeiten studiert haben soll. Da seine Mutter bereits starb, als er drei Jahre alt war, kümmerte sich sein Vater Étienne, Entdecker bestimmter Kurven 4. Ordnung, intensiv um seine Erziehung. Zunächst soll er großen Wert auf die sprachliche Ausbildung seines Sohnes gelegt haben. Als 11-Jähriger schrieb dieser eine verloren gegangene Arbeit über Töne. Mit 16 Jahren veröffentlichte er eine Abhandlung über Kegelschnitte, die unter Gelehrten Aufsehen erregte und die auch heute noch von Bedeutung ist. Die umfangreichen Rechenaufgaben seines Vaters, der Steuerinspektor in Rouen wurde, regten ihn zum Bau einer Rechenmaschine (1642) an. Innerhalb von zwei Jahren baute er 50 Modelle. 1652 ging ein verbessertes Modell an Königin Christine von Schweden. 1646 begann er mit seinen hydrostatischen Untersuchungen. Er entdeckte die Verwendbarkeit des Barometers zu Höhenmessungen und untersuchte das Gleichgewicht von Flüssigkeiten.
  Durch ein mystisches Erlebnis wendete er sich der Religion zu. Er wird ein Anhänger des Jansenismus, einer katholischen Bewegung, die sich besonders gegen die Theologie der Jesuiten stellte und eine religiöse Verinnerlichung wollte. Seit seinem 18. Lebensjahr verbrachte er keinen Tag ohne Schmerzen. Ab 1655 zog er sich zeitweise in das Kloster von Port Royal zurück und widmete sich religiösen Meditationen und theologischen Studien. Er duldete keine Bilder und keine Tapeten in seinem Zimmer. Seine Abhandlungen (*Pensées*) blieben unvollendet, sind aber sein wichtigster Beitrag zur Geschichte der Philosophie. Sie wurden acht Jahre nach sei-

nem Tode veröffentlicht. Das klassische Ideal der Universalität, sich nicht in eine Aufgabe zu verbohren, kam seinem sprunghaften Temperament sehr entgegen. Das nach ihm benannte Dreieck ist im eigentlichen Sinne gar kein Dreieck, sondern eher ein Zahlenschema.

Lösung: Blaise Pascal, 1623–1662

- Seine Eltern lebten als Bauern in der Bretagne, wo er geboren wurde. Erst sehr viel später erhielt er den Titel eines Marquis und verkehrte in den vornehmen Kreisen. In der Dorfschule fand sein beachtliches mathematisches Talent durch wohlhabende Nachbarn Unterstützung. Mit den besten Empfehlungen einflussreicher Gönner wurde er nach Paris geschickt. Der Mathematiker d'Alembert, an den er sich wandte, empfing ihn zunächst allerdings nicht. Erst als er ihm in einem ungewöhnlichen Brief die allgemeinen Grundlagen der Mechanik darstellte, wurde er zum Besuch eingeladen. Dank der Hilfe d'Alemberts wurde er bald zum Professor der Pariser École Militaire ernannt.
  Dort an der Militärakademie hatte er einen 16-jährigen Kadetten ganz besonderer Art zu prüfen: Er hieß Napoleon Bonaparte. Dieser sollte ihm später den Weg zu einer politischen Karriere ebnen. So gelangte er ins Innenministerium und napoleonische Orden zierten die Brust des wendigen Mathematikers.
  Das spätere Urteil Napoleons über ihn fiel jedoch vernichtend aus: „[Er], ein Mathematiker ersten Ranges, zeigte sich sehr bald als nur ein mittelmäßiger Verwaltungsfachmann; gleich zu Beginn seiner Tätigkeit erkannten wir, dass wir uns in ihm getäuscht hatten, [er] sah kein Problem vom richtigen Gesichtspunkt aus; er suchte überall nach Haarspaltereien, hatte nur zweifelhafte Einfälle und brachte schließlich den Geist der Kleinlichkeit in die Verwaltung." Sicherlich basiert die bittere Charakterisierung durch Napoleon darauf, dass es unseren Mathematiker keine Mühen kostete, sich von einem fanatischen Anhänger der Republik zu einem glühenden Royalisten zu verwandeln. Als Napoleon gestürzt wurde, unterschrieb er das Dekret, das seinen Förderer verbannte.
  So ganz kann man ihm nicht glauben, wenn er erklärt: „Ich habe die Mathematik stets mehr aus Neugier als aus einem Streben nach eitlem Ruhm betrieben." Unbestritten ist jedoch seine mathematische Größe. So hat man ihn mit Recht später den „Newton Frankreichs" genannt. Er gilt als der Begründer der modernen Wahrscheinlichkeitstheorie.

  Lösung: Marquis Pierre-Simon de Laplace, 1749–1827

- „[Er] rechnete anscheinend so mühelos, wie andere Menschen atmen oder wie der Adler in der Luft schwebt", so äußerte sich der Physiker Arago über die verblüffende Leichtigkeit, mit der er sein Gebiet beherrschte. Seine

Zeitgenossen nannten ihn „die Fleisch gewordene Analysis". Er verfasste seine Abhandlungen so leicht, wie ein gewandter Stilist einen Brief an einen guten Freund schreibt. Sogar die völlige Blindheit während der letzten siebzehn Jahre seines Lebens hemmte seinen Arbeitseifer nicht. Der Verlust des Augenlichts führte vielmehr zu einer noch größeren Denkschärfe. In jungen Jahren schickte ihn sein Vater nach Basel, damit er dort Theologie und Hebräisch studierte. Seine Kenntnisse in der Mathematik erregten jedoch die Aufmerksamkeit des ausgezeichneten Mathematikers Jakob Bernoulli, der dem jungen Mann fortan wöchentlich eine Privatstunde gab. Mit 17 Jahren erwarb er den Titel eines Magisters. Sein Vater bestand jedoch darauf, dass er die Mathematik aufgebe und seine ganze Zeit der Theologie widmen solle. Erst die Brüder Bernoulli konnten den Vater überzeugen, dass sein Sohn bestimmt sei, nicht Pastor, sondern ein großer Mathematiker zu werden.
Zwischen 1727 und 1741 und später ab 1766 bis zu seinem Tod arbeitete er als Mathematiker an der Wissenschaftlichen Akademie in St. Petersburg. Diese Akademie bezahlte ihre Mitglieder so gut , dass ein Mann mit seiner Familie bequem davon leben konnte. Sein Haushalt umfasste eine Zeit lang nicht weniger als achtzehn Personen. Er war sehr kinderlieb. Von seinen dreizehn Kindern starben jedoch alle bis auf fünf sehr jung. Als der französische Philosoph Denis Diderot von der Zarin Katharina II. an ihren Hof geladen wurde, versuchte Diderot, die Höflinge zum Atheismus zu bekehren. Die Zarin hatte den geschwätzigen Philosophen bald satt und beauftragte unseren Mathematiker ihm eine Lektion zu erteilen. Man teilte Diderot mit, ein Mathematiker verfüge über einen algebraischen Beweis für die Existenz Gottes und er könne ihn, wenn er es wünsche, vor dem versammelten Hof hören. Diderot ging bereitwillig darauf ein. Unser Mathematiker trat auf Diderot zu und sagte im Ton tiefster Überzeugung: „Monsieur, $\frac{a + b^n}{n} = x$, also existiert Gott; antworten Sie!" Für Diderot, der nichts von Mathematik verstand, klang dies sehr einleuchtend. Über sein betretenes Schweigen entstand ein schallendes Gelächter, das ihn so tief verletzte, dass er die Kaiserin bat, sofort nach Frankreich zurückkehren zu dürfen.
An den gesuchten Mathematiker erinnert ein kleingeschriebener Buchstabe aus unserem Alphabet als mathematisches Symbol für eine Zahl.

Lösung: Leonhard Euler, 1707–1783

Nach den Angaben eines syrischen Berichterstatters soll er aus der phönizischen Stadt Tyros stammen, nach anderen Quellen soll er in Ägypten geboren sein. Weiteren Aussagen zufolge habe er seine Jugend in Athen verbracht. Er muss älter als Archimedes gewesen sein, der im 3. Jahrhundert vor unserer Zeitrechnung lebte.

Als reifer und angesehener Gelehrter kam er auf Einladung der ägyptischen Herrscherdynastie der Ptolemäer nach Alexandria. Alexandria war damals der Sitz der exakten Wissenschaften und der Grammatik. Dorthin strömten alle, die in den Wissenschaften lernend und lehrend tätig waren. Ein Schüler fragte ihn: „Was kann ich verdienen, wenn ich diese Dinge lerne?“ Daraufhin rief er seinen Sklaven und sagte: „Gib ihm drei Obolen; der arme Mann muss Geld verdienen mit dem, was er lernt.“
Sein Ruhm basiert auf den dreizehn Büchern, die den Titel *Elemente* tragen. Der Ptolomäerherrscher Soter fragte einst Archimedes, ob es nicht bei den geometrischen Dingen einen kürzeren Weg als den durch die „Elemente“ gebe. Daraufhin erklärte ihm dieser, zur Geometrie hin gebe es keinen geraden Pfad für Könige. Seine *Elemente* enthalten neben einer systematischen Darstellung der geometrischen Grundbegriffe auch alles, was zu seiner Zeit über Zahlentheorie bekannt war. Die Geometrie wurde 2200 Jahre lang von ihm beherrscht. Von einigen, ihm lange Zeit zugeschriebenen Texten glaubt man heute zu wissen, dass sie ihm fälschlicherweise zugeordnet wurden. Zumindest aber ist ihre Herkunft unsicher.
Das Buch *Elemente Eins* endet mit dem allgemeinen geometrischen Beweis des pythagoreischen Lehrsatzes, der uns auch heute noch in der algebrai-schen Form $a^2 + b^2 = c^2$ geläufig ist. Seine Beschäftigung mit diesem Problem ist auch in unseren Schulbüchern zu finden; zwei Sätze tragen seinen Namen.

Lösung: Euklid, lebte ca. 365–300 v. Chr.

- Er wurde als Sohn armer Eltern in einer bescheidenen Hütte in Braunschweig geboren. Als Kind war er beim Spielen eines Tages in den Hochwasser führenden Kanal vor dem Häuschen der Familie gefallen und beinahe ertrunken. Wäre nicht zufällig ein Arbeiter in der Nähe gewesen, hätte sein Leben damit geendet.
  Er gilt wohl als das bekannteste Beispiel für ein frühreifes Wunderkind. Scherzhaft sagte er später, er habe das Rechnen vor dem Reden gelernt. Mit sieben Jahren kam er in die Schule, mit neun Jahren wurde er zum Rechenunterricht zugelassen. Sein Lehrer stellte im Unterricht die Aufgabe, die Summe aller Zahlen von 1 bis 100 zu errechnen. Es war üblich, dass der Junge, der als Erster die Lösung gefunden hatte, seine Schiefertafel auf den Tisch legte. Der nächste legte seine darauf und so weiter. Kaum hatte der Lehrer die Aufgabe gestellt, knallte er seine Schiefertafel bereits auf den Tisch. Während die anderen sich abmühten, saß er mit verschränkten Armen da. Als am Ende der Stunde die Tafeln überprüft wurden, stand auf seiner eine einzige Zahl. Bis ans Ende seiner Tage erzählte er gern, dass seine Zahl die einzige richtige und die aller anderen falsch gewesen wären.

Seinem Lehrer wurde klar, dass er für sein junges Genie nichts mehr tun konnte. Mit vierzehn wurde er vom Herzog von Braunschweig empfangen. Im Jahr darauf schrieb er sich am Collegium Carolinum in Braunschweig ein. Für seine Ausbildung kam fortan der Herzog auf. Als er mit achtzehn das Gymnasium verließ, war er unentschlossen, ob er sich der Mathematik oder dem Studium der Sprachen zuwenden solle. Schließlich entschied er sich doch für die Mathematik und ging an die Universität Göttingen.
Als sein großzügiger Förderer 1806 starb, musste er sich um eine gesicherte Stellung kümmern, um seine mittlerweile gegründete Familie zu ernähren. Er wurde zum Direktor des Göttinger Observatoriums ernannt. Mit den Himmelskörpern hatte er sich bereits früher beschäftigt. Seit 1781 der Planet Uranus entdeckt worden war, suchten Astronomen den Himmel nach weiteren Mitgliedern der Sonnenfamilie ab. In der Neujahrsnacht 1801 wurde der Planetoid Ceres beobachtet. Dieser ging aber nach 40-tägiger Beobachtung wieder verloren. Unser Mathematiker wandte sich dem Problem zu und bestimmte in einer Aufsehen erregenden Berechnung die Bahnenelemente so genau, dass Ceres von mehreren Astronomen Ende 1801 und 1802 wieder aufgefunden werden konnte.
Trotz verschiedener Angebote zog er es vor, am Observatorium zu bleiben, da es ihm die besseren Möglichkeiten zu ruhiger Forschungsarbeit bot. Er gilt als einer der kreativsten und großartigsten Mathematiker aller Zeiten. Als man Ende des vergangenen Jahrhunderts sein Tagebuch fand, enthielt es nicht weniger als 146 knappe Feststellungen von Entdeckungen oder Ergebnissen von Berechnungen aus einem Zeitraum von 18 Jahren.
Bekannt ist uns ein Lösungsweg für ein Gleichungssystem mit mehr als zwei Variablen. Dieses gilt es so umzuformen, dass es Dreiecksgestalt aufweist. Der Algorithmus trägt seinen Namen.

Lösung: Carl Friedrich Gauß, 1777–1855

- Während über die Heimat des berühmten Mathematikers und Physikers keine Zweifel bestehen, weichen die Meinungen, wann er gelebt habe, erheblich voneinander ab.
  In seinen Schriften begnügte er sich niemals mit bloßen theoretischen Erörterungen. Von der wissenschaftlichen Grundlage schritt er zur Anwendung. Dabei hatte er stets eine doppelte Anwendung im Sinn: Neben dem Nutzen für die Gesellschaft hatte er auch das Vergnügen des Einzelnen im Blick. Seinen Beruf würden wir heute als Ingenieur bezeichnen. So entwickelte er allerlei unterhaltsame Vorrichtungen und Maschinen, die durch Dampfdruck oder Luftdruckunterschiede in Gang gesetzt wurden: Trompeten schmettern, Tempeltüren öffnen sich oder Tiernachbildungen trinken. Eines seiner Bücher trägt den Titel *Von der Anfertigung von Geschützen.*

Wichtig war seine Beschäftigung mit der praktischen Feldvermessung, die der der eigentlichen wissenschaftlichen Geometrie vorausging. Auf ägyptischem Boden blühte seit Jahrtausenden die Kunst der Feldvermessung. Unser Mathematiker muss an das Erbe der ägyptischen Vermessungskunst gelangt sein, und so verweist seine Tätigkeit nach Alexandria. Seine Bücher über Vermessungslehre, welche jahrhundertelang verschollen waren, hat man in einer aus dem 11. Jahrhundert stammenden sehr schönen Handschrift des Werkes in Konstantinopel entdeckt. Da es hierbei unter anderem um die Berechnung von Dreiecksflächen geht und auch Quadratwurzelberechnungen vorkommen, hat er eine Formel erstellt, die näherungsweise sehr gute Ergebnisse liefert.
In seiner Schrift über Ausmessungen beschäftigt er sich mit Flächen und Körperinhalten. Dazwischen hat er auch Brunnenaufgaben eingestreut, d.h. Aufgaben, in welchen die Zeit gesucht wird, binnen welcher eine Zisterne durch mehrere Röhren gefüllt werden kann, wenn man weiß, wie lange die Füllung durch einzelne Röhren dauern würde.

Lösung: Heron von Alexandria, lebte zwischen 250 v. Chr. und 150 n. Chr.

- Er entstammte einer Familie, die in drei Generationen acht Mathematiker hervorbrachte, darunter mehrere überragende. So war sein Bruder ebenfalls Mathematiker.
  Auf Wunsch seines Vaters, eines wohlhabenden Kaufmanns und Ratsherrn in Basel, studierte er zunächst in seiner Heimatstadt Theologie, wandte sich aber bereits insgeheim der Mathematik und der Astronomie zu. Sein Motto: „Gegen den Willen des Vaters befasse ich mich mit den Sternen", ist eine ironische Anspielung auf die vergeblichen Versuche, ihn von seinen Vorlieben abzuhalten. Vier Jahre verbrachte er auf Reisen durch die Schweiz und Frankreich, wo er seinen Lebensunterhalt als Privat- und Hauslehrer bestritt. Nach einem kurzen Aufenthalt in seiner Heimatstadt brach er erneut auf, dieses Mal nach den Niederlanden und England, wo er eine Reihe bedeutender Naturforscher persönlich kennen lernte. Statt bei seiner Rückkehr eine Predigerstelle in Straßburg anzutreten, entschloss er sich endgültig, sich fortan der Mathematik zu widmen und begann autodidaktisch zu studieren. Zunächst hielt er an der Universität Basel Vorlesungen über Experimentalphysik. Im Jahre 1687 übertrug man ihm den frei gewordenen Lehrstuhl für Mathematik, den er bis zu seinem Lebensende innehatte.
  Mit seinem jüngeren Bruder Johannes bearbeitete er zahlreiche Probleme gemeinsam, sodass zwischen den Leistungen der Brüder nicht immer deutlich unterschieden werden kann. Dennoch kamen sie nicht immer sehr gut miteinander aus. Sie nahmen ihre Mathematik sehr ernst und in ihren Briefen wimmelt es manchmal von Kraftausdrücken, wie man sie sonst für

Pferdediebe gebraucht. Johannes warf auch einmal seinen eigenen Sohn aus dem Haus, weil dieser einen Preis der französischen Akademie gewonnen hatte, um den er sich selbst beworben hatte.
Unser Mathematiker hinterließ ein Manuskript, das von seinem Neffen im Jahre 1713 unter dem Titel *Ars conjectandi* (Kunst des Vermutens) herausgegeben wurde. Es ist als ein wichtiges Werk in die Geschichte der Mathematik eingegangen und gilt als eine bedeutende Abhandlung über die Wahrscheinlichkeitstheorie. Obwohl er auf verschiedenen Gebieten der Mathematik tätig war, wird sein Name vor allem mit Wahrscheinlichkeitsexperimenten in Verbindung gebracht.

Lösung: Jakob Bernoulli, 1654–1705

- Zunächst war er als Rechtsanwalt tätig und Rechtsberater führender calvinistischer Politiker. Frankreich war damals, zur Mitte des 16. Jahrhunderts, in zwei sich erbittert bekämpfende religiöse Parteien gespalten, die Katholiken und die Reformierten (Hugenotten). In der Bartholomäusnacht 1572 entluden sich die politischen Spannungen: Allein in Paris wurden 2 000 Hugenotten ermordet, weitere 20 000 in den Provinzen. Er schien als Katholik nicht gefährdet gewesen zu sein, seine Frau jedoch, Tochter einer wohlhabenden calvinistischen Familie, entging nur mit Mühe dem Tode; sein Bekannter, der Mathematiker Pierre de la Ramée, wurde ermordet.
  Nachdem Heinrich von Navarra als Heinrich IV. den Thron bestiegen hatte, wurde er 1589 Parlamentsrat in Tours, später Mitglied des Königlichen Geheimen Rats. Während seiner Zeit in Tours gelang es ihm, den Schlüssel zu einer aus mehr als 500 Zeichen bestehenden Geheimschrift zu ermitteln, deren sich die mit Frankreich auf feindlichem Fuße stehende Regierung von Spanien bediente. Damit wurden alle abgefangenen Nachrichten plötzlich leicht verständlich.
  Mathematik war für ihn eine Freizeitbeschäftigung. Zahlreiche Abhandlungen und Bücher ließ er auf eigene Kosten drucken und verschickte sie an Fachgenossen aller Länder. Dabei kamen ihm seine günstigen Vermögensverhältnisse zustatten. Es wird erzählt, dass man neben seinem Sterbebett 20 000 Taler in barer Münze gefunden haben soll.
  In der Renaissance studierten Wissenschaftler wieder die antiken Schriften und entdeckten in der Antike die Anfänge einer mathematischen Symbolik. Er erkannte, dass das Rechnen mit Symbolen, mit Operationssymbolen und Buchstaben, weit über das Rechnen mit Zahlen hinausgreift. Durch ihn trat ein neuer Zweig der Mathematik, die Algebra, gleichberechtigt neben die Geometrie, die bis dahin schlechthin mit Mathematik identisch gewesen war. Manche haben ihn den „Vater der Algebra" genannt, weil er besondere Verdienste um die Verbesserung der algebraischen Sprache erworben hat. So beschäftigte er sich auch mit Koeffizienten von quadratischen Glei-

chungen und fand heraus, dass es zwischen dem linearen und dem absoluten Glied solcher Gleichungen und deren Lösungen eine Beziehung gibt.

Lösung: François Viète, lat. Vieta, 1540–1603

- Sein Leben ist zur Legende geworden. Angeblich soll er in den Flammen seiner eigenen, in Kroton in Süditalien gegründeten Philosophenschule umgekommen sein, die von politischen und religiösen Fanatikern und den von ihnen gegen seine Lehren aufgehetzten Massen in Brand gesteckt wurde. Anderen Darstellungen zufolge ging er nach seiner Vertreibung in die süditalienische Stadt Metapontum, wo er sich niederließ und bis zu seinem Tod blieb.
  Sein Vater soll ein Gemmenschneider auf Samos gewesen sein. Aus Furcht vor der drohenden Eroberung durch die Perser verließ er die Insel und begab sich nach Milet, wo Thales seine mathematische Begabung erkannte und ihn auf die in Phönizien und Ägypten vorhandenen Wissensschätze hinwies. Zwölf Jahre hielt er sich in Babylon auf und lernte dort die hoch entwickelte Mathematik und Astronomie kennen. Während eines lang andauernden Aufenthalts in Phönizien, der heutigen Küstenregion Syriens, und Ägypten wurde er in die Mysterien verschiedener religiöser Kulte eingeführt.
  Um 529 v. Chr. kehrte er in die von Griechen bewohnte Stadt Kroton zurück und gründete eine religiöse Sekte, die zu beträchtlicher Macht gelangte. Es gab strenge Vorschriften über Kleidung und Nahrung. Beispielsweise waren das Tragen von Wollkleidung und Schuhwerk und der Genuss von Fleisch, Fisch, Bohnen und Wein verboten. Er lehrte die Unsterblichkeit der Seelen. Zugang zum Transzendenten erhofften er und seine Anhänger sich durch die Versenkung in die Welt der Zahlen. Sie wählten das Sternfünfeck, das Pentagramm, das aus den Diagonalen des regelmäßigen Fünfecks besteht, zu ihrem Erkennungszeichen und schrieben ihm mystische Bedeutung zu.
  Seine größte Leistung ist, dass er den Beweis in der Mathematik einführte. Vor ihm sah man in der Geometrie kaum mehr als eine Ansammlung von Faustregeln, ohne etwas von den wechselseitigen Zusammenhängen zu wissen. Mit seinem Namen ist ein Lehrsatz verbunden, der nicht von ihm stammt, sondern bereits sich für die mesopotamische Mathematik nachweisen lässt. Höchstwahrscheinlich auf einer seiner Reisen hatte er die Kenntnis davon mitgebracht. Mittlerweile existieren zu dem berühmten Satz mehr als 300 Beweise. Die Untersuchung über ganzzahlige Lösungen der Gleichung $a^2 + b^2 = c^2$ führt zur Bestimmung von Zahlentripeln, die ebenfalls mit seinem Namen verbunden sind. Daneben entwickelte er eine musikalische Zahlenlehre. Im Chorgestühl des Ulmer Münsters findet man eine Figur von ihm mit einer Laute in der Hand. Er beschäftigte sich mit den

Teilungsverhältnissen an einem Monochord, einem Instrument mit nur einer Saite, und leitete daraus Grundlagen für die Lehre von den Verhältnissen und Proportionen für die natürlichen Zahlen ab.

Lösung: Pythagoras, ca. 580–500 v. Chr.

2.2 Anekdoten um die Mathematik und Mathematiker

Der Philosoph und Mathematiker **Thales von Milet** (um 624 – ca. 547 v. Chr.) beobachtete einmal auf einem abendlichen Spaziergang die Sterne, achtete nicht auf den Weg und fiel in einen Quelltümpel. Eine Magd aus Thrakien, die am Brunnen stand, lachte ihn aus: „Du möchtest wissen, was am Himmel vorgeht, und beachtest dabei nicht, was vor deinen Füßen geschieht."
Thales wurde einmal gefragt, was schwierig sei. Er erwiderte: „Sich selbst erkennen." – „Und was ist im Gegensatz dazu leicht?" – „Einen anderen Menschen ermahnen." – „Was aber ist das Erfreulichste?" – „Mit ein wenig Glück sein Ziel zu erreichen." – „Was ist das Seltenste, was du in deinem Leben gesehen hast?" – „Ein alter Tyrann." – „Wie kann man Unglück am leichtesten ertragen?" – „Wenn du siehst, dass es deinen Feinden noch schlechter geht." – „Und wer ist wirklich glücklich?" – „Wer gesund ist, vom Glück begünstigt wird und geistig wohlgebildet ist, den kann man glücklich nennen", antwortete Thales.

Der Philosoph **Aristippos von Kyrene** (um 435 bis später als 366 v. Chr.) landete nach einem Schiffbruch mit einigen Gefährten auf einer einsamen Insel. Als er am Strand frisch in den Sand gemalte geometrische Zeichnungen erblickte, beruhigte er seine Freunde: „Verliert euren Mut nicht! Ich sehe Spuren der Menschheit."

Der große Philosoph **Platon** (um 429–347 v. Chr.) war ein überzeugter Verfechter der Geometrie. Über der Eingangstür seiner Akademie hatte er die Inschrift „Ageométretos medeís eisíto" anbringen lassen, was frei übersetzt heißt: „Zutritt nur für die der Geometrie Kundigen."

Der griechische Mathematiker **Euklid** (etwa 365–300 v. Chr.), der „Erfinder" der Geometrie, wurde von Ptolemäus I., dem König von Ägypten, aufgefordert, seinen Sohn die Mathematik zu lehren. Der Sohn hatte mit dem Erlernen dieser Wissenschaft offenbar einige Schwierigkeiten. Als der König daher den Lehrer fragte, ob man seinem Sohne die Mathematik nicht leichter vermitteln könne, antwortete Euklid: „Es gibt keinen Königsweg zur Mathematik!"

Eine ähnliche Anekdote wird von **Menaichmos** (um 350 v. Chr.), der die Parabel und die gleichseitige Hyperbel erfunden haben soll, erzählt:
Alexander der Große verlangte von Menaichmos, dass er ihn auf dem kür-

zesten Weg in die Geometrie einführen solle. Menaichmos antwortete dem großen Makedonier: „O König, auf den Acker hinaus gibt es getrennte Wege für Privatleute und für Könige. Zur Geometrie führt für alle nur ein Weg."

Archimedes (287–212 v. Chr.) gilt als der größte Naturwissenschaftler der Antike. Er war zugleich Mathematiker, Physiker und Ingenieur. Er legte die Zahl π schon mit erstaunlicher Genauigkeit fest und entwickelte die Formeln zur Berechnung von Oberfläche und Volumen von Zylinder, Kugel und Kegel. Als Archimedes in seiner Badewanne das Auftriebsgesetz (Ein schwimmender Körper verliert so viel an Gewicht, wie die Wassermenge wiegt, die er verdrängt.) gefunden hatte, sprang er aus seiner Wanne, lief nackt und nass auf die Straße und rief in seiner Muttersprache: „Heureka! Heureka!" (griech.: Ich hab's gefunden.).

Über seinen Tod wird erzählt:
Als die römischen Soldaten seine Heimatstadt Syrakus erobert hatten, saß Archimedes vor seinem Haus und zeichnete mit einem Stöckchen geometrische Figuren in den Sand. Als ein römischer Legionär auf diese Skizzen im Sand trat, herrschte Archimedes ihn an: „Störe meine Kreise nicht!" Daraufhin wurde er von dem Soldaten erschlagen.

Um 1700 erscheint von dem kirchlichen Schulinspektor J. G. **Zeidler** eine kritische Bestandsaufnahme über die Situation des Dorfschulwesens. Das Buch hat den Titel: „Sieben böse Geister, welche heutigen Tages guten Teils die Küster und sogenandte Dorff-Schulmeister regieren." Dort äußert sich Zeidler zum Rechenunterricht wie folgt: „In der Rechenkunst können ihrer etliche Ein mal eins nicht; wenn sie addiren, fangen sie vorn von den Thalern an; ja sie können nicht einmal numerieren, wissen nicht, wie sie ein halbes schreiben sollen, und machen aus $\frac{1}{2}$ $\frac{2}{1}$, nemlich 2 gantze."

Über den Professor für Mathematik und Physik in Göttingen, Abraham Gotthelf **Kästner** (1719–1800), der auch als Satiriker bekannt war, schreibt einer seiner Studenten an den Dichter Jean Paul: „Kästner ist ein Mann von altem Schrot und Korn. Sein Vortrag wird von keinem gelobt, weil er für die, welche schon Mathematik verstehen, gar zu weitläufig und für Anfänger zu schwer wäre; die Ursache hiervon ist, weil er alles, was vorausgehört, um einen arithmetischen oder geometrischen Satz zu verstehen, mit der strengsten Beweismethode darstellt und so fortgeht, wobey er freylich ermüdend werden mus. Da er aber dieses selbst einsiehet und doch der mathematischen Methode keine Form einer schön unterhaltenden Lectüre geben kan, so sorgt er fleißig dafür, daß eine Menge Bücher auf dem Tisch liegen, woran sich alle Gattungen von Zuhörern die Langeweile bei seinem so nothwendigen Vortrag vertreiben können, z. B. Fabelbücher mit Kupfern, Reisebeschreibungen, den Virgil mit Holzschnitten und vieles dergl. mehr."

Eine der ersten Frauen, die in Deutschland den Doktortitel erwarben, war Dorothea **Schlözer** (1770–1825). In ihrem Bericht über ihr Doktorexamen schreibt sie: „Wie alles saß, fragte der Herr Dekanus bei den Herrn herum, was für Wein sie trinken wollten? Er meinte, mir dürfte man keinen anbieten, weil sie sonst für die Holländer möchten gehalten werden, die der Frau Statthalterin eine Pfeife anboten. – Die erste Frage des Herrn Dekanus war aus der Mathematik über den Spiegel auf dem Pharus bei Alexandria, worin die Muhamedaner die christlichen Schiffe zu Konstantinopel gesehen haben sollen. Hierüber gerieten die Herren Michaelis, Gatterer, Kästner und Meister in Streit, der nicht ganz entschieden wurde. – Bei den Münzen gab er (der Hofrat Kästner) mir eine Aufgabe aus einer Analyse vor, die Vermischung der Metalle zu berechnen; nämlich wenn man 8 lötiges Silber hat, davon 12 lötiges zu machen. Er sagte mir zuletzt, er würde mir den binomischen Lehrsatz zu beweisen vorgegeben haben, da aber doch die meisten übrigen Herren nichts davon verstünden, habe er's nicht tun wollen. – Zuletzt kam höhere Mathematik; ich musste die Aufgabe berechnen, wie groß jede Seite eines Bogens Papier sein müsse, den man so viel mal zusammenlegen kann, wie man will, und dieser Teil allemal dem Ganzen ähnlich bleibt. Ich rechnete diese Aufgabe zu seiner Zufriedenheit aus, und Herr Hofrat Kästner machte mir das Kompliment, dass der Herr Magister B., der doch hier Kollegia über die Mathematik las, diese Aufgabe nicht hätte auflösen können."

Der Berliner Mathematiker Leopold **Kronecker** (1823–1891) hat einmal gesagt: „Die ganzen Zahlen hat der liebe Gott geschaffen, alles andere ist Menschenwerk." Helmut Hasse (1898–1983) hat in seinem Buch „Vorlesungen über Zahlentheorie" diesen Ausspruch Kroneckers zitiert und daraufhin den lieben Gott im Verzeichnis der verwendeten Autoren unter L aufgeführt.

Der Mathematiker Friedrich **Wille** hielt eine Vorlesung für Anfänger und begann mit Logik. Zunächst erläuterte er den Begriff der Aussage: „Eine Aussage ist eine sprachliche Äußerung, deren Inhalt entweder wahr oder falsch ist." Als Beispiel fügte er den Satz „Karl ist krank" hinzu. In dem Moment fiel dem Professor Wille ein, dass er jetzt auf jeden Fall einen lebenden Menschen mit dem Namen Karl brauchte, auf den sich seine Beispielaussage bezog. Sonst wäre die Aussage weder wahr noch falsch, und damit keine Aussage. Professor Wille fragte also in den Hörsaal hinein: „Ist hier jemand unter Ihnen, der Karl heißt?" Keine Reaktion und einige Zeit Stillschweigen. Dann hörte man aus der hinteren Reihe eine Stimme: „Karl ist krank."

Der Freiburger Mathematiker **Zermelo** (1871–1953) pflegte zu sagen: „Ich bin ein Rudiment von Walzermelodie."

Als Pascual **Jordan** (1902–1980), Mathematiker in Hamburg, einmal von Kindern aus seiner Nachbarschaft gebeten wurde, ihnen bei ihren Hausaufgaben für den Mathematikunterricht zu helfen, soll er gesagt haben: „Mir fällt nur die schwierige Mathematik leicht."

Nach seinem Umzug teilte Albert **Einstein** (1879–1955) einem Freunde die neue Telefonnummer 24361 mit. „Oh," sagte der Freund, „ich habe nichts zum Schreiben. Und Telefonnummern kann ich mir so schlecht merken." – „Bei dieser Nummer ist das aber ganz einfach", antwortete Einstein: „Zwei Dutzend und neunzehn hoch zwei."

Viele amüsante Anekdoten werden von David **Hilbert** (1862–1943) erzählt, der zunächst an der Universität in Königsberg und dann von 1895 bis zu seiner Emeritierung an der Universität Göttingen Mathematik lehrte.
Hilbert fragte einmal einen Studenten, der an seinem Seminar teilnahm, nach seinem Namen. „Hücker," antwortete der, „ich heiße Hücker, Herr Professor." – „Ah, Hücker", sagte Hilbert ganz erfreut, jemanden wieder erkannt zu haben. „Dann sind Sie wohl der Bruder von dem Kandidaten Krücke, der kürzlich sein Examen bei mir mit Auszeichnung bestanden hat."
David Hilbert wurde auf dem Gelände der Universität von einem Studenten wegen eines kleinen mathematischen Problems angesprochen. Hilbert blieb kurz stehen und diskutierte die Frage mit dem Studenten. Als sie fertig waren, zeigte er nach links und fragte den jungen Mann: „Bin ich aus dieser Richtung oder aus der entgegengesetzten gekommen, als Sie mich ansprachen?" Der Student nannte ihm die Richtung. „Dann habe ich noch nicht gegessen," sagte Hilbert und ging weiter zur Mensa.
Die folgenden Anekdoten über Hilbert sind der Sammlung „Liebes Hertz" von Anita Ehlers entnommen:
Hilbert irritierte seine Schüler und Kollegen oft mit seinen hartnäckigen und zeitraubenden Fragen. Selten verstand er etwas augenblicklich, immer musste er den Dingen auf den Grund gehen. Auch an seinen „Mathematikclub" stellte er hohe Ansprüche: Sein Leitfaden für den Sprecher war: „Nur die Rosinen von dem Kuchen." Komplizierte Rechnungen unterbrach er mit dem Ruf: „Wir sind nicht hier, um die Vorzeichen nachzuprüfen." Wenn ihm eine Erklärung unnötig schien, rief er: „Wir sind nicht in der Tertia!"
Hilbert hörte sich einmal die Vorlesung eines später sehr berühmten jungen Kollegen an, die nach Meinung anderer „wirklich wichtig, schön und sehr schwierig" war. Hilbert fragte am Schluss nur: „Wozu ist es gut?"
Im Seminar war Hilbert ein guter Zuhörer, der Bemühungen anerkannte und mit Milde korrigierte. Doch wenn ihm etwas zu klar schien, schnitt er einem Vortragenden mit einem „Aber das ist doch ganz einfach" das Wort ab. Auch seine Bemerkungen zu unzureichenden Beiträgen waren scharf: „Ja, Fräulein S., Sie haben uns einen sehr interessanten Bericht über eine schöne Arbeit gegeben, aber wenn ich mich frage, was Sie wirklich gesagt haben, ist es Kreide, Kreide, nichts als Kreide."

Ein Mathematikstudent besuchte nicht mehr die Vorlesungen – er schriebe jetzt einen Roman. Man fragte sich daraufhin in Göttingen, wieso ausgerechnet ein ehemaliger Mathematiker Dichter würde. „Aber das ist doch ganz einfach," sagte Hilbert: „Er hatte nicht genug Fantasie für die Mathematik, aber für Romane reicht's."

Hilbert wurde gefragt, welche technische Leistung er für die wichtigste halte: „Eine Fliege auf dem Mond zu fangen." – Warum? – „Weil die technischen Probleme, die gelöst werden müssen, um das zu erreichen, die Lösung fast aller materiellen Schwierigkeiten der Menschheit voraussetzen."

Hilbert wurde einmal gebeten, den Unterschied zwischen der reinen und der angewandten Mathematik zu erklären. Hilbert schüttelte den Kopf: „Es gibt keinen Unterschied. Die beiden haben überhaupt nichts miteinander zu tun."

Hilbert sagte einmal zu seiner Arbeitsweise: „Wenn ich etwas lese oder höre, finde ich es eigentlich immer zu schwierig und fast unmöglich zu verstehen, und dann frage ich mich, ob es nicht einfacher sein könnte. Und" – dabei lächelte er sein unbefangenes Lächeln – „mehrmals hat sich herausgestellt, dass es wirklich einfach war."

Hilbert, der sehr gern ins Theater ging, drängte den Physiker Max Born, doch mit ihm zu gehen. Endlich stimmte Born zu. Mitten im zweiten Akt sagte Hilbert unvermittelt: „Komm, Born, wir gehen. Ich hab's."

Hilbert hatte keine besonders hohe Meinung von den Fähigkeiten des durchschnittlichen Studenten und meinte, dass nichts wirklich verstanden sei, wenn es nicht oft wiederholt worden war. „Fünfmal, Hermann, fünfmal," empfahl er Hermann Weyl vor dessen ersten Vorlesungen. Seine Lieblingsregeln waren: „Fang mit den einfachsten Beispielen an" und „Die Rechnungen dürfen möglichst nicht über das kleine Einmaleins hinausgehen".

3 „Die Mathematik vermag kein Vorurteil wegzuheben“

3.1 Sprüche, Aphorismen und Gedankensplitter

Du hast alle Dinge nach Maß, Zahl und Gewicht geordnet.
Bibel, Weisheit Salomos

Alles, was bloß wahrscheinlich ist, ist wahrscheinlich falsch.
René Descartes (1596–1650)

Logik ist die Anatomie des Denkens.
John Locke (1632–1704)

Mathematiker sind wie Liebhaber ... Gesteh einem Mathematiker das Geringste zu und er wird daraus eine Folgerung ableiten, die du ihm ebenfalls zugestehen musst, und aus dieser Folgerung eine weitere.
Bernard Fontenelle (1657–1757)

Lassen wir den Mathematiker und den Theologen beiseite, weil der Klarheit und Anschaulichkeit des Ersteren nichts hinzuzufügen ist und man an der Volksmeinung, die der Letztere vertritt, keinen Anstoß nehmen soll.
Friedrich der Große (1712–1786)

Die Mathematik ist eine Art Spielzeug, welches die Natur uns zuwarf zum Troste und zur Unterhaltung in der Finsternis.
Jean le Rond d'Alembert (1717–1783)

Mathematik ist eine Bedingung aller exakten Erkenntnis.
Immanuel Kant (1724–1804)

Hätte ich ein Vermögen geerbt, wäre ich wahrscheinlich nicht auf die Mathematik verfallen.
Joseph Louis de Lagrange (1736–1813)

Es gibt so genannte Mathematiker, die sich gerne ebenso für Gesandte der Weisheit gehalten wissen möchten als manche Theologen für Gesandte Gottes, und ebenso das Volk mit algebraischem Geschwätz, das sie Mathematik nennen, als jene mit Kauderwelsch hintergehen, dem sie den Namen biblisch beilegen.
Georg Christoph Lichtenberg (1742–1799)

Die so genannten Mathematiker von Profession haben sich, auf die Unmündigkeit der übrigen Menschen gestützt, einen Kredit von Tiefsinn erworben, der viel Ähnlichkeit mit dem vom Heiligen hat, den die Theologen für sich haben.

Georg Christoph Lichtenberg

Ich glaube ..., dass es im strengsten Verstand, für den Menschen nur eine einzige Wissenschaft gibt, und diese ist reine Mathematik. Hierzu bedürfen wir nichts weiter als unseren Geist.

Georg Christoph Lichtenberg

Die Mathematik vermag kein Vorurteil wegzuheben, sie kann den Eigensinn nicht lindern, den Parteigeist nicht beschwichtigen; nichts von allem Sittlichen vermag sie.

Johann Wolfgang von Goethe (1749–1832)

Die Mathematiker sind eine Art von Franzosen: Redet man zu ihnen, so übersetzen sie es in ihre Sprache, und dann ist es alsbald etwas anderes.

Johann Wolfgang von Goethe

Ich hörte mich anklagen, als sei ich ein Feind der Mathematik überhaupt, die doch niemand höher einschätzen kann als ich, da sie gerade das leistet, was mir zu bewirken völlig versagt worden.

Johann Wolfgang von Goethe

Einer neuen Wahrheit ist nichts schädlicher als ein alter Irrtum.

Johann Wolfgang von Goethe

Das ist eine von den alten Sünden; sie meinen: Rechnen, das sei Erfinden.

Johann Wolfgang von Goethe

Die Zahlen sind, wie unsere armen Worte, nur Versuche, die Erscheinungen zu fassen und auszudrücken, ewig unzureichende Annäherungen.

Johann Wolfgang von Goethe

Man fühlt sich wie in ägyptischen Gräbern. Die Phänomene sind ausgeweidet und mit Zahlen und Zeichen einbalsamiert.

Johann Wolfgang von Goethe

Mit Mathematikern ist kein heiteres Verhältnis zu gewinnen.

Johann Wolfgang von Goethe

Die Mathematik ist wie die Gottseligkeit zu allen Dingen nütze, aber wie diese nicht jedermanns Sache.

Christian Jakob Kraus (1753–1807)

3.2 Mathematik und Philosophie

Diese übt den Geist für alle anderen Verhältnisse, wo Scharfsinn nötig ist. Daher kann der Philosoph noch etwas anderes verstehen und treiben, aber Mathematiker nicht.
Jean Paul (1763–1825)

Der Begriff der Mathematik ist der Begriff der Wissenschaft überhaupt. Alle Wissenschaften sollen daher Mathematik werden.
Novalis (Friedrich von Hardenberg 1772–1801)

Wer ein mathematisches Buch nicht mit Andacht ergreift und es wie Gottes Wort liest, der versteht es nicht.
Novalis (Friedrich von Hardenberg)

Dass die niedrigste aller Geistestätigkeiten die arithmetische ist, wird dadurch belegt, dass sie die einzige ist, welche auch durch eine Maschine ausgeführt werden kann.
Arthur Schopenhauer (1788–1860)

In der Mathematik gibt es keine Meinungsverschiedenheiten; selbst Wahnsinnige, wenn sie überhaupt noch verstehen, wovon die Rede ist, sehen die mathematischen Wahrheiten ein.
Arthur Schopenhauer

Ein Mathematiker, der nicht zugleich ein Stück von einem Poeten ist, wird niemals ein vollkommener Mathematiker sein.
Karl Weierstraß (1815–1897)

Ein Mathematiker, der nicht irgendwie ein Dichter ist, wird nie ein vollkommener Mathematiker sein.
Karl Weierstraß

Gewissheit gibt allein die Mathematik. Aber leider streift sie nur den Oberrock der Dinge.
Wilhelm Busch (1832–1908)

Gott schuf die Zahlen, alles Übrige ist das Werk des Menschen.
Leopold Kronecker (1823–1891)

So seltsam es auch klingen mag, die Stärke der Mathematik beruht auf dem Vermeiden jeder unnötigen Annahme und auf ihrer großartigen Einsparung an Denkarbeit.
Ernst Mach (1838–1916)

Die Mathematik ist dem Liebestrieb nicht abträglich.
Paul Möbius (1853–1907)

Ich verstehe nicht, dass man die Mathematik nicht versteht.
Henri Poincaré (1854–1912)

Die Furcht vor der Mathematik steht der Angst erheblich näher als der Ehrfurcht.
Felix Auerbach (1856–1933)

Die goldene Regel heißt: Es gibt keine goldenen Regeln.
George Bernhard Shaw (1856–1950)

Manche Menschen haben einen Gesichtskreis vom Radius Null und nennen ihn ihren Standpunkt.
David Hilbert (1862–1943)

Religion und Mathematik sind nur verschiedene Ausdruckformen derselben göttlichen Exaktheit.
Michael Faulhaber (1869–1952)

So kann also die Mathematik definiert werden als diejenige Wissenschaft, in der wir niemals das kennen, worüber wir sprechen, und niemals wissen, ob das, was wir sagen, wahr ist.
Bertrand Russell (1872–1970)

Die Mathematik, richtig verstanden, besitzt nicht allein Wahrheit, sondern auch höchste Schönheit – eine Schönheit, so kühl und streng wie die einer Plastik.
Bertrand Russell

Mathematik ist eine Stätte des Friedens, ohne die ich nicht wüsste, wie ich weiterleben sollte.
Bertrand Russell

Das Geschäft der Philosophie, wie ich es verstehe, ist wesentlich logische Analysis, gefolgt von logischer Synthesis.
Bertrand Russell

Vervielfältigung ist insofern ein Fortschritt, als sie die Verbreitung des Einfältigen ermöglicht.
Karl Kraus (1874–1936)

In zweifelhaften Fällen entscheide man sich für das Richtige.
Karl Kraus

Das Schicksal in Zahlen hat etwas sehr Beruhigendes, den Gründen der Mathematik widersteht keiner, und eine Arithmetik und Statistik der menschlichen Leiden würden viel dazu beitragen, diese zu vermindern.
Ludwig Börne (1786–1837)

Die Strukturen des Mathematikers müssen wie jene des Malers oder des Dichters schön sein; die Gedanken müssen sich wie die Farben oder die Worte harmonisch zusammenfügen. Schönheit ist der erste Prüfstein; eine hässliche Mathematik kann in der Welt nicht bestehen ... Es mag sehr schwierig sein, mathematische Schönheit zu definieren, doch trifft dies für Schönheit jeder Art zu – wir wissen vielleicht nicht genau, was wir unter einem schönen Gedicht verstehen, doch hindert dies nicht, es als solches zu erkennen, wenn wir es lesen.
Godfrey Harold Hardy (1877–1947)

Es ist eine dumme Wahrheit, die nur in der Mathematik gilt, dass der gerade Weg zwischen zwei Punkten der kürzeste ist. Im Leben ist im Gegenteil der gerade Weg immer der längste.
Karl Ferdinand Gutzkow (1811–1878)

Im Leben ist es von A nach B manchmal doppelt so weit wie von B nach A.
*Erwin Chargaff (*1905)*

Es ist falsch zu sagen, dass die Naturwissenschaften, und sogar die Mathematik, eine Sprache sind. Sie sind eine Grammatik, vielmehr eine ganze Bibliothek verschiedener Grammatiken.
Erwin Chargaff

Mathematik ist die Erinnerung der Menschheit an die Erschaffung der Welt.
Erwin Chargaff

2 + 2 ist für zwei verschiedene Menschen nicht die gleiche 4.
Erwin Chargaff

Ein guter mathematischer Scherz ist immer besser als zehn normale mathematische Aufgaben.
*Joan Littlewood (*1914)*

Du bist voll unerträglichen Stolzes wegen deiner Erfolge in den mathematischen Fächern, aber das ist alles nichts: Man kommt in der Welt nur durch die Frauen vorwärts.
Romain Gagnon

Der hohle Zahn, der dem Idioten wehtut, schmerzt auch den besten Mathematiker
Arno Holz (1863–1929)

Und die Mathematik
Hatt ich lange schon dick,
Fast wärs ihr gelungen, und sie brach mirs Genick.
Otto Julius Bierbaum (1865–1910)

4 Wie sag ich's meinen Schülern?

4.1 Kopfrechnen und Kopfgeometrie

4.1.1 Mathematik nur mit dem Kopf

Für die Lösung mathematischer Aufgaben und Probleme sind nicht immer Papier und Schreibgerät und umfangreiche schriftliche Niederlegungen nötig. Mathematik kann in allen ihren Zweigen auch mit wenigen Hilfsmitteln und vorwiegend nur mit dem Kopf getrieben werden. Diese Art, sich mit Mathematik zu beschäftigen, fördert das **Denken**, die **Vorstellungskraft**, die Fähigkeit zur **Abstraktion** und die **Kreativität** beim Finden von Lösungsmöglichkeiten. Darüber hinaus sind manche Formen auch von ganz praktischem Nutzen. So ist etwa das Rechnen im Kopf trotz der Verwendung von Scannerkassen und Computern in vielen Lebenslagen außerordentlich nützlich, ganz abgesehen davon, dass es die **Struktur der Zahlenwelt** durchsichtiger und überschaubarer macht. Das systematische Durchdenken kleiner Problemfelder aus dem mathematischen Bereich fördert auch das Nachdenken beim Lösen von Alltagsproblemen. Es leitet zu Systematik und Konsequenz an.
Diese mündliche Form der Mathematik sollte Bestandteil möglichst jeder Mathematikstunde sein. Auch bei der Lösung komplexerer mathematischer Probleme gibt es Phasen, wo das bloße Nachdenken, ohne dass jeder Schritt aufgeschrieben wird, hilfreich sein und weiterführen kann. Bei der Planung einer Mathematikstunde sollte man solche Phasen mit bedenken und von vornherein bewusst und gezielt einbauen. In den Schuljahrgängen 5 bis 7/8 werden vor allem das Kopfrechnen und die Kopfgeometrie im Vordergrund stehen, während in den Jahrgängen 9 und 10 auch nichtarithmetische Inhalte für die „mündliche Mathematik" verwendet werden können.
Kopfrechnen ist eine Form des **mündlichen Rechnens**. Hier geht es vorrangig darum, Beweglichkeit im Zahlenraum zu schaffen und die Geläufigkeit der Grundrechenverfahren zu trainieren.
Das Kopfrechnen soll möglichst alle Schülerinnen und Schüler einer Lerngruppe erfassen. Obwohl jede Abfrage und jede Aufgabenstellung dieser Art in der Regel eine Einzelleistung zur Folge hat, muss durch die Organisation und durch die Form der Aufgabenstellung dafür gesorgt werden, dass immer die ganze Lerngruppe in irgendeiner Form beteiligt ist. Ferner ist es wichtig,

dass die einzelne Schülerin und der einzelne Schüler möglichst gemäß ihrer Leistungsfähigkeit gefordert werden, wobei eine leichte Tendenz zur Überforderung stärker motiviert als eine Unterforderung.
Im Folgenden werden einige Möglichkeiten und Varianten für Kopfrechnen und Kopfgeometrie vorgestellt. Die einzelnen Formen lassen sich immer wieder nach eigenen Vorstellungen abwandeln oder ergänzen.

A Fünf-Minuten-Rechnen mit der ganzen Klasse

Die übliche Form des einfachen Abfragens durch die Lehrerin oder den Lehrer können Sie folgendermaßen abwandeln:

1. *Von einem zum anderen* (H, R, G 5–6)

Die Aufgabenart wird von der Lehrkraft vorgegeben. Die eigentliche Aufgabenstellung aber erfolgt jeweils durch die Schülerinnen und Schüler. Schülerin A stellt eine Aufgabe und ruft eine andere Schülerin B auf, die sich gemeldet hat. Ist die Lösung richtig, stellt die Schülerin B die nächste Aufgabe. Bei falscher Antwort bleibt die Schülerin A am Zuge.

2. *Fünf (zehn) Richtige* (H, R, G 5–7)

Die Lehrkraft stellt eine Aufgabe, die Schülerinnen und Schüler schreiben das Ergebnis auf. Anschließend vergleicht jeder seine Lösung mit dem vom Lehrer bekannt gegebenen Ergebnis. Die Lehrkraft kann aber auch mehrere Aufgaben hintereinander stellen, deren Ergebnisse von den Schülerinnen und Schülern aufgeschrieben werden. Die Lehrerin oder der Lehrer hat die richtigen Ergebnisse derweilen verdeckt an die Tafel oder auf eine Folie geschrieben. Erleichtert wird dieses Verfahren, wenn die Schülerinnen und Schüler sich vorher eine Liste mit Ordnungszahlen je nach Anzahl der Aufgaben (1. – 5. oder 1. – 10.) anfertigen, sodass die Ergebnisse eindeutig zugeordnet werden können.

3. *Hin und her* (H, R, G 5–7)

Dieses einfache Abfragen kann auch zwischen zwei Partnern immer abwechselnd oder innerhalb einer Gruppe reihum erfolgen. Dabei können bei vorher vereinbarter Aufgabenzahl für richtige Lösungen Punkte vergeben oder bei falscher Lösung Punkte abgezogen werden.

4. *Rundum* (H 5–8; R, G 5–6)

Die Klasse sitzt im Kreis. Es wird eine Aufgabe gesagt und anschließend ein geknotetes Tuch einer Schülerin oder einem Schüler zugeworfen. Wer das Tuch erhält, muss die Lösung sagen. Wer die Lösung nicht sofort weiß, kann das Tuch an einen anderen weiterwerfen. Wer die richtige Lösung gesagt hat, darf sich eine neue Aufgabe ausdenken und das Tuch weiterwerfen.

5. *Kettenrechnen* **(H 5–8; R, G 5–7)**

Auch hier kann die Klasse im Kreis sitzen. Eine Schülerin oder ein Schüler stellt eine Aufgabe. Wer die richtige Lösung sagt, muss sich eine neue Aufgabe überlegen und dabei das Ergebnis der vorhergehenden Aufgabe verwenden.

Beispiel:

$\frac{1}{4} + 1\frac{1}{5} = 1\frac{9}{20}$ $\quad \frac{1}{2} \cdot 1\frac{9}{20} = 1\frac{29}{40} = \frac{29}{40}$ $\quad \frac{29}{40} - \frac{5}{8} = \frac{1}{10}$ …

6. *Immer dasselbe Ergebnis* **(H, R, G 6–8)**

Sie schreiben eine Zahl oder einen Term an die Tafel oder auf eine Folie am Projektor. Sie fordern die Schülerinnen und Schüler auf, Aufgaben bzw. Aussageformen zu nennen, die diese Zahl oder diesen Term zum Ergebnis haben, und an die Tafel oder auf die Folie zu schreiben. Alle Schülerinnen und Schüler sind aufgefordert, das veröffentlichte Ergebnis zu überprüfen und gegebenenfalls zu korrigieren.

Beispiel: An der Tafel steht 2ab. Die Schülerinnen und Schüler nennen oder schreiben an die Tafel:

$10a^2b^2 : 5ab = 2ab$ $\quad ab\sqrt{4} = 2ab$ $\quad (2a^3b - 2a^2b^2) : (a2 - ab) = 2ab$ …

An der Tafel steht: 97

$3 \cdot 32 + 1 = 97$ $\quad 485 : 5 = 97$ $\quad 9^2 + 4^2 = 97$ $\quad 9 \cdot 12 - 11 = 97$ …

7. *17 und 4* **(H 5–8; R, G 5–7)**

Eine Schülerin oder ein Schüler schreibt eine Zahl verdeckt an die Tafel oder auf einen Zettel. Die Zahl soll mit Hilfe des Spiels „17 und 4“ erraten werden. Es dürfen insgesamt 21 Fragen gestellt werden, die die zu ratende Zahl immer mehr eingrenzen. Es dürfen aber nur 4 direkte Fragen nach der Zahl gestellt werden.

8. *Rechenpuzzle* **(H 7 +; R, G 6 +)**

An die Tafel wird eine dreistellige Zahl geschrieben, die in 4 mindestens zweistellige Summanden zerlegt werden soll. Eine Schülerin schreibt den 1. Summanden auf, ein zweiter Schüler schreibt den nächsten, dann kommt ein dritter Schüler an die Reihe und zuletzt noch eine Schülerin, die den 4. Summanden hinzufügt. Bedingung:

Die schon geschriebenen Zahlen müssen jeweils so klein sein, dass alle nachfolgenden noch zweistellig sein können. An der Tafel sieht das dann z. B. wie folgt aus:

145

46	37
28	34

Eine solche Übung lässt sich auch gut mit ganzen Zahlen oder Bruchzahlen durchführen. Im Prinzip ist dann eine Bedingung über die Mindestgröße der Zahl nicht notwendig. Bei Bruchzahlen lässt sich das Ganze auch mit der multiplikativen Zerlegung durchführen.

B Hier geht's um die Wette

Beliebt bei den Schülerinnen und Schülern sind alle Formen des Wettbewerbs. Hier muss man allerdings aufpassen, dass nicht immer dieselben Schülerinnen und Schüler auf der Verliererseite stehen. Man kann das vermeiden, indem man auf einen Wettstreit „Mann gegen Mann" (oder „Frau gegen Frau") verzichtet, sondern stattdessen lieber immer eine Gruppe gegen eine andere antreten lässt und die Gruppen immer neu und aus starken und schwachen Rechnern gemischt zusammenstellt.

1. *Vier gegen Vier* **(H, R, G 5–7)**

Die Vierergruppe, die die gestellte Aufgabe gelöst hat, bekommt einen Punkt. Eine Beratung innerhalb der Gruppe vor der Lösung ist zulässig, allerdings besteht dann die Gefahr, dass die gegnerische Gruppe die Lösung zuerst nennt. Findet keine der beiden Gruppen die richtige Lösung, sind die übrigen Schülerinnen und Schüler am Zuge. Den beiden Gruppen kann dann je ein Punkt abgezogen werden. Die Gruppe, die zuerst eine vorher vereinbarte Punktezahl erreicht, hat gewonnen und tritt gegen eine neue Gruppe an.

2. *Mathe-Pokal* **(H, R, G 5–7)**

In einer Art Mathe-Pokal kann in einer reinen Übungsstunde die ganze Lerngruppe an einem solchen Wettbewerb beteiligt werden. Die Klasse wird in Mannschaften zu je vier Schülerinnen und Schülern aufgeteilt. In einer Kombination aus mündlichen und schriftlichen Übungen wird über ein Ausscheidungsverfahren die beste Mannschaft ermittelt. Die jeweils nicht unmittelbar beteiligten Schülerinnen und Schüler bilden die Jury. Sie kontrollieren die Ergebnisse und stellen fest, wer gewonnen hat.

3. *Staffelrechnen* **(H, R, G 5–7)**

Zwei Mannschaften zu je 6 (oder 7, 8 bis 10) hintereinander geordneten Schülerinnen und Schülern stehen sich gegenüber. Die Lehrkraft nennt eine Aufgabe, der erste Schüler der beiden Reihen darf antworten. Die oder der, der zuerst die richtige Lösung sagt, stellt sich an seiner Reihe hinten wieder an. Die Reihe hat gewonnen, bei der als Erste alle Mitglieder einmal an der Reihe waren. Wird von den anderen Mitgliedern der Reihe dem Ersten vorgesagt, hat die andere Mannschaft den Vorteil und darf eine Person weiterrücken.

4. *Duell* **(H, R, G 5–7)**

Zwei Schülerinnen und Schüler wetteifern miteinander verdeckt an der Tafel. Die übrige Lerngruppe hält die Ergebnisse in ihren Heften fest. Es wird eine vorher festgelegte Anzahl von Aufgaben gestellt, deren Ergebnisse auf der Rückseite der Seitentafeln oder auf je einer Folie festgehalten werden. Die Auswertung erfolgt anschließend mit der ganzen Lerngruppe.

5. Vier-Ecken-Rechnen (H, R, G 5–7)
In jeder Ecke des (hoffentlich) rechteckigen Raumes steht eine Schülerin oder ein Schüler. Die Lehrkraft bzw. eine Schülerin oder ein Schüler stellt eine Aufgabe. Wer die Lösung zuerst nennt, darf zur nächsten Ecke vorrücken und den, der dort steht, aus dem Spiel werfen. Gewonnen hat, wer als Letzter übrig bleibt. Er darf sich drei neue Mitspielerinnen oder Mitspieler für die nächste Runde aussuchen. Kann keiner der vier „Eckensteher" die Lösung angeben, ist die Klasse an der Reihe.

4.1.2 Geometrie – (fast) nur mit dem Kopf

A Geometrie mit Hilfe des Overheadprojektors

Der Overheadprojektor eignet sich vorzüglich für Aufgaben, bei denen geometrische Figuren gelegt, verändert oder beschrieben werden müssen. Die Stäbchen oder Schnüre, am besten eignen sich Streichhölzer, festere Bänder oder feiner Blumendraht, werden unmittelbar auf die Objektplatte platziert. Ihr Schatten erscheint in hinreichender Größe auf der Projektionsfläche an der Wand.

1. *Legen mit Stäbchen* **(H, R, G 5–7)**

1. Auf dem Projektor liegt diese Figur:

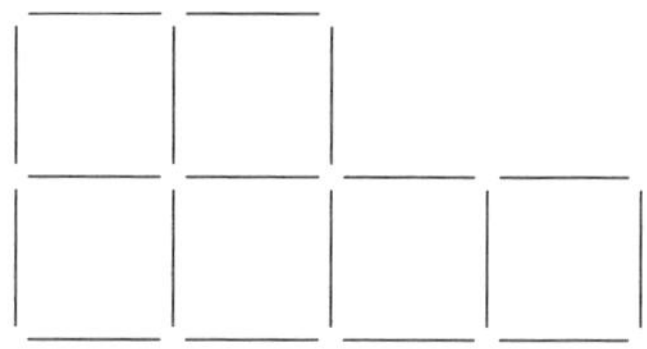

a) Es sollen 8 Stäbchen entfernt und 3 Quadrate übrig bleiben. Das ist sehr leicht, wie man sieht.

Lösung:

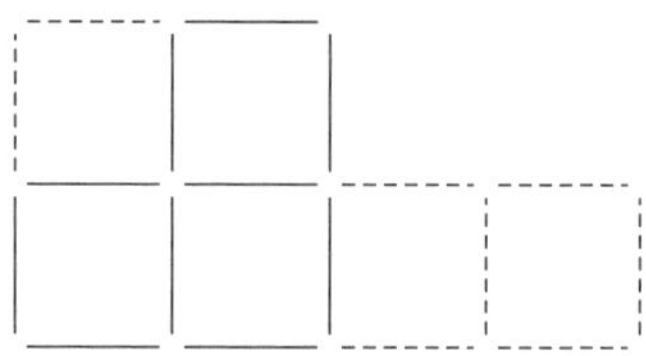

b) Nun sollen 7 Stäbchen weggenommen werden und immer noch 3 Quadrate übrig bleiben.
So sieht die **Lösung** aus.

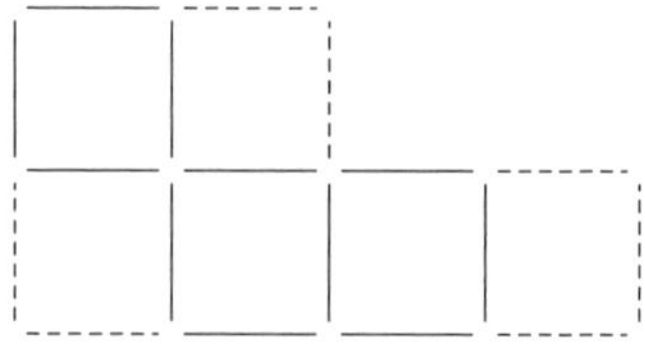

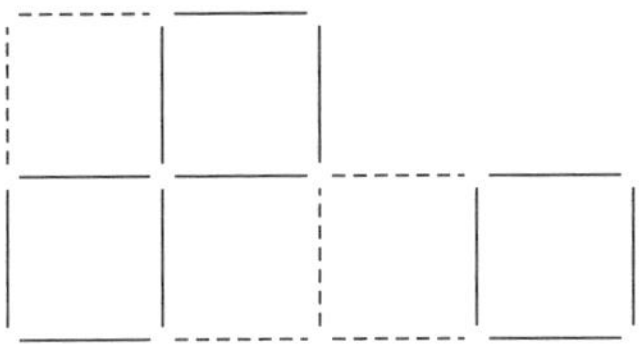

c) Geht das auch, wenn man nur 6 Stäbchen wegnimmt?
Ja, auf diese Weise.
Lösung links.

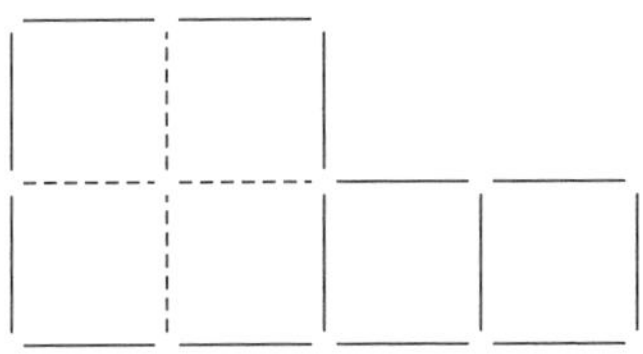

d) Nun sind es nur noch 4 Stäbchen weniger, aber immer noch sollen 3 Quadrate übrig bleiben.
Das ist die **Lösung**.

(H, R, G 5–7)

2. Von der folgenden Figur sollen 4 Quadrate übrig bleiben, wenn man

a) 10 Stäbchen,
b) 9 Stäbchen,
c) 8 Stäbchen,
d) 7 Stäbchen,
e) 6 Stäbchen,
f) 5 Stäbchen wegnimmt.

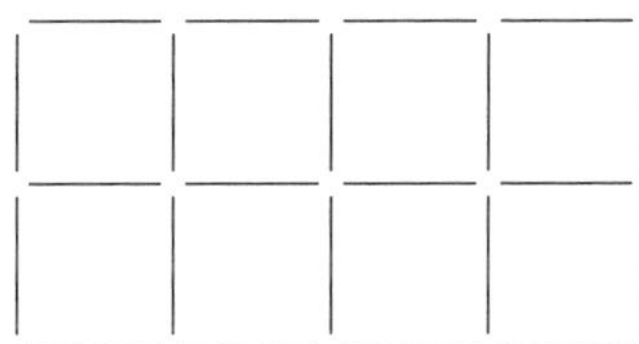

Hier sind die **Lösungen**:

a)

b)

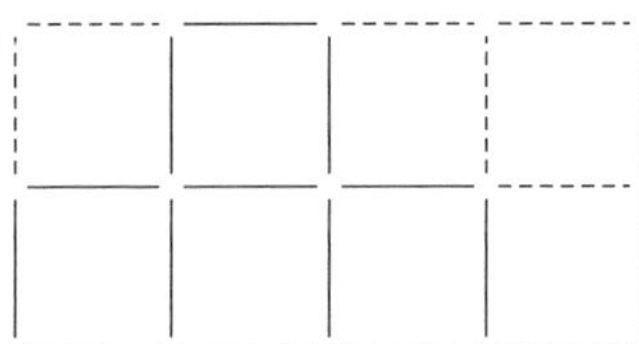

c)

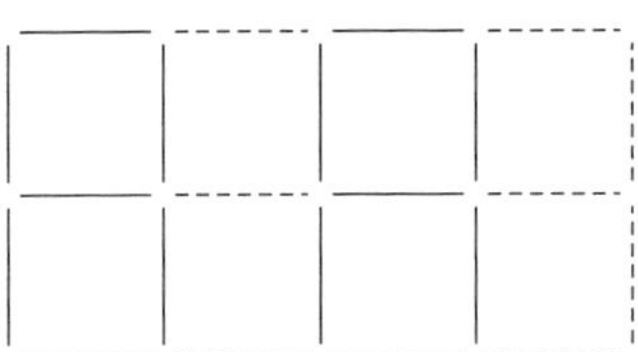

d)

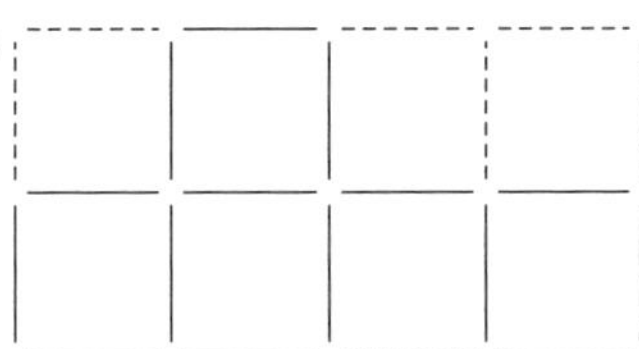

e)

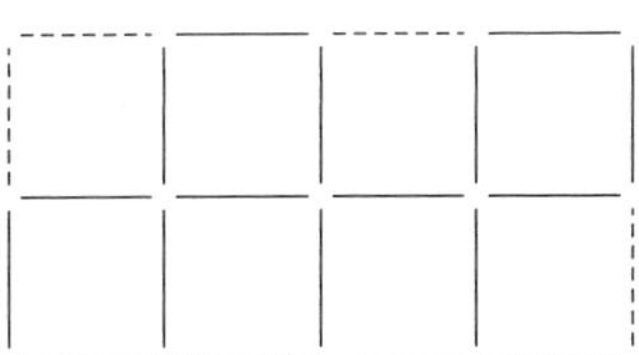

f)

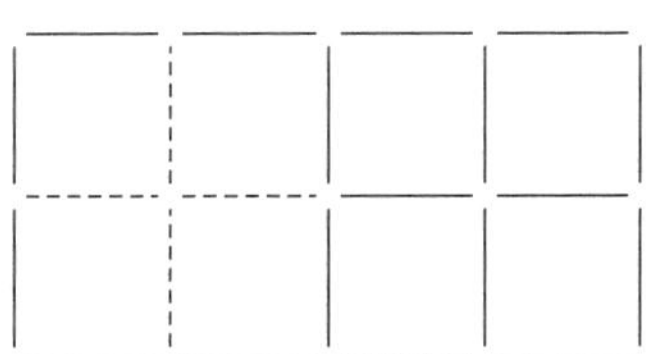

(H, R, G 5–7)

3. Ähnliches lässt sich auch mit Dreiecken machen.
a) Wenn man von dieser Figur 5 Stäbchen wegnimmt, sollen noch 5 gleich große Dreiecke übrig bleiben.
b) Es sollen 6 Dreiecke übrig bleiben, wenn man 6 Stäbchen wegnimmt.
c) Es solle nun 6 gleich große Dreiecke übrig bleiben, wenn man nur 3 entfernt.

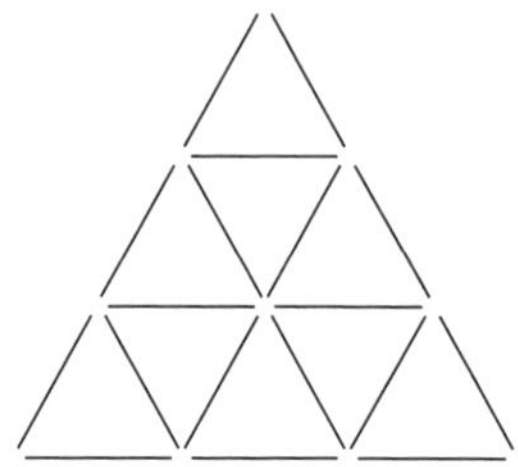

Und das sind die **Lösungen**:

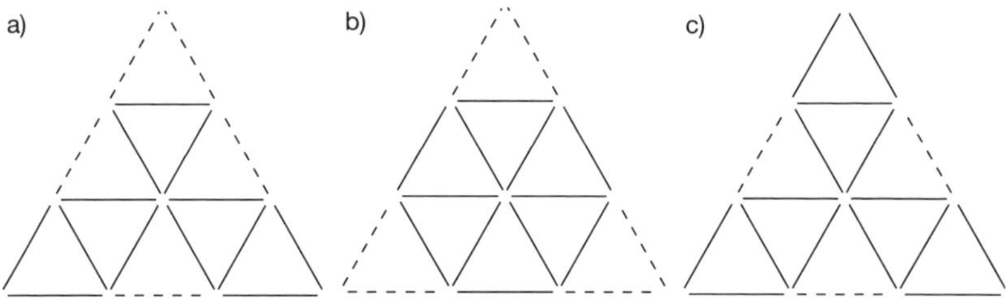

2. *Netze* (H, R, G 5–8)

Mit Stücken aus fester, aber beweglicher Schnur und kleinen Kügelchen aus Knetgummi lassen sich Netze am Overheadprojektor bilden. Diese kann man auf die Anzahl der Ecken und Kanten sowie auf offene und geschlossene Wege hin untersuchen.

3. *Körper und Flächen* (H, R, G 5–8)

Mit Schnüren und Knetgummikügelchen, aber auch mit feinem Blumendraht lassen sich am Projektor auch die gängigen geometrischen Figuren darstellen. Sie können dann gemeinsam auf Ihre Eigenschaften hin untersucht werden.

4. *Geometrische Probleme* (H 9; R, G 8–9)

Für den Overheadprojektor können auch Folien mit geometrischen Problemen vorbereitet werden, die dort der Klasse präsentiert und dann in Einzelarbeit zu lösen versucht werden.

a) In der folgenden Figur sind 9 Punkte durch 8 Geraden miteinander so verbunden, dass eine Gerade immer durch drei Punkte verläuft. Die Lage zweier Punkte soll nun so verändert werden, dass die 9 Punkte durch 10 Geraden verbunden werden und jede Gerade immer durch 3 Punkte verläuft.

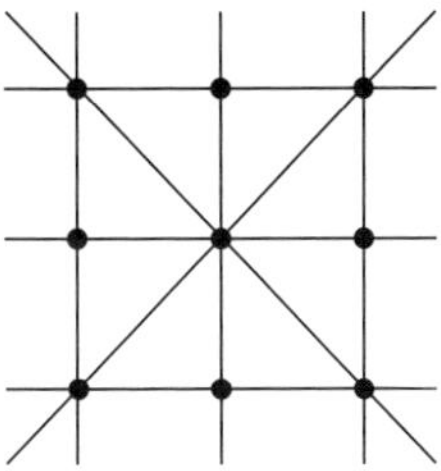

Lösung

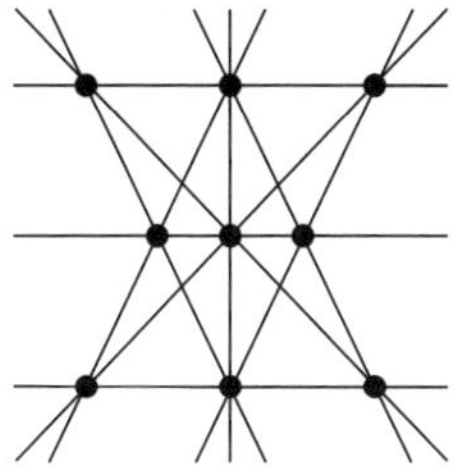

b) In dieser Figur soll durch eine Gerade die Strecke bestimmt werden, die zusammen mit der Strecke $\overline{AE}$ ein Rechteck bildet, das dem ursprünglichen Rechteck inhaltsgleich ist.

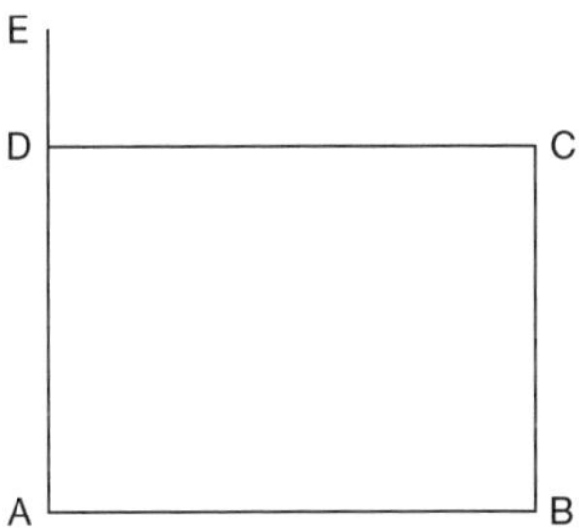

Lösung

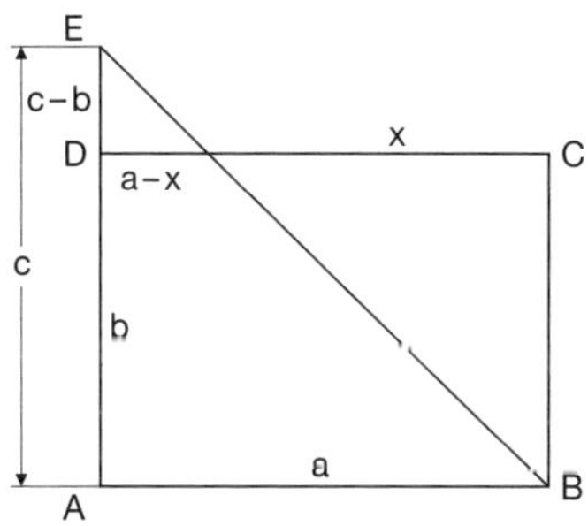

Dies ist die zeichnerische Lösung, die man arithmetisch bestätigen kann: a : (a – x) = c : (c – b) (nach dem Strahlensatz)

$$c \cdot (a - x) = a \cdot (c - b)$$
$$ac - cx = ac - ab$$
$$cx = ab$$

c) Aus 20 rechtwinkligen Dreiecken dieser Gestalt soll ein einziges Quadrat zusammengebaut werden.

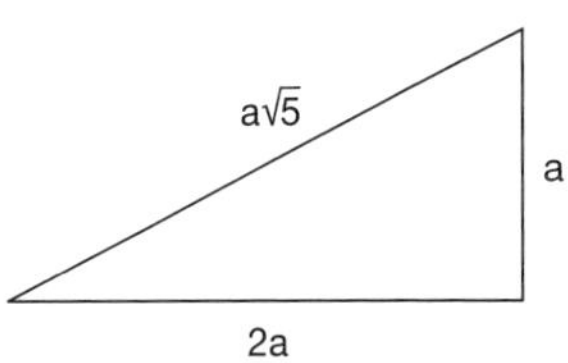

So sieht die **Lösung** aus:

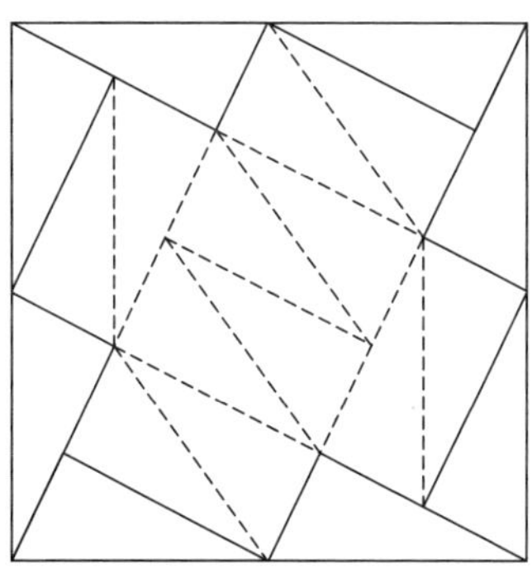

5. *Im Koordinatensystem* **(H 9–10; R, G 7–9)**

Die Schülerinnen und Schüler zeichnen sich ein Koordinatenkreuz in das Gitternetz ihres Heftes. Die Lehrerin oder der Lehrer diktiert einzelne Punkte. Die Kontrolle kann über den Overheadprojektor erfolgen. Man kann die diktierten Punkte aber auch so positionieren, dass Figuren entstehen, die als Kontrolle dienen. Ebenso kann man einen Punkt vorgeben und die Schüler auffordern, diesen durch weitere Punkte zu einem Quadrat, einem Rechteck, einem Dreieck, einem Trapez o. Ä. zu ergänzen. Ebenso kann man Wege (Streckenzüge) durch das Koordinatensystem diktieren. Diese Aufgaben lassen sich auch als Partnerübung durchführen.
Hier kann man auch als Partnerübung das bekannte „Schiffe versenken“ spielen lassen. Wenn einem der Name für dieses Spiel zu martialisch ist, nennt man es einfach „Schätze suchen“. Wenn man dabei nicht Zahlen und Buchstaben, sondern positive und negative Zahlen benutzt (also Ausschnitte aus jedem Quadranten des Koordinatensystems) und die „Schätze“ auf die Kreuzungspunkte des Gitters setzt, ist es eine gute und ergänzende Vorübung zur Beweglichkeit im Koordinatensystem.

6. *Drudel* **(H, R, G 6+)**

Zur Schulung der Raumvorstellung eignet sich auch das Drudeln. Drudeln ist das Darstellen bekannter Gegenstände in ungewöhnlicher Sicht. Man kann es zunächst mit eher nichtgeometrischen Beispielen durchführen, wie z. B. mit:

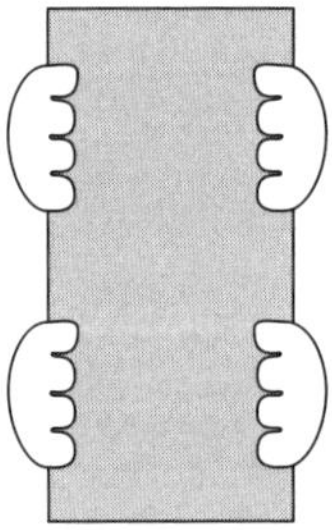

Ein Bär klettert einen Baum hoch

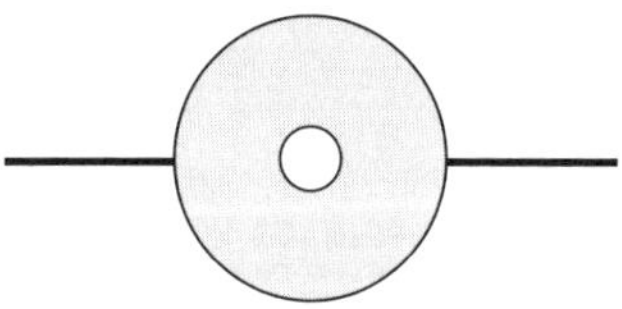

Ein Mexikaner auf dem Fahrrad.

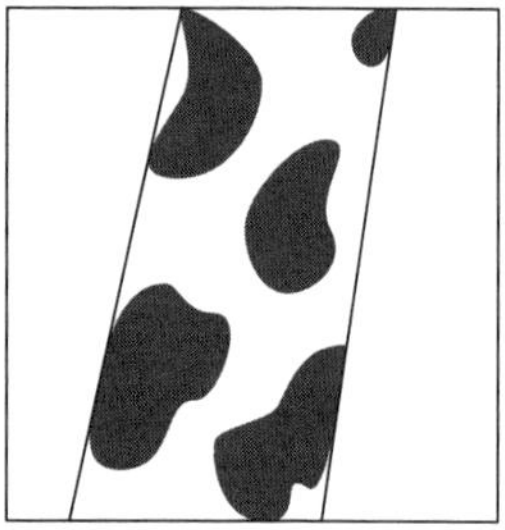

Eine Giraffe steht vor dem Fenster.

Es eignen sich aber auch spezifisch geometrische Raumgebilde für eine solche Übung. Hier werden Aufriss, Seitenriss oder Grundriss geübt, indem man Fragen wie diese zu beantworten sucht:

bei Vorgabe eines Körpers:
Wie sieht der Körper von oben, von rechts, von links, von unten aus?
bei Vorgabe einer Fläche:
Welcher Körper ist hier abgebildet?

4.2 Nun geht's los! – Stundenanfänge/ Stundeneinstiege

Eine Mathe-Stunde fängt an

Auch für Mathematikstunden besteht oft die Gefahr, dass ihr Ablauf zur Routine wird. Im Mittelpunkt steht häufig das Schulbuch. So wichtig es als Leitfaden für die Schülerinnen und Schüler und als Aufgabensammlung ist, es darf aber nicht das methodische Leitmedium des Unterrichts sein. So wie Fantasie für die Mathematik nötig ist, so braucht man sie auch für die Gestaltung des Unterrichts in diesem Fach.
Dabei kommt es vor allem auf einen geglückten, also auf einen interessanten, weiterführenden und Spannung aufbauenden Beginn einer Unterrichtsstunde an.
Nicht zu viele Mathematikstunden sollten die bisweilen fragwürdige Qualität einer Unterhaltungsshow haben. Sehr oft ist gerade in diesem Fach Folgerichtigkeit und Denkdisziplin gefordert, und das lässt sich nicht ohne gründliches Nachdenken und stetiges Arbeiten, ohne Konzentration und Ausdauer vollführen. Das müssen die Schülerinnen und Schüler auch wissen. Dennoch kann durch etwas Fantasie und Einfallsreichtum auch der Mathematikunterricht farbig und lebendig werden. Das Erlernen auch dieser Wissenschaft kann Spaß und Freude bringen und damit die Lust erhöhen, sich in der Schule und über sie hinaus mit Mathematik und mit mathematischen Problemen zu beschäftigen. Die Anregungen in dieser „Fundgrube" sollen dazu beitragen.
In diesem Abschnitt nun soll es um die Frage gehen: Wie kann ich eine Mathematikstunde beginnen? Es geht darum, in einer Mathematikstunde so anzufangen, dass die Schülerinnen und Schüler aufmerksam werden und Bereitschaft entwickeln, sich mit Ihnen zusammen einem mathematischen Problem zu stellen und es zu lösen. Die meisten der folgenden Vorschläge sind garnicht neu; hier ist nur gesammelt, was von vielen Lehrerinnen und Lehrern in zahlreichen Mathematikstunden bereits angewendet wird.

Am Anfang steht die Sache

Versuchen Sie, das mathematische Problem, das Sie mit Ihren Schülerinnen und Schülern erarbeiten wollen, möglichst immer in irgendeiner Form in ein Sachproblem oder in eine Sachaufgabe zu verpacken. Dieses Sachproblem eröffnet Ihre Stunde und bildet die Grundlage und den Bezugspunkt für die dann folgenden mathematischen Überlegungen.
Das Sachproblem kann in Kurzform sprachlich oder mit Hilfe einer Skizze an der Tafel dargestellt werden. Sie können einen entsprechenden Text oder eine Zeichnung auch auf eine Folie bringen und mit dem Projektor vorstellen. Ein

Sachproblem kann auch als kleine Geschichte erzählt werden. Die erzählte Sachaufgabe ist immer lebendiger als die schriftlich dargebotene. Manchmal kann auch die Kopie eines Textes oder eines Bildes, eines Prospekts, eines Zeitungs- oder Buchausschnitts oder einer Karte ein guter Einstieg in ein Sachproblem sein, das dann weiter zum mathematischen Problem führt. Nützlich ist es, sich eine Sammlung entsprechender Sachaufgaben und weiterführender Sachverhalte anzulegen, die man bei der Lektüre oder im Gespräch erfährt.
Sie sollten sich im Übrigen bei einem solchen Einstieg in eine Mathematikstunde nicht scheuen, auch den Sachverhalt gründlich mit Ihren Schülerinnen und Schülern zu erörtern. Fast immer führt die Klarheit in der Sache auch zur Klarheit im mathematischen Problem.

■ *Mit Knobeln und Knacken geht's los*

Hinter vielen Denk- und Knobelaufgaben, wie sie z. B. in diesem Buch in den Kapiteln 1, 6 und 10 angeboten werden, stecken mathematische Probleme, die auf ein geplantes Unterrichtsthema hinführen können. Geben Sie nach der Begrüßung Ihrer Klasse ein solches Problem zum Knacken. Die Denkaufgabe (Tafel, Folie oder Arbeitsblatt als Tischvorlage) wird in Partnerarbeit angegangen. Die anschließende Darstellung und Besprechung der Lösungen oder Lösungsversuche führt dann auf das Stundenthema hin.

■ *Ungewöhnliches reizt*

Sie kommen in die Klasse und nach der Begrüßung schreiben Sie etwas Ungewöhnliches oder Provozierendes an die Tafel oder legen eine entsprechende Folie auf.
Geeignet sind: falsche Behauptungen, ungewöhnliche Ungleichheiten, fehlerhafte Verfahren, unzutreffende Begriffe, falsche geometrische Beziehungen, aber auch etwas aus einem ganz anderen Fachgebiet, aus der Biologie, aus der Geschichte, aus dem Deutschunterricht. Möglicherweise entsprechend protestierende Äußerungen der Schülerinnen und Schüler und die sich daraus entwickelnde Diskussion führen schließlich auf das geplante Unterrichtsthema hin.

■ *Rechnen Sie mit der Tageszeitung*

Die Tageszeitung, die Ihnen am Morgen ins Haus gebracht wird, genauso wie die Wochenzeitung, die Sie möglicherweise abonniert haben, enthalten fast immer Statistiken oder Diagramme, die man häufig im Mathematikunterricht als Ausgangsmaterial nutzen kann.
Kopieren Sie doch einfach eine solche Statistik oder ein entsprechendes Diagramm auf eine Folie oder für ein Arbeitsblatt. Damit beginnen Sie dann die Mathematikstunde.

Prospekte

In den unteren Schuljahrgängen, wo es häufig noch um die Übung im mündlichen und vor allem im schriftlichen Rechnen geht, kann eine Mathematikstunde auch mit einem Prospekt begonnen werden, aus dessen Angaben heraus die Schülerinnen und Schüler Aufgaben zum Üben entwickeln. Das kann z. B. auch in **Partner-** oder **Gruppenarbeit** erfolgen. Anschließend tauschen die Gruppen ihre Aufgaben aus und lösen sie. Sie können solche Prospekte, die ja nicht tagesaktuell sein müssen, in Supermärkten, Kaufhäusern oder Baumärkten vom Vortage oder aus der Vorwoche manchmal sogar als Klassensatz bekommen.

Beginn mit dem Vergangenen

Auch Mathematik hat ihre Geschichte, und diese Geschichte ist, wie Sie wissen, sehr alt. Beginnen Sie Ihre Mathematikstunde doch einmal mit einem kleinen Ausflug in die Geschichte der Mathematik. Wo kommen eigentlich die Zahlen her? Wie ist das mit den Rechenzeichen? Was hat Thales von Milet alles herausgefunden? Wie haben die Sumerer gerechnet? Wieso heißen die platonischen Körper platonische Körper? Meistens können Sie zu einer solchen oder ähnlichen Frage ein klein wenig erzählen und schließlich auf die Mathematik hinführen. Passende Anekdoten über Mathematiker können hier ganz hilfreich sein. Ebenso kann man mit einer einfachen Sachaufgabe beginnen, in der man statt der modernen Maßeinheiten alte Maße benutzt.

Es muss nicht immer die Lehrerin anfangen

Beauftragen Sie eine Schülerin oder einen Schüler, sich vorbereitend mit einem Problem zu befassen. Die nächste Stunde beginnt dann diese Schülerin oder dieser Schüler, indem sie/er in einem kleinen Referat, vielleicht auch mit Unterstützung durch entsprechendes Material, das Problem vorstellt, mit dem sie sich auseinandergesetzt hat. Einen solchen Auftrag können auch zwei Schülerinnen und Schüler gemeinsam oder eine kleine Gruppe ausführen. Hier ist es vor allem wichtig, den Arbeitsauftrag zu begrenzen, damit die Darstellung nicht uferlos wird und die anfängliche Aufmerksamkeit der Mitschülerinnen und Mitschüler nicht in Langeweile umschlägt.

Der Experte kommt

Manchmal kann es auch im Fach Mathematik sehr sinnvoll sein, zu einer Unterrichtsstunde eine Expertin oder einen Experten einzuladen und mit deren Ausführungen den Unterricht zu beginnen. Das kann in einer Stunde sein, die eine Unterrichtseinheit eröffnet. Damit kann man aber auch eine Unterrichtseinheit abschließen, indem man eine Phase der Anwendung eröffnet. Nun sind die Experten in Mathematik eher dünn gesät und vielleicht auch für diesen Zweck gar nicht so sehr geeignet. Aber vielleicht haben Sie in

Ihrer Klasse eine Schülerin, deren Mutter oder Vater in einer Branche arbeitet, wo Mathematisches eine wichtige Rolle spielt. Das können Handwerker, Ingenieure, Bankkaufleute, Versicherungskaufleute, Architekten, Programmierer, Steuerberaterinnen, Gewerkschaftssekretäre u. Ä. sein. Sprechen Sie aber mit dem Experten vorher gründlich ab, wozu er etwas sagen soll, damit das Ganze kein uferloser Fachvortrag wird. Lassen Sie den Schülerinnen und Schülern auch Zeit zum Nachfragen. Übrigens: Auch unter Ihren Kolleginnen und Kollegen gibt es Experten!

■ *Alte und neue Hilfsmittel*

Sie betreten den Klassenraum und ziehen einen alten Rechenstab („Rechenschieber") aus der Tasche. Die Diskussion über dieses Gerät und seine Funktionsweise führt schnell zu Potenz und Logarithmus. Für einen solchen Einstieg sind ebenso die „Russische Rechenmaschine", der Abakus, mechanische Rechenmaschinen, ältere Lehrmittel aus der Sammlung Ihrer Schule, alte Waagen u. a. geeignet. Auch viele Geräte aus der Physiksammlung sind zur Initialzündung im Mathematikunterricht einsetzbar.

■ *Heiter sei der Anfang*

Eine Stunde, die später von Ihren Schülerinnen und Schülern vielleicht schwieriges Nachdenken oder langwieriges Arbeiten verlangt, kann ganz gut mit einem Witz, einer Anekdote, einem Scherzrätsel oder gar einem Reim begonnen werden (siehe die entsprechenden Kapitel!). Manchmal weist ein Scherz dieser Art auch auf ein echtes mathematisches Problem hin, sodass er nicht nur einen psychohygienischen Zweck erfüllt, sondern auch unter streng mathematischen Gesichtspunkten sinnvoll ist.

4.3 Übung macht den Meister – Trainings- und Übungsformen

■ *Üben im Mathematikunterricht*

Solide Kenntnisse und jederzeit einsetzbare Fertigkeiten sind die Voraussetzungen für das erfolgreiche Lernen der Schülerinnen und Schüler im Fach Mathematik. In diesem Fach baut Vieles aufeinander auf, und fast immer muss der hier Arbeitende und Lernende auf früher Erworbenes zurückgreifen. In allen Abschnitten und in allen Phasen des Mathematikunterrichts wird deshalb auf das Festigen des Gelernten besonderer Wert gelegt. Es muss gewissermaßen immer wieder möglichst auf Abruf zur Verfügung stehen. Kenntnisse und Wissen über Begriffe, Symbole, Regeln und Gesetzmäßigkeiten werden durch übendes Wiederholen in immer neuen Zusammenhängen

gefestigt. Verfahren zum Lösen von Aufgaben und Problemen, zum Beweisen und zum Konstruieren werden durch wiederholte Übung zur Routine.
Der Mathematikunterricht kann also nicht allein von der eleganten Erarbeitung eines neuen Sachverhalts und auch nicht nur von der geschickten Lösung komplexer Probleme leben. Er braucht immer wieder das tägliche und manchmal auch trockene Brot der Übung und Wiederholung, damit es später leichter vorwärtsgeht. Phasen der Übung und Festigung innerhalb einer Stunde, manchmal auch eine gesonderte Übungsstunde oder gelegentlich sogar ein längerer Abschnitt einer Unterrichtseinheit sind deshalb charakteristisch für den Mathematikunterricht.

Elementares Üben

In der Regel folgt der Erarbeitung oder Einführung eines neuen mathematischen Sachverhalts oder eines Verfahrens eine erste Phase der Übung und Wiederholung, in der die Schülerinnen und Schüler sich erneut und mehrfach mit dem Gelernten auseinandersetzen, es durch einfaches Anwenden festigen und neu eingeführte Verfahren bis zur erforderlichen Geläufigkeit trainieren.
Die Aufgaben folgen zunächst dem Muster etwa der Beispielaufgaben aus der Erarbeitungsphase mit einer vorsichtigen **Steigerung der Schwierigkeiten**. Auf unübersichtliche Zahlenangaben, schwierige Texte, komplizierte Bedingungen oder ungewöhnliche Lagen geometrischer Figuren, die vom Wesentlichen ablenken können, wird hier zunächst verzichtet. Das darf aber nicht bedeuten, dass das übende Lernen auf Einsicht und Verständnis verzichtet und nur noch blind mechanisiert. Diese Einsicht und dieses Verständnis für die mathematischen Zusammenhänge soll in besonderer Weise durch das vielfältige Üben erzielt werden.

Vielfältiges Üben

Auf dieser gewissermaßen zweiten Stufe der Übung steht die Anwendung in neuen Zusammenhängen, deren **Komplexitätsgrad** größer ist und die auch über die Mathematik hinausgehen können, im Mittelpunkt. In diesem zweiten Übungsansatz zielt die unterrichtliche Arbeit dann auf eine langfristig dauerhafte Festigung und auf Transfer ab. Der Disponibilität im Denken und der **Übertragbarkeit auf Alltagssituationen** und auf neue mathematische Zusammenhänge wird größere Aufmerksamkeit geschenkt. Hier werden deshalb auch bei der Aufgabenstellung die folgenden Aspekte in zunehmend stärkerem Maße berücksichtigt:
- Betrachten und Untersuchen von Grenz- und Sonderfällen,
- Gegenüberstellen von Beispielen und Gegenbeispielen,
- Vermeiden von Standardlagen geometrischer Figuren, stattdessen Verändern ihrer Lage,

- Bilden von Umkehraufgaben,
- Suchen und Korrigieren von Fehlern,
- Stellen von nichtlösbaren Aufgaben oder von Aufgaben mit mehreren Lösungen,
- Einbetten in ungewöhnliche Sachzusammenhänge,
- Beispielanalyse zum Erkennen einer Gesetzmäßigkeit,
- bekannte Methoden und Lösungstechniken in neuen Zusammenhängen.

Schülerinnen und Schüler lernen durch Aktivität

Der Erfolg der Übungen hängt nicht allein von der Systematik des Übungsangebots ab. Die für das Üben eingesetzte Aktivität der Schülerinnen und Schüler hat einen entscheidenden Anteil am Erfolg übenden Lernens. Dazu ist zunächst **Motivation** notwendig. Des Weiteren spielt der Grad der **Selbstständigkeit** bei der Lösung eine große Rolle. Und schließlich ist auch die Rückkopplung über den erreichten Lernfortschritt von Bedeutung. Die Übungsaufgaben sollten also die Neugier erregen und zur Beschäftigung mit ihnen auffordern, sie sollten ohne Hilfe der Lehrkraft oder eines anderen kundigen Erwachsenen zu lösen sein und möglichst Selbstkontrolle zulassen.

Übungen in Einzelarbeit, Partnerarbeit oder Gruppenarbeit?

Bei Übungsaufgaben im Rahmen des Unterrichts oder bei Hausaufgaben, die der Übung dienen, geht man in der Regel stillschweigend davon aus, dass solche Aufgaben in Einzelarbeit erledigt werden. Der Übungseffekt leidet aber keineswegs, wenn einige Aufgaben in Partnerarbeit oder gar in Gruppenarbeit bearbeitet und gelöst werden.
Die Übungsaufgaben im Rahmen der **elementaren Übung** sind dafür allerdings nur wenig oder gar nicht geeignet. Aber immer da, wo das Gespräch über den Lösungsweg innerhalb der kleinen Gruppe weiterhelfen kann, sind Partnerarbeit oder Gruppenarbeit auch in Übungsphasen sinnvoll. Das setzt eine gewisse Komplexität der zu lösenden Probleme voraus, wie sie durch die in dem Abschnitt **„Vielfältiges Üben"** aufgeführten Kategorien charakterisiert wurde.

Denk dir Übungen aus!

Schülerinnen und Schüler wissen oft sehr genau, wo es bei ihnen mit Kenntnis und Geläufigkeit noch hapert oder welche Fertigkeiten besonderen Trainings bedürfen. Fordern Sie Ihre Schülerinnen und Schüler doch einmal auf, zu einem erlernten mathematischen Sachverhalt oder zu einem zu wiederholenden Lerninhalt Übungsaufgaben zu entwickeln. Eine Schülerin oder ein Schüler bildet Aufgaben für ihren Partner, eine Partnergruppe denkt sich Aufgaben aus, die sie einer anderen Partnergruppe stellt, deren Aufgaben sie wiederum löst.

Üben des Übens

Der Übungseffekt wird bei fast allen Schülerinnen und Schülern vergrößert, wenn Sie mit ihnen hin und wieder über die Bedingungen und die **Technik des Übens** sprechen und ihnen Anleitung dazu geben.
Ihre Schülerinnen und Schüler werden Ihnen widersprechen, wenn Sie behaupten, dass man ohne Rekorder, Rundfunk und Fernsehen besser und nachhaltiger arbeiten kann. Sie sollten bei Ihrem Rat bleiben und mit Ihrer Klasse vielleicht ein Erfahrungsexperiment vereinbaren: Immer dienstags werden die Hausaufgaben für das Fach Mathematik im Rahmen einer freiwilligen Selbstverpflichtung bei völliger äußerer Ruhe angefertigt. Die Schülerinnen und Schüler berichten anschließend von ihren Erfahrungen.
Jugendliche glauben es gewöhnlich nicht, dass das Arbeiten in kleinen Häppchen mit vielen nichtmathematischen Unterbrechungen für das Denken und für den Übungserfolg genauso schädlich ist wie das zu lange Verweilen an einer Sache. Vereinbaren Sie mit Ihren Schülerinnen und Schülern Zeitspannen, in denen sie ununterbrochen arbeiten. Prüfen Sie auch selbst durch eigene Bearbeitung, wie lange das Lösen der geforderten Aufgaben dauert. Lassen Sie eine Zeitlang die Bearbeitungszeit von den Schülerinnen und Schülern jeweils aufschreiben. Das anschließende Gespräch kann möglicherweise ergeben, dass Ihre Aufgabenstellungen bisher tatsächlich zu umfangreich waren.
Bei der Lösung von komplexen Anwendungsaufgaben oder schwierigeren Problemen im Klassenunterricht sollten Sie mit den Schülerinnen und Schülern zusammen den erarbeiteten **Lösungsweg** anschließend reflektieren. Dabei ist es sehr hilfreich, wenn man die einzelnen Lösungsschritte einmal genau an der Tafel oder auf der Folie des Projektors fixiert. Wenn Sie eine solche Phase hin und wieder einschieben, werden Ihre Schülerinnen und Schüler mit der Zeit ein Gespür dafür bekommen, wie man sich eine Lösung systematisch erarbeiten kann. In den unteren Schuljahrgängen ist es sinnvoll, auf diese Weise ein Verfahren für die Lösung von Text- oder Sachaufgaben gemeinsam zu erarbeiten.
Ein Modell für ein solches Verfahren könnte so aussehen:

1. Sorgfältiges Lesen und Verstehen des Textes
2. Erarbeiten des Sachverhalts – Klären von Sachfragen
3. Formulieren der Problemstellung, der Frage
4. Ermitteln und Herausschreiben der relevanten Informationen
5. Einsatz von Lösungshilfen (Skizze, Tabelle, Diagramm, Liste ...)
6. Fixieren des mathematischen Lösungsweges (Gleichung, Aussage, Konstruktion, Tabelle) und Feststellen des Ergebnisses
7. Einordnen des Ergebnisses in den Sachkontext der Aufgabe – Formulieren einer Antwort auf die Fragestellung
8. Reflexion des Lösungsvorganges

Geben Sie Ihren Schülerinnen und Schülern bei allen passenden Gelegenheiten Hinweise auf **Lösungshilfen** und deren Einsatz. Solche Hilfen können sein: eine eigene Ideensammlung, eine Situationsskizze, eine Auflistung von Daten, das Erstellen einer tabellarischen Übersicht, der Einsatz von Analogien, aber auch das Schulbuch, ein Mathematik-Lexikon, eine Formelsammlung, das Gespräch mit einer Mitschülerin, mit einem Mitschüler.

■ *Das richtige Schulbuch*

Die Auswahl eines geeigneten Schulbuchs hat einen nicht zu vernachlässigenden Einfluss auf den Erfolg von Übung und Wiederholung. Achten Sie bei der Auswahl eines Schulbuchs, das Ihre Schule für den Mathematikunterricht einführen möchte, nicht nur auf eine möglichst große Fülle von Übungsaufgaben. Das gute Schulbuch ist mehr als eine Sammlung von Übungsaufgaben. Und die Masse macht es hier überhaupt nicht.
Prüfen Sie vielmehr,

- wie die von den Schülerinnen und Schülern selbstständig zu erarbeitenden Inhalte dargestellt sind,
- ob das Aufgabenangebot variantenreich im Sinne des vielfältigen Übens ist,
- ob genügend **komplexe Aufgaben** vorhanden sind und
- ob durch die Problemstellungen **Anwendung** und **Transfer** erleichtert werden.

4.4 Helfer Taschenrechner

■ *Königslächeln*

Vor vielen Jahren, als das Wünschen noch von Erfolg gekrönt war, bat ein kluger Mann, der einem König einen großen Gefallen getan hatte, als Belohnung um eine, wie es zunächst schien, sehr bescheidene Gegenleistung. Er wollte lediglich die Anzahl der Getreidekörner, die auf dem letzten Feld des Schachbrettes liegen, wenn auf dem ersten Feld ein Korn liegt, auf dem nächsten zwei, also die doppelte Anzahl von Körnern, auf dem nächsten vier, dann acht usw. liegen. Natürlich war der König über diese „Bescheidenheit" sehr erstaunt und lächelte über die „Dummheit" des Mannes. Doch sein Lächeln sollte sich bei näherem Hinsehen sehr schnell verfinstern. Erkennst du, warum? Wie groß war die Masse dieser Körner, wenn ein Korn ca. 0,1 g wiegt?
(2^{63} Körner = 922 340 000 000 t Getreide)

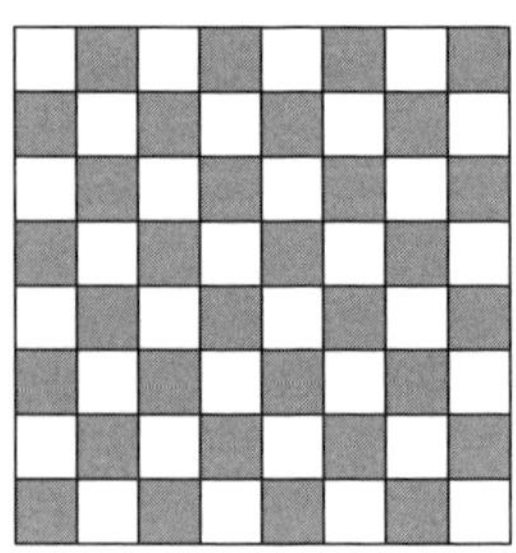

Die rasende Welt

Die Erde bewegt sich auf einer kreisähnlichen Bahn in einem Jahr einmal um die Sonne. Auf der Erde spüren wir von dieser Bewegung nichts. Hast du eine Vorstellung, mit welcher Geschwindigkeit unsere Erde um die Sonne „fliegt“? Schätze zunächst das Ergebnis! Da die Geschwindigkeit während der gesamten Zeit fast konstant ist, kann sie als Quotient aus dem Bahnumfang und der Zeit für einen vollen Umlauf, also $v = \frac{u}{T} = 2\pi\frac{r}{T}$ berechnet werden. (v = 1 670 km/h)

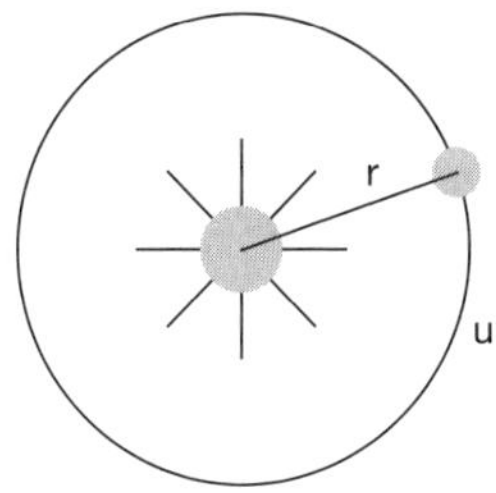

Der Taschenrechner ist auch nur eine „Schätzkeule“!

Mathematisch ist festgesetzt, dass das hintereinander Ausführen von Rechenoperationen und entsprechender Umkehroperation (z. B. x^2 und $\sqrt{x}$) wieder den Ausgangswert ergeben muss.

a) 10 $\sqrt{\ }$ x^2 Anzeige: …
   10 $\sqrt{\ }$ $\sqrt{\ }$ x^2 x^2 Anzeige: …

b) Manchmal „merkt sich“ der Taschenrechner aber auch mehr Ziffern, als er anzeigt (Anmerkung: Stelle DEG unter MODE ein!):

Eingabe	Anzeige	Eingabe	Anzeige
45°	0,707106781	$\sin^{-1}$	45°

aber:

0,707106781		$\sin^{-1}$	44,99999998

c) Suche weitere „Ungenauigkeiten“ deines Rechners!

Das magische Quadrat des Taschenrechners

Die nebenstehende Abbildung zeigt einen Teil der Taschenrechnertastatur. Die Summe aller Waagerechten, Senkrechten und Diagonalen ist durch dieselbe Zahl teilbar. Finde sie heraus!

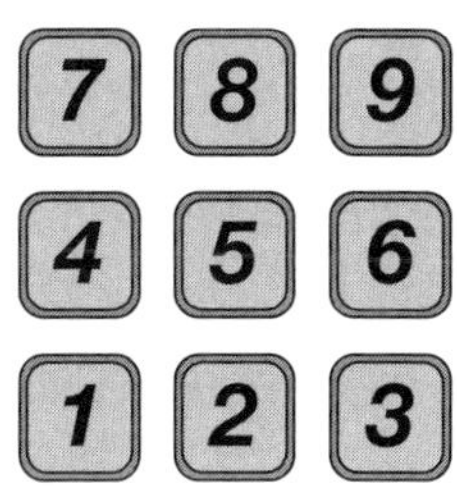

Die geheimnisvolle Zahl

Welche verschlüsselte Botschaft versteckt sich hinter der Zahl 35137,135?
Gib die Zahl in deinen Taschenrechner ein und drehe ihn um!
Versuche weitere Verschlüsselungen dieser Art zu finden!

Zahlenbuchstaben

Bevor du die nachfolgenden Aufgaben löst, ersetze die Buchstaben durch die richtigen Zahlen. Diese erhältst du, wenn du den Taschenrechner auf den Kopf stellst.
Dann sehen nämlich einige Zahlen wie Buchstaben aus.

Lösungen:

a) 7E4 + 13 · 2H8 = (3 958)

b) (L3H + 13,B0B) · 24,0L – E1 = (17 968,739)

c) 5E7 · B7,5I : 2B,G = (1626,0509)

d) $\frac{\text{E1S} - 113}{8{,}\text{L}65} =$ (23,046207)

e) $\frac{35\text{B}34 + 18{,}\text{E}4}{17 \cdot 12}$ (175,74676)

f) $\frac{13{,}\text{L}5 + 28{,}\text{E}4 \cdot 1\text{E}7{,}\text{B}}{1\text{E}{,}8\text{L} : 1\text{B}{,}\text{L}5} =$ (5297,8578)

g) $-(8\text{L}{,}75 - (13{,}\text{BB}6 + 14{,}\text{Z}^2) \cdot 0{,}\text{L}8) =$ (80,36028)

h) $\sqrt[5]{98\text{L}53} - 1\text{Z}7 \cdot 1\text{B}{,}4^2 =$ (– 42987,145)

i) $\frac{8\text{L}5{,}4^2 - 71{,}\text{G}3 \cdot \sqrt[3]{\text{BOB}}}{8{,}\text{H}56 + 13{,}\text{B}1\text{S}} =$ (34379,022)

j) $\frac{\sqrt[3]{3\text{B}36} \cdot 8{,}46 + 7{,}6\ \text{GOS}}{\sqrt[7]{265\text{LL}} - 0{,}46\text{LL} \cdot 3{,}8\text{L}^2} =$ (– 51,544501)

„Zahlenwörter"

Ersetze vor dem Rechnen das Wort durch die entsprechende Zahl. Beachte dabei, dass du bei den Wörtern rückwärts arbeiten musst!
So entspricht z. B. das Wort „Liege" der Zahl 39317.

Lösungen:

a) 23,57 · LIEGE + 28,3 = (926729,99)

b) (505 – SOHLE) · 13,84 = (–510696)

c) (128,3 + LOB) : (34,8 – LOG) = (–1,0723458)

d) 83,84 : BILL + 28,3 · EIS = (14517,911)

e) $\frac{13{,}74 + \text{GLEIS}}{\text{HEISS}} =$ (0,93214242)

f) $-13{,}48 + \text{ZEILE} : \text{BOHLE} =$	$(-12{,}487378)$
g) $\frac{28{,}573^2 + \text{HOBE}}{\text{EIS} + \text{SOS}}$	$(8{,}9197226)$
h) $583{,}4 + \text{BILL} - 1878 =$	$(6423{,}4)$
i) $\sqrt{\text{ZOLL}} - 123{,}4 \cdot 0{,}5 =$	$(26{,}061039)$
j) $\sqrt[3]{\text{BEIL}} - 28{,}789 =$	$(-9{,}5347984)$

Probe mit Wörtern

	Lösungen:	
a) $\sqrt{822649} =$	907	LOG
b) $3700 + 16 - 3 =$	3713	EILE
c) $279609{,}2 : 5{,}2 =$	53771	ILLES
d) $\sqrt[3]{2197} =$	13	EI
e) $649475{,}2 : 8{,}8 =$	73804	HOBEL
f) $(2000 - 386) : 2 =$	807	LOB
g) $213^2 + 9765 =$	55134	HEISS
h) $\frac{1}{3} \cdot 2217 =$	739	GEL
i) $1284{,}5 \cdot 4 \cdot 10 - 1 =$	51379	GLEIS
j) $\sqrt{50951044} =$	7138	BEIL
k) $(242 - 308 + 8) : 2 =$	138	BEI
l) $\sqrt{268324} =$	518	BIS
m) $10^2 \cdot 8{,}8 - 72 =$	808	BOB
n) $36{,}7 \cdot 21{,}5 : 2 - 79{,}525 =$	315	SIE
o) $\sqrt{260100} - 5 =$	505	SOS
p) $312 - 7 \cdot 8 =$	905	SOG
q) $15^3 - 12 \cdot 214 =$	807	LOB
r) $103 - 93 =$	907	LOG
s) $23{,}5 \cdot 4{,}8 + 394{,}2 =$	507	LO

Kreuzworträtsel

Rechne die Aufgaben aus und schreibe die entsprechenden Wörter (du musst die Ergebnisse rückwärts lesen!) in den Kasten.

1		2	3		4	5		6
		7						
8	9				10		11	
12 A						13		
					14 P		G	
15 A	V	16		17		18		19
20			21		22 R			
		23				D		
24					25 N	A		

waagerecht:

1 $85^2 + 90$
4 $17 \cdot 3 \cdot (10^2 + 1)$
7 $(11 \cdot 17)^2 + 87 \cdot 4$
8 $3 \cdot 5 \cdot 13 \cdot 19$
10 $61^2 - 2^3$
12 $95 \cdot 19 + 3 \cdot 4$
13 $16 \cdot 52 - 5^2$
15 $15^2 : 75$
17 $23 \cdot (23 \cdot 60 - 1)$
20 $75^2 - 29 \cdot 3$
22 $3 \cdot 3 \cdot 17$
23 $40^2 + 3 \cdot 5 \cdot 7$
24 $43 \cdot 19 \cdot 9$
25 $(16^2 + 5^2 - 1^2) : 8$

senkrecht:

1 $(10^2 + 1^2) \cdot (3^2 - 2^2)$
2 $42^2 + 3^2$
3 $(13 \cdot 9 + 2) \cdot (9^2 \cdot 4 - 2) - 1$
4 $3 \cdot 3 \cdot 3 \cdot 13$
5 $17^2 \cdot 5^2 - 9^2 - 9$
6 $3 \cdot 4 \cdot 7 \cdot 9 \cdot 11 - 1$
9 $52 \cdot 61 - 2$
11 $(50 \cdot 17 + 1) \cdot 6 + 1$
14 $6^2 - 5^2$
15 $7^3 + 5 \cdot 9$
16 $11 \cdot 17 \cdot 19$
18 $18^2 - 17^2 + 2$
19 $3 \cdot 31 \cdot 41$
21 $25^2 + 9^2 - 1^2$

Löse das Kreuzworträtsel: Wenn du mit den Begriffen nicht weiterkommst, nutze die Aufgaben auf Seite 146 für den Taschenrechner. Das Ergebnis um 180° gedreht und du erhältst das Lösungswort.

waagerecht:

1 Ruhemöbel
6 Vorname einer amerikanischen Schauspielerin
8 in Halle und Leipzig gebrautes obergäriges Bier
10 Wintersportgerät
12 sehr große Sparsamkeit
14 Kurzzeichen für ein chemisches Element (2. Hauptgruppe)
15 Gegenteil von „gut“
16 wenn etwas angesagt ist
17 Aussichtsberg südlich von Innsbruck
20 Schimpfwort für „Kind“
22 Gegenteil von „laut“
23 persönliches Fürwort

senkrecht:

1 Geschwindigkeitsmesser auf Schiffen
2 ein Vieleck mit gleichen Seiten und Winkeln
3 Schiene
4 Hühnerprodukt
5 Fluss in Deutschland
7 Abkürzung für „zum Beispiel“
9 Gewässer
11 Holzblasinstrument
13 Hilfslinie beim Schreiben
15 englischer Vorname
18 Bezeichnung für „Einzahl“ (Abk.)
19 Teilnahmeschein bei Lotterien
21 Spielkarte

Lösung:
waagerecht: Liege, Liz, Gose, Bob, Geiz, Be, boese, in, Isel, Balg, leise, es;
senkrecht: Log, Isogon, Gleis, Ei, Elbe, z.B., See, Oboe, Zeile, Bill, Sg, Los, As

waagerecht:			*senkrecht:*		
1	$199^2 - 4 \cdot 821$	$= 36\,317$	1	$\sqrt{822649}$	$= 907$
2	$\sqrt{47089}$	$= 217$	3	$25^3 \cdot 3 + 15^3 + 4 \cdot 282{,}25$	$= 51\,379$
8	$17 \cdot 12^2 + 10 \cdot 10^2 + 61$	$= 3\,509$	4	$\sqrt{225} - 2$	$= 13$
10	$13{,}5 \cdot 22 \cdot \sqrt{16} - 380$	$= 808$	5	$15^3 + 62{,}5 \cdot 8 - 2$	$= 3873$
12	$\sqrt[3]{512000} \cdot 26 + 59$	$= 2\,139$	7	$15{,}5 \cdot 8 - 3{,}5 \cdot 12$	$= 82$
14	$\sqrt[5]{79235168}$	$= 38$	9	$5 \cdot (12 \cdot 5 + 7)$	$= 335$
15	$501 \cdot 7{,}5 \cdot 5^2 - 58\,629{,}5$	$= 35\,308$	11	$55^2 + 4^2 + 13 \cdot 3$	$= 3\,080$
17	$(15^3 + 25{,}5 \cdot 22) \cdot 2 - 521$	$= 7\,351$	13	$192^2 + 16^2 + 12$	$= 37\,132$
22	$2\,489 \cdot \sqrt{225} - 47^2 + 11$	$= 35\,137$	15	$86^2 + 12^2 + 9^2 + (100 - 3)$	$= 7\,718$
23	$28{,}48 \cdot 5^2 \cdot \frac{1}{8} - 6^2$	$= 53$	18	$(17{,}5 \cdot \sqrt{81} + 32{,}5) \cdot \frac{6}{12}$	$= 95$
			19	$\sqrt{257049}$	$= 507$

4.5 Mathematische Spiele/Strategiespiele

Wer sagt als Erster „100"?

Es werden zwei Mitspieler benötigt. Der Erste nennt eine beliebige natürliche Zahl, nicht größer als 10. Der Zweite addiert zur genannten Zahl eine natürliche Zahl, die auch nicht größer als 10 ist und sagt die Summe an. Zu dieser Summe addiert der erste Spieler wiederum eine beliebige natürliche Zahl, die 10 nicht übersteigt und sagt die neue Summe an. Zur neuen Summe fügt die zweite Person eine natürliche Zahl zwischen 1 und 10 hinzu usw. bis die Summe 100 erreicht wird. Es gewinnt derjenige, der als Erster 100 erreicht.
Wie würde eine Taktik aussehen, damit man immer den Sieg erlangt?
Bei diesem Spiel gewinnt immer derjenige, der zuerst eine der Zahlen 12, 23, 34, 45, 56, 67, 78, 89 angibt und im weiteren Verlauf die nachfolgenden Zahlen der genannten Reihe nennt. Wenn einer der Spieler 89 genannt hat, so kann der andere, gemäß der Spielregel, keine andere Zahl als eine zwischen 90 und 99 angeben. Worauf dann sofort 100 gesagt werden kann. Um ganz sicher zu gehen, derjenige zu sein, der die 89 ruft, muss dieser Spieler zuvor die 78 genannt haben. Denn in diesem Fall hat der zweite Spieler keine Möglichkeit, die 89 zu erreichen. Damit jedoch die 78 auf alle Fälle genannt werden kann, muss der Spieler vorher 67 genannt haben usw.
Ist verabredet, dass A das Spiel beginnen soll und nennt er eine Zahl der obigen Reihe, so muss B verlieren, falls A auch im weiteren Verlauf nie eine andere Zahl außerhalb der Reihe nennt. Wenn aber A beginnt und eine nicht jener Reihe angehörige Zahl nennt, so kann B gewinnen, falls er sofort die nächstmögliche Zahl der Reihe sagt und dann konsequent die weiteren Zahlen der Reihe ruft.

Das allgemeine Gesetz ist leicht zu erkennen, nach dem eine solche Reihe zu bilden ist. Setzt man z statt 100 und ist d der verabredete höchste Zahlenwert, der hinzugefügt werden darf, wie es eben 10 war, so stellt

$$z - n \cdot (d + 1)$$

die Zahlen dar, die A nacheinander ansagen muss, um zu gewinnen. Soll also z. B. derjenige gewinnen, der zuerst 40 sagt und ist 6 die verabredete höchste Zahl, die addiert werden darf, so ergibt sich aus

$$40 - 7n$$

die Zahlenreihe 5, 12, 19, 26, 33.

Eine Variante des Spiels besteht darin, dass derjenige verlieren soll, der zuerst die Zahl z nennen muss. Dann muss A, um zu gewinnen, die Zahlen nennen, die aus

$$z - 1 - n\,(d + 1)$$

hervorgehen. Im Falle von z = 40 und d = 6 wären 4, 11, 18, 25, 32 die entsprechenden Zahlen, um mit Sicherheit zu gewinnen.

Das Spiel wird komplizierter, wenn man gewisse Einschränkungen vornimmt. So kann man beispielsweise festsetzen, dass jeder Spieler die zugezählte Zahl im Spielverlauf höchstens dreimal wiederholen darf. Durch diese Zusatzregel wird das Spiel interessanter und spannender. Es ist dann nicht mehr so leicht zu entscheiden, ob es vorteilhafter ist, das Spiel zu eröffnen oder als Zweiter zu spielen.

Eine andere Variante ergibt sich, wenn die Spieler Zahlen aus unterschiedlichen Intervallen oder aus Intervallen, die sich nicht überdecken, wählen müssen. So wäre es denkbar, dass Spieler A die Auswahl aus den Zahlen 1, 2, ... 5, Spieler B aus den Zahlen 6, 7, ..., 10 treffen müsste. In komplizierteren Fällen könnte es vorkommen, dass das Spiel unentschieden ausgeht, da die im Voraus gesteckte Grenze nicht genau erreicht wird.

Mora – Knobeln ohne Streichhölzer

Knobeln mit Streichhölzern ist vielerorts ein kurzweiliger Zeitvertreib. Wer aber weiß schon, dass es sich dabei um ein in vielen Ländern seit der Antike bekanntes Gesellschaftsspiel handelt, das sich aus der Gewohnheit des Zählens mit den Fingern herleitet. Am bekanntesten ist es in seiner italienischen Form, der Mora. Es ist sehr einfach und erfordert nur zwei Mitspieler.

Die beiden Spielpartner stehen einander mit geschlossener, vorgehaltener Faust gegenüber. Auf ein Signal müssen beide Spieler gleichzeitig ihre Faust öffnen und beliebig viele Finger, mindestens aber einen hochheben. Gleichzeitig nennt jeder Spieler eine Zahl zwischen 2 und 10. Wenn diese Zahl der Summe aller ausgestreckten Finger entspricht, gewinnt man einen Punkt. Analog kann man das Spiel auch mit beiden Händen spielen. In diesem Fall kann die Zahl, die die Spieler nennen, zwischen 2 und 20 liegen.

Die Darstellung des Moraspiels findet man auf griechischen und hellenis-

tischen Vasen und Monumenten. Die Spieler sitzen sich gegenüber und halten mit der rechten Hand gemeinsam einen Stock fest. Mit der linken Hand zeigen sie die Anzahl der Finger an. Meist wurden fünf Partien gespielt. Der Gewinner einer Partie griff ab der Mitte des Stabes eine Spannweite ab. Sieger war, wer zuerst das Stabende erreichte. Der Sage nach erfand die schöne Helena das Spiel, um es mit ihrem Geliebten Paris zu spielen.
In Asien ist das Spiel gleichfalls seit sehr langer Zeit bekannt und gehörte zu den beliebtesten Zerstreuungen der chinesischen Gesellschaft. In einem Bericht aus dem letzten Jahrtausend heißt es: „Wenn die Teilnehmer eines Gastmahls einander in Freundschaft verbunden sind, schlägt der Gastgeber vor, eine Partie **Tsin hoa Kiuen** zu spielen. Wird das Angebot angenommen, so fängt der Gastgeber aus Höflichkeit mit einem seiner Gäste zu spielen an. Bald darauf lässt er die anderen Gäste an die Reihe kommen. Wer verliert, muss jedes Mal eine Tasse Tee trinken." Um das Spiel schwieriger zu machen, mussten die chinesischen Spieler, statt Zahlen auszurufen, den Anfang eines bekannten Sprichworts finden und zitieren, in dem ein Zahlwort enthalten war. Probieren Sie es doch einmal in dieser Version mit deutschen Sprichwörtern (z. B. Sieben auf einen Streich).

Wettlauf ins Schlaraffenland

Bei einem Wettlauf im Schlaraffenland gewinnt bekanntlich der faulste Läufer. Der abgebildete Spielplan stellt drei Laufbahnen dar.

15	15	15
14	14	14
13	13	13
12	12	12
11	11	11
10	10	10
9	9	9
8	8	8
7	7	7
6	6	6
5	5	5
4	4	4
3	3	3
2	2	2
1	1	1
Ziel		

Diese sind in je 15 Felder eingeteilt. Zu Beginn des Spiels werden die drei Wettläufer (Spielsteine, Figuren, Münzen o. Ä.) in dem oberen Drittel des Planes aufgestellt.
Dabei gelten die beiden folgenden Bedingungen:

1. In jeder der drei Laufbahnen muss ein Läufer stehen.
2. Die drei Läufer stehen am Anfang auf drei verschiedenen Zahlen zwischen 11 und 15.

Die Spieler bewegen nun abwechselnd einen Stein in Richtung Ziel. Es darf nicht rückwärts gezogen werden. Steine, die das Ziel erreicht haben, scheiden aus. Während des Spiels bleibt jeder Stein in seiner Laufbahn.
Es ist aber nicht verboten, 2 oder 3 Steine in die gleiche Querreihe zu bringen, was bei der Anfangsstellung unzulässig war. Der Spieler, der am Zug ist, kann jeden Läufer beliebig weit ziehen. Man kann also z. B. einen Stein, der auf Feld 14 steht, auf irgendeines der darunter liegenden Felder bewegen oder auch sofort bis ins Ziel bringen.
Der Spieler, der den letzten der drei Steine ins Ziel bewegt, erringt den Sieg.

4.6 Hat sich die Mühe gelohnt? Leistungsmessung und Leistungsbewertung

Grundsätzliche, aber notwendige Vorbemerkung

Die Formen und Verfahren der Leistungsmessung und Leistungsbewertung sind in der Schulpädagogik nicht ganz unumstritten. Dennoch gehören Messen und Bewertung der Leistung zum schulischen Lernen. Mit ihrer Hilfe soll festgestellt werden, ob und in welchem Grade die Schülerin und der Schüler die gesetzten Ziele erreicht haben. Das sind u. a. die Aufgaben der Leistungsmessung:

- Der Schülerin oder dem Schüler wird Rückmeldung über den erreichten Lernstand und ihren Platz innerhalb der Lerngruppe gegeben.
- Die Eltern bekommen Informationen über den Lernweg und den Lernstand ihres Kindes.
- Die Lehrkraft erhält Rückmeldung, ob die Gestaltung des Unterrichts den von ihr gewünschten und erwarteten Erfolg hatte.

Also: Leistungsmessung und -bewertung, dem Lernen oft hinderlich und für Schüler und Lehrer manchmal unangenehm, müssen sein. Es hilft nichts!

Es muss nicht immer alles aufgeschrieben werden

Mündliche Verfahren der Leistungsmessung können sich sowohl auf die Leistung einzelner Schülerinnen und Schüler wie auch auf die einer Kleingruppe (Partnergruppe, Vierergruppe) beziehen, die die gemeinsam erarbeitete

Leistung auch gemeinsam darstellt. Im Mathematikunterricht kommen für die mündlichen Verfahren hauptsächlich in Betracht:

- die **Abfrage** von einfachen Aufgabenlösungen, von Begriffen, Regeln und Gesetzen,
  Wie heißen die binomischen Formeln? – Nenne den Höhensatz im rechtwinkligen Dreieck in Kurzform! – Wie heißt der Sinussatz? – Was bedeutet kommutativ? – Kopfrechenaufgaben (siehe auch Seite 124 ff.) – ...
- der **Dialog** zur Lösung eines Problems oder zur Darstellung eines Sachverhalts:
  Hier können die Aufgabenstellungen etwas umfänglicher sein. Die Lösungen werden im Zwiegespräch von Schülerinnen/Schülern und Lehrkraft entwickelt. Die Einwürfe der Fachlehrerin oder des Fachlehrers können helfen, stützen oder weiterführen.
- die **Darstellung** einer Aufgabenlösung, einer Problemanalyse oder einer Beweisführung an der Tafel oder am Projektor:
  Auch hier sind die Aufgabenstellungen komplexer: Erläutere den Verlauf der erwarteten Kurve! – Beweise, dass die Winkelsumme im Dreieck 180° beträgt! – Löse die Gleichung (Ungleichung) selbstständig! – ...
- das **Kurzreferat** zu einem mathematischen Problem:
  Die Schülerin oder der Schüler soll die Leistung möglichst selbstständig und ohne Hilfe darbieten. Einem solchen Kurzreferat geht die häusliche Vorbereitung voraus.
  Achtung!
  Bei der Bewertung mündlicher Leistungsnachweise kommt zwangsläufig die **subjektive Komponente** der Bewertung stärker zur Geltung. Dieser Gefahr müssen Sie sich bewusst sein, um ihr auch angemessen begegnen zu können. Es geht ja nur selten um das bloße richtig oder falsch. Sie müssen vielmehr oft eine Darstellung umfassender einschätzen, den persönlichen Kontext bei der Schülerin oder dem Schüler mitbedenken und dann doch möglichst unabhängig von der Person bewerten.

■ *Kurzlernkontrolle*

Mit der Kurzlernkontrolle soll überprüft werden, ob die Schülerinnen und Schüler einen überschaubaren Unterrichtsinhalt erfolgreich erarbeitet haben. Sie dient also vor allem der **Selbstkontrolle** der Fachlehrerin und des Fachlehrers, die gern wissen möchten, an welcher Stelle der Unterrichtsstoff nachgearbeitet, wiederholt und durch Übung gefestigt werden muss. Natürlich sind die Ergebnisse auch für die Schülerinnen und Schüler interessant, offenbaren sie doch möglicherweise auch individuelle Lücken und Schwächen. Die Kurzlernkontrolle kann mit **Bewertungspunkten** versehen werden, das muss aber nicht sein. Auf jeden Fall sollte man aber auf eine regelrechte Zensierung verzichten, da dann ihre wichtige Funktion innerhalb des Lernprozesses, nämlich uneingeschränkt Rückmeldung zu geben, Schaden leidet. Notwendig ist aber in jedem Fall, die Ergebnisse mit der ganzen Lerngruppe im Hinblick auf das Erreichte und das noch Lückenhafte zu erörtern.

Klassenarbeit und Test

Mit der **Klassenarbeit** wollen Sie abfragen, ob Ihre Schülerinnen und Schüler die Lernziele und Lerninhalte einer größeren, aber noch überschaubaren Unterrichtseinheit beherrschen und Aufgaben aus diesem Bereich selbstständig lösen können. Für die Klassenarbeit wird mindestens eine Unterrichtsstunde benötigt, in höheren Jahrgängen auch mehrere. Die durch sie manifestierte Leistung werden Sie in der Regel mit einer **Zensur** bewerten. Für Anzahl, Form, Durchführung und Bewertung von Klassenarbeiten gibt es häufig Vorgaben der Schulverwaltung. Auf jeden Fall sollte hier auch die Fachkonferenz Mathematik entsprechende Vereinbarungen beschließen.
Der **Test** ist ein psychologisches Messinstrument zur Messung von schulischen Leistungen. Er wird von ausgewiesenen Fachleuten in einem aufwändigen Verfahren hergestellt, ist standardisiert, auf eine größere Population hin geeicht und verlangt eine objektivierte, in Einzelheiten genau festgelegte Durchführung. Er ist zur schulischen Leistungsmessung oder gar zur Zensierung in der Regel nicht geeignet.

Aufgabenformen für Kurzlernkontrollen und Klassenarbeiten

Gewöhnlich besteht eine **Kurzlernkontrolle** oder eine **Klassenarbeit** aus Text- oder Sachaufgaben, Aussageformen aus der Arithmetik oder aus der Algebra, Gleichungen oder Ungleichungen oder Konstruktionsaufgaben aus der Geometrie. Die Schülerinnen und Schüler sind aufgefordert, jeweils eine möglichst eindeutige Lösung zu suchen und anzugeben oder eine klare Zeichnung anzufertigen. Die Ergebnisse werden mit richtig oder falsch bewertet. Häufig werden auch Punkte für das richtige Ergebnis und für den Lösungsweg vergeben, deren Anzahl je nach Schwierigkeit der Aufgabe schwankt. Das ist so das Übliche, das Sie schon kennen. Im Folgenden werden einige Vorschläge für andere Formen der Aufgabenstellung gemacht, die sich in der Praxis bewährt haben und interessante Alternativen bieten.

1. Fordern Sie Ihre Schülerinnen und Schüler auf, einen mathematischen Sachverhalt in einem kleinen Text zu beschreiben. Durch die selbstständige **sprachliche Umsetzung** können Sie oft leichter als durch die Lösung einer formalen Aufgabe erfahren, ob dieser Sachverhalt auch wirklich verstanden wurde. Vor allem geometrische, aber auch viele arithmetische Sachverhalte eignen sich für diese Form der Aufgabenstellung.
   Hier sind einige *Beispiele* für solche Aufgaben:
   Was versteht man in der Geometrie unter Kongruenz? – Wie erweitert (kürzt) man einen Bruch? Erläutere das Verfahren! – Beschreibe den Ver-

lauf der Geraden $f(x) = 2x - 3$ im Koordinatensystem! – Erläutere den Strahlensatz! – Beschreibe ein Tetraeder, ein Hexaeder, ein Oktaeder! – Beschreibe mindestens zwei Lösungsverfahren für eine lineare Gleichung mit zwei Variablen! – Was versteht man unter Primzahlzwillingen? – Was ist eine Äquivalenzumformung? – Nenne die Regeln für den Gebrauch der Vorzeichen bei Multiplikation und Division ganzer Zahlen! – Welche Vorschriften gelten für den Gebrauch der Rechenzeichen und der Klammern? – Was meint der Thalessatz?

2. Lassen Sie in einer Lernkontrolle ein kleines mathematisches Problem, die Anwendung eines Gesetzes, einer Regel oder eines Verfahrens verbal und mit einem Beispiel darstellen. Auch hier wird in der erläuternden Beschreibung und in der Entwicklung eines Beispiels mathematisches Verständnis besser als bei der Lösung einer entsprechenden mathematischen Aufgabe sichtbar. Eine solche Aufgabenstellung, die ja für viele Schülerinnen und Schüler relativ anspruchsvoll ist, kann auch als Zusatzaufgabe innerhalb einer Klassenarbeit, für die es Zusatzpunkte gibt, gestellt werden.
Auch hier wieder einige *Beispiele*:
Erläutere das Verfahren für die Addition und Subtraktion zweier Bruchzahlen! – Gilt das Distributivgesetz auch bei der Division von Summen und Differenzen ganzer Zahlen? – Gilt die Beziehung zwischen Umfangs- und Mittelpunktswinkel über der gleichen Sehne in einem Kreis auch für den Durchmesser? – Wie kommt die Kurzform der drei binomischen Formeln zustande? – Wie kann man Potenzen (Wurzeln) durch Addition, Subtraktion, Multiplikation und Division miteinander verknüpfen? – Ist die Folge der negativen ganzen Zahlen abzählbar? – Wie findest du den Hauptnenner (kgV) zweier Bruchzahlen? Stelle die möglichen Fälle dar! – Welcher Zusammenhang besteht zwischen dem Cosinussatz und dem Pythagorassatz? – …

3. In den herkömmlichen Klassenarbeiten und Lernkontrollen wird zu wenig von der Möglichkeit Gebrauch gemacht, einen Sachverhalt, ein arithmetisches Problem oder einen geometrischen Sachverhalt durch eine **Zeichnung** oder eine **Skizze** darzustellen.
Auch hier können Schülerinnen und Schüler auf eine andere Weise zeigen, dass sie einen Sachverhalt durchschaut haben. Ermuntern Sie Ihre Schülerinnen und Schüler dazu durch entsprechende Hinweise in den Aufgabenstellungen.

4. Ein vor einigen Jahren noch beliebtes und sehr häufig gebrauchtes Verfahren für die Aufgabenstellung war die **Auswahlantwort** (Multiple-Choice-Verfahren). Sie ist inzwischen etwas aus der Mode gekommen. Sie ist aber auch heute noch in vielen Fällen eine ganz sinnvolle Form der Aufgabenstellung. So kann man mit ihrer Hilfe z. B. ohne großen Aufwand und relativ schnell Begriffe oder Grundwissen abfragen. Manche Formen der Auswahlantwort sind aber auch für umfassendere mathematische Aufgaben und Problemstellungen geeignet.

Die einfachste Form ist die „Ja/Nein"- oder die „Richtig/Falsch"-Zuordnung. Die Aufgaben werden so gestellt, dass die Schülerinnen und Schüler „ja" oder „nein" bzw. „richtig" oder „falsch" ankreuzen müssen. Das kann z. B. in Tabellenform geschehen. Diese einfache Form hat allerdings einen wesentlichen Nachteil: Die Wahrscheinlichkeit, durch Raten die richtige Antwort zu finden und anzukreuzen, beträgt 50 %. Deshalb sollten Sie sie für zu zensierende Leistungskontrollen nicht verwenden. Sie können sie aber gut in **Kurzlernkontrollen** einsetzen, u. a. um kurzfristig abrufbares Wissen abzufragen.

Interessanter und auch für Klassenarbeiten verwendbar ist die Auswahlantwort mit 4 oder 5 Auswahlangeboten (Items). Bei der Vorgabe 1 aus 5 liegt die Ratewahrscheinlichkeit nur bei 20 %, diese Wahrscheinlichkeit kann man verkleinern, wenn man als Vorgabe bis zu 2 aus 5 zulässt, ohne dass man mitteilt, bei welcher Aufgabe eine oder zwei Antworten richtig sind.

Bei der Formulierung der Items sollten Sie beachten:

- Die Items müssen in dem Ausgesagten und in der sprachlichen Form sehr ähnlich sein.
- Es darf kein Item dabei sein, dem man schon auf den ersten Blick ansieht, dass seine Aussage nicht richtig ist.
- Mit dieser Form der Aufgabenstellung lassen sich, wenn Sie etwas umfänglichere sprachliche Gebilde nicht scheuen, auch schwierige Sachverhalte abfragen, die schon in die didaktische Kategorie Problemlösen gehören.

Fehler zählen oder Punkte zumessen?

Die Entscheidung darüber, ob man bei Klassenarbeiten lieber die Fehler zählt oder stattdessen eine Punktwertung vornimmt, hängt auch von der Aufgabenstellung ab. Für Klassenarbeiten im Fach Mathematik wird gewöhnlich die Zumessung von Punkten für die gefundenen Lösungen bevorzugt. Das hängt auch damit zusammen, dass die Aufgabenstellungen im Sekundarbereich I in der Regel komplexer sind. Einfache Entscheidungen über richtig oder falsch werden solchen Aufgaben oft nicht gerecht, weil die Lösung zwar falsch, aber der Weg dorthin und die Überlegungen dazu richtig sind.

A Fehler zählen

Das Feststellen von Fehlern ist sinnvoll, wenn es sich um einfache Aufgaben mit eindeutigen Lösungen handelt. Vor der Zuordnung zur **Zensurenskala** muss allerdings der einfache **Fehlerdurchschnitt** (Summe aller Fehler : Anzahl der Arbeiten) berechnet werden. Er gibt die Grundlage für die Einordnung in das Zensurenschema.

Ein **Beispiel:**
Der Fehlerdurchschnitt soll 7,3 Fehler betragen. Dieser Wert müsste der Mitte der Zensurenskala zugeordnet werden, also zwischen den Zensuren 3 und 4 liegen. Es könnte sich dann folgender Zensurenspiegel ergeben, der jeweils auch vom eingeschätzten Schwierigkeitsgrad der Arbeit und vom Leistungsniveau der Lerngruppe abhängig ist:

Zensur	1	2	3	4	5	6
Fehlerzahl	0	1 – 2	3 – 5	6 – 8	9 – 11	12 –

Oder, wenn die gestellten Aufgaben sehr schwierig oder die Lerngruppe eher schwach ist:

Zensur	1	2	3	4	5	6
Fehlerzahl	0	1 – 3	4 – 7	8 – 11	12 – 14	15 –

Dies sind nur Vorschläge aus mehreren Möglichkeiten. Bedenken Sie aber: Für diese Zuordnung kann es keine objektiven Kriterien geben. Sie ist situationsabhängig und spiegelt auch stark die subjektive Komponente des Beurteilens wider. Hier ist also eher die verantwortliche Pädagogin als die ausgewiesene Fachlehrerin gefragt.
Da die Gesamtzahl der gestellten Aufgaben bekannt ist und für jede Schülerin und jeden Schüler festgelegt werden kann, wie viele Aufgaben von allen sie oder er richtig gelöst hat, ist es zweckmäßiger, Prozentpunkte zu berechnen und diese der Zensurenskala zuzuordnen. Aber da sind wir schon bei der Punktbewertung.

B Punkte zumessen

Die Vergabe von Punkten setzt die sorgfältige Analyse der einzelnen Aufgaben voraus. Im Prinzip soll jeder Lösungsschritt jeder Aufgabe einen Punkt erhalten. Die zu erreichende Punktezahl für jede Aufgabe wird im Voraus mitgeteilt. Die Gesamtpunktzahl für eine Klassenarbeit sollte ungerade sein, das erleichtert später die Zuordnung zur Zensurenskala. Und wie sollten Sie die erreichten Punktzahlen auf die sechs Zensuren verteilen? Eine Möglichkeit ist die **Umrechnung der erreichten Punktzahlen in Prozentsätze** und die anschließende Einteilung der **Rangskala** in entsprechende Abschnitte. Die Rangskala ergibt sich aus der Urliste und führt zu jeder Punktzahl die Anzahl der Schülerinnen und Schüler auf, die diese Punktzahl erreicht haben. Hier ist ein fiktives Beispiel für eine solche Rangskala und die entsprechende Zumessung von Punkten und Prozentsätzen zu Zensuren:

<table>
<tr><th colspan="2"></th><th></th><th colspan="2">Zensur nach Punkten
1. Vorschlag 2. Vorschlag</th><th>Zensur nach Prozentpunkten</th></tr>
<tr><td>25</td><td>II</td><td rowspan="7">1. Quartil</td><td>sehr gut (1)</td><td>sehr gut (1)</td><td rowspan="2">sehr gut (1)
97 % – 100 %</td></tr>
<tr><td>24</td><td>III</td><td rowspan="4">gut
(2)</td><td rowspan="3">gut
(2)</td></tr>
<tr><td>23</td><td></td><td rowspan="3">gut
(2)
86 % – 96 %</td></tr>
<tr><td>22</td><td>IIII</td></tr>
<tr><td>21</td><td></td><td rowspan="4">befriedigend
(3)</td></tr>
<tr><td>20</td><td>II</td><td rowspan="4">befriedigend
(3)</td><td rowspan="4">befriedigend
(3)
71 % – 84 %</td></tr>
<tr><td>19</td><td>I</td></tr>
<tr><td>18</td><td>III</td><td rowspan="6">2. Quartil

Zentralwert</td></tr>
<tr><td>17</td><td>I</td><td rowspan="5">ausreichend
(4)</td></tr>
<tr><td>16</td><td>III</td><td rowspan="4">ausreichend
(4)</td><td rowspan="4">ausreichend
(4)
51 % – 70 %</td></tr>
<tr><td>15</td><td>I</td></tr>
<tr><td>14</td><td>I</td></tr>
<tr><td>13</td><td>III</td></tr>
<tr><td>12</td><td>II</td><td rowspan="7">3. Quartil</td><td rowspan="6">mangelhaft
(5)</td><td rowspan="5">mangelhaft
(5)</td><td rowspan="6">mangelhaft
(5)
26 % – 50 %</td></tr>
<tr><td>11</td><td>I</td></tr>
<tr><td>10</td><td>I</td></tr>
<tr><td>9</td><td>I</td></tr>
<tr><td>8</td><td></td></tr>
<tr><td>7</td><td></td><td rowspan="8">ungenügend
(6)</td></tr>
<tr><td>6</td><td></td><td rowspan="7">ungenügend
(6)</td><td rowspan="7">ungenügend
(6)
0 % – 25 %</td></tr>
<tr><td>5</td><td></td><td rowspan="6">4. Quartil</td></tr>
<tr><td>4</td><td>I</td></tr>
<tr><td>3</td><td></td></tr>
<tr><td>2</td><td></td></tr>
<tr><td>1</td><td></td></tr>
<tr><td>0</td><td></td></tr>
</table>

Der entscheidende Wert ist der **Zentralwert**. Er markiert die Mitte der Skala. Wer mehr als 50 % der Punkte erreicht hat, dessen Leistung ist mindestens mit ausreichend zu bewerten. Eine weitere Möglichkeit der Zensurenfindung haben Sie, wenn Sie für jede Arbeit den **Prozentrangplatz** errechnen. Das Ergebnis ist aber eine ähnliche Zensurenskalierung wie schon dargestellt.
Nicht sinnvoll ist die Berechnung des Durchschnitts oder des Mittelwerts $\overline{x}$, da Sie es hier gewöhnlich mit einer Rangskala und nicht mit einer Ordinalskala zu tun haben. Bei der Letzteren sind die Abstände zwischen zwei beliebigen benachbarten Werten immer gleich. Das ist bei einer Rangskala aber nicht der Fall.
Noch eine Bemerkung zum Schluss: Wie sehr Sie Ihre Zensurengebung im Verfahren auch zu objektivieren versuchen: Es bleibt immer ein Rest subjektiver Einschätzung. Haben Sie den Mut zu dieser Subjektivität, die den Pädagogen auszeichnet.

C Was bringt die gaußsche Glockenkurve?

Viele Lehrerinnen und Lehrer, vor allem Nichtmathematiker, schwärmen davon, die gaußsche Glockenkurve auf die Verteilung der Zensuren anzuwenden. Vielleicht können Sie Ihre Kolleginnen und Kollegen von dem Wahn befreien, dass dies der Gipfel der Objektivität sei. Zur gaußschen Glockenkurve gehört als Funktion die gaußsche **Normalverteilung** für stetige Zufallsgrößen. Wenn man sie auf die Schülerinnen und Schüler und ihre Schulleistungen anwendet, behandelt man sie wie Kugeln und Erbsen in Zufallsexperimenten. Weder die Begabung noch die schulischen Leistungen in den einzelnen Fächern sind aber normalverteilt. Wenn dies für die Begabung in der Gesamtpopulation eines Jahrgangs der Fall sein sollte, was auch gar nicht sicher ist, so ist diese normale Verteilung durch die Zuordnung auf die verschiedenen Schulformen auf jeden Fall schon durchbrochen. Für die Schulleistungen gilt die Normalverteilung überhaupt nicht, weil hier individuelle und von der Tagesform abhängige Faktoren eine große und oft entscheidende Rolle spielen, die niemals stetig zufällig und normalverteilt sind. Also: Für die Leistungsbewertung gilt: Finger weg von der gaußschen Glockenkurve! Sie ist nur scheinbar gerecht, sie führt vielmehr zu Ungerechtigkeiten.

5 Mathematik macht Schule

5.1 Fachkonferenzleiter Mathematik

In der letzten Fachkonferenz Mathematik wurden Sie zur Fachkonferenzleiterin, zum Vorsitzenden der Fachschaft Mathematik an Ihrer Schule oder zur Fachsprecherin Mathematik gewählt. Sie machen das zum ersten Mal, und nun überlegen Sie, welche Aufgaben Sie haben und was an Arbeit auf Sie zukommen kann. Wenn es sich um eine offizielle Stelle im Rahmen der Personalstruktur Ihrer Schule handelt, dann sind die Funktion selbst und ihre Bedeutung an der Schule meistens durch Gesetz (Schulgesetz, Schulverwaltungsgesetz), durch Verordnung oder durch einen Erlass geregelt. Sie haben diese Funktion als Fachmann oder Fachfrau übernommen, als die Sie die Kolleginnen und Kollegen auch einschätzen. Sie gelten als Ansprechpartner an Ihrer Schule für alles, was das Fach Mathematik und den Mathematikunterricht angeht. Von Ihnen werden die Lehrkräfte, die fachfremd Mathematik unterrichten müssen (oder wollen), erwarten, dass Sie ihre Arbeit mit Ihrem fachlichen und auch fachdidaktischen Rat unterstützen. Auch die Schulleiterin oder der Schulleiter hoffen, dass sie von Ihnen fachlichen Rat und in Fachfragen Unterstützung erfahren. Das kann natürlich nicht heißen, dass Sie als wandelndes Mathematik-Lexikon durch die Schule laufen und nach Einwurf eines Zehners Frage und Antwort stehen. Man wird aber erwarten dürfen, dass Sie zumindest einen guten Rat auf Grund Ihrer Erfahrungen, Auskunft zum Weitersuchen und Hilfe zur Selbsthilfe geben können.
Die formalen Aufgaben eines Fachkonferenzleiters oder einer Fachkonferenzleiterin sind schnell beschrieben:

> Sie leitet die regelmäßig stattfindenden Fachkonferenzen als Vorsitzende und vertritt die Fachschaft Mathematik in der Gesamtkonferenz oder Schulkonferenz sowie gegenüber der Schulelternschaft und unterstützt die Schulleitung in Fragen der Organisation des Mathematikunterrichts.

Der eigentliche konkrete Aufgabenbereich geht inhaltlich über diese knappe Beschreibung hinaus. Wer hier mit einigem Einsatz arbeitet, kann einen erheblichen und weiterführenden Beitrag zur Gestaltung der schulischen Arbeit leisten, der sowohl für die eigene Unterrichtstätigkeit als auch für die der Kolleginnen und Kollegen von großem Nutzen sein kann. Hier lohnt sich also das Engagement.

Im Folgenden sind beispielhaft Handlungsfelder für die Fachkonferenz Mathematik beschrieben:

■ *Etat für das Fach Mathematik*

Das Wirtschaften mit den vom Schulträger für den Fachbereich Mathematik zur Verfügung gestellten Finanzmitteln gehört zu den wichtigen Aufgaben der Fachkonferenz, zumal in Zeiten, in denen der Schule eine größere Unabhängigkeit in finanzieller Hinsicht zukommen soll. Welche Selbstständigkeit die einzelne Fachkonferenz in dieser Frage hat, ist in der Regel durch grundsätzliche administrative Vorgaben, durch die Haushaltsordnung des Schulträgers und/oder durch Beschlüsse der Schulkonferenz geregelt. In diesem Rahmen kann die Fachkonferenz frei entscheiden. Aufgabe der Fachkonferenzleiterin ist es, die Wünsche der Kolleginnen und Kollegen zu erfahren, die **Lehrmittelsammlung** und die **Fachbibliothek** auf notwendige Ergänzungen zu überprüfen und **Entwicklungen auf dem fachdidaktischen Markt** zu beobachten. Neben dem Aufgreifen der Kollegenwünsche, die sie zur Abstimmung stellt, kann sie auch selbst in der Fachkonferenz Vorschläge zur Anschaffung von Arbeitsmitteln und Fachbüchern machen. Die eigentliche Abwicklung erfolgt in Zusammenarbeit mit der Schulleitung und dem Schulsekretariat.

■ *Neue Aspekte in der Fachdidaktik Mathematik*

Die Fachkonferenzleiterin ist nicht die Fortbildnerin ihrer Kollegen. Sie sollte aber die wichtigen Entwicklungen in der Fachdidaktik verfolgen und ihre Kolleginnen und Kollegen darauf aufmerksam machen. Das kann durch Hinweise auf Artikel in **Fachzeitschriften**, auf **neu erschienene Fachbücher** und auf **Fortbildungsveranstaltungen** erfolgen. Hilfreich ist außer dem Auslegen von Prospekten und Info-Material auch ein fester Platz für die Fachschaft Mathematik am schwarzen Brett im Lehrerzimmer. Der oder die Vorsitzende bittet die Fachleiterin oder den Fachleiter eines benachbarten Studienseminars, den Vertreter einer Hochschule vor Ort oder den Mitarbeiter eines Schulbuchverlages um ein Kurzreferat zu einem aktuellen Thema und lädt dazu in eine Sitzung der Fachkonferenz ein.
Die Fachkonferenzleiterin oder der Fachkonferenzleiter sollte auch bei der zuständigen Behörde Themen für Fortbildungsveranstaltungen im Fach Mathematik vorschlagen.

■ *Verbindung zu Hochschule und Seminar*

Der oder die Vorsitzende der Fachkonferenz hält kontinuierlich Kontakt zur benachbarten Hochschule und der dortigen Fachabteilung sowie zur Fachleitung im zuständigen Studienseminar. Gespräche, nicht zu oft, aber doch regelmäßig, können hier hilfreich sein und der Schule die Verbindung zu den

Ausbildungsstätten erhalten, was wiederum der unterrichtlichen Arbeit unmittelbar zugute kommen kann.

Schuleigene Arbeitspläne

Eine der wichtigsten Arbeiten der Fachkonferenz Mathematik ist die Erstellung der schuleigenen Lern- und Arbeitspläne für dieses Fach. Der schuleigene Arbeitsplan im Fach Mathematik sollte Aussagen zu den **Lernzielen**, den **Lerninhalten**, zum **zeitlichen Rahmen**, zur einzuführenden **Begrifflichkeit** und zu **Anschauungs- und Arbeitsmitteln** sowie **Vorschläge zur Unterrichtsgestaltung** machen. Die von Amts wegen zur Verfügung gestellten und verpflichtenden Vorgaben (Lehrpläne, Qualitätsstandards u. Ä.) liegen in ihren Beschreibungen der Unterrichtsziele und -inhalte gewöhnlich auf einer Abstraktionsebene, die die unmittelbare Umsetzung in die Unterrichtsarbeit nicht oder nur schwer zulässt. Das eingeführte Schulbuch wiederum kann, da es sich aus Kostengründen auf größere Bereiche beziehen muss, die Belange der individuellen, konkreten Schule und ihrer Schülerinnen und Schüler nur sehr unzureichend berücksichtigen. Darüber hinaus macht das Schulprogramm der einzelnen Schule Vorgaben, die über die amtlichen Lehrpläne und über die Angebote des Schulbuches und seiner Begleitmaterialien hinausgehen. Das Herstellen und Fortschreiben dieses schuleigenen Curriculums ist gemeinsame Aufgabe aller Mitglieder der Fachkonferenz. Die Fachkonferenzleiterin hat hier nur koordinierende und organisierende Aufgaben.

Wahl des Mathematikbuchs

Aus dem schuleigenen Arbeitsplan wird auch abgeleitet, welches **Schulbuch für den Mathematikunterricht** eingeführt werden kann. Diese Auswahl eines geeigneten Schulbuchs nimmt ebenfalls die Fachkonferenz Mathematik vor. Dazu gehören die vorherige Erarbeitung von **Auswahlkriterien**, die Beurteilung der in Frage kommenden Bücher und der formale Beschluss über das ausgewählte Buch und den Zeitpunkt seiner Einführung. Kriterien für die Auswahl eines Buches können u. a. sein:

- Kompatibilität mit dem schuleigenen Arbeitsplan
- markante Beispielaufgaben
- Berücksichtigung der erforderlichen Standards
- klare Illustrationen
- ausreichend Übungsstoff
- Vielfalt der Übungsformen
- auf die Schüler bezogene Ausstattung
- schülerfreundliches Layout
- Register
- fester Einband
- …

Festlegen von Leistungsstandards

Zu den wichtigen Aufgaben jeder Fachkonferenz gehört es, **Vereinbarungen über Leistungsstandards** in ihrem Fach festzulegen. Die Lernziele und Lerninhalte sind durch den Lehrplan, die dort festgelegten Qualitätsstandards sowie den schuleigenen Arbeitsplan und durch Elemente des Schulprogramms bestimmt. Die Fachkonferenz muss darüber hinaus aber vereinbaren, wie das Erreichen der Mindestziele und der Zusatzziele im Rahmen des eingeführten **Bewertungssystems** bewertet werden soll. Wenn das nicht geschieht, kommt es innerhalb eines Jahrgangs leicht zu unterschiedlichen Einschätzungen der gleichen Leistung. Die Vereinbarungen werden von der Fachkonferenz beschlossen und prägen dann als bindende Beschlüsse der Fachkonferenz die Arbeit der Fachlehrerinnen und Fachlehrer.

Vergleichsarbeiten

Obwohl Klassenarbeiten auch im Fach Mathematik besser lerngruppenbezogen konzipiert werden, ist es doch notwendig und sinnvoll, in einem Jahrgang regelmäßig Vergleichsarbeiten durchzuführen. In den meisten Bundesländern sind sie für ausgewählte Jahrgänge sogar verbindlich. Auf diese Weise können die Fachlehrerinnen und Fachlehrer zudem leichter feststellen, ob sie mit ihrer Arbeit in der eigenen Klasse noch den allgemeinen Anforderungen des Lehrplans für diesen Jahrgang genügen. Die Konzeption solcher Vergleichsarbeiten und die Organisation ihrer Durchführung sind Aufgabe der Fachkonferenz. Hier arbeiten alle Konferenzmitglieder zum eigenen Vorteil und Nutzen zusammen. Die Fachkonferenzleiterin hat auch hier eher koordinierende Aufgaben.

Kollegenhospitation

Die Fachkonferenzleiterin organisiert nach Absprache in der Fachkonferenz und in Zusammenarbeit mit der Schulleitung Hospitationen der Kolleginnen und Kollegen im Fach Mathematik untereinander. Hier muss manche Lehrerin und mancher Lehrer davon überzeugt werden, dass eine solche Hospitation bei anderen und das Ertragen einer Hospitation durch die anderen dem eigenen Unterricht Vorteile bringt.

Zu sehen, wie eine Kollegin den Unterricht gestaltet, wie sie ein mathematisches Problem an ihre Schüler heranträgt, welche anschauliche Darstellung sie gewählt hat, welche Übungsformen sie benutzt, wie sie auf die unterschiedliche Lern- und Leistungsfähigkeit der Schüler eingeht, wie sie das Lernergebnis kontrolliert, das alles gibt Impulse und Anregungen für die eigenen Mathematikstunden, fördert den Teamgeist und schützt auch vor allzu kritischer Selbsteinschätzung der eigenen Unterrichtsarbeit. Der eigentlichen Hospitation sollte immer das Gespräch über den beobachteten Unterricht folgen.

Vorbereitung von Projekten

Die Fachkonferenz hat auch die Aufgabe, Projekte für eine **Projektwoche** oder für **Projekttage** vorzuschlagen. Obwohl Themen und Inhalte von Projekten in starkem Maße von den Schülerinnen und Schülern bestimmt werden, müssen die Lehrkräfte doch bestimmte Vorgaben machen, die z. B. die prinzipielle Durchführbarkeit und den zeitlichen Rahmen betreffen. Das gilt insbesondere für das Fach Mathematik, wo die Schülerinnen und Schüler mit eigenen Vorschlägen eher zurückhaltend sein werden.

Elternvertretung

Die Fachkonferenzleiterin, der Fachkonferenzleiter vertritt die Belange des Faches Mathematik auch gegenüber der gewählten **Elternvertretung**. Hier gibt sie **Auskunft zu fachlichen Fragen** und unterstützt die Schulleitung mit ihrer fachlichen Kompetenz, wenn es etwa in Beschwerde- und Streitfällen, aber auch bei Anforderungen von Hilfe um das Fach Mathematik geht. Sie erläutern, wenn das erforderlich ist oder gewünscht wird, die fachlichen Aspekte des schuleigenen Arbeitsplanes in Gremien der Elternvertretung.

5.2 Mathematische Projekte

Der **Projektunterricht** ist ein wichtiger Bestandteil der Arbeit im Sekundarbereich I unserer Schulen. Er ist von der thematischen Arbeit her **sachbezogen, aber fachübergreifend** und eine wirkliche **Alternative zum fachbezogenen und lehrgangsmäßigen Unterricht**. Projektarbeit ist eine anspruchsvolle, aber auch erfolgreiche Lernform, die an die Lehrerin und den Lehrer hohe Anforderungen im Hinblick auf Planung und Organisation des Unterrichts stellt. Der Projektunterricht berücksichtigt vor allem die Bedürfnisse und Neigungen der Schülerinnen und Schüler, indem er sie schon bei den Vorüberlegungen, bei der Planung und bei der Gestaltung seines Ablaufs einbezieht. Er baut auf ihren Erlebnissen, Vorstellungen und Meinungen auf und berücksichtigt ihre Fähigkeiten und Fertigkeiten bei der Umsetzung in die konkrete unterrichtliche Arbeit in besonderem Maße. Diese **Schülerorientierung** fördert das selbstbestimmte Lernen, schafft gute Arbeitsvoraussetzungen auch für den fachgebundenen Unterricht und macht Lernen und Arbeiten in der Schule humaner.

Projektarbeit vollzieht sich in der Form der **Projektwoche** oder eines oder mehrerer **Projekttage**. Es können aber auch kleinere Einheiten des Unterrichtstages projektorientiert gestaltet werden. Solche Phasen projektorientierten Arbeitens erfordern den Blick über die Fachgrenzen hinaus auf andere Fächer, die sich auf die Thematik des jeweiligen Projekts beziehen. Hier ist dann auch die **Zusammenarbeit** mit Kolleginnen und Kollegen anderer Fä-

cher erforderlich. Die Planung eines Projektes, auch eines projektorientierten Abschnittes des üblichen Fachunterrichts, erfolgt in der Regel gemeinsam mit den Schülerinnen und Schülern und/oder auf deren Vorschlag. Natürlich sollen Ideen und Anregungen zu einem Projekt auch von der Lehrerin oder dem Lehrer kommen; die letzte Entscheidung darüber, ob und wie ein Projekt angegangen wird, sollten allerdings die Schülerinnen und Schüler treffen. Viele Projekte können auch in Teamarbeit der Lehrkräfte gestaltet werden. Das ist oft auch von der Sache her zwingend geboten. Scheuen Sie sich deshalb nicht, eine Kollegin oder einen Kollegen anzusprechen und um fachliche Hilfe zu bitten.
Im Folgenden werden einige Vorschläge für Projekte gemacht, bei denen die mathematische Komponente eine wichtige Rolle spielen und die Projektarbeit maßgebend steuern kann. Die Auflistung soll nur einige Anregungen geben und ist keineswegs abschließend. In vielen Projekten, die sich aus der Arbeit in anderen Fächern entwickeln, sind mathematische Aspekte wichtig. Bieten Sie Ihren Kolleginnen und Kollegen auch von sich aus Ihren fachlichen Rat und Ihre konkrete Unterstützung an, wenn mathematische Aspekte eines Projekts dies erforderlich machen.

5.2.1 *Kann man der Zeitung glauben?* (H, R, G 7 +)

Churchill soll gesagt haben: „Ich glaube nur Statistiken, die ich selber gefälscht habe." In unseren Tageszeitungen werden fast an jedem Tag Statistiken und Diagramme veröffentlicht, die wir ohne Nachprüfung für wahr annehmen. In einem Projekt werden zwei oder drei möglichst aktuelle Diagramme oder statistische Übersichten einer Tageszeitung auf ihre Grunddaten hin überprüft und in den politischen oder wirtschaftlichen Kontext eingeordnet. Hilfen bieten die amtlichen statistischen Jahrbücher, andere Quellen oder Gespräche mit Betroffenen oder mit der Sache Befassten. Hier kann auch bei der Auswertung der Ergebnisse Kontakt mit der Redaktion einer Zeitung aufgenommen und ein Journalist als Experte eingeladen werden.
Mathematischer Anteil: Statistik, Erstellen von Diagrammen in Säulen-, Kreis- oder Kurvenform, Prozentrechnung, Prozentsätze in Kreisanteile umrechnen

5.2.2 *Lehrmittelwerkstatt* (H, R, G 7 +)

In Zusammenarbeit mit der Kollegin und dem Kollegen, die für den Werkunterricht an der Schule verantwortlich sind, werden geometrische Körper oder Anschauungstafeln als Lehrmaterial für die unteren Klassen hergestellt. Solche Körper können aus starker Pappe, aus Sperrholz oder gar aus Acrylglas gefertigt werden (in Betracht kommen Körper vom Würfel bis zu Kegel- oder Pyramidenstümpfen). Auf großen Anschauungstafeln können geometrische

Flächen mit ihren Benennungen, Beispiele für die wichtigen Dreiecksätze oder die Formeln für Oberfläche und Volumen von Körpern plakativ dargestellt werden.
Mathematischer Anteil: Wiederholung der Formen geometrischer Körper und der Berechnungsformeln für Oberfläche und Volumen, Dreiecksätze, messen und zeichnen

5.2.3 *Material für die Grundschule* (H, R, G 7 +)

Auch dieses Projekt wird in Zusammenarbeit mit dem Werkunterricht durchgeführt. Zusätzlich ist der Kontakt mit der benachbarten Grundschule erforderlich. Die Schülerinnen und Schüler stellen Anschauungsmaterial für den mathematischen Anfangsunterricht her. U. a. sind möglich: Rechenplättchen, Mengenplättchen, Formplättchen für Geometrie, Tangram-Spiele, Hunderter-Tafeln, Tausender-Tafeln, Zahlenband und Zahlenstrahl, Spielgeld, Informations-Tafeln zu den Größenbereichen, Rechenkarten mit Selbstkontrolle.
Mathematischer Anteil: Wiederholung von Grundlagen, messen und zeichnen

5.2.4 *Entwickeln von Spielen* (I 9–10; R, G 8 +)

Aus den Grundformen der Spiele werden Varianten als Inhaltsspiele (Würfelspiel mit Anweisungen auf bestimmten Feldern), als Glücksspiele oder als Strategiespiele entwickelt. Auch hier muss mit anderen Fächern, etwa mit Kunst, Werken oder Deutsch, zusammengearbeitet werden. Die eher mathematisch bestimmte Projektgruppe kann das Spiel aber auch nur inhaltlich-konzeptionell vorbereiten und die konkrete Ausführung einer anderen Projektgruppe überlassen.
Mathematischer Anteil: Spieltheorie, Wahrscheinlichkeit

5.2.5 *Rätsel für die Schülerzeitung* (H, R, G 7 +)

Die Redakteure der Schülerzeitung oder der Schulzeitung sind für Beiträge immer dankbar. Rätsel verschiedener Art lockern auf und unterhalten die Leserschaft. Im Rahmen eines Projektes können verschiedene Rätsel (u. a. Kreuzworträtsel, Denkaufgaben, Kreuzwort- und Silbenrätsel zu mathematischen Begriffen, Buchstabenrätsel) entwickelt werden.
Mathematischer Anteil: Übung der Arithmetik, Kombinatorik, Wiederholung und Festigung von Begriffen

5.2.6 *Informationsbroschüre über die Schule, die Gemeinde, die Stadt* (H, R, G 8 +)

Für eine Informationsbroschüre über die Schule, die neuen Schülerinnen und Schülern sowie den Eltern oder außerschulischen Institutionen zur Verfügung gestellt werden soll, können entsprechende Statistiken über die Schule

(z. B. Schüler- und Lehrerzahl, Altersdurchschnitt und Altersstaffelung, Herkunft nach Wohngebieten, Klassengrößen, Teilnahme an Arbeitsgemeinschaften, Fahrschüler, Abschlüsse) zusammengestellt und in verschiedenen grafischen Darstellungen anschaulich gemacht werden. Ähnliches lässt sich auch für eine Informationsschrift über das Dorf, die Gemeinde, den Stadtbezirk verfertigen.
Mathematischer Anteil: Daten sammeln und aufbereiten, Tabellen erstellen, Diagramme verschiedener Art herstellen, Prozentrechnung, Prozentsätze in Kreisanteile umwandeln
Andere Projekte lassen sich aus der Geschichte der Mathematik, aus Mathematik in anderen Kulturen oder über wichtige Mathematikerinnen und Mathematiker entwickeln.

5.3 Schulfeiern mit Mathematik

Feste und Feiern sind wichtige Ereignisse im Schulleben. Die Hauptlast für solche Veranstaltungen tragen gewöhnlich die Fachlehrkräfte vor allem für die Fächer Musik, Deutsch, Sport oder Werken. Kann denn das Fach Mathematik überhaupt etwas dazu beitragen? Es ist sicher nur sehr schwer möglich und wohl auch nicht sehr sinnvoll, einen Elternnachmittag, ein Klassenfest, eine Abschlussfeier, eine Jahrgangsfete oder ein Schulsportfest ausschließlich mit Mathematik und mathematisch geprägten Darbietungen zu gestalten. Ganz unmöglich scheint es aber nicht zu sein, und vielleicht ist es einen Versuch wert, den eine kreative Fachschaft Mathematik an einer Schule einmal wagen sollte. Aber Vorsicht vor allzu viel Mathematik ist hier schon geboten. Die Vorschläge, die im Folgenden gemacht werden, beschränken sich auf einzelne Beiträge des Faches Mathematik zu solchen Schulfeiern. Es soll damit sichergestellt werden, dass die Mathematiklehrerinnen und -lehrer bei den Planungen und Vorbereitungen dazu nicht abseits stehen. Sie sollen durch ihr Mitwirken zeigen können, dass die Mathematik wie andere Fächer mitten im Leben steht und nicht nur trockene Begriffsakrobatik bietet. Sie hat durchaus auch Seiten, die amüsant sind und zur Unterhaltung beitragen können.

5.3.1 Anekdoten über Mathematiker werden gespielt

Viele der Anekdoten über Mathematik und über die Mathematiker sind geeignet, in kleine Szenen umgesetzt und vorgespielt zu werden. Lassen Sie Ihre Schülerinnen und Schüler einmal improvisierend probieren. Wenn Sie sich das entsprechende Anleiten als Spielleiter nicht zutrauen, dann bitten Sie doch eine Kollegin oder einen Kollegen um Hilfe, die Erfahrung mit Schultheaterarbeit haben und Ihnen Tipps und Anregungen für die Gestaltung, z. B. auch für die Maskierung, geben können.

5.3.2 Spielen einer Mathematikstunde

Hier ist vor allem Einfallsreichtum und Improvisationstalent gefragt. Lassen Sie Ihre Schülerinnen und Schülern einmal eine typische Mathematikstunde parodistisch nachspielen. Dabei können so manche Vorurteile über die Mathematik überzeichnend umgesetzt oder Schülertypen und ihr Verhältnis zu dieser Wissenschaft karikierend dargeboten werden. Wenn es dann noch gelingt, eine Parodie auf den eigenen Unterricht zu gestalten, wobei Sie selbst durch eine Schülerin und Schüler dargestellt werden, hat Ihre Klasse die Lacher sicher auf ihrer Seite.
Weitere Möglichkeiten ergeben sich, wenn man das Ganze auch historisch betrachtet: eine Mathematiklektion zur Steinzeit, im alten Griechenland, im Mittelalter, zu Goethes Zeiten, bei unseren Großeltern, im 21. Jahrhundert, in einer Raumstation usw.

5.3.3 Mathematische Poesie

In Kapitel 10 finden Sie einige Beispiele für Verse und Gedichte, die sich mit mathematischen Themen befassen. Einiges davon lässt sich sicher auch ganz gut schulöffentlich vortragen und mimisch und gestisch gestalten. Auch damit kann so ein Schulfest belebt werden. Es wird jedenfalls manche verblüffen, dass es auch in diesem Bereich Poesie gibt.

5.3.4 Mathe-Talkshow

Zwei oder drei muntere Schülerinnen und Schüler wirken als Talkmaster und gestalten eine Talkshow zur Mathematik. Teilnehmer könnten Lehrerinnen und Lehrer sein, die ganz andere Fächer unterrichten oder von denen man weiß, dass sie die Mathematik nicht mögen. Vielleicht sind auch Elternvertreter zum Mitspielen bereit. Ihre Aufgabe als Fachlehrerin oder Fachlehrer wäre es, mit den Schülerinnen und Schülern die Fragen für eine solche Talkshow zu entwickeln und das Verhalten in schwierigen Dialogsituationen zu trainieren. Da es um die Einstellung zur Mathematik gehen soll, sind natürlich Rechenaufgaben und die Lösung mathematischer Probleme für eine solche Talkshow überhaupt nicht geeignet.
Grundsätzlich sollte darauf verzichtet werden, Teilnehmerinnen und Teilnehmer bloßzustellen.

5.3.5 Mathe-Quiz

In der Mathematik spielen neben Fantasie und Kreativität auch Wissen und Kenntnisse um Begriffe sowie Fertigkeiten zu Verfahren eine wichtige Rolle. Vieles davon ist, richtig dosiert, auch für ein kleines Quiz geeignet. Zu diesem Quiz können kleine Mannschaften oder auch Einzelpersonen, Schülerinnen und Schüler, aber auch Lehrkräfte oder Eltern antreten. Das einzelne Quiz kann thematisch eingegrenzt werden: Bruchrechnung, Algebra, Größenbe-

reiche, Stereometrie, Flächen, Mengenalgebra u. Ä. Zur Belohnung gibt es für die Gewinner einen kleinen Preis, eine selbst hergestellte Urkunde oder einen aufwändig gestalteten Papporden.
Das Quiz wird von Schülerinnen und Schülern durchgeführt. Die Fragen dazu werden mit der ganzen Klasse entwickelt und entsprechend festgehalten.

5.3.6 *Mathematiker erraten*

Die in Kapitel 2 dargebotenen Lebensbilder von wichtigen und berühmten Mathematikern eignen sich auch gut für ein Ratespiel im Rahmen eines Schulfestes. Die zum Raten notwendigen Informationen können durch szenisches Spiel oder durch Texte mitgeteilt werden. Für richtiges Raten gibt es Punkte oder kleine Belohnungen.

5.3.7 *Festraum-Dekoration*

Ein Schulfest soll stattfinden, und die Aula oder das Schulforum sollen ausgeschmückt werden. Warum sollen das für den ganzen Raum oder für Teilbereiche nicht einmal die Kolleginnen und Kollegen des Faches Mathematik übernehmen. Die Mathematik hat so viele auch grafisch reizvolle Symbole und Darstellungen, die sich in entsprechender Größe auch als Saalschmuck gut ausmachen. Vieles lässt sich aus farbigem Krepp-Papier oder Tonpapier sowie aus buntem Zeichenkarton schnell herstellen. Dabei sind karikierende Überzeichnungen, Übertreibungen oder scherzhafte Verfälschungen durchaus zugelassen.

5.3.8 *Indirekte, aber wichtige Hilfe*

Schulfeiern verlangen viel Planungsaufwand und verursachen Kosten, die im Rahmen der Vorbereitung abgeschätzt werden müssen. Bei den Überlegungen zu den Kosten müssen mitbedacht werden u. a. der Materialaufwand zum Ausschmücken, das Herstellen oder Beschaffen von Verkaufsständen, das Beschaffen von Getränken und möglicherweise kleinen Snacks, die Bereitstellung von Musik, Festlegen von Eintrittspreisen. Dieses Aufstellen eines Kostenvoranschlags kann auch von einer Klasse im Rahmen des Mathematikunterrichts für die Schulleitung oder für das Planungskomitee übernommen werden. Die Schülerinnen und Schüler werden so mit einem Ernstfall der Anwendung von Mathematik konfrontiert.

6 Denkwürdiges und Rätselhaftes

6.1 Zum Denken, Rechnen und Staunen

(H, R, G 6 +)

1. Adam Ries hat sich um das Rechnen in den vier Grundrechenarten verdient gemacht. Carl Friedrich Gauß hat wichtige Erkenntnisse im Bereich der höheren Arithmetik entdeckt. Wenn man die beiden Mathematiker addiert, erhält man den antiken Begründer der Geometrie:

$$\begin{array}{cccccc} & G & A & U & S & S \\ + & R & I & E & S & E \\ \hline E & U & K & L & I & D \end{array}$$

Allerdings muss man zuvor die 10 Buchstaben durch die Ziffern 0 bis 9 ersetzen.

Lösung:

$$\begin{array}{cccccc} & 4 & 7 & 0 & 8 & 8 \\ + & 5 & 6 & 1 & 8 & 1 \\ \hline 1 & 0 & 3 & 2 & 6 & 9 \end{array}$$

2. Ähnlich strukturiert und ähnlich zu lösen ist das Telegramm, das der Forschungsreisende im fernen Afrika an das Forschungsinstitut in Boston schickt. Man hat ihn aufgefordert, zusätzlich zu seinem bisherigen Programm auch noch das Verhalten einer seltenen Schlangenart zu untersuchen. Dazu reicht sein Geld aber nicht hin. Verschlüsselt telegrafiert er, wie viel Dollar er noch benötigt:

$$\begin{array}{ccccc} & S & E & N & D \\ + & M & O & R & E \\ \hline M & O & N & E & Y \end{array}$$

Der Mathematiker des Instituts wird beauftragt festzustellen, wie viel Dollar der Forscher noch braucht.

Lösung:

$$\begin{array}{ccccc} & 9 & 5 & 6 & 7 \\ + & 1 & 0 & 8 & 5 \\ \hline 1 & 0 & 6 & 5 & 2 \end{array}$$

3. Und bei diesem Rätsel gibt es sogar drei Möglichkeiten der Übersetzung in Ziffern:

$$\begin{array}{ccccc} L & O & T & T & O \\ + & T & O & T & O \\ \hline S & P & I & E & L \end{array}$$

Lösung:

6 8 2 2 8		6 8 4 4 8	2 6 4 4 6
+ 2 8 2 8		+ 4 8 4 8	+ 4 6 4 6
7 1 0 5 6		7 3 2 9 6	3 1 0 9 2

4. Bei Intelligenz- und Eignungstests muss man häufig angefangene Zahlenreihen, die nach einer bestimmten Regel aufgebaut sind, fortsetzen. Die Reihe 1, 3, 6, 10, 15 soll weitergehen. Die nächsten beiden Zahlen heißen 21 und 28; denn die Reihe wurde wie folgt gebildet:
1, 1 + 2, 1 + 2 + 3, 1 + 2 + 3 + 4, 1 + 2 + 3 + 4 + 5. Jetzt käme also
1 + 2 +3 + 4 + 5 + 6 und dann 1 + 2 + 3 + 4 + 5 + 6 + 7.
Ein anderes **Beispiel:** 1, 4, 9, 16, ... Die nächste Zahl heißt 25, denn es handelt sich hier um die Quadratzahlen.
Nun die Aufgabe: Setze die Reihe 8, 3, 1, 5, 9, 0, ... fort! Dazu braucht man eigentlich keine besonderen mathematischen Kenntnisse.
Lösung: Die Zahlen wurden in der alphabetischen Reihenfolge ihrer Zahlwörter aufgeschrieben.

5. Beliebt sind auch unvollständige Rechenaufgaben. Hier ein Beispiel aus Zweisteins Logeleien: In dieser Multiplikationsaufgabe sind die meisten Ziffern leider verloren gegangen. Wer kann sie wieder finden?

```
6 ■ ■ · ■ ■ ■
        ■ ■ ■
    ■ ■ ■ ■
  ■ 5 ■ 5
  ■ ■ 5 ■ 4 ■
```

Lösung:

```
6 4 5 · 7 2 1
        6 4 5
    1 2 9 0
  4 5 1 5
  4 6 5 0 4 5
```

(Quelle: *99 Logeleien von Zweistein,* S. 49)

6. Aus dem amüsanten Büchlein *Pythagoras im Urlaub* von Bernhard Gündel stammt diese Aufgabe:

```
■ ■ ■ · ■ ■ ■
        ■ ■ ■
    4 8 9 5
    ■ ■ ■
    ■ ■ ■ ■ ■
```

In die Lücken dieser Aufgabe darf jede Ziffer gesetzt werden.

Lösung:

```
9 7 9 · 1 5 1
        9 7 9
    4 8 9 5
    9 7 9
  1 4 7 8 2 9
```

(Quelle: Gündel, Bernhard: *Pythagoras im Urlaub,* S. 15)

7. Auch diese Lückenaufgabe ist von Bernhard Gündel. Hier darf aber keine weitere 9 verwendet werden:

```
          9 ■ 9 ■ · ■ 9 ■ 9
          -----------------
                  ■ 9 ■ ■ 9
                ■ 9 ■ ■ ■
              ■ 9 ■ ■ 9
            ■ 9 ■ ■ ■
          -----------------
            ■ 9 ■ ■ 9 ■ 9 9
```

```
Lösung:   9 8 9 1 · 7 9 8 9
          -----------------
                  8 9 0 1 9
                7 9 1 2 8
              8 9 0 1 9
            6 9 2 3 7
          -----------------
            7 9 0 1 9 1 9 9
```

(Quelle: Gündel, Bernhard: *Pythagoras im Urlaub,* S. 15)

8. Und hier noch eine Divisionsaufgabe von Zweistein:
Können Sie diese Divisionsaufgabe rekonstruieren, bei der – bis auf zwei – alle Ziffern unkenntlich gemacht sind:

```
■ ■ ■ ■ ■ ■ ■ : ■ ■ = ■ ■ 8 ■ ■
■ ■ ■
-----
      ■ ■
      ■ ■
      ---
        ■ ■ ■
        ■ ■ ■
        -----
            1
```

(Quelle: *99 Logeleien von Zweistein,* S. 81)

Lösung: An der zweiten und vierten Stelle im Ergebnis muss eine Null stehen, denn es werden jeweils zwei Ziffern heruntergeholt. Achtmal den zweistelligen Divisor ergibt eine zweistellige Zahl, folglich muss die erste und die letzte Ziffer des Ergebnisses, da sie mit dem Teiler multipliziert ein dreistelliges Produkt liefert, größer als acht, also neun sein. Damit ist aber auch schon der Divisor bestimmt, denn nur 12 hat die Eigenschaft, mit 8 malgenommen ein zweistelliges und mit 9 ein dreistelliges Ergebnis zu liefern. Jetzt lässt sich die ganze Divisionsaufgabe rekonstruieren.

9. Diese unvollständige Division von B. Gündel ist schon etwas schwieriger:

```
■ ■ ■ ■ ■ ■ ■ ■ : ■ ■ ■ = ■ 7 ■ ■ ■
■ ■ ■ ■
-------
    ■ ■ ■
    ■ ■ ■
    -----
    ■ ■ ■ ■
      ■ ■ ■
      -----
        ■ ■ ■ ■
        ■ ■ ■ ■
        -------
              0
```

Lösung:

```
1 2 1 2 8 3 1 6 : 1 2 4 = 9 7 8 0 9
1 1 1 6
-------
    9 6 8
    8 6 8
    -----
    1 0 0 3
      9 9 2
      -----
        1 1 1 6
        1 1 1 6
        -------
              0
```

(Quelle: Gündel, Bernhard *Pythagoras im Urlaub,* S. 15)

10. Multiplikationen haben oft seltsame Ergebnisse. Mit dem Taschenrechner sind sie leicht zu ermitteln:

a) $15\,873 \cdot 7$	b) $823 \cdot 15$	c) $1\,084 \cdot 41$	d) $61\,728 \cdot 2$
e) $95\,679 \cdot 8$	f) $1\,929 \cdot 64$	g) $3\,367 \cdot 99$	h) $31\,893 \cdot 24$
i) $10\,201 \cdot 121$	j) $2\,057\,613 \cdot 6$	k) $685\,871 \cdot 18$	l) $1\,334\,668 \cdot 74$

11. Hier sind je dreimal die ersten Primzahlen aufgeschrieben:

2 2 2	Wenn man 7 Zahlen streicht und die restli-	**Lösung:** 2 / /	/ / /
3 3 3	chen Zahlen addiert, erhält man die Summe	3 3 /	3 / /
5 5 5	20. Man kann auch 8 Zahlen streichen und die	5 / /	5 5 /
7 7 7	restlichen Zahlen zur Summe 20 addieren.	7 / /	7 / /

12. Bilde aus allen Ziffern (0, 1, 2, 3, 4, 5, 6, 7, 8, 9) eine Additionsaufgabe mit der Summe 100. Es darf jede Ziffer nur einmal vorkommen. Übrigens: Es sind nicht nur natürliche Zahlen zulässig!

Lösung: Hier sind zwei Lösungen. Es gibt mindestens noch drei weitere:

$$50 + 49 + \frac{38}{76} + \frac{1}{2} = 100$$

$$19\frac{3}{6} + 80\frac{27}{54} = 100$$

13. Bilde aus den Ziffern 9, 8, 7, 6, 5, 4, 3, 2, 1 in dieser Reihenfolge eine Additionsaufgabe, die genau den Summenwert 99 hat. Es dürfen nur natürliche Zahlen gebildet werden.

Lösung: $9 + 8 + 7 + 65 + 4 + 3 + 2 + 1 = 99$

$9 + 8 + 7 + 6 + 5 + 43 + 21 = 99$

14. Addiere sieben Einsen so, dass die Summe 25 ergibt.

Lösung: $11 + 11 + 1 + 1 + 1 = 25$

Zu dieser Aufgabe lassen sich auch andere Varianten erfinden. Es kommt darauf an, die Zahlen 111, 11 und 1 in möglichst wenigen Exemplaren geschickt zu verbinden.

15. Die Ziffern von 1 bis 9, also ohne die 0, können so aufgeschrieben werden, dass man eine Bruchzahl mit dem Wert ein Drittel erhält. Man darf jede Ziffer nur einmal verwenden.

Lösung: $\frac{5\,832}{17\,496} = \frac{1}{3}$

6.2 Zum Knobeln, Probieren und Raten

(H, R, G 5 +)

Für Denkaufgaben, Rätsel und Logeleien gibt es eine Fülle an Literatur. Jede Lehrerbücherei sollte davon eine kleine Abteilung haben. Hier sind einige „Denksportaufgaben" gesammelt, die sich besonders für die letzte Mathematikstunde vor den Ferien, zum Abschluss eines besonders schwierigen mathematischen Denkprozesses oder zur Entspannung und Unterhaltung, aber auch für kleine Wettbewerbe innerhalb der Lerngruppe eignen. Das Wort **Sport** ist hier nicht ganz abwegig, handelt es sich doch in gleicher Weise um spielerische Betätigung zur Unterhaltung wie um Training vorhandener Fähigkeiten.

Alle Aufgaben sind für **Einzelarbeit** geeignet, das meiste sollte in **Partnerarbeit** gelöst werden, über viele Aufgaben kann man auch gemeinsam mit der ganzen Klasse nachdenken. Fast alle Aufgaben lassen sich durch Probieren lösen. Häufig ist aber auch ein Ansatz über eine Gleichung möglich. Die Lösungen werden jeweils im Anschluss an die einzelne Aufgabe mitgeteilt.

1. Bauer Kuhlmann hat in diesem Herbst 40 Doppelzentner Kartoffeln geerntet. Einen Teil davon verkauft er an einen Händler für den Großmarkt. Er behält 8 Doppelzentner mehr übrig, als er verkauft hat. Wie viele Doppelzentner hat Bauer Kuhlmann verkauft?
Lösung: 40 dz – 8 dz = 32 dz   32 dz : 2 = 16 dz
Bauer Kuhlmann hat 16 dz verkauft und 24 dz übrig behalten.

2. Herr Beier ist 15 Jahre älter als seine Frau; beide zusammen zählen sie 85 Jahre. Wie alt ist Herr Beier, wie alt ist Frau Beier?
Lösung: 85 – 15 = 70   70 : 2 = 35
Herr Beier ist 50 Jahre alt, seine Frau 35 Jahre.

3. Lena und Boris knacken Walnüsse. Lena sagt: „Wenn du mir 3 von deinen Nüssen gibst, dann habe ich genauso viele wie du." – „Nein", sagt Boris, „gib du mir lieber 3 Nüsse, dann habe ich doppelt so viele wie du." Wie viele Walnüsse hat jeder?
Lösung: Aus Lenas Aussage folgt: Lena hat 6 Walnüsse weniger als Boris. Aus Boris' Aussage folgt: Wenn er von Lena noch 3 Nüsse bekommt, dann beträgt der Unterschied zwischen beiden 12 Nüsse. Diese 12 Nüsse entsprechen dann der um 3 Nüsse verminderten Anzahl von Lena. Lena hat also 15 Walnüsse und Boris hat 21 Walnüsse.

4. „Ich habe genauso viele Schwestern wie Brüder", sagt Mirjam. Ihr ältester Bruder Alex aber meint dazu: „Ich habe nur halb so viele Brüder wie Schwestern." Wie viele Mädchen und wie viele Jungen gehören zu dieser Familie?
Lösung: Durch Probieren stellt man fest: Das ist eine kinderreiche Familie mit 3 Söhnen und 4 Töchtern. Jeder Sohn hat doppelt so viele Schwestern

wie Brüder, nämlich 4, und jede Tochter hat genauso viele Brüder wie Schwestern, nämlich 3.

5. Hinz und Kunz haben zusammen 35 Äpfel. Sagt Hinz zu Kunz: „Hätte ich 4 Äpfel mehr, so besäße ich doppelt so viele Äpfel wie du." Wie viele Äpfel hat jeder?
Lösung: 35 + 4 = 39. 39 Äpfel im Verhältnis 2:1 verteilt ergäbe: 13 Äpfel für Kunz und 26 Äpfel für Hinz. Hinz hat die 4 Äpfel aber nicht, er hat nur 22 Äpfel.

6. Beim Gießen von Kerzen bleibt immer ein Rest in der Gießform zurück. Aus sieben Kerzenresten kann man wieder eine Kerze gießen. Wie viele Kerzen lassen sich aus 1 500 Kerzenresten herstellen?
Lösung:
Aus 1 500 Resten werden 214 Kerzen, es verbleiben 214 + 2 Reste;
aus 216 Resten werden 30 Kerzen, es verbleiben 30 + 6 Reste;
aus 36 Resten werden 5 Kerzen, es verbleiben 5 + 1 Rest.
Insgesamt können 249 Kerzen gegossen werden, 6 Reste bleiben übrig.

7. Töpfer Knetmann verkauft auf dem Jahrmarkt seine schönen Tontöpfe. Am ersten Tag verkauft er ein Drittel aller Töpfe, am zweiten Tag die Hälfte des Rests und am dritten Tag noch einmal sieben Achtel des Rests vom zweiten Tag. Zum Schluss behält er 2 Töpfe übrig. Wie viele Tontöpfe hatte er zum Jahrmarkt mitgebracht?
Lösung: Am Ende des 1. Tages hat er noch zwei Drittel seiner Ware, am Ende des zweiten Tages noch ein Drittel. Am Ende des dritten Tages behält er noch ein Achtel von einem Drittel übrig, das ist $\frac{1}{24}$ der Menge Töpfe, die er am ersten Tage mitgebracht hat, und das sind 2 Töpfe. Er begann also mit 48 Tontöpfen.

8. Sara hat vier verschiedene Pullis, außerdem eine braune, eine blaue und eine schwarze Hose und zwei Paar Schuhe. Ihrer Freundin sagt sie: „Ab morgen komme ich 4 Wochen lang jeden Tag in einer anderen Kleiderzusammenstellung in die Schule." Geht das?
Lösung: Es geht. 4 Pullis, 3 Hosen und 2 Paar Schuhe ergeben insgesamt $4 \cdot 3 \cdot 2 = 24$ Kombinationen. Wenn man die Woche zu 5 Schultagen rechnet, reicht das aus.

9. Im Pferdestall von Züchter Rossmann sind insgesamt 33 Tiere, nämlich Pferde und Fliegen. Sie haben zusammen 194 Beine. Wie viele Pferde, wie viele Fliegen sind in Rossmanns Stall?
Lösung: Pferde haben 4 Beine, Fliegen haben 6 Beine. Zunächst gesteht man allen 33 Tieren 4 Beine zu, damit sind 132 Beine verteilt. Je 2 der restlichen 62 Beine werden den Fliegen zugeteilt. Damit sind 31 Fliegen im Stall und 2 Pferde.

10. Der Naturforscher Dr. Tropel will eine sechstägige Expedition durch die Wüste Sahara machen. Für den Transport des Proviants will er Träger

anheuern. Er selbst und jeder Träger können den Proviant (Nahrung und Wasser) für 4 Tage tragen. Wie viele Träger muss er mitnehmen?
Lösung: Dr. Tropel kommt mit zwei Trägern aus. Am besten macht man sich das zeichnerisch klar und fängt von hinten, vom sechsten Tag, an. Der erste Träger wird am Ende des ersten Tages mit einer Tagesration zurückgeschickt. Der zweite Träger übernimmt die beiden restlichen Pakete des ersten und wird am Ende des zweiten Tages ebenfalls mit zwei Tagesrationen versehen nach Hause geschickt. Mit dem Rest kommt Tropel an sein Ziel.

11. Ein Weinhändler hinterlässt seinen 3 Söhnen insgesamt 15 Weinfässer. Davon sind 5 Fässer mit kostbarem Wein bis oben gefüllt, 5 Fässer sind nur halbvoll und die restlichen 5 Fässer sind ganz leer. Jeder der Söhne soll die gleiche Menge Wein und die gleiche Anzahl Fässer erben. Ist das möglich?
Lösung: 1. Sohn: 2 volle F., 1 halbvolles F., 2 leere F.
2. Sohn: 2 volle F., 1 halbvolles F., 2 leere F.
3. Sohn: 1 volles F., 3 halbvolle F., 1 leeres F.

12. Ein Gefäß mit einem Fassungsvermögen von genau 8 Litern ist mit einem guten Wein gefüllt. Zwei Freunde wollen sich den Wein gerecht teilen. Der eine hat ein Gefäß, das genau 3 Liter fasst. Der andere hat ein 5-Liter-Gefäß.
Lösung: Diese bekannte Aufgabe ist leicht und ohne Pantscherei zu lösen. Nach einigem Probieren mit allen drei Gefäßen hat jeder der beiden Freunde 4 Liter Wein. Z. B. so:

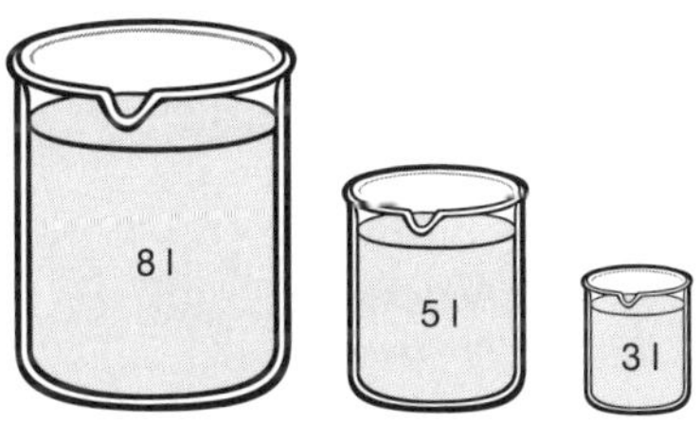

Gefäße	8 l	5 l	3 l
Inhalt	8	0	0
	5	0	3
	5	3	0
	2	3	3
	2	5	1
	7	0	1
	7	1	0
	4	1	3
	4	4	

8 l	5 l	3 l
8	0	0
3	5	0
3	2	3
6	2	0
6	0	2
1	5	2
1	4	3
4	4	

13. Interessant ist auch die folgende Pantscherei mit zwei Gefäßen:
Herr Schütte sitzt mit zwei verschieden großen Gefäßen an einem Bach. In den großen Blecheimer gehen genau 17 Liter, in den kleinen Topf passen 4 Liter. Durch Schöpfen im Bach, durch Umfüllen, Auffüllen, Abfüllen und Wegschütten will Herr Schütte genau 7 Liter in das größere Gefäß gießen. Da ist wohl Hilfe beim Überlegen und Probieren nötig.
Lösung: Hier sollte man in einem ähnlichen Verfahren wie bei Nr. 12 probieren. Grundsätzlich kann man jede Literzahl zwischen 1 und 17 durch diese Pantscherei erreichen.

14. Herr Hübner und Herr Drübner fahren zusammen im InterCity-Express von Berlin nach Köln. Der eine der Herren wohnt in Berlin, der andere in Köln. Herr Hübner schaut gelangweilt zum Fenster hinaus und sagt: „Diese Strecke fahre ich heute zum 13. Male." Wer wohnt in Berlin, wer wohnt in Köln?
Lösung: Herr Hübner ist Berliner.

15. Der Gesangverein „Harmonie" kann ein gebrauchtes Klavier günstig erwerben. Wenn jedes Mitglied 15 € zahlt, muss der Vorsitzende noch 650 € aus der Vereinskasse dazugeben. Wenn jede Sängerin und jeder Sänger aber 25 € zahlt, dann müssen aus der Vereinskasse nur 250 € entnommen werden. Wie viele Sängerinnen und Sänger gehören zum Gesangverein „Harmonie"?
Lösung: Man muss eine Beziehung zwischen beiden Differenzen herstellen. Die Differenz bei den Mitgliederbeiträgen beträgt 10 €. Die Differenz bei der Zuzahlung aus der Vereinskasse beträgt 400 €. Der Verein besteht also aus 40 Mitgliedern. Das Klavier soll 1 250 € kosten.

16. Im Hafen von Emden wird bei Niedrigwasser ein Schiff von außen neu angestrichen. Der Maler steht bei Beginn auf der untersten Sprosse einer Strickleiter genau 35 cm über der Wasseroberfläche. Die Sprossen der Strickleiter liegen 18 cm auseinander. Die Flut kommt und das Wasser steigt um 1,40 m. Wie viele Sprossen muss der Maler höher klettern, damit er trockene Füße behält?
Lösung: Der Maler kann sitzen bleiben. Bei auflaufendem Wasser hebt sich auch das Schiff entsprechend mit. Der Abstand zur Wasseroberfläche bleibt gleich.

17. Aus dem ersten Band *99 Logeleien von Zweistein*, vielen aus der wöchentlichen Denkaufgabe im ZEIT-magazin bekannt, stammt das folgende Problem: „Neulich gab mir mein Sohn einen Zettel, auf dem zu lesen war:
23 5 19 – 19 2 3 11 – 31 11 23 43 – 17 11 37 7.
‚Das ist eine wichtige Mitteilung', behauptete der Knabe. ‚Du wirst den Satz aus vier Wörtern leicht entziffern können, denn die eindeutige Zuordnung der Zahlen zu den Buchstaben des Alphabets ist sehr simpel. Ich empfehle dir, die Zahlen genau zu betrachten.' "

Lösung: Die Zahlen, die der Knabe zur Chiffrierung seiner Mitteilung benutzt hatte, waren Primzahlen, also nur durch 1 und durch sich selber teilbar. Das war der Clou. Dem Buchstaben A entsprach die Primzahl 2, B die nächsthöhere Primzahl 3, C die 5 und so fort. Die Mitteilung hieß: „Ich habe kein Geld."

(Quelle: 99 *Logeleien von Zweistein,* S. 27).

18. Ein anderes Problem von Herrn Zweistein ist schon schwerer zu lösen, es ist aber durchaus auf streng logischem Wege möglich, auch wenn es auf den ersten Blick nicht so scheint:

„In einem englischen Eisenbahnzug fahren Dr. Hopkins, Dr. Watts und Dr. Smith. Der Heizer, der Lokführer und der Schaffner des Zuges haben die gleichen drei Namen.

Dr. Hopkins wohnt in Liverpool, der Schaffner in einem Ort zwischen Liverpool und London, der Namensvetter des Schaffners in Newcastle. Dr. Smith verdient im Monat 100 Pfund, 3 Schilling und einen Penny. Der Schaffner erhält als Monatsgehalt genau ein Drittel des Monatseinkommens seines Wohnungsnachbarn, eines der drei Doktoren. Der Zugangestellte Hopkins schlägt den Heizer im Billard 100 : 70. Wie heißt der Lokführer?"

Lösung: Der Wohnungsnachbar des zwischen Liverpool und London wohnenden Schaffners kann nicht Dr. Hopkins aus Liverpool sein. Ebenso wenig kommt Dr. Smith in Frage mit seinem Gehalt, das sich nicht genau durch drei teilen lässt. Somit wohnt Dr. Watts als Nachbar des Schaffners zwischen Liverpool und London.

Dann muss der Namensvetter des Schaffners, der in Newcastle wohnen soll, Dr. Smith sein. Der Schaffner heißt Smith, der Heizer nicht Hopkins, wie aus dem Billardspiel hervorgeht. Darum heißt der Lokführer Hopkins.

(Quelle: *99 Logeleien von Zweistein,* S. 64)

19. Und hier ist noch eine Logelei von Zweistein:

„In die runden Felder der unten stehenden Figur sollen die Ziffern 1 bis 8 eingetragen werden, und zwar so, dass in den Kreisen, die miteinander durch eine Linie verbunden sind, keine zwei aufeinanderfolgenden Zahlen stehen.

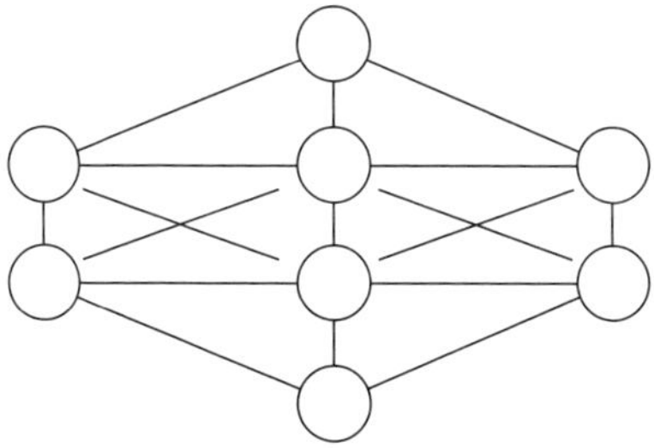

Wenn zum Beispiel die Zahl 3 im oberen Kreis eingetragen wird, dann darf in den drei Feldern darunter weder die 2 noch die 4 stehen.
Die Aufgabe gestattet nur eine Lösung, wenn man von symmetrisch äquivalenten Schemen, die durch Drehung oder Spiegelung der Lösung entstehen, absieht."

Lösung: Die beiden Felder in der Mitte der Figur haben die meisten Verbindungen mit anderen Kreisen und müssen daher mit den Zahlen besetzt werden, die weniger Nachbarn haben als die übrigen: 1 und 8. Wir schreiben die 1 in das obere und die 8 in das untere der beiden Mittelfelder. Damit ergibt sich alles andere fast von selbst. Nur ein Kreis ist nicht mit der 1 verbunden, nämlich der unterste; dahinein gehört die 2, und aus dem gleichen Grunde muss die 7 ganz nach oben. 3 und 4 gehören in die obere Hälfte der Figur, wo die größeren Zahlen stehen, und die 5 und 6 in die untere.
(Quelle: 99 *Logeleien von Zweistein,* S. 78)

20. Hier sind noch einige andere Probleme dieser Art:

1. Die Zahlen 1 bis 7 sind so auf die Felder der nebenstehenden Figur zu verteilen, dass sich auf jedem der beiden Kreise und auf jeder der drei geraden Linien die Summe 12 ergibt.

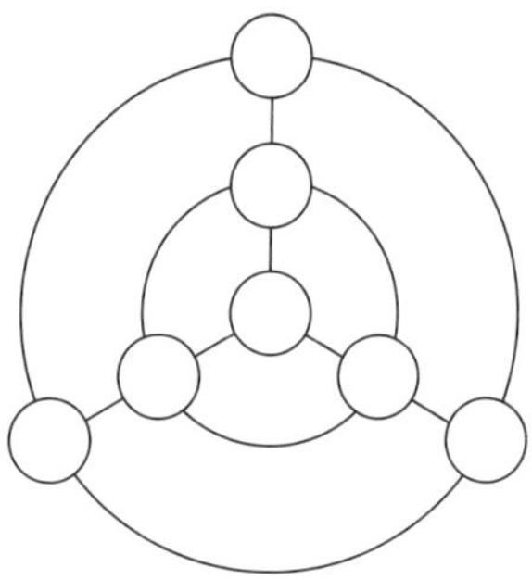

Lösung:

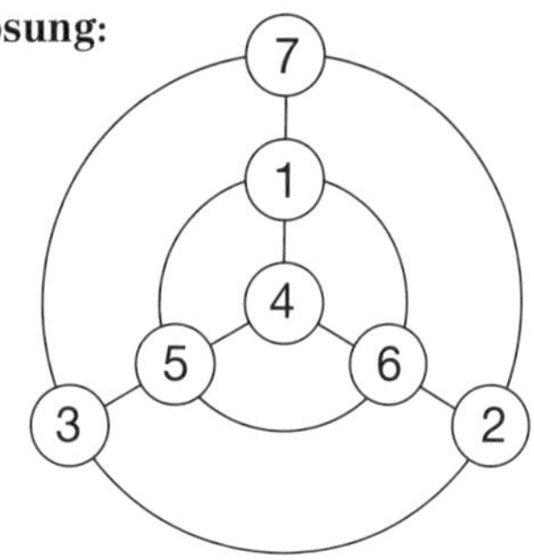

2. Hier sind die Zahlen 1 bis 9 so einzutragen, dass die Summe auf den beiden waagerechten und auf den vier schrägen Linien immer 18 ergibt.

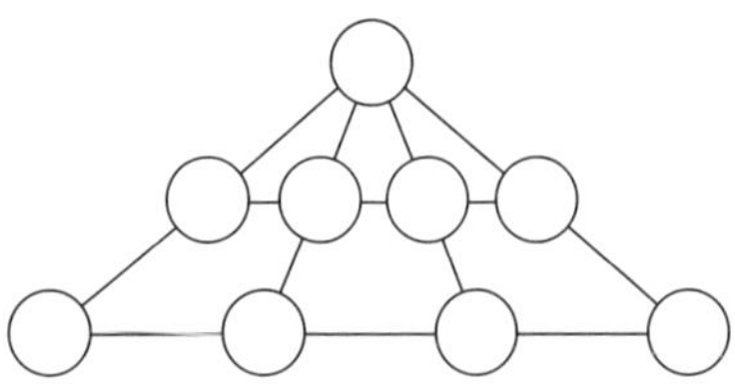

Lösung:

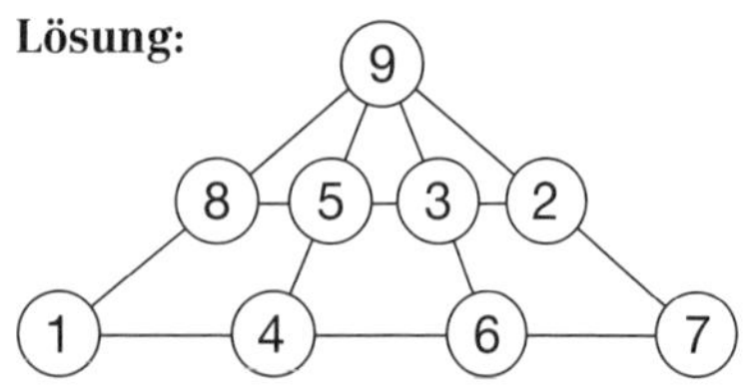

3. Auch hier werden die Zahlen 1 bis 9 gebraucht. Bei dieser Figur muss sich in der senkrechten wie in der waagerechten Mittelreihe sowie in den beiden Schenkelreihen immer die Summe 15 ergeben. Es sind viele Lösungen möglich.

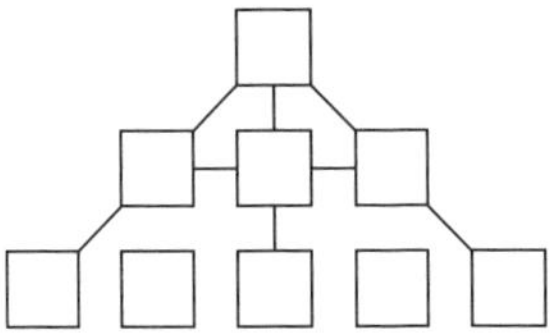

Lösung:

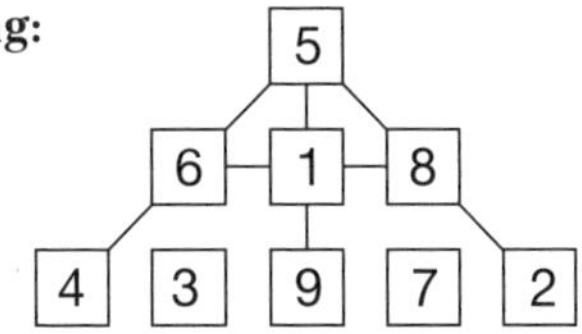

4. Hier ist die Verteilung der Zahlen 1 bis 9 so vorzunehmen, dass die Seitensumme (vier Zahlen auf einer Linie) immer 20 beträgt. Es sind vier verschiedene Lösungen möglich. Man kann die Zahlen aber auch so verteilen, dass die Summen auf jeder Seite 17, 19, 21 oder 23 ergeben.

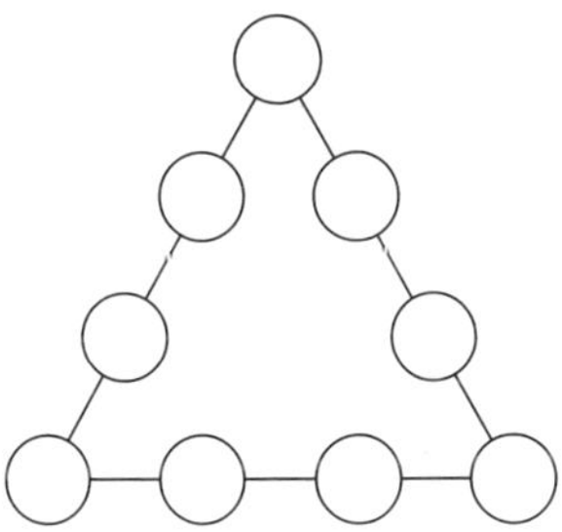

Lösung:

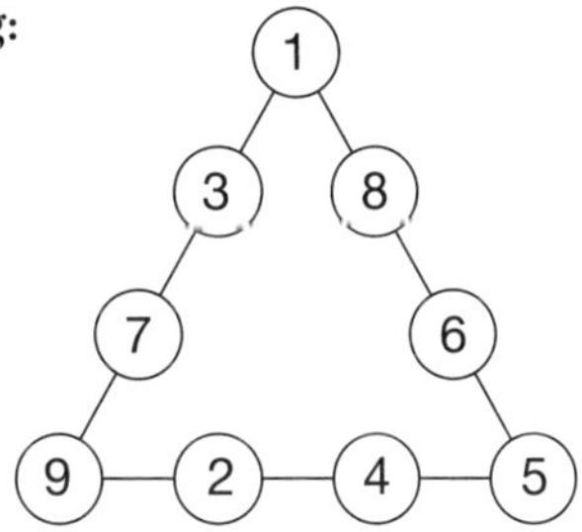

5. In die Felder des nebenstehenden Sterns sind die Zahlen 1 bis 12 so einzutragen, dass sich auf jeder Geraden die Summe 26 ergibt. Auch die Zahlen in den drei Spitzen (Ecken) eines jeden großen Dreiecks ergeben zusammen immer die Summe 26, ebenso die Zahlen, die das innere Sechseck bilden.

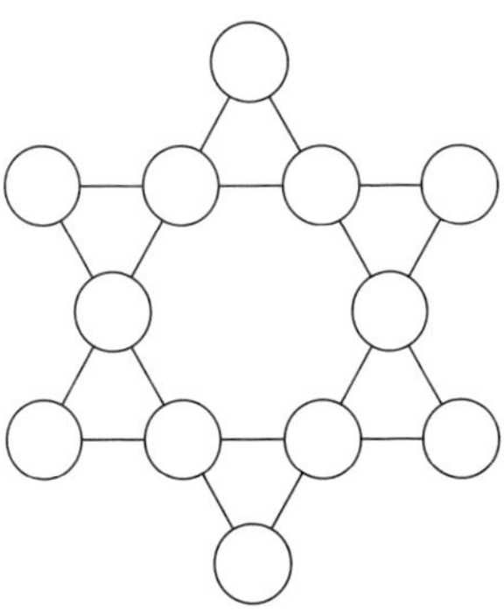

Lösung:

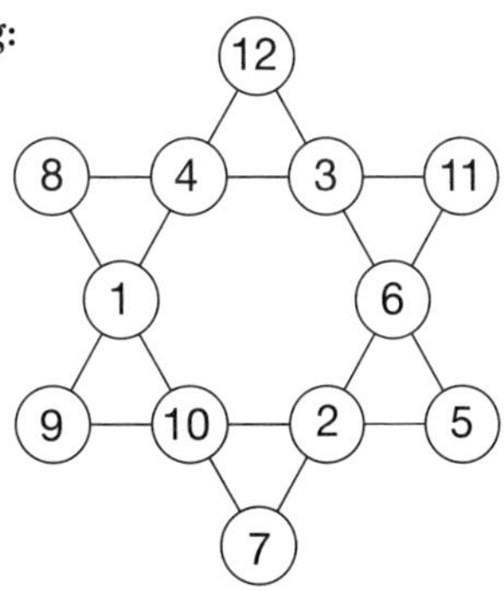

6.3 Magische Quadrate und anderes

(H 7 +; R, G 6 +)

1. a) Zu den älteren Problemen, bei denen logisches Kombinieren und Arithmetik miteinander verbunden sind, gehören die magischen Quadrate. Das bekannteste magische Quadrat befindet sich auf dem berühmten Kupferstich Melencolia I von Albrecht Dürer.

16	3	2	13
5	10	11	8
9	6	7	12
4	15	14	1

Hier sind die Zahlen 1 bis 16 so angeordnet, dass sich immer – waagerecht, senkrecht und diagonal – die Summe 34 ergibt.
Man kann die Zahlen von 1 bis 16 natürlich auch anders anordnen. Für diese Form des magischen Quadrats (magisches Quadrat der Ordnung 4) gibt es 880 verschiedene Lösungen. Suche einige davon!

b) Einfacher ist dieses magische Quadrat.

Auch hier sollen die Zahlen 1 bis 9 so eingetragen werden, dass sich waagerecht, senkrecht und diagonal immer die gleiche Summe ergibt.

c) Schon schwerer auszufüllen ist ein Quadrat der Ordnung 5, also mit 25 Feldern. Hier können die Zahlen 1 bis 25 zudem noch so angeordnet werden, dass das 9-feldige Quadrat der Ordnung 3 in der Mitte für sich ebenfalls ein magisches Quadrat bildet.
Hier sind noch andere Lösungen für magische Quadrate mit 9 Feldern:

4	9	2
3	5	7
8	1	6

6	1	8
7	5	3
2	9	4

4	3	8
9	5	1
2	7	6

mit 16 Feldern:

14	7	12	1
4	9	6	15
5	16	3	10
11	2	13	8

9	6	15	4
16	3	10	5
2	13	8	11
7	12	1	14

10	5	16	3
8	11	2	13
1	14	7	12
15	4	9	6

2. Das Nikolaushaus („Das ist das Haus vom Nikolaus!“) und der fünfzackige Stern können in einem Zug gezeichnet werden. Keine Linie darf doppelt gezeichnet werden; der Stift darf nicht abgesetzt werden. Probiere es.
Lösung:

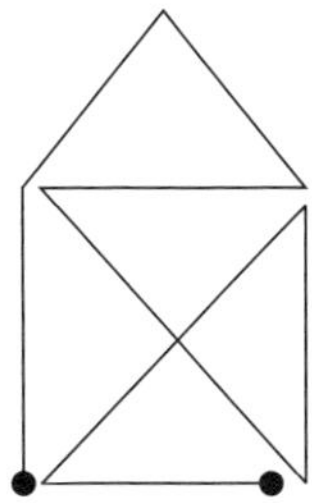

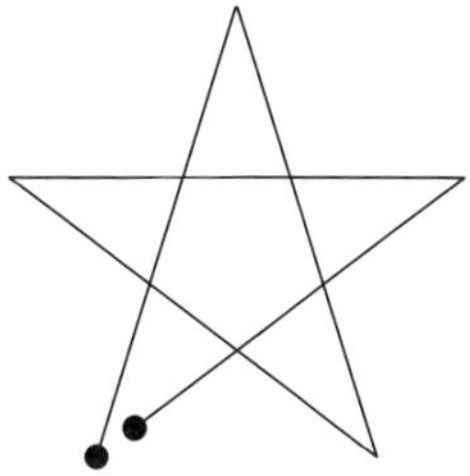

Versuche eine beliebige Figur, einen Gegenstand, ein Gesicht, ein Tier in einem Zug, also ohne abzusetzen, zu zeichnen.

3. Wie viele Quadrate sind in dieser Figur versteckt?
Lösung: 14 Quadrate

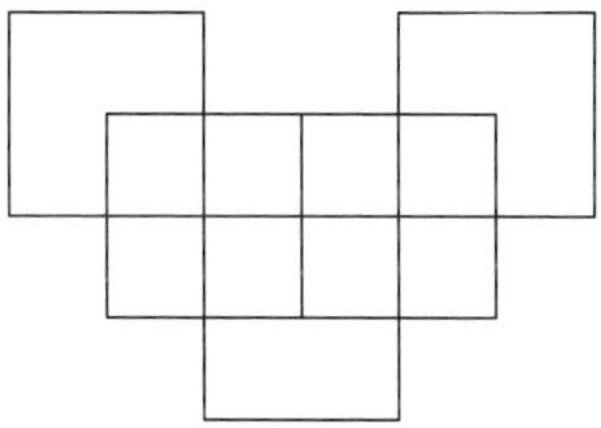

4. Wie viele Dreiecke kann man in dieser Figur finden?
Lösung: 31 Dreiecke

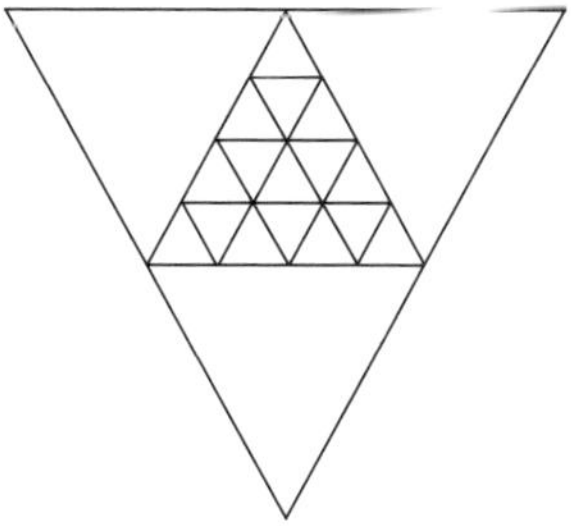

5. Und hier werden Sechsecke gesucht, große und kleine. Wie viele sind zu entdecken? Und wie viele Dreiecke stecken in der Figur?
Lösung: 8 regelmäßige Sechsecke, 36 gleichseitige Dreiecke. Man könnte auch die Anzahl der versteckten Parallelogramme oder Trapeze suchen.

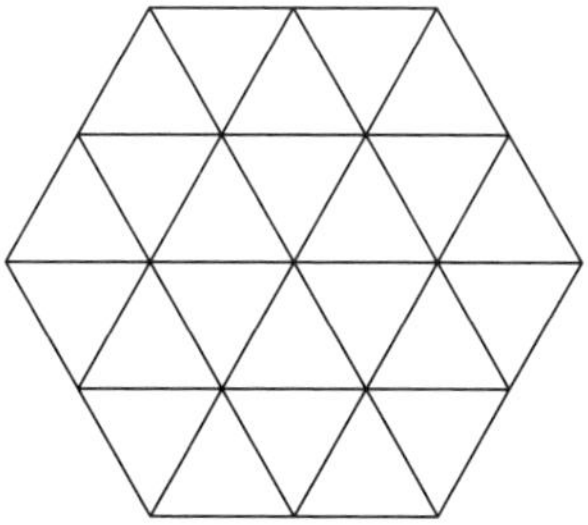

6. Das quadratische Schachbrett besteht aus 64 quadratischen Feldern. Das sind aber längst nicht alle Quadrate. Wie viele Quadrate insgesamt enthält das Schachbrett?

Lösung: Man kann 204 Quadrate zählen:

64 Quadrate mit einem Feld,
49 Quadrate aus 4 Feldern,
36 Quadrate aus 9 Feldern,
25 Quadrate aus 16 Feldern,
16 Quadrate aus 25 Feldern,
9 Quadrate aus 36 Feldern,
4 Quadrate aus 49 Feldern und
1 Quadrat aus 64 Feldern.

7. Und noch ein Quadrat:
Welche Länge hat ein Quadrat, dessen Umfang genauso viele Zentimeter beträgt wie sein Flächeninhalt in Quadratzentimetern?

Lösung: $a = 4$ cm $u = 4a = 16$ cm $F = a^2 = 16$ cm^2

8. Ein schwieriges Problem:
Die Familien Abel, Bethmann und Cechow wollen sich nebeneinander jede ein niedliches Einfamilienhaus bauen. Weil sie Sorge haben, dass es später einmal zu Konflikten kommen könnte, sollen die Versorgungsleitungen für elektrischen Strom, für Gas und für Wasser von den Versorgungsunternehmen direkt und kreuzungsfrei gelegt werden. Die Kosten für die langen Leitungen wollen die Familien im Interesse des nachbarlichen Friedens gemeinschaftlich übernehmen. Und bei der Planung geht dann der Streit schon los. Herr Abel meint nämlich: „Das geht überhaupt nicht!“ Da widerspricht ihm der kluge Herr Bethmann: „Natürlich geht das! Das wird vielleicht ein bisschen teurer, aber es klappt.“ – „Ich probier das mal auf einem Stück Papier“, meint Herr Cechow. Daheim macht er sich diese Zeichnung:

Lösung: Nach dem jordanschen Kurvensatz lässt sich eine gewünschte kreuzungsfreie Verbindung nicht realisieren.

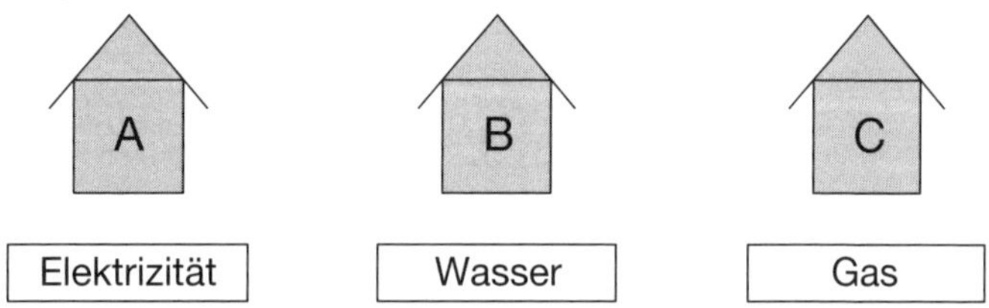

9. Noch ein Streitfall:
Die drei Familien auf diesem Grundstück kommen auch nicht gut miteinander aus. Sie haben jede ein Haus und auch jede eine gesonderte Gartenpforte. Der Familie im rechten Haus gehört die linke Pforte, der Familie rechts gehört die Pforte links; die Familie im Mittelhaus benutzt immer die mittlere Pforte. Da sie sich immer belästigt fühlen, sollen die Wege von der Haustür zur Gartenpforte kreuzungsfrei angelegt werden. Ist das möglich?

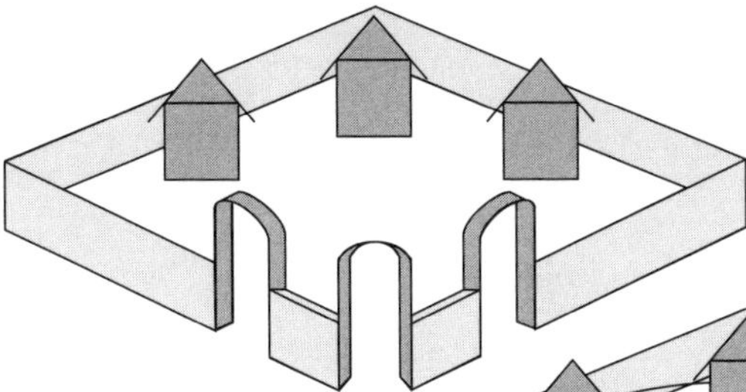

Lösung:

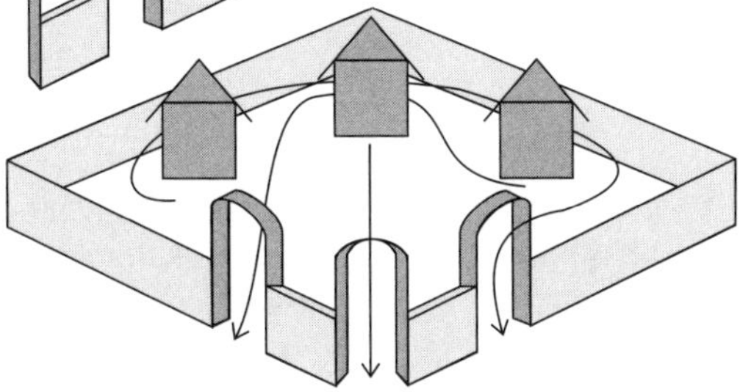

10. Der römische Schüler Brutus Stultus legt mit Stäbchen diese Aufgabe:

VI + III = VII

„Das ist falsch!“, sagt sein Freund Gaius Prudens und legt ein Stäbchen an eine andere Stelle. „Jetzt ist es richtig.“

IV + III = VII

„Dann kannst du mir noch einmal helfen“, sagt Brutus Stultus und legt eine neue Aufgabe:

VI − IV = IX

Wieder legt Gaius Prudens nur ein Stäbchen um und alles ist richtig.

Lösung: V + IV = IX

Lassen Sie Ihre Schülerinnen und Schüler andere Aufgaben dieser Art erfinden!

11. Wie viele Würfel sind hier gestapelt?
Lösung: 10 Würfel; wenn man das Blatt umdreht, sind es 12 Würfel.

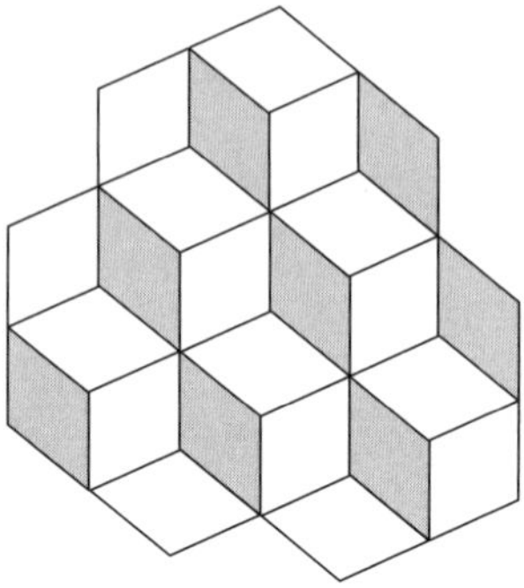

12. Ein interessantes Spiel, das die Kreativität und Vorstellungskraft schult, ist das chinesische Tangram. Es kann leicht aus Pappe geschnitten oder aus Sperrholz ausgesägt werden. Die Grundfigur besteht aus den folgenden Teilen:
Damit lassen sich nun lauter fantasievolle Figuren legen.

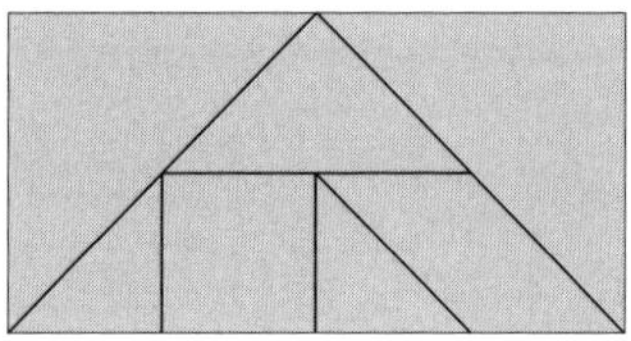

Hier sind einige *Beispiele*:

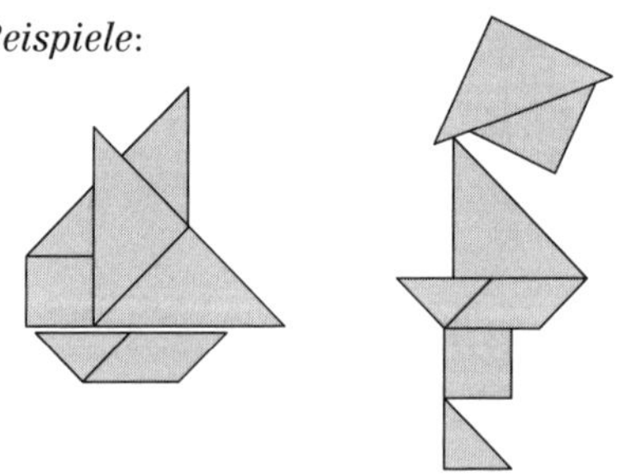

Auch diese Figuren lassen sich mit Tangram legen (siehe auch Elffers, J./Schuyt, M.: *Tangram*. Dumont-Verlag, Köln 1997):

7 Die Welt in Zahlen – Zahlen in der Welt

7.1 Zahlen aus unserer Welt

7.1.1 Tiere und Pflanzen, Städte und Länder

A Von Tieren erreichte Geschwindigkeiten

		km/h	m/sec
Schwimmend:	Forelle	12	3,3
	Hecht	16	4,4
	Blauwal (getaucht)	27	7,5
	Makrele	32	8,8
Laufend	Mensch (100-m-Läufer)	36	10,0
	Reitpferd im kurzen Trab	12	3,3
	Reitpferd im Galopp	16	4,4
	Reitpferd in Karriere	40	11,1
	Reitpferd (Höchstleistung auf der Rennbahn)	90	25,0
	Vogel Strauß	120	33,3
	Gepard	115	31,9
Fliegend:	Sperling	30	8,3
	Brieftaube	60	16,7
	Adler	80	22,2
	Schwalbe	220	61,1
	Rauchschwalbe	320	88,9

B Lebensalter von Tieren und Pflanzen

Schaf	15 Jahre	Hecht und Karpfen	100 Jahre
Katze	22 Jahre	Krähe	118 Jahre
Rind	25 Jahre	Falke	150 Jahre
Hund	28 Jahre	Wal, Elefant	75 Jahre
Pferd	40 Jahre	Riesenschildkröte	330 Jahre
Schwan	100 Jahre	Adler	100 Jahre
Schlagreifer Baum	80 Jahre	Fichte	500 Jahre
Linde, Eiche	1 000 Jahre	Ältester Baum: Sequoia in den USA (Nationalpark)	4 000 Jahre

C Aus der Welt der kleinen Dinge

Tabakrauch-Teilchen	0,00005 mm
Tröpfchen und Kristalle der Wolken	0,001 mm
Rote Blutkörperchen	0,007 mm
Fett-Tröpfchen in der Milch, auf denen die Weißfärbung beruht	0,01 mm
Dunsttröpfchen	0,01 mm
Kokonfaden der Seidenraupe (Länge des brauchbaren Fadens an einem Kokon 500 m)	0,02 mm
Menschliches Haar	0,04 mm
Nebeltropfen	0,1 mm
Regentropfen (leichter Regen)	1 mm

D Aus der Welt der großen Zahlen

1. Wenn man die gesamte Ozeanfläche auf der Erde mit rund 360 000 000 Quadratkilometern und die durchschnittliche Tiefe aller Weltmeere mit 3 500 Metern annimmt, wie viele Kubikmeter beträgt dann die gesamte Wassermenge in den Weltmeeren? Wenn man annimmt, dass ein kleiner Wassertropfen ein Volumen von 1 mm^3 hat, wie viele Wassertropfen enthalten dann alle Ozeane zusammen?
Lösung:
Es sind etwa $1{,}26 \cdot 10^{18}$ m^3 ($1{,}26 \cdot 10^{27}$ mm^3), also 1 Quadrilliarde 260 Quadrillionen Wassertropfen.

2. Das Herz eines Menschen schlägt im Durchschnitt in einer Stunde 5 000-mal. Wie viele Herzschläge sind das an einem Tag, in einem Jahr? Wie viele Male hat das Herz eines Menschen geschlagen, der 60 Jahre alt geworden ist (die Schaltjahre sollen unberücksichtigt bleiben)?
Lösung: an einem Tag: 120 000 Herzschläge
in einem Jahr: 43 800 000 Herzschläge
in 60 Jahren: 2 628 000 000 Herzschläge

3. Wie alt muss ein Mensch werden, damit er 1 000 000 Sekunden oder gar 1 000 000 000 000 Sekunden erlebt?
Lösung:
Nach etwa 11 Tagen und 13 Stunden hat der kleine Mensch schon 1 Million Sekunden erlebt. Im Alter von 10 Jahren hat man 315 360 000 Sekunden, im Alter von 50 Jahren 1 576 800 000 Sekunden erlebt.
Um 1 Billion Sekunden zu erleben, müsste man etwas länger als 31 709 Jahre leben.

E Volumen

Inhalt eines Teelöffels	5 cm^3
Inhalt eines Esslöffels	15 cm^3
Freiballon	1 200 m^3
Luftschiff „Graf Zeppelin“	110 000 m^3
Cheops-Pyramide	2 500 000 m^3
Hoover-Staudamm am Colorado, USA (Mauerwerk)	2 610 000 m^3
Erdbewegung beim Bau des Suez-Kanals	74 000 000 m^3
Erdbewegung beim Bau des Panama-Kanals	100 000 000 m^3
Chinesische Mauer (Mauerwerk)	200 000 000 m^3
Volumen des durch den Nil-Staudamm bei Assuan gestauten Wassers	2 500 000 000 m^3

7.1.2 Länder und Städte in Zahlen

A Bevölkerung, Fläche und Bevölkerungsdichte

Land	Bevölkerung (in Millionen)	Fläche (in Tausend km^2)	Bevölkerungsdichte (Einwohner je km^2)
Belgien	10,3	33	318
Dänemark	5,4	43	125
Deutschland	82,5	357	231
Estland	1,4	45	30
Finnland	5,2	338	15
Frankreich	59,5	544	109
Griechenland	10,6	132	81
Großbritannien	59,2	243	244
Irland	3,9	70	56
Italien	57,7	301	191
Lettland	2,3	65	36
Litauen	3,5	65	53
Luxemburg	0,4	3	171
Malta	0,4	0,3	1257
Niederlande	16,1	42	389
Österreich	8,0	84	96

Land	Bevölkerung (in Millionen)	Fläche (in Tausend km²)	Bevölkerungsdichte (Einwohner je km²)
Polen	38,6	313	124
Portugal	10,2	92	110
Schweden	8,9	450	20
Slowakei	5,4	49	110
Slowenien	1,9	20	97
Spanien	41,0	505	81
Tschechien	10,2	79	130
Ungarn	10,2	93	109
Zypern	0,8	9	83
EU insgesamt	454,4	3975	114
China	1 288	9 572	134
Indien	1 409	3 287	319
USA	288,4	9 809	29,4
Indonesien	211,7	1 913	111
Brasilien	174,5	8 547	20
Russland	144	17 075	8
Japan	127,2	378	337
Nigeria	132,8	924	143
Bangladesh	135,7	148	919
Welt	6 300	135 837	49

B Riesenstädte in den Jahren 2003 und 2015

Rang	Name der Stadt	Land	Geschätzte Einwohnerzahl in Millionen (gerundet) 2003	Geschätzte Einwohnerzahl in Millionen (gerundet) 2015
1	Tokio-Yokohama	Japan	35,0	36,2
2	Mexiko-City	Mexiko	18,7	20,6
3	New York	USA	18,0	19,7
4	Sao Paulo	Brasilien	17,9	20,0
5	Bombay	Indien	17,4	22,6
6	Neu-Delhi	Indien	14,1	20,9
7	Kalkutta	Indien	13,8	16,8
8	Buenos Aires	Argentinien	13,0	14,6

Rang	Name der Stadt	Land	Geschätzte Einwohnerzahl in Millionen (gerundet) 2003	Geschätzte Einwohnerzahl in Millionen (gerundet) 2015
9	Shanghai	China	12,8	12,7
10	Jakarta	Indonesien	12,3	17,5
11	Los Angeles	USA	12,0	12,9
12	Dakka	Bangladesh	11,6	17,9
13	Osaka-Kobe	Japan	11,2	11,4
14	Rio de Janeiro	Brasilien	11,2	12,4
15	Karatschi	Pakistan	11,1	16,2
16	Peking	China	10,8	11,1
17	Kairo	Ägypten	10,8	13,1
18	Moskau	Russland	10,5	10,9
19	Manila	Philippinen	10,4	12,6
20	Lagos	Nigeria	10,1	17,0

C Die größten Städte der Europäischen Union (2004)

Staat	Stadt	Einwohnerzahl
Großbritannien	London	7 375 100
Deutschland	Berlin	3 392 425
Spanien	Madrid	3 016 788
Italien	Rom	2 540 829
Frankreich	Paris	2 115 757
Ungarn	Budapest	1 739 569
Polen	Warschau	1 671 670
Österreich	Wien	1 550 123
Tschechien	Prag	1 178 576
Belgien	Brüssel	978 384
Lettland	Riga	764 328
Schweden	Stockholm	761 721
Griechenland	Athen	745 514
Niederlande	Amsterdam	736 562
Finnland	Helsinki	559 330
Portugal	Lissabon	556 797
Litauen	Vilnius	543 000
Dänemark	Kopenhagen	501 664

Staat	Stadt	Einwohnerzahl
Irland	Dublin	495 101
Slowakei	Bratislava	428 094
Estland	Tallinn	397 150
Slowenien	Ljubljana	264 269
Zypern	Nikosia	205 633
Luxemburg	Luxemburg	76 687
Malta	Birkirkara	22 208

7.1.3 Die größten deutschen Flughäfen (Stand: 2003)

Flughafen	Anzahl der Flüge	Anzahl der Fluggäste	Luftfracht in t
Frankfurt/Main	458 865	48 351 664	1 548 012
München	355 602	24 193 304	156 132
Berlin	214 518	13 306 177	29 335
Düsseldorf	186 160	14 273 082	48 401
Köln/Bonn	153 365	7 758 655	527 365
Hamburg	149 362	9 529 924	23 254
Stuttgart	144 903	7 584 502	18 012
Hannover	86 449	5 044 870	6 338
Nürnberg	73 241	3 208 287	12 996
Münster/Osnabrück	45 942	1 512 786	91

7.1.4 Alte Maßeinheiten

Stück/Anzahl

1 Paar = 2 Stück
1 Dutzend = 12 Stück
1 Stiege = 20 Stück
1 Zimmer = 60 (40) Stück
1 Buch = 24 Bogen Papier

1 Decher = 10 Stück
1 Mandel = 15 Stück
1 Schock = 60 Stück
1 Gros = 12 Dutzend = 144 Stück

Längen

1 Linie = 2,18 mm
1 Fuß = 0,31385 m
1 Faden = 1,642 m
1 Lachter = 2,092 m
1 Seemeile = 1,852 km
1 Landmeile = 7,5 km

1 Zoll = 2,615 cm = 0,02615 m
1 Elle = 0,6669 m
1 Klafter = 1,883 m
1 Rute = 3,766 m
1 preußische Landmeile = 7,5325 km

Flächen

1 Quadratfuß = 0,0985 m^3	1 Quadratrute = 14,1828 m^2
1 Viertel = 6,383 a = 638,3 m^2	1 Morgen = 25,532 a = 2 553,2 m^2
1 Acker = 55,342 a = 5 534,2 m^2	

Gewichte/Massen

1 Gran = 0,063 g	1 Quäntchen = 3,6515 g
1 Lot = 4 Quäntchen = 14,606 g	
1 Mark = 234,067 g	1 Pfund = 500 g
1 Zentner = 50 kg	1 Doppelzentner = 100 kg
1 Last = 2 000 kg	

Rauminhalte

1 Quart = 1,145 l	1 Metze = 3,435 l
1 Anker = 34,35 l	1 Scheffel = 54,962 l
1 Eimer = 68,7 l	1 Ohm = 130 – 160 l
	1 Ahm = 137,4 l
1 Oxhoft = 206,1 l = 2,061 hl	1 Fass = 229 l = 2,29 hl
1 Malter = 695,5 l = 6,955 hl	1 Fuder = 1 000 l = 10 hl
1 Stückfass = 1200 l = 12 hl	1 Ster = 1 m^3 (geschichtetes Holz mit Zwischenräumen)
1 Klafter = 3,339 m^3	

7.2 Mystik und Magie der Zahlen

(H 10; R, G 9–10)

In allen Kulturen werden den Zahlen magische, mystische oder religiöse Eigenschaften zugesprochen. Das gilt im Besonderen für die ersten 12 Zahlen, die in der Mythologie, in der Astrologie und in der Mystik von der Antike bis in die jüngste Vergangenheit eine herausgehobene Bedeutung hatten. Auch heute noch lassen sich die Spuren davon im Aberglauben, in Redensarten und in Sprichwörtern feststellen. Es ist reizvoll, auch im Mathematikunterricht die Zahlen einmal aus einer ganz anderen Sicht zu betrachten.

– 1 –

Von den Pythagoräern wurde die Eins nicht als eigentliche Zahl angesehen. Sie galt vielmehr als „Anfang und Fundament aller anderen Zahlen“ (Köbel 1537). Die Eins wird gleichzeitig als männlich und weiblich verstanden. Sie symbolisiert in fast allen höher entwickelten Religionen das Göttliche, das Einmalige, den Ur-Anfang, das nicht polar Getrennte. Die Eins hat keinen Gegensatz, sie ist zugleich Einheit und Gesamtheit. Aber aus der Eins entsteht die Zahlenreihe, sie ist zugleich der Ursprung aller anderen Zahlen. In der antiken Geometrie wurde die Eins durch den Punkt dargestellt.

Von Angelus Silesius stammt das Epigramm: Gleichwie die Einheit ist in einer jeden Zahl,So ist auch Gott der Ein' in Dingen überall.

Aus unserer Sprache:
Mit einem Schlag – Zwei Augen sehen mehr als eins – Es läuft alles auf eins hinaus – Ihm ist alles eins – ein einsilbiger Mensch – Einheit, Eintopf, Einfamilienhaus, Einhorn, Einöde, Einsiedler, Einfalt, einmal, einzeln, einsam, ...

– 2 –

In der Zwei spaltet sich die Einheit. Die Zwei trennt und verbindet, die Zwei symbolisiert die Analyse, ihr geometrisches Symbol ist daher die Linie. Sie schafft zum Ich das Du. In deren Gegenüberstellung entwickelt sich auch der Gegensatz. Die Zwei ist damit auch die Zahl des Widerspruchs, des Nichtgöttlichen. Der besonderen Stellung der Zwei in der Sprache werden auch Begriffe wie „Zwillinge, ein Paar, Duett, Duell, Doppel" gerecht, in vielen Sprachen gibt es für die Bezeichnung der Zweiheit neben Singular und Plural die grammatische Erscheinung des Dual (Einzahl, Zweizahl, Mehrzahl). Die Vorsilbe dis- mit ihrer entzweienden Wirkung in Fremdwörtern (Disharmonie, Dissens, Disqualifikation, Dissident, Diskussion) hat ihre sprachliche Wurzel ebenfalls in der Zwei. Mit der Zwei wird der Andere bezeichnet, in den skandinavischen Sprachen heißt der Zweite „andra". Zwei ist die Zahl der Polarität: männlich und weiblich, Tag und Nacht, einatmen und ausatmen, Systole und Diastole des Herzschlags, positive und negative elektrische Ladung, Yin und Yang in der chinesischen Religion, dunkel und hell, aktiv und passiv, Feuer und Wasser, heiß und kalt, ...
Zur Zwei gehört der Dialog. Es gehören aber auch dazu die Ambivalenz, der Zwiespalt, die Entzweiung und die Zwietracht. Die Zwei gilt im Volksglauben des Orients als gefährlich: Man soll nicht gleichzeitig zwei Dinge tun; zwei Paare sollen nicht am gleichen Tag heiraten; der jüdische Mann soll nicht zwischen zwei Frauen hindurchgehen.
Friedrich Rückert hat gedichtet:
Die Zwei ist Zweifel, Zwist, ist Zwietracht, Zwiespalt, Zwitter,
Die Zwei ist Zwillingsfrucht am Zweige; süß und bitter.

Aus unserer Sprache:
Zwilling, Zweibeiner, Zweitlklässler, Zwieback, Zweitauto, Zweikampf, Zweibettzimmer, Zweifamilienhaus, Zwist, Zwiespalt, Zwitter, zweideutig, zweispurig, zweifarbig, zwiefach, Duett, Duo, Doppel, Paar, ...

– 3 –

Die Drei überwindet die sich in der Zwei ausdrückende Polarität. Die Drei ist die erste Zahl, die genau einen Anfang, eine Mitte und ein Ende hat. Sie stellt

die Synthese dar. Die Drei spielt in unserer natürlichen Umgebung, die von uns dreidimensional (Länge, Breite, Höhe) wahrgenommen wird, eine große Rolle: Erde, Luft und Wasser; fest, flüssig und gasförmig; Mineralien, Pflanzen und Tiere; Welle, Strahlung und Materie; ... Aber auch im philosophischen Denken taucht immer wieder die Dreiheit auf: das Wahre, Gute und Schöne; Zeit, Raum und Kausalität; Sein, Erkennen und Wollen; Verstand, Gefühl und Wille; Geist, Leib und Seele; Vergangenheit, Gegenwart und Zukunft; ... Und in der Religion heißt es: Glaube, Liebe, Hoffnung; Gedanken, Worte und Werke; Reue, Bekenntnis und Lossprechung; ... Die sprachliche Dreiergruppierung spielt auch in unserem alltäglichen Sprechen und Schreiben eine wichtige Rolle und stellt sich beim Formulieren oft fast von selbst ein. Häufig kommt die Drei auch im Märchen vor (Die drei Federn; Der Teufel mit den drei goldenen Haaren; Tischlein deck dich; Das tapfere Schneiderlein; In vielen Märchen müssen drei Aufgaben erledigt oder drei Rätsel gelöst werden.).
Für die Pythagoräer ist die Drei ebenfalls eine positive Zahl, sie überwindet die Entzweiung in der Drei-Einigung. Diese Überwindung der Zwei wird in dem Sprichwort „Wenn zwei sich streiten, freut sich der Dritte" deutlich. Die Drei ist die synthetische Kraft, die, wie Dante sagt, die Liebe symbolisiert. Das Positive der Drei drückt ebenfalls der Volksmund aus: „Aller guten Dinge sind drei." Die Drei spielt nicht nur im Christentum als Dreifaltigkeit oder Dreieinigkeit eine Rolle, sondern hat auch in vielen anderen Religionen große Bedeutung. In einigen Kulturen bedeutet die Drei einfach nur „viel". Das geometrische Symbol für die Drei ist das durch drei Linien eingeschlossene und mit drei Ecken (Punkten) ausgestattete Dreieck als erste Fläche.
Friedrich Schiller sagt zur Drei:

Dreifach ist des Raumes Maß:
Rastlos fort ohn Unterlass
Strebt die Länge; fort ins Weite
Endlos gießet sich die Breite;
Grundlos senkt die Tiefe sich.
Dir ein Bild sind sie gegeben:

Rastlos vorwärts musst du streben,
Nie ermüdet stille stehn,
Willst du die Vollendung sehn;
Musst ins Breite dich entfalten,
Soll sich dir die Welt gestalten;
In die Tiefe musst du steigen,
Soll sich dir das Wesen zeigen.

Nur Beharrung führt zum Ziel,
Nur die Fülle führt zur Klarheit,
Und im Abgrund wohnt die Wahrheit.

Aus unserer Sprache:
Wenn zwei sich streiten, freut sich der Dritte – Aller guten Dinge sind drei – Dreimal ist Bremer Recht – Dreieinigkeit, Dreifaltigkeit, Dreimaster, Dreikäsehoch, Dreikönigsfest, Dreirad, Dreipunktgurt, Dreikampf, dreiblättriges Kleeblatt, …

– 4 –

Die Vier ist die Zahl der kosmischen Ordnung: Vier Jahreszeiten, vier Himmelsrichtungen, vier Mondphasen, vier Sonnenstandstage, vier Elemente. In der Geometrie wird sie durch das Rechteck, und hier im Besonderen durch das Quadrat gekennzeichnet. Rechteck und Vier haben in allen Kulturen auch religiöse Bedeutung. Das Kreuz mit seinen vier Balkenenden wird in ein Rechteck eingezeichnet. Vier Flüsse umgeben das Paradies, vier Engel bewachen die vier Weltgegenden. Vier Buchstaben hat der Name Gottes in der hebräischen Sprache: JHWH. Die Christen haben vier Evangelien, der Islam kennt vier heilige Bücher (Thora, Psalmen, Evangelium, Koran). Bei den Mayas ist die Vier maßgebend im Siedlungsbau: Von dem in der Mitte des Dorfes stehenden heiligen Baum gehen vier Wege in die vier Himmelsrichtungen, am Ende jeden Weges stehen vier Schreine als Wächter des Dorfes. Die Hofhaltung Karl des Großen kannte vier Ministeriale: den Kämmerer, den Marschall, den Truchsess und den Mundschenk. Rom wurde nach seiner Form auch Roma quadrata genannt, und die römischen Legionäre bauten ihre Castelle immer in Form eines Quadrats. Das Quadrat war also auch einmal Maß und Vorlage beim Bau von Militärlagern und beim Städtebau. Die Vier taucht deshalb offen oder versteckt in vielen noch heute gebrauchten Wörtern auf: Stadtviertel, Quartier und Quartal, Quart (als Maß), Geschwader (lat.: quadra), Escadron.
Dass die Vier auch in vielen Märchen oft eine bestimmende Zahl ist, muss hier nicht besonders erwähnt werden.

Aus unserer Sprache:
Tische und Stühle haben vier Beine –Das Kartenspiel und das „Mensch-ärgere-dich-nicht“ kennen in der Regel vier Farben – Das vierblättrige Kleeblatt soll Glück bringen – Er bleibt in seinen vier Wänden und streckt alle Viere von sich – Sie rutscht auf allen Vieren herum – Ein Gespräch unter vier Augen – vierstimmig, Viertaktmotor, Viererbob, Viermaster, Vierlande bei Hamburg, …

– 5 –

Die Fünf ist als Verbindung der männlichen Drei und der weiblichen Zwei unteilbar. Sie ist daher auch das Symbol für Liebe und Ehe. Die Fünf galt immer schon als ungebärdige Zahl, die – wie der Eros – aufwühlend wirkt und

die Ordnung stört. Sie kommt als Ordnungszahl bei der Kristallbildung nicht vor und sie wurde von den Pythagoräern auch nicht bei der Bildung musikalischer Intervalle benutzt. Als der Pythagoräer Hippasos entdeckte, dass es über die vier bekannten regelmäßigen Körper (Tetraeder, Hexaeder, Oktaeder, Ikosaeder) hinaus noch einen fünften, den aus 12 Fünfecken bestehenden Dodekaeder gibt, soll er nach der Legende wegen der Störung der Viererordnung ertränkt worden sein. Das regelmäßige Fünfeck wird auch als Störenfried empfunden, weil mit ihm – anders als mit Dreieck, Rechteck oder Sechseck – eine größere ebene Fläche nicht vollständig bedeckt werden kann (Parkettierung).
In der Natur spielt die Fünf eine herausragende Rolle. Wir haben nicht nur fünf Finger, fünf Zehen und fünf Sinne. Viele Pflanzen haben Blüten mit fünf Blütenblättern und Seesterne haben fünf Arme.
Wenn man einen Kreis in fünf gleiche Teile einteilt und die Teilungspunkte miteinander verbindet, entsteht ein Stern mit fünf Zacken, das Pentagramm, das als unendliche Linie in einem Zuge gezeichnet werden kann. Dem Pentagramm wird in der mittelalterlichen Magie Zauberkraft zugesprochen. Das Pentagramm wird auch als Liebesknoten bezeichnet. Im Islam wird die fünffingrige Hand als magisches Zeichen zur Abwehr gegen den bösen Blick und gegen das Dämonische verwendet und oft in Flaggen und am Eingang von Moscheen dargestellt. In China verband man das Pentagramm mit den fünf Hauptplaneten (Saturn, Merkur, Mars, Venus, Jupiter) und ordnete ihnen Himmelsrichtungen, Jahreszeiten, Tiere, Körperteile, Farben, Töne und Geschmacksrichtungen zu. Die Fünf war in China die das Leben bestimmende Zahl. Es gab fünf heilige Berge, fünf Getreidearten, fünf Adelsstufen, fünf menschliche Beziehungen, fünf Tugenden, fünf Glücksgüter, fünf moralische Kategorien, fünf klassische Bücher, fünf Hauptwaffen, fünf Strafen und eine Tonleiter mit fünf Tönen.
Zu denken ist auch an die fünf Bücher Mose, an die fünf klugen und fünf törichten Jungfrauen oder an die fünf Kardinaltugenden des Aristoteles (Besonnenheit, Tapferkeit, Gerechtigkeit, Freigebigkeit, Sanftmut).
Wallensteins Astrolog Seni sagt in Schillers Drama

Die Piccolomini:

Fünf ist
Des Menschen Seele. Wie der Mensch aus Gutem
Und Bösem ist gemischt, so ist die Fünfe
Die erste Zahl aus Gerad' und Ungerade.

Aus unserer Sprache:

Fünf gerade sein lassen – fünf Sinne, fünf Finger, fünf Zehen, viele Blüten haben fünf Blütenblätter, fünf Bücher Mose, fünf kluge und fünf törichte Jungfrauen, Fünftagewoche, Fünfkampf, ...

– 6 –

Die Sechs ist zugleich die Summe und das Produkt der ersten drei Zahlen. Sie ist das Produkt aus der ersten weiblichen (2) und der ersten männlichen (3) Zahl. Sie verbindet damit Analyse (2) und Synthese (3) auf die einfachste Weise. Das Idealbild des geschlossenen Baus ist der Würfel mit seinen sechs Quadraten. Die Zahl Sechs gilt deshalb in der Antike als die Zahl der Vollkommenheit. In vielen Schöpfungsmythen wurde die Welt in sechs Tagen erschaffen. Die Sechs erscheint daher auch in vielen Symbolen und in Verhaltensvorschriften. In der jüdischen Religion spielt der Sechsstern, der Davidsstern, eine große Rolle. Das Wort für die nachmittägliche Ruhe in den südlichen Ländern, die „siesta", geht auf die sexta hora, die sechste Stunde am Nachmittag, zurück.
Das regelmäßige Sechseck ist auch in der Natur ein Ordnungsfaktor.

Aus unserer Sprache:
Schneeflocken und die Waben der Bienen haben die Struktur eines regelmäßigen Sechsecks, ebenso der Benzolring in der Chemie – sechs Werktage – das Kartenspiel „Sechsundsechzig" – Sechtstagerennen – der sechste Sinne – Siesta (von sexta hora = die sechste Stunde)

– 7 –

Die Sieben hat in den Religionen und Mythologien aller Weltgegenden und aller Zeiten eine große Bedeutung. Da sie aus der positiv empfundenen Drei und dem Symbol der Ordnung, der Vier, zusammengesetzt ist, wird sie in besonderer Weise überall als heil- und glücksbringend bezeichnet und als Zahl der natürlichen Rhythmen wahrgenommen. In der Musik kehrt nach sieben Tönen der gleiche Ton in der Oktave wieder und in der Chemie ist das Periodensystem der Elemente durch Siebener-Rhythmen charakterisiert. Wachstum und Entwicklung des Menschen vollziehen sich nach alter Auffassung in Siebener-Abständen. Reste dieser Denkweise sind die Einschulung im siebten Jahr, die Konfirmation mit vierzehn Jahren und früher die Mündigkeit mit einundzwanzig Jahren. Die voraussichtliche Geburt wurde früher mit Hilfe der Sieben berechnet: Zum ersten Tag der letzten Menstruation wurden 7 x 40 Tage addiert. Eine Frühgeburt ist, wenn sie nach sieben Monaten geboren wird, im Allgemeinen lebensfähig, nach acht Monaten aber gewöhnlich nicht. In der Kosmogonie der Antike gibt es sieben Planeten und sieben Himmelssphären. Der babylonische Lebensbaum wird in Abbildungen mit sieben Zweigen mit je sieben Blättern dargestellt. In der Bibel, vor allem im Alten Testament, taucht die Zahl Sieben immer wieder auf, so z. B.: Der siebte Tag ist der Ruhetag Gottes nach der Schöpfung; die Sintflut wird sieben Tage vorbereitet; Noahs Taube bleibt sieben Tage aus; Jakob wirbt sieben Jahre um Lea und sieben Jahre um Rahel; Joseph träumt von sieben fetten und sieben

mageren Jahren; der Tempel Salomos hat sieben Stufen.
Sieben galt als Glückszahl des römischen Bauern. An das römische Siebenmänner-Kollegium (septemviratus) erinnert unsere Vorschrift, dass zur Gründung eines Vereins mindestens sieben Personen notwendig sind. In der Antike gab es sieben Weltwunder und sieben Weise. Die Sieben begegnet uns auch in Märchen (z. B.: Die sieben Raben, Schneewittchen; Der Wolf und die sieben Geißlein) und in Ausdrücken und Begriffen wie „über die sieben Meere". In einem Kinderreim steht:

Wer will guten Kuchen backen,
der muss haben sieben Sachen: …

Aus unserer Sprache:
Rom wurde auf sieben Hügeln erbaut – Böse Sieben, Siebenmeilenstiefel, Siebengebirge, Siebenbürgen, Siebenschläfer, Siebengestirn, …

– 8 –

Für die Mathematiker des Altertums war die Acht schon aus arithmetischen Gründen eine interessante Zahl, hat man doch schon damals entdeckt, dass die Differenz der Quadrate zweier ungerader Zahlen acht oder ein Vielfaches der Acht beträgt und dass sich das Quadrat jeder ungeraden Zahl größer als eins als Summe aus dem Vielfachen von acht und der Eins darstellen lässt [$(2a + 1)^2 = 8b + 1$ für $a, b \in N$)]. Die Acht war in der Antike eine wichtige Glückszahl. Die achte Sphäre hinter den sieben Planetensphären war die Sphäre der Fixsterne. Bei den Babyloniern wohnte die Gottheit im achten Stockwerk des turmartigen Tempels. Acht war auch die Zahl des Paradieses. Der Islam kennt sieben Höllen, aber acht Paradiese. Auch in der jüdischen Tradition ist die Acht von Bedeutung. Der Tempel wurde acht Tage gereinigt, und der achte Tag ist der Tag der rituellen Reinigung und der Tag der Beschneidung. In der Arche Noahs werden acht Menschen gerettet. Im alten China sprach man von acht Winden, von acht Pfeilern des Himmels und acht Pforten für die Regenwolken.
Dem Schachspiel liegt ein Quadrat aus 8 mal 8 Feldern zugrunde. In der germanischen Mythologie dient die Acht als Verdoppelung der Vier auch zur Darstellung von Verstärkung; so hat Odins Pferd acht Beine und das Jahresrad hat acht Speichen.

Aus unserer Sprache:
Im Sport kommt man ins Achtelfinale – Die Ruderer kennen den Achter – Achterbahn, Achtstundentag, achtkantig, …

– 9 –

Die Neun gilt im Altertum in ihrer Stellung vor der Zehn als die fast vollkommene Zahl. Neun Jahre wurde die Stadt Troja von den Griechen belagert, im zehnten wurde sie erobert; neun Jahre irrte Odysseus auf dem Meer umher, bevor er seine Heimatinsel Ithaka im zehnten Jahr erreichte. In der Mythologie der Mayas gab es neun Ströme der Unterwelt und die Neun war auch Symbol für die Erde und das Weibliche. Im Chinesischen ist die Neun vor allem mit dem Bezugssystem des Himmels verbunden. Große Bedeutung hat die Neun bei den Türken, wie aus vielen Redensarten deutlich wird. Was „unter neun Knoten" liegt, ist gut aufgehoben. Wer „aus neun Dörfern verjagt" ist, ist ein nirgends willkommener Mensch. Ein Hundemischling wird auch „neunvätriger" Hund genannt. Und der einzige Helfer in einer Not wird als „der eine Stock für neun Blinde" bezeichnet. Auch in der keltischen und germanischen Mythologie spielt die Neun eine wichtige Rolle. Bei den Kelten erlosch das Grundeigentum in der neunten Generation. Der sagenhafte König Arthur hat neun Hofmeister und ihm huldigen neun Könige. Feste, aber auch Kämpfe dauern neun Tage und neun Nächte. Bei einigen Germanen wurde alle neun Jahre ein großes Opferfest gefeiert und neun Dinge wurden geopfert. Neun war auch das Maß für Grenzentfernungen. Daneben kannten sie Abgaben von neun Gegenständen oder Fristen von neun Tagen.

Aus unserer Sprache:
Die neunschwänzige Katze (eine Peitsche bei den Piraten) – ein Neunmalkluger – Zum Kegeln werden neun Figuren aufgestellt – Neunauge, ein Süßwasserfisch – Neuntöter, ein Singvogel, …

– 10 –

Die Zehn liegt uns wegen unserer zehn Finger zum Zählen und Rechnen nahe und wurde daher wohl in unserem abendländischen Kulturkreis zur Grundlage des Zahlensystems als Dezimalsystem. Die Pythagoräer fassten die Zehn als die allumfassende Mutter der Zahlen auf, die sich aus den ersten vier Zahlen zusammensetzen lässt: $1 + 2 + 3 + 4 = 10$.

Zugleich konnte sie mit Punkten als gleichseitiges Dreieck dargestellt werden:

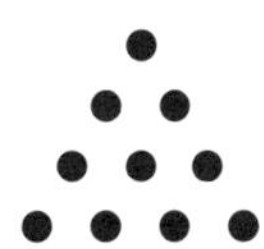

Die Metaphysik des Aristoteles kennt zehn Kategorien des Denkens. Sowohl der jüdisch-christliche Kulturkreis wie der Buddhismus kennen zehn Gebote. Von Adam bis Noah werden zehn Generationen gezählt. Am jüdischen Versöhnungstag wird das Sündenbekenntnis zehnmal wiederholt und zum Neujahrsfest werden immer je zehn biblische Verse vorgelesen. Der Islam spricht von fünf äußeren und fünf inneren Sinnen des Menschen. Zehn Jüngern des Mohammed war das Paradies versprochen.
Die Zehn war aber auch die Grundlage für die Abgabe des Zehnten. Die Zehn ist auch bei vielen Völkern eine wichtige Ordnungszahl für das Militärwesen. Bei den Römern hieß der Anführer von zehn Soldaten Dekan (decanus von

decem = zehn). Daraus abgeleitet ist unser Dekan (ursprünglich Vorsteher von zehn Mönchen) und die Wörter dean (engl.: Dekan) und doyen (franz.: Ältester, Dekan). Eine ähnliche Bedeutung hat die Zehn im türkischen Militärwesen. Das Wort dezimieren stammt ebenfalls aus dem Militärwesen des alten Roms. Dort wurde bei Meutereien jeder zehnte (decimus) Soldat hingerichtet.

Aus unserer Sprache:
Der Zehnte (Abgabe an den Lehnsherrn) – Seine zehn Finger nach etwas lecken – Zehnerkarte, Zehn-Meter-Brett, Zehnkampf, ...

– 11 –

Die Elf ist die erste zweistellige Primzahl. Sie steht zwischen den beiden runden und positiv empfundenen Zahlen zehn und zwölf. Die Elf wurde daher eher negativ eingeschätzt. Die Elf hat aber auch Beziehung zum astronomischen Tierkreis. Da von den zwölf Tierkreiszeichen immer eines hinter der Sonne steht, sind nur elf Sternbilder des Tierkreises sichtbar. Die Elf gilt auch als ein Symbol der Sünde, denn mit ihr wird die Zahl der göttlichen zehn Gebote überschritten. Nicht geklärt ist, warum eine Fußballmannschaft aus elf Spielern besteht und warum der Strafstoß aus elf Metern Entfernung erfolgt.

Seni sagt in Schillers *Piccolomini:*
Elf ist die Sünde. Elf überschreitet
Die zehn Gebote.

Aus unserer Sprache:
Im Rheinland beginnt die Karnevalszeit am 11.11. um 11.11 Uhr, dazu gehört der Elferrat, ...

– 12 –

Die meisten Kulturen des antiken Vorderen Orients und ihre Mythologie waren auf der Zwölf aufgebaut. Das hängt wohl auch damit zusammen, dass dem Mond besondere mythische Bedeutung zugesprochen wurde und er zur Grundlage der Jahreseinteilung gemacht wurde. Bei den Babyloniern durchmaß der Mond auf seiner Jahreswanderung zwölf Stationen. Dem Himmel und auch der Unterwelt wurden je zwölf Pforten zugemessen. Eine große Rolle spielen im Altertum die zwölf Tierkreiszeichen als maßgebende Einflussgröße für viele Erscheinungen bei Göttern und Menschen.
Von den Pythagoräern wird sie als Produkt aus der Drei und der Vier und als Summe aus den bedeutsamen Zahlen Fünf und Sieben als allumfassende Zahl gedeutet. In den jüdisch-christlichen Kulturbereich gehören die zwölf Stämme Israels, die zwölf kleinen Propheten, die zwölf Edelsteine im Brustschild des Hohepriesters, die zwölf Jünger Jesu und die zwölf Kreuzwegstationen. Nach Herodot gründeten die Griechen in Kleinasien genau zwölf Städte, weil

sie in ihrer Heimat auf dem Peleponnes zwölf Staaten bildeten. Bei den Germanen galten die zwölf Nächte zwischen Weihnachten und dem Dreikönigstag als besondere Nächte, sie deuteten auf Künftiges, konnten aber auch Unheil bringen. Zwölf Uhr, die Mitternacht, gilt als Beginn der Geisterstunde. Als Mengenmaß wird immer noch das Dutzend gebraucht. Im Handel wurden Waren noch lange Zeit nach Dutzend (12 Stück) und Gros (12 Dutzend) gezählt. So hat das Jahr 12 Monate, Tag und Nacht werden in je 12 Stunden eingeteilt. Dies führt denn auch auf das früher bei uns und heute noch in einigen außereuropäischen Kulturen benutzte Zwölfersystem. So beruhte das bisher gültige Maßsystem in England in einigen Bereichen auf dem Zwölfersystem (foot inches; pound troy ounces troy).
Die indischen Priester sollen auch ihr Volk davor gewarnt haben, über 12 hinaus zu zählen, weil sonst großes Unglück über sie hereinbrechen würde. In dieser Warnung finden wir die Erklärung für den Aberglauben an die „Unglückszahl“ 13. Denn wer bis 13 zu zählen wagte, überschritt die Grenze des Erlaubten, wofür die Priester schlimme Folgen androhten.

Aus unserer Sprache:
Zwölftonmusik – Zwölffingerdarm, …

Auch zu den Zahlen über die Zwölf hinaus lassen sich bei Nachforschungen in der Geschichte und der Mythologie alter und außereuropäischer Kulturen interessante Feststellungen machen.
Viele Informationen zur Magie und Symbolik der Zahlen finden sich in: Franz Carl Endres; Annemarie Schimmel: *Das Mysterium der Zahl – Zahlensymbolik im Kulturvergleich*.

7.3 Mathematik unterwegs und im Urlaub

7.3.1 Autokennzeichen (H 7 +; R, G 6–7)

Das deutsche Autokennzeichen besteht aus den Kennbuchstaben für den Ort oder Landkreis, ein oder zwei Großbuchstaben und einer ein- bis vierstelligen Zahl.
Vor den Sommerferien ist es ganz reizvoll, sich einmal mit den folgenden Fragen zu beschäftigen:
Das Alphabet hat 26 Buchstaben. Wie viele Möglichkeiten gibt es für die Buchstabenkonstellation auf dem Autokennzeichen?
Wie viele Zahlen stehen zur Verfügung?
Wie viele Kombinationen aus Buchstaben und Zahlen gibt es insgesamt, wenn alle Buchstabenverbindungen zugelassen wären?
Anmerkung: Buchstabenverbindungen, die politisch anrüchig sind, werden nicht verwendet.

Lösung:
Es gibt $26^2 + 26 = 702$ Möglichkeiten für die Verwendung der Buchstaben und 9 999 Zahlen. Insgesamt stehen für jeden Landkreis oder für jede Stadt $(26^2 + 26) \cdot 9\,999 = 7\,019\,298$ Buchstaben/Zahl-Kombinationen zur Verfügung. Damit könnte auch in der größten Stadt Deutschlands, in Berlin, jedes Kraftfahrzeug ein anderes Kennzeichen bekommen, selbst wenn jede Einwohnerin und jeder Einwohner von Berlin zwei Autos zur Verfügung hätte.
Für die großen Weltstädte wie Mexiko City, New York oder London ist unser System nicht geeignet.

7.3.2 *Wanderzeiten* (H 7 +; R, G 6–7)

Wanderer gehen im flachen Land mit einer durchschnittlichen Geschwindigkeit von 4 km/h. Für die Überwindung eines Höhenunterschiedes von 400 m auf Schusters Rappen wird im Durchschnitt ebenfalls mit einer Stunde gerechnet. Die Stadt Garmisch-Partenkirchen liegt 705 m über Meereshöhe (Olympia-Skistadion). Ein Weg zum Schneefernerhaus auf dem Zugspitzplatt führt durch die Partnachklamm und dann durch das lange Partnachtal und ist nach der topografischen Karte etwa 21 Kilometer lang. Das Schneefernerhaus liegt in einer Höhe von 2 656 m.
Mit wie vielen Stunden reiner Wanderzeit muss man ungefähr rechnen?
Lösung:
Für 21 km Kartenentfernung benötigt man 5,25 h. Der Höhenunterschied beträgt 951 m. Zu seiner Überwindung sind 2,38 h notwendig. Man muss sich also auf insgesamt mindestens 7 Stunden und ca. 38 Minuten einrichten. Da ist es schon zweckmäßig, in einer der Hütten unterwegs eine ausgiebige Rast, vielleicht sogar eine Übernachtung einzuplanen.
Mit Hilfe einer Karte im Maßstab 1 : 25 000, von der man einen Ausschnitt kopiert, lassen sich weitere Aufgaben dieser Art entwickeln. Zugleich wird Kartenlesen und das Rechnen mit dem Maßstab geübt.

7.3.3 *Aufwölbung von Seen und Meeren* (H 10; R, G 8–9)

Unsere Mutter Erde ist bekanntermaßen eine Kugel. Das hat zur Folge, dass Flächen auf ihrer Oberfläche nicht völlig eben, sondern – als Ausschnitte aus der Kugelschale – gewölbt sind. Die Mitte eines großen Sees liegt also oberhalb der kürzesten Verbindungslinie zwischen zwei gegenüberliegenden Uferpunkten.

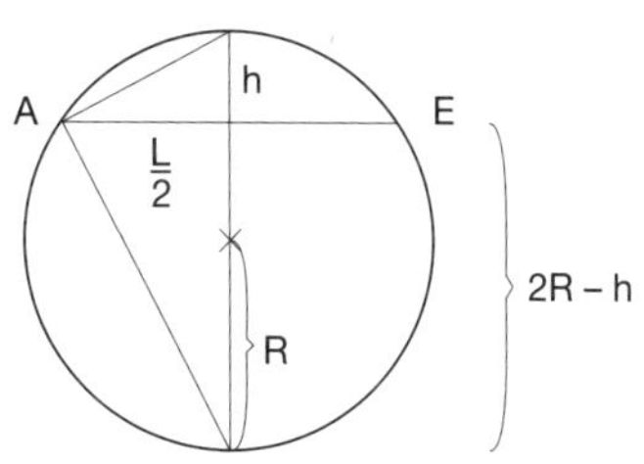

Die Größe der Aufwölbung von Gewässern kann man mit Hilfe des Höhensatzes und des Thalessatzes berechnen.
$h \cdot (2\,R - h) = \frac{L^2}{4}$ oder $2\,R\,h - h^2 = \left(\frac{L}{2}\right)^2$

Man kann nun diese Gleichung als Gleichung zweiten Grades lösen. Eine angenäherte Lösung, deren Fehler aber vernachlässigt werden, ergibt sich, wenn man h^2 auf der linken Seite einfach weglässt:

$$2\,R\,h \approx \left(\frac{L}{2}\right)^2 \rightarrow h \approx \frac{L^2}{8R}$$

Hier sind einige Beispiele für die Größe der Aufwölbungen:

See/ Meer	Land/ Staat	Größte Länge des Gewässers	Aufwölbung
Bodensee	D-Baden-Württemberg	63,50 km	a = 79 m
Königssee	D-Bayern	7,78 km	a = 1,19 m
Chiemsee	D-Bayern	12,6 km	a = 3,11 m
Ratzeburger See	D-Schleswig-Holstein	11,9 km	a = 2,78 m
Großer Plöner See	D-Schleswig-Holstein	8,62 km	a = 1,46 m
Müritzsee	D-Meckl.-Vorpommern	19,2 km	a = 7,22 m
Scharmützelsee	D-Brandenburg	9,6 km	a = 1,81 m
Steinhuder Meer	D-Niedersachsen	8,1 km	a = 1,29 m
Möhnesee	D-Nordrhein-Westfalen	6,7 km	a = 0,88 m
Genfer See	Schweiz	66,0 km	a = 85 m
Neusiedlersee	Österreich	29,5 km	a = 17 m
Attersee	Österreich	19,0 km	a = 7 m
Michigansee	USA	498 km	a = 4 861 m
Baikalsee	Russland	690 km	a = 9 331 m
Tanganjikasee	Tansania	648 km	a = 8 230 m
Nordsee (Orkney- bis Elbmündung)	Europa	921 km	a = 16,62 km
Mittelmeer (Gibraltar – Dardanellen)	Europa	2 556 km	a = 128,0 km

Quelle: nach Kranzer, Walter: *So interessant ist Mathematik*, Köln 1989.

7.3.4 *Wie weit kann man sehen?* (H 10; R, G 8–9)

Wie weit kann man eigentlich sehen, wenn man im norddeutschen Marschenland, also z. B. in Ostfriesland, auf freiem Feld steht? Mit Hilfe des Pythagorassatzes kann man das leicht ausrechnen. Wenn man annimmt, dass sich die Augen in der Höhe von h = 1,70 m über Normalnull (NN) befinden, dann gilt in dem rechtwinkligen Dreieck, das durch den Sehstrahl (s) als Tangente und den Erdradius (R = 6 376 km) gebildet wird,

$$R^2 + s^2 = (R + h)^2$$
$$R^2 + s^2 = R^2 + 2hR + h^2$$
$$s^2 = 2hR + h^2$$
$$s = \sqrt{2hR + h^2}$$

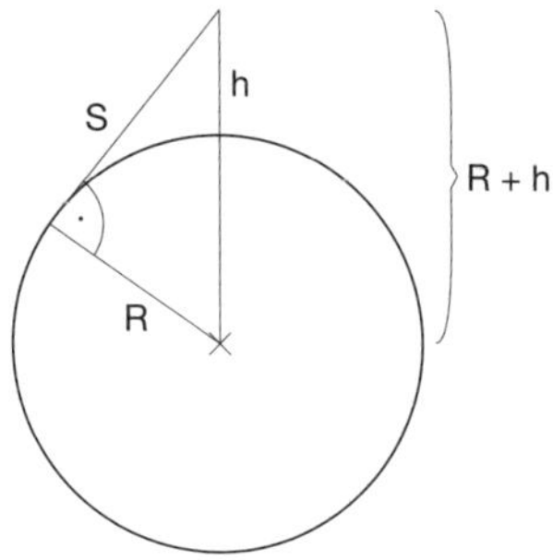

Da h gegenüber dem Erdradius wieder sehr klein ist, kann es für die Berechnung vernachlässigt werden, sodass man eine sehr einfache Formel zur Berechnung der Länge des Sehstrahls bekommt:

$$s \approx \sqrt{2hR}.$$

Aus 1,70 m Augenhöhe kann man also

$$s \approx \sqrt{2 \cdot 0{,}0017 \cdot 6736}\ \text{Kilometer},$$

das sind etwa 4,6 km, weit sehen. Das gilt natürlich, wie alle diese Berechnungen, nur unter idealen Bedingungen: Klare Sicht und klares Auge!
Wenn man auf dem 8 m hohen Deich stünde, betrüge die Sichtweite sogar schon 11,1 km.

Die folgende Tabelle gibt für einige Aussichtspunkte diese ideale Sichtweite an. Die Höhe ist immer über NN angegeben.

Aussichts-punkt	Staat/ Bundesland	Höhe über NN	Sichtweite (gerundet)
Zugspitze	D-Bayern	2 962 m	s = 194 km
Feldberg	D-Baden-Württemberg	1 485 m	s = 138 km
Brocken	D-Sachsen-Anhalt	1 142 m	s = 121 km
Großer Beerberg	D-Thüringen	982 m	s = 112 km
Kahler Asten	D-Nordrhein-Westfalen	841 m	s = 104 km
Wilseder Berg	D-Niedersachsen	169 m	s = 46 km
Großglockner	Österreich	3 798 m	s = 220 km
Mont Blanc	Frankreich	4 807 m	s = 248 km
Kilimandscharo	Kenia	5 895 m	s = 274 km
Mount McKinley	USA (Alaska)	6 193 m	s = 281 km
Aconcagua	Argentinien	6 958 m	s = 298 km
Mount Everest	Nepal	8 842 m	s = 336 km

Quelle: nach Kranzer, Walter: *So interessant ist Mathematik,* Köln 1989.

7.3.5 Flughöhen (H 10; R, G 9–10)

Die gleichen Berechnungen kann man auf dem gleichen Wege natürlich auch für die Sichtweite bei Flughöhen anstellen. Und umgekehrt kann man ausrechnen, wie hoch über der Erde ein Satellit oder eine Raumstation mindestens kreisen muss, wenn von dort aus die Erde als Kugel wahrgenommen werden soll.

7.3.6 Fahrzeiten (H, R, G 5–6)

1. Viele Möglichkeiten zur Berechnung von Zeitspannen bieten die Kursbücher der Deutschen Bahn oder Auszüge aus ihnen, die man leicht kopieren kann.
   Das ist vor allem im 5. und 6. Jahrgang ein nützlicher und sinnvoller Übungsstoff, wenn der Größenbereich Zeit wiederholt oder vertieft wird.
2. Auch Autokarten, von denen mindestens ein Klassensatz einer handelsüblichen Autokarte der heimatlichen Region in der Arbeitsmittelsammlung vorhanden sein sollte, bieten im 5. und 6. Schuljahrgang mannigfaltige Möglichkeiten zum Üben in den Größenbereichen Länge und Zeit. So kann man unterschiedliche Strecken, die zum selben Ziel führen, miteinander vergleichen. Wenn man die Geschwindigkeit einbezieht, lässt sich auch mit dem Faktor Zeit arbeiten.
   So kann man z. B. Durchschnittsgeschwindigkeiten von 50 km/h auf der Landstraße und 100 km/h auf der Autobahn zu Grunde legen und von den Schülerinnen und Schülern für bestimmte Strecken kürzeste und schnellste Verbindungen zusammenstellen lassen. Die Einbeziehung des Benzinverbrauchs erweitert diese Möglichkeiten um eine neue Komponente. So kann man nicht nur den Verbrauch für eine bestimmte Strecke berechnen lassen, sondern auch umgekehrt fragen:
   Wie weit komme ich von Hamburg, von Dortmund, von Nürnberg, …, wenn ich noch 30 (oder 45 oder 15 oder …) Liter Benzin im Tank habe?

7.4 Zahlen in anderen Sprachen

	0	1	2	3	4	5
englisch	zero	one	two	three	four	five
niederländisch	nul	één	twee	drie	vier	vijf
französisch	zéro	un	deux	trois	quatre	cinq
italienisch	zero	uno	due	tre	quattro	cinque
spanisch	cèro	uno	dos	tres	cuatro	cinco
portugiesisch	zero	um, uma	dois, duas	três	qutro	cinco
dänisch	nul	een, eet	to	tre	fire	fem
schwedisch	noll	en, ett	två	tre	fyra	fem
norwegisch	null	en, ett	to	tre	fire	fem
türkisch	sifir	bir	iki	üc	dört	bes
kroatisch	nùla	jedan	dvâ	tri	cetiri	pêt
ungarisch	zérus, semmi	egy	kett~o	három	négy	öt
polnisch	zero	jedno, raz	dwa	trzy	cztery	picc
tschechisch	nula	jeden	dva	tri	ctyri	pet
russisch	nul	adin	dwa	tri	tschetyre	pjatj

	6	7	8	9	10
englisch	six	seven	eight	nine	ten
niederländisch	zes	zeven	acht	negen	tien
französisch	six	sept	huit	neuf	dix
italienisch	sei	sette	otto	nove	dieci
spanisch	seis	siete	ocho	nueve	diez
portugiesisch	seis	sete	oito	nove	dez
dänisch	seks	syv	otte	ni	ti
schwedisch	sex	sju	åtta	nio, nie	tio, tie
norwegisch	seks	sju (syv)	åtte	ni	ti
türkisch	alti	yedi	sekiz	dokuz	on
kroatisch	sêst	sèdam	òsam	devet	deset
ungarisch	hat	hét	nyolc	kilenc	tiz
polnisch	szesc	siedem	osiem	dziewiec	dziesiec
tschechisch	seest	sedm	osm	devet	deset
russisch	schesstj	sjemj	wossemj	djewatj	djessjatj

Sprache	20	30	40	50	60
englisch	twenty	thirty	forty	fifty	sixty
niederländisch	twintig	dertig	veertig	vijftig	zestig
französisch	vingt	trente	quarante	cinquante	soixante
italienisch	venti	trenta	quaranta	cinquanta	sessanta
spanisch	veinte	treinta	cuarenta	cincuenta	sesanta
portugiesisch	vinte	trinta	quarenta	cinquenta	sessenta
dänisch	tyve	tredive	fyrre(tyve)	halvtreds (indstyve)	tres (indstyve)
schwedisch	tjugo	tretti(o)	fyrti(o)	femti(o)	sexti(o)
norwegisch	tjue (tyve)	tretti (tredve)	førti	femti	seksti
türkisch	yirmi	otuz	kirk	elli	altmis
kroatisch	dvádèset	tridèset	cetrdèset	pedèset	sezdèset
ungarisch	húsz	harminc	negyven	ötven	hatvan
polnisch	dwa-dziescia	try-dziesci	czter-dziesci	piec dziesiat	szésc dziesiat
tschechisch	dvacet	tricet	ctyricet	padesát	sedesát
russisch	dwatzatj	tritzatj	sorok	pjatdessjat	schesstj-dessjat

Sprache	70	80	90	100	1000
englisch	seventy	eighty	ninety	one hundred	one thousand
niederländisch	zeventig	tachtig	negentig	een honderd	duisend
französisch	soixante-dix	quatre-vingts	quatre-vingts-dix	cent	mille
italienisch	settanta	ottanta	novanta	cento	mille
spanisch	setenta	ochenta	noventa	ciento, cien	mil
portugiesisch	setenta	oitenta	noventa	cem, cento	mil
dänisch	halyjerds (indstyve)	firs (indstyve)	halvfems (indstyve)	hundrede	tusind(e)
schwedisch	sjutti(o)	åtti(o)	nitti(o)	hundra	tusen
norwegisch	sytti	åtti	nitti	hundre	tusen
türkisch	yetmis	seksen	doksan	yüz	bin
kroatisch	sedamdèset	osamdèset	devatdèset	stô	hiljada, tisuca
ungarisch	hetven	nyolcvan	kilencven	száz	ezer
polnisch	siedem-dziescia	osiem-dziesiat	dziewiec-dziesiat	sto	tysiac
tschechisch	sedmedsát	osmdesát	devadesát	sto	tisic
russisch	sjemj-dessjat	wossemj-dessjat	dewja-nossto	sto	tüssjatscha

8 Unmöglich – wahrscheinlich – sicher

8.1 Aus der Geschichte der Wahrscheinlichkeit

Galileo Galilei – nicht nur Physiker

Mit seinen *Discorsi* begründete Galilei die moderne Naturwissenschaft und hat sich damit unsterblich gemacht. Aber auch im mathematischen Bereich hat er Beachtliches geleistet, war er doch in Pisa, Padua und Florenz Professor der Mathematik. Eine kleine Schrift befasst sich mit Würfelspielen. Auch seinerzeit war manch einer der Spielsucht verfallen, vermutlich war diese Schrift Galileis Antwort an einen Rat suchenden Freund. Und darum geht's: Werden zwei Würfel geworfen, so zeigt die Erfahrung, dass 9 häufiger als 10 geworfen wird. Werden drei Würfel geworfen, so erscheint 10 häufiger als 9. Wie erklärt sich das?
Die Sache ist noch brisanter!
Bei zwei Würfeln sind m = 11 Fälle möglich; man kann 2, 3, 4, 5, 6, 7, 8, 9, 10, 11, 12 werfen. Die Augenzahl 9 wird durch die Würfe 3;6 oder 5;4 erreicht, die Augenzahl 10 durch 4;6 oder 5;5. Also ist sowohl für 9 als auch für 10 die Anzahl der günstigen Fälle g = 2. Die Wahrscheinlichkeit, eine 9 zu werfen, ist demnach genauso groß wie jene, eine 10 zu werfen, nämlich

$w_2(9) = w_2(10) = \frac{g}{m} = \frac{2}{11}$ – im Widerspruch zu den Erfahrungen der Spieler!

Entsprechendes gilt bei drei Würfeln. Hier sind 16 Fälle möglich, denn es können die Augensummen 3 bis 18 geworfen werden. 9 wird durch die Würfe 1;2;6, 1;3;5, 1;4;4, 2;2;5, 2;3;4, 3;3;3 realisiert, 10 durch 1;3;6, 1;4;5, 2;2;6, 2;3;5, 2;4;4, 3;3;4. Also ist

$w_3(9) = w_3(10) = \frac{g}{m} = \frac{6}{16}$ – ebenfalls im Widerspruch zur Erfahrung.

Galileis sorgfältige Analyse arbeitet ein entscheidendes Moment heraus, das der Gleichwahrscheinlichkeit. So sind beispielsweise bei zwei Würfeln die genannten 11 möglichen Fälle nicht gleich wahrscheinlich. 2 oder auch 12 können nur auf eine einzige Art geworfen werden: beide Würfel müssen 1 bzw. 6 zeigen, wir notieren dies als (1;1) bzw. (6;6). 5 hingegen kann auf 4 verschiedene Weisen geworfen werden: (1;4), (2;3), (3;2), (4;1). Situationen wie diese stellen wir heute durch Ereignisbäume dar. Mit einem Würfel kann man 1 bis 6 werfen, im Baum stellt sich dies durch 6 Zweige dar. Unabhängig vom ersten wirft man auch mit dem zweiten Würfel 1 bis 6; jeder Zweig wird durch 6 weitere Zweige fortgesetzt. Bei zwei Würfeln sind demnach nicht 11, sondern 36 verschiedene Fälle möglich. Diese Sichtweise bringt gleich zwei Vorteile:

1. Diese 36 Ereignisse sind gleich wahrscheinlich.
2. Diese 36 Ereignisse sind **Elementarereignisse**, alle anderen setzen sich aus diesen zusammen.

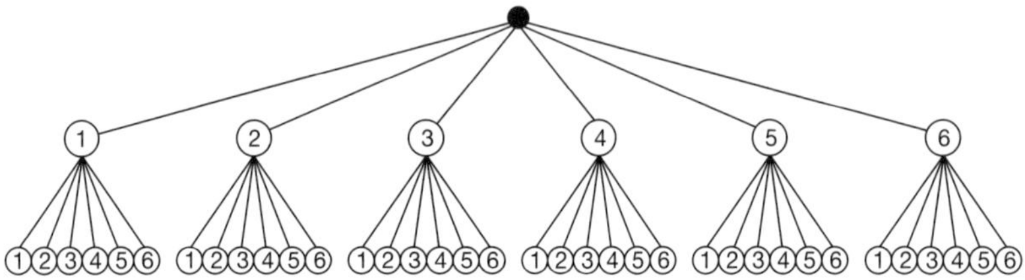

Der Baum zeigt, dass die möglichen Augenzahlen durch unterschiedlich viele Elementarereignisse realisiert werden. Dies ist in der Tabelle zusammengestellt:

Augenzahl	2	3	4	5	6	7	8	9	10	11	12
Anzahl	1	2	3	4	5	6	5	4	3	2	1

Der Baum zeigt, dass die möglichen Augenzahlen durch unterschiedlich viele Elementarereignisse realisiert werden. Dies ist in der Tabelle zusammengestellt:

Die genaue Analyse zeigt

$w_2(9) = \frac{g}{m} = \frac{4}{36}$ und $w_2(10) = \frac{g}{m} = \frac{3}{36}$, d. h. $w_2(9) > w_2(10)$

– in Übereinstimmung mit der Erfahrung!

Entsprechendes gilt für Würfe mit drei Würfeln. Wir ersparen uns den vollständigen Baum zu zeichnen – er hat $6 \cdot 6 \cdot 6 = 216$ Äste! In der Tabelle ist zusammengestellt, auf wie viele unterschiedliche Arten sich die Augensummen 3 bis 18 erzeugen lassen:

Augenzahl	3	4	5	6	7	8	9	10	11	12	13	14	15	16	17	18
Anzahl	1	3	6	10	15	21	25	27	27	25	21	15	10	6	3	1

Für die Augensumme 9 beispielsweise muss mit den Würfeln (1;2;6) oder (1;3;5) oder (1;4;4) oder (2;2;5) oder (2;3;4) oder (3;3;3) geworfen werden. Diese Würfe können ihrerseits unterschiedlich realisiert werden:

(1;2;6) z. B. kann auf 6fache Weise realisiert werden, weil die geworfenen Werte auf 6 verschiedene Weisen angeordnet werden können. Entsprechendes gilt für (1;3;5) bzw. (2;3;4). (1;4;4) kann auf 3fache Weise realisiert werden, desgleichen (2;2;5). (3;3;3) wird nur durch einen einzigen Wurf erzeugt.

Insgesamt erhält man $6 \cdot 3 + 3 \cdot 2 + 1 = 25$ mögliche Würfe für die Augenzahl 9.
Es ist also

$$w_3(9) = \frac{g}{m} = \frac{25}{216} \text{ und } w_3(10) = \frac{g}{m} = \frac{27}{216} \text{ d. h. } w_3(9) < w_3(10)$$

– in Übereinstimmung mit der Erfahrung!

Hier irrt Herr Leibniz

Gottfried Leibniz gilt als einer der vielseitigsten und scharfsinnigsten Denker aller Zeiten. Er wirkte als Jurist und Historiker, als Schriftsteller und Bibliothekar, als Philosoph und Theologe – und als Mathematiker! Hier hat er die Entwicklung der Differential- und Integralrechnung nachhaltig gefördert. Er selbst sagt von seiner Leistung, dass sie „der Mittelmäßigkeit erlaube Probleme anzugreifen, welche bis dahin nur den Hochbegabten zugänglich gewesen seien". Sein Beitrag zur Lehre der Wahrscheinlichkeit ist mäßig. Erstaunlich aber, dass ein so großer Geist wie er sich in ihren Fallstricken verfing (siehe *Opera Omnia*):

„... mit zwei Würfeln beispielsweise erscheint 12 genauso häufig wie 11; denn das eine wie auch das andere lässt sich nur auf eine einzige Art werfen. Die 7 hingegen erscheint dreimal so häufig wie 12; denn sie erscheint, indem man 6 und 1, 5 und 2, 4 und 3 wirft."

Leibniz erkennt zutreffend, dass die Augensumme 11 nur dann erreicht wird, wenn 5 und 6 geworfen werden. Aber die 5 kann entweder mit dem einen oder aber mit dem anderen Würfel geworfen werden, der jeweils andere Würfel muss dann 6 zeigen. Er übersieht, dass 12 und 11 nicht gleich wahrscheinlich sind; 11 erscheint doppelt so häufig wie 12.
Entsprechendes gilt für die 7. Sie wird – in heutiger Notation – durch die Würfe (6;1), (1;6), (5;2), (2;5), (4;3), (3;4) realisiert; sie erscheint sechsmal so häufig wie die 12!

So nicht, Herr d'Alembert!

D'Alembert ist einer der hervorragendsten Mathematiker des 18. Jahrhunderts. Zusammen mit Diderot besorgte er die Herausgabe der berühmten *Encyclopédie*. In dem von ihm verfassten mathematischen Teil wird auch der sich neu entfaltende Zweig behandelt, die Lehre der Wahrscheinlichkeit. In einem Beispiel geht es um Kopf oder Zahl:

Eine Münze wird zweimal geworfen. Wie groß ist die Wahrscheinlichkeit, mindestens einmal „Kopf" zu werfen?

D'Alembert sieht drei Möglichkeiten:
1. Im ersten Wurf fällt „Kopf". Das Spiel braucht nicht fortgesetzt zu werden, es ist beendet.
2. Im ersten Wurf fällt „Zahl" und erst im zweiten „Kopf".

3. Es fällt sowohl im ersten als auch im zweiten Wurf „Zahl“.

Von diesen drei möglichen Fällen K, ZK, ZZ sind zwei günstig, also ist die Wahrscheinlichkeit, mindestens einmal „Kopf“ zu werfen, $w = \frac{2}{3}$.

Doch der Gelehrte irrt! Die drei Fälle K, ZK, ZZ sind nicht gleich wahrscheinlich; der erste Fall hat die Wahrscheinlichkeit $w_1 = \frac{1}{2}$; die beiden anderen ersichtlich nicht! Die Voraussetzung zur Anwendung der Formel $w = \frac{g}{m}$ ist nicht gegeben!

Gleich wahrscheinliche Fälle sind KK, KZ, ZK, ZZ. Von diesen 4 möglichen Fällen sind 3 günstig. Die Wahrscheinlichkeit w, mindestens einmal Zahl zu werfen, beträgt $w = \frac{g}{m} = \frac{3}{4}$.

Ganz entsprechend sieht d'Alembert beim dreimaligen Werfen einer Münze 4 mögliche Fälle: K, ZK, ZZK, ZZZ, darunter sind 3 für „Kopf“ günstig; deshalb ist die Wahrscheinlichkeit „Kopf“ zu werfen $w = \frac{g}{m} = \frac{3}{4}$. Auch hier irrt d'Alembert, weil er diese Fälle als gleich wahrscheinlich behandelt. Die Wahrscheinlichkeit für „Kopf“ beträgt $w = \frac{7}{8}$!

Sie lässt sich auf unterschiedliche Weise bestimmen:

1. Mit den 4 d'alembertschen Ereignissen: Es ist
   $w(K) = \frac{1}{2}$, $w(ZK) = \frac{1}{4}$, $w(ZKK) = \frac{1}{8}$.
   Diese Ereignisse schließen sich gegenseitig aus, also ist
   $w = \frac{1}{2} + \frac{1}{4} + \frac{1}{8} = \frac{7}{8}$.
2. Mit dem Gegenereignis: Die Wahrscheinlichkeit, kein „Kopf“ zu werfen, ist $\frac{1}{8}$.
   Also ist die Wahrscheinlichkeit, mindestens einmal „Kopf“ zu werfen,
   $w = 1 - \frac{1}{8} = \frac{7}{8}$.
3. Mit gleich wahrscheinlichen Elementarereignissen: Es sind dies die Ereignisse KKK, KKZ, KZK, ZKK, KZZ, KZK, ZKK, ZZZ. Von diesen 8 möglichen (gleich wahrscheinlichen!) Ereignissen sind 7 günstig; also ist
   $w = \frac{7}{8}$.

Der Spieler und die Anfänge der Wahrscheinlichkeitslehre

Der Chevalier de Méré war kein Mathematiker, er war Spieler, leidenschaftlicher Spieler! Aber seine Spielleidenschaft machte ihn nicht blind. Er beobachtete, er überlegte, er staunte. Zum Glück war Pascal sein guter Bekannter. Ihm legte er seine merkwürdigen Beobachtungen vor – es war sein Beitrag zur Grundlegung der Wahrscheinlichkeitslehre. In Cantors *Geschichte der Mathematik* (Bd. 2, S. 688) liest man:

> *Pascal stürzt sich mit der jugendlichen Gier seiner 26 Jahre in das wilde und nicht selten wüste Leben der Hauptstadt Paris. Zu seinen damaligen nahen Bekannten gehörte ein Spieler de Méré. De Méré wusste aus Erfahrung, dass es von Vorteil ist zu wetten, bei 4 Würfen mit einem Würfel mindestens eine Sechs zu werfen. Seine Erfahrung lehrte ihn, dass es von Nachteil ist zu wetten, bei 24 Würfen mit zwei Würfeln einen Sechserpasch zu werfen. Warum?*

De Méré überlegte: Bei 4 Würfen mit einem Würfel ist es günstig, auf 6 zu wetten. Also müsste es bei $6 \cdot 4 = 24$ Würfen ebenso günstig sein, auf einen Sechserpasch, d. h. eine Doppelsechs, zu wetten – ganz im Gegensatz zu seinen Erfahrungen!

De Mérés Erfahrungen lassen sich rechnerisch überprüfen. Bei 4 Würfen kann die 6 beim 1., beim 2., beim 3. oder aber erst beim 4. Wurf erscheinen, wie im Baum dargestellt. Die Wahrscheinlichkeit $w_4(6)$, dass 6 mindestens einmal erscheint, bestimmt sich deshalb zu

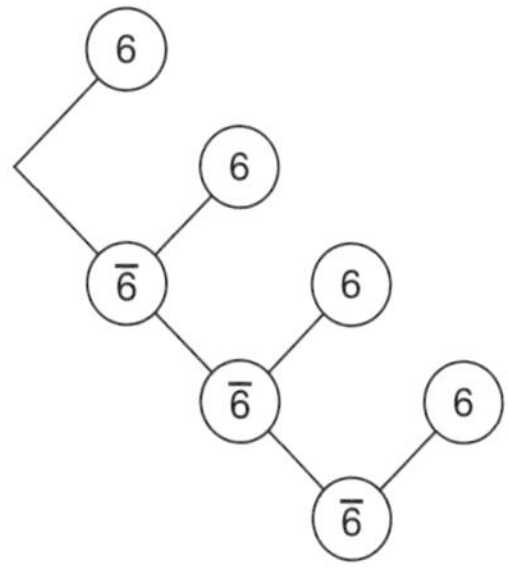

$$w_4(6) = \frac{1}{6} + \frac{5}{6} \cdot \frac{1}{6} + \left(\frac{5}{6}\right)^2 \cdot \frac{1}{6} + \left(\frac{5}{6}\right)^3 \cdot \frac{1}{6}$$
$$= \frac{1}{6}\left(1 + \frac{5}{6} + \left(\frac{5}{6}\right)^2 + \left(\frac{5}{6}\right)^3\right).$$

Der Klammerausdruck $s = 1 + \frac{5}{6} + \left(\frac{5}{6}\right)^2 + \left(\frac{5}{6}\right)^3$

stellt eine geometrische Reihe dar. Wegen $\frac{5}{6} s = \frac{5}{6} + \left(\frac{5}{6}\right)^2 + \left(\frac{5}{6}\right)^3 + \left(\frac{5}{6}\right)^4$

folgt $s - \frac{5}{6} s = 1 - \left(\frac{5}{6}\right)^4$, d. h. $\frac{1}{6} s = 1 - \left(\frac{5}{6}\right)^4$ Damit folgt $w_4(6) = 1 - \left(\frac{5}{6}\right)^4$.

Dieses Ergebnis erhält man viel eleganter mit dem Gegenereignis; es bedeutet bei vier Würfen keine 6 zu werfen. Es bestimmt sich zu

$$w_4(\overline{6}) = \left(\frac{5}{6}\right)^4; \text{ also ist } w_4(6) = 1 - \left(\frac{5}{6}\right)^4 \approx 0{,}52.$$

Entsprechendes gilt für Würfe mit 2 Würfeln.

Die Wahrscheinlichkeit, mit einem Wurf eine Doppelsechs zu werfen, ist

$$w(66) = \frac{1}{6} \cdot \frac{1}{6} = \frac{1}{36},$$

und demgemäß die Wahrscheinlichkeit, keine Doppelsechs zu werfen,

$$w_4(\overline{6}\,\overline{6}) = 1 - \frac{1}{36} = \frac{35}{36}.$$

Wie ist dies bei 24 Würfen?

Der Ereignisbaum veranschaulicht die Situation: die Doppelsechs kann nach dem 1. Wurf, dem 2., dem 3., ..., oder aber erst nach dem 24. Wurf erscheinen.

Es ist also $w_{24}(66) = \frac{1}{36} + \frac{35}{36} \cdot \frac{1}{36} + \left(\frac{35}{36}\right)^2 \cdot \frac{1}{36} + \left(\frac{35}{36}\right)^3 \cdot \frac{1}{36} + \ldots + \left(\frac{35}{36}\right)^{23} \cdot \frac{1}{36}$.

Wieder eine geometrische Reihe! Wir werten sie nach bewährter Manier aus:

$$\frac{35}{36} w_{24}(66) = \frac{35}{36} \cdot \frac{1}{36} + \left(\frac{35}{36}\right)^2 \cdot \frac{1}{36} + \left(\frac{35}{36}\right)^3 \cdot \frac{1}{36} + \ldots + \left(\frac{35}{36}\right)^{23} \cdot \frac{1}{36} + \left(\frac{35}{36}\right)^{24} \cdot \frac{1}{36}.$$

Damit folgt

$$w_{24}(66) - \frac{35}{36}\, w_{24}(66) = \frac{1}{36} - \left(\frac{35}{36}\right)^{24} \cdot \frac{1}{36}, \text{ d. h.}$$

$$w_{24}(66) = 1 - \left(\frac{35}{36}\right)^{24}.$$

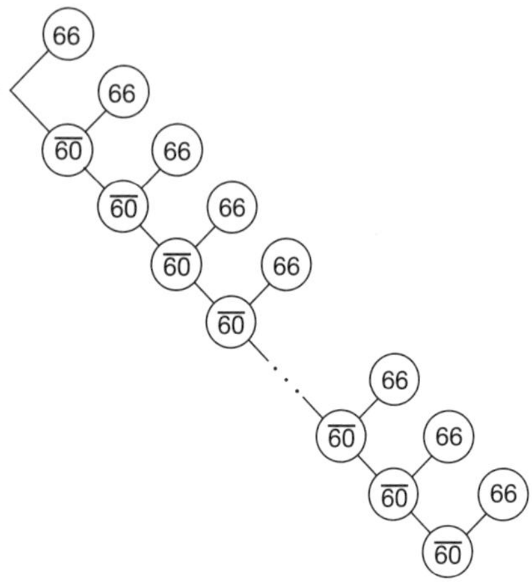

Die elegantere Lösung nutzt auch hier das Gegenereignis.
Die Wahrscheinlichkeit, 24-mal keine Doppelsechs zu werfen, bestimmt sich zu $w_{24}(\bar{6}\,\bar{6}) = \left(\frac{35}{36}\right)^{24}$.
Also ist die Wahrscheinlichkeit für eine Doppelsechs

$$w_{24}(66) = 1 - \left(\frac{35}{36}\right)^{24} \approx 0{,}491.$$

Übrigens: Die beiden unterschiedlichen Lösungswege liefern

einerseits $w_{24}(66) = 1 - \left(\frac{35}{36}\right)^{24}$ und

andererseits $w_{24}(66) = \frac{1}{36} + \frac{35}{36} \cdot \frac{1}{36} + \left(\frac{35}{36}\right)^{2} \cdot \frac{1}{36} + \left(\frac{35}{36}\right)^{3} \cdot \frac{1}{36} + \ldots + \left(\frac{35}{36}\right)^{23} \cdot \frac{1}{36}$.

Das bedeutet $1 + \frac{35}{36} + \left(\frac{35}{36}\right)^{2} + \left(\frac{35}{36}\right)^{3} + \ldots + \left(\frac{35}{36}\right)^{23} = \dfrac{1 - \left(\frac{35}{36}\right)^{24}}{1 - \frac{35}{36}}$.

– die Summenformel geometrischer Reihen als Abfallprodukt dieser Wahrscheinlichkeitsbetrachtungen!

De Mérés Problem: Wie teilt man gerecht?

Ja, dem Spieler und Lebemann de Méré ging es auch um Fairness und Gerechttigkeit! Und auch mit dieser Frage wendet er sich an den Mathematiker Pascal. Er verlangte zu wissen:

> *„Wie soll man teilen, wenn man ein auf eine gewisse Anzahl gewonnener Einzelspiele gerichtetes Spiel zu unterbrechen gezwungen sei, bevor es zur Entscheidung kam."* (In: Cantors *Geschichte der Mathematik* Bd. 2, S. 688).

Nehmen wir ein **Beispiel:** A und B vereinbaren den gesamten Spieleinsatz jenem zukommen zu lassen, der zuerst 4 Spiele gewonnen hat. Das Spiel muss beim Stand 1 : 3 abgebrochen werden. Wie soll der Einsatz verteilt werden?

- Jedem das Gleiche – das lässt den Spielstand außer Acht.
- 1 Teil an A, 3 Teile an B – das berücksichtigt zwar den Spielstand, beachtet aber nicht, dass B dem Gesamtgewinn greifbar nahe ist!

- Pascals Leistung war es, zu erkennen, dass die Aufteilung des Einsatzes sich nach der Gewinnaussicht auszurichten hat. Der Ereignisbaum veranschaulicht, wie sich das Spiel weiterentwickeln kann.

A gewinnt mit der Wahrscheinlichkeit

$$w(A) = \frac{1}{2} \cdot \frac{1}{2} \cdot \frac{1}{2} = \frac{1}{8}\text{, B mit } w(B) = \frac{1}{2} + \frac{1}{2} \cdot \frac{1}{2} + \frac{1}{2} \cdot \frac{1}{2} \cdot \frac{1}{2} = \frac{7}{8}.$$

Die „gerechte“ Verteilung: $\frac{1}{8}$ für A, $\frac{7}{8}$ für B.

In einem der ersten Bücher zur Wahrscheinlichkeitslehre, in der *Ars conjectandi* von 1713, behandelt Jacob Bernoulli eben dieses Problem. Eine „Tafel gibt den Teil des Einsatzes an, welcher A zukommt, wenn das Spiel in dem Augenblick abgebrochen wird, wo A noch 1,2,3,...9 und B noch 1,2,3,...7 Spiele fehlen, um den ganzen Einsatz zu bekommen“:

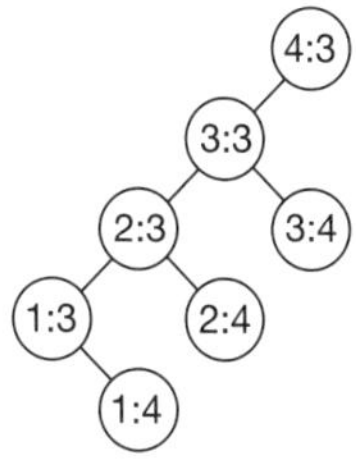

Tafel für 2 Spieler

Anzahl der Spiele, die noch fehlen	dem Spieler B						
dem Spieler A	1	2	3	4	5	6	7
1	1 : 2	3 : 4	7 : 8	15 : 16	31 : 32	63 : 64	127 : 128
2	1 : 4	4 : 8	11 : 16	26 : 32	57 : 64	120 : 128	247 : 256
3	1 : 8	5 : 16	16 : 32	42 : 64	99 : 128	219 : 256	466 : 512
4	1 : 16	6 : 32	22 : 64	64 : 128	163 : 256	382 : 512	848 : 1024
5	1 : 32	7 : 64	29 : 128	93 : 256	256 : 512	638 : 1024	1486 : 2048
6	1 : 64	8 : 128	37 : 256	130 : 512	386 : 1024	1024 : 2048	2510 : 4096
7	1 : 128	9 : 256	46 : 512	176 : 1024	562 : 2048	1586 : 4096	4096 : 8192
8	1 : 256	10 : 512	56 : 1024	232 : 2048	794 : 4096	2380 : 8192	6476 : 16384
9	1 : 512	11 : 1024	67 : 2048	299 : 4096	1093 : 8192	3473 : 16384	9949 : 32768

In Bernoullis *Ars conjectandi* findet sich eine Verallgemeinerung dieses Problems auf drei Spieler A, B, C. Wir fragen:

Drei Spieler A, B und C vereinbaren den gesamten Spieleinsatz jenem zukommen zu lassen, der zuerst eine bestimmte Anzahl von Spielen gewonnen hat. Das Spiel muss abgebrochen werden; A fehlt noch 1 Spiel, B noch 2 und C 3 Spiele zum Gewinn. Wie soll der Einsatz verteilt werden?

Auch hier veranschaulicht ein Ereignisbaum den möglichen weiteren Spielverlauf: A kann bereits in der nächsten Spielrunde gewinnen, B frühestens in der zweiten, C nicht vor der dritten! Die Gewinnwahrscheinlichkeiten für die Spieler bestimmen sich deshalb zu:

$$w(A) = \frac{1}{3} + 2 \cdot \frac{1}{9} + 3 \cdot \frac{1}{27} + 3 \cdot \frac{1}{81}$$

$$= \frac{19}{27}$$

$$w(B) = \frac{1}{9} + 2 \cdot \frac{1}{27} + 3 \cdot \frac{1}{81} = \frac{6}{27}$$

$$w(C) = \frac{1}{27} + 3 \cdot \frac{1}{81} = \frac{2}{27}$$

Sie legen fest, wie der Einsatz aufzuteilen ist.

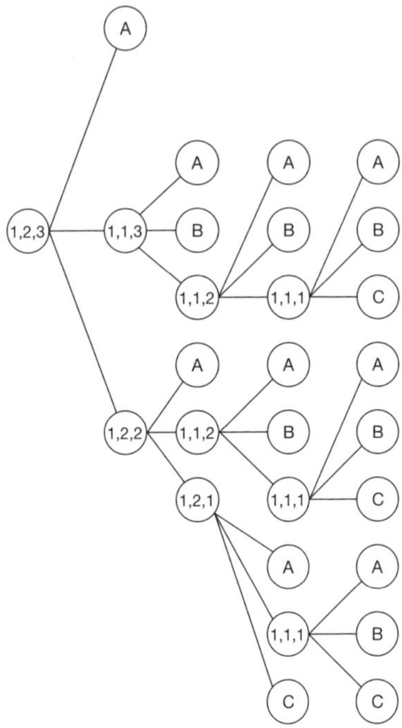

In der *Ars conjectandi* werden weitere Beispiele in einer Tabelle angegeben:

Tafel für 3 Spiele

	A.	B.	C.	A.	B.	C.	A.	B.	C.	A.	B.	C.
Anzahl der fehlenden Spiele:	1	1	2	1	2	2	1	1	3	1	2	3
Gewinnanteile:	$\frac{4}{9}$	$\frac{4}{9}$	$\frac{1}{9}$	$\frac{17}{27}$	$\frac{5}{27}$	$\frac{5}{27}$	$\frac{13}{27}$	$\frac{13}{27}$	$\frac{1}{27}$	$\frac{19}{27}$	$\frac{6}{27}$	$\frac{2}{27}$
Anzahl der fehlenden Spiele:	1	1	4	1	1	5	1	2	4	1	2	5
Gewinnanteile:	$\frac{40}{81}$	$\frac{40}{81}$	$\frac{1}{81}$	$\frac{121}{243}$	$\frac{121}{243}$	$\frac{1}{243}$	$\frac{178}{243}$	$\frac{58}{243}$	$\frac{7}{243}$	$\frac{542}{729}$	$\frac{179}{729}$	$\frac{8}{729}$
Anzahl der fehlenden Spiele:	1	3	3	1	3	4	1	3	5			
Gewinnanteile:	$\frac{65}{81}$	$\frac{8}{81}$	$\frac{8}{81}$	$\frac{616}{729}$	$\frac{82}{729}$	$\frac{31}{729}$	$\frac{629}{729}$	$\frac{87}{729}$	$\frac{13}{729}$			
Anzahl der fehlenden Spiele:	2	2	3	2	2	4	2	2	5			
Gewinnanteile:	$\frac{34}{81}$	$\frac{34}{81}$	$\frac{13}{81}$	$\frac{338}{729}$	$\frac{338}{729}$	$\frac{53}{729}$	$\frac{353}{729}$	$\frac{353}{729}$	$\frac{23}{729}$			
Anzahl der fehlenden Spiele:	2	3	3	2	3	4	2	3	5			
Gewinnanteile:	$\frac{133}{243}$	$\frac{55}{243}$	$\frac{55}{243}$	$\frac{459}{729}$	$\frac{195}{729}$	$\frac{89}{729}$	$\frac{1433}{2187}$	$\frac{635}{2187}$	$\frac{199}{2187}$			

8.2 Alles Zufall

8.2.1 *Kinder, Kinder!*

A Junge oder Mädchen?

Ungeduldige Eltern können es kaum erwarten: Wird es ein Junge oder ein Mädchen? Doch das ist allein Sache des Zufalls. Aber so ist der Zufall: Obwohl im konkreten Einzelfall keine Voraussage möglich ist, erlaubt er bei großen Anzahlen sehr wohl präzise Angaben. Jungen werden genauso häufig geboren wie Mädchen – fast genauso häufig! Die Natur begünstigt in geringer, aber merkbarer Weise Jungengeburten. In allen Ländern, bei allen Völkern und zu allen Zeiten beobachtet man, dass der Anteil von Jungen- zu dem der Mädchengeburten nicht genau 1 : 1 ist. Von 1 000 Geburten sind rund 512 Jungen und 488 Mädchen. Die Wahrscheinlichkeiten, dass ein Kind ein Junge bzw. Mädchen sein wird, sind demnach nicht w(j) = w(m) = 0,5 sondern vielmehr w(j) = 0,512 bzw. w(m) = 0,488.
Bereits vor mehr als zwei Jahrhunderten hat D. Bernoulli diese Asymmetrie zum Gegenstand seiner Untersuchungen gemacht. In den Vorlesungen über *Geschichte der Mathematik* (Bd. 4, S. 239) von Cantor lesen wir:

> „*D. Bernoulli macht zuerst die Hypothese, dass das Überwiegen der Knabengeburten lediglich die Wirkung des Zufalls sei; dann die, dass in ihr ein Naturgesetz in Erscheinung trete; ... seine Untersuchungen zeigen, dass die größere Wahrscheinlichkeit auf Seiten der zweiten Annahme steht, d. h., dass eine natürliche Ursache für die größere Anzahl der Knabengeburten vorhanden sei.*"

Heute wissen wir um diese Ursachen, sie sind genetischer Art. Bernoullis mathematische Überlegungen wurden durch die Ergebnisse der modernen Biologie vollauf bestätigt.
Etwa zur selben Zeit beschäftigte sich auch Laplace mit dieser Frage. Er sammelte und sichtete Daten aus verschiedenen Regionen Frankreichs. Seine Untersuchungen ergaben ein Verhältnis von Jungen- und Mädchengeburten von annähernd 22 : 21, das bedeutete für die entsprechenden Wahrscheinlichkeiten

$$w(j) \approx \frac{22}{22+21} \approx 0{,}512 \quad \text{bzw.} \quad w(m) \approx \frac{21}{22+21} \approx 0{,}488.$$

Dieses Zahlenverhältnis wurde auch in Italien und Russland festgestellt. Und sogar von Humboldt wurde bei seinen Amerikaexpeditionen in diesen Fragenkomplex eingebunden; die von ihm gesammelten Daten unterschieden sich nicht von jenen der Alten Welt.
Laplace war sicher: Das Verhältnis 22 : 21 konnte nicht regionale oder klimatische Ursachen haben, es musste als Ausdruck einer allgemeinen Gesetzmäßigkeit verstanden werden.

Und dann diese Beobachtung: Jungen- und Mädchengeburten waren im Taufregister von Paris im Verhältnis 25 : 24 ausgewiesen. Die Wahrscheinlichkeiten

$$w(j) \approx \frac{25}{25+24} \approx 0{,}510 \quad \text{bzw.} \quad w(m) \approx \frac{24}{25+24} \approx 0{,}490.$$

– sie standen in eklatantem Widerspruch zu den Ergebnissen der übrigen Regionen Frankreichs und jenen der anderen Teile der Welt!

Laplace vertraute der Verlässlichkeit und Aussagekraft seines umfänglichen Zahlenmaterials! Er stellte genauere Untersuchungen an und wurde fündig! In Paris waren auch jene Kinder erfasst, die ausgesetzt wurden und im Heim für Findelkinder Aufnahme fanden. Der Anteil der Mädchen war bei den Findelkindern merklich höher, denn von ihnen versprach man sich geringere Arbeitskraft als von Jungen. Laplace zählte und rechnete dieses Mal ohne die Findelkinder einzubeziehen und erfuhr glänzende Bestätigung: Die „bereinigten" Zahlen ergaben jetzt auch für Paris 22 : 21 als Verhältnis der Knaben- zu Mädchengeburten.

B Elternwünsche

Eltern haben Wünsche, manche wünschen sich unbedingt einen Sohn. Was wäre, wenn alle Elternpaare diesen Wunsch realisieren wollten: Kinder, bis sich ein Sohn einstellt?

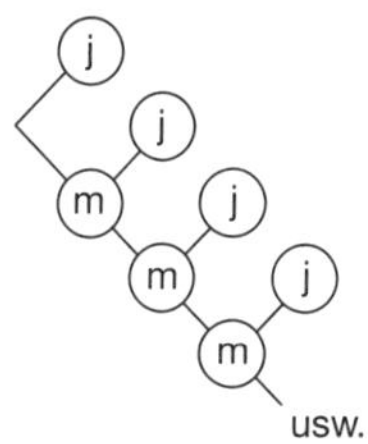

Was bedeutet eine solche Familienplanung, wohin führt diese Bevorzugung von Söhnen? Die Entwicklung lässt sich durch folgenden Ereignisbaum darstellen: Ist das erste Kind ein Junge, dann ist die Familie komplett. Ist es hingegen ein Mädchen, werden die Eltern ein zweites Kind planen; ist es wieder ein Mädchen, ein drittes usw. …

Wir rechnen diese Planungen hoch, wohl wissend, dass wir uns zunehmend von der Realität entfernen. Auch setzen wir wider besseres Wissen

$$w(j) = w(m) = \frac{1}{2},$$

die Rechnung wird dadurch übersichtlicher und einfacher!

Die Wahrscheinlichkeiten w(1), w(2), w(3), …, w(n), bei dieser Strategie auf Familien mit 1, 2, 3, … n Kindern zu treffen, sind:

$$w(1) = w(j) = \left(\frac{1}{2}\right)$$

$$w(2) = w(m) \cdot w(j) = \left(\frac{1}{2}\right)^2$$

$$w(3) = (w(m))^2 \cdot w(j) = \left(\frac{1}{2}\right)^3$$

$$w(4) = (w(m))^3 \cdot w(j) = \left(\frac{1}{2}\right)^4$$

$$w(n) = (w(m))^{n-1} \cdot w(j) = \left(\frac{1}{2}\right)^n \quad \ldots$$

Die Anzahl K der Kinder im Mittel, der Erwartungswert, ist deshalb:

$$K = 1 \cdot w(1) + 2 \cdot w(2) + 3 \cdot w(3) + 4 \cdot w(4) + \ldots + n \cdot w(n) + \ldots$$

$$K = 1 \cdot \frac{1}{2} + 2 \cdot \left(\frac{1}{2}\right)^2 + 3 \cdot \left(\frac{1}{2}\right)^3 + 4 \cdot \left(\frac{1}{2}\right)^4 + \ldots + n \cdot \left(\frac{1}{2}\right)^n + \ldots$$

Das bedeutet:

$$2K = 1 + 2 \cdot \left(\frac{1}{2}\right)^1 + 3 \cdot \left(\frac{1}{2}\right)^2 + 4 \cdot \left(\frac{1}{2}\right)^3 + \ldots + n \cdot \left(\frac{1}{2}\right)^{n-1} + \ldots$$

$$K = 2K - K = 1 + \left(\frac{1}{2}\right)^1 + \left(\frac{1}{2}\right)^2 + \left(\frac{1}{2}\right)^3 + \ldots + n \cdot \left(\frac{1}{2}\right)^{n-1} + \left(\frac{1}{2}\right)^n + \ldots$$

Das Problem der Berechnung von K hat sich wesentlich entschärft; K bestimmt sich durch eine simple geometrische Reihe. Nochmals der Trick 2K – K und man erhält

$K = 2.$

Die mittlere Kinderzahl stabilisiert sich unter unseren vereinfachenden Annahmen auf 2: Eines der Kinder ist ein Junge, das andere also ein Mädchen. Die Familienstrategie „Kinder, bis sich erstmals ein Sohn einstellt" führt also – entgegen dem ersten Augenschein – keineswegs zu einem bevölkerungspolitisch brisanten Überhang von Jungen. Im Gegenteil! Ein ausgeglichenes Verhältnis von Jungen und Mädchen ergibt sich bei dieser Strategie nur unter der irrealen Voraussetzung, dass die Kinderzahl nicht nach oben begrenzt sei. In Wirklichkeit würde diese Strategie, konsequent durchgeführt, sogar zu mehr Mädchen als Jungen führen.

Andere Eltern, andere Wünsche!
Viele wünschen sich sowohl einen Sohn als auch eine Tochter.
Was wäre, wenn alle Elternpaare einen solchen Wunsch realisieren wollten: Kinder, bis sich Junge und Mädchen einstellen?

Auch eine solche Familienplanung lässt sich durch einen Ereignisbaum veranschaulichen.

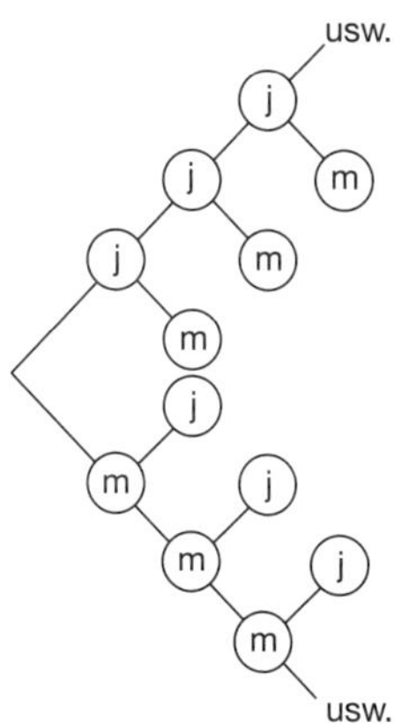

Sind die ersten beiden Kinder Junge und Mädchen, so ist das Familienglück bereits perfekt. Sind hingegen die beiden ersten zwei Jungen bzw. zwei Mädchen, so wird möglicherweise beim dritten, beim vierten … Kind der Elternwunsch erfüllt.

Wieder setzen wir der Einfachheit halber $w(j) = w(m) = \frac{1}{2}$ und wieder lassen wir in der Rechnung unberücksichtigt, dass die Kinderzahl auf natürliche Weise begrenzt ist.

Die Wahrscheinlichkeiten w(2), w(3), ..., w(n), bei dieser Strategie auf Familien mit 2, 3, ... , n Kindern zu treffen, sind hier:

$$w(2) = w(j)\ w(m) + w(m)\ w(j) = \left(\frac{1}{2}\right)$$

$$w(3) = w(j)^2\ w(m) + w(m)^2\ w(j) = \left(\frac{1}{2}\right)^2$$

$$w(4) = w(j)^3\ w(m) + w(m)^3\ w(j) = \left(\frac{1}{2}\right)^3$$

$$w(n) = w(j)^{n-1}\ w(m) + w(m)^{n-1}\ w(j) = \left(\frac{1}{2}\right)^{n-1}$$

Die mittlere Kinderzahl K bestimmt sich zu:

$$K = 2\ w(2) + 3(w(3) + 4\ w(4) + \ldots + n\ w(n) + \ldots$$

$$K = 2 \cdot \frac{1}{2} + 3 \cdot \left(\frac{1}{2}\right)^2 + 4 \cdot \left(\frac{1}{2}\right)^3 + \ldots + n \cdot \left(\frac{1}{2}\right)^{n-1} + \ldots$$

Also folgt:

$$\frac{1}{2} K = 2 \cdot \left(\frac{1}{2}\right)^2 + 3 \cdot \left(\frac{1}{2}\right)^3 + 4 \cdot \left(\frac{1}{2}\right)^4 + \ldots + n \cdot \left(\frac{1}{2}\right)^n + \ldots$$

$$K - \frac{1}{2} K = 2 \cdot \frac{1}{2} + \left(\frac{1}{2}\right)^2 + \left(\frac{1}{2}\right)^3 + \left(\frac{1}{2}\right)^4 + \ldots + n \cdot \left(\frac{1}{2}\right)^{n-1} + \ldots$$

$$\frac{1}{2} K = 1 + \left(\frac{1}{2}\right)^2 \cdot \left(1 + \frac{1}{2} + \left(\frac{1}{2}\right)^2 + \left(\frac{1}{2}\right)^3 + \left(\frac{1}{2}\right)^4 + \ldots + n \cdot \left(\frac{1}{2}\right)^{n-1} + \ldots\right), \text{ d. h.}$$

$$\frac{1}{2} K = 1 + \left(\frac{1}{2}\right)^2 \cdot 2$$

$$K = 3.$$

Hier stabilisiert sich die mittlere Kinderzahl auf 3.

C Nachbars Kinder

Eine Familie hat 2 Kinder
Wie groß ist die Wahrscheinlichkeit, dass es 2 Mädchen sind?
Gelegentlich wird folgendermaßen argumentiert: Bei 2 Kindern sind es entweder 2 Jungen (jj), oder 2 Mädchen (mm), oder aber ein Junge und ein Mädchen (jm). Von diesen 3 Fällen ist nur einer günstig; also ist $w(mm) = \frac{1}{3}$.
Diese Argumentation ist natürlich falsch. Hier wird wieder einmal übersehen, dass diese Fälle nicht gleich wahrscheinlich sind. „Ein Junge und ein Mädchen" bedeutet: „Das ältere ist ein Junge und das jüngere ein Mädchen" oder aber: „Das ältere ist ein Mädchen und das jüngere ein Junge". Die vier Fälle (jj), (jm), (mj) und (mm) sind gleich wahrscheinlich. Es ist deshalb $w(mm) = \frac{1}{4}$.
Im Nachbarhaus ist eine neue Familie eingezogen. Man weiß nicht mehr und nicht weniger, als dass diese Familie zwei Kinder hat.
a) Wie groß ist die Wahrscheinlichkeit, dass ein Junge dabei ist?
b) Wie groß ist die Wahrscheinlichkeit, dass beide Kinder Jungen sind?

Bei zwei Kindern sind die vier Fälle (jj), (jm), (mj), (mm) möglich; sie sind (fast) gleich wahrscheinlich.

a) Die Wahrscheinlichkeit w_a, unter den Kindern wenigstens einen Jungen vorzufinden, bestimmt sich deshalb zu

$$w_a = w(j) \cdot w(j) + w(j) \cdot w(m) + w(m) \cdot w(j) = \frac{1}{2} \cdot \frac{1}{2} + \frac{1}{2} \cdot \frac{1}{2} + \frac{1}{2} \cdot \frac{1}{2} = \frac{3}{4}.$$

b) Die Wahrscheinlichkeit w_b bestimmt sich entsprechend zu
$w_b = w(j) \cdot w(j) = \frac{1}{4}$.

In Gesprächen erfährt man mehr von der Nachbarfamilie.
A: „Wenigstens eines der Kinder ist ein Junge."
B: „Das ältere Kind ist ein Junge."

Die erste Information bedeutet, dass bei dieser Familie der Fall (mm) nicht auftreten kann. Es gibt keinen Grund, einen der möglichen Fälle (jj), (jm), (mj) als wahrscheinlicher oder unwahrscheinlicher als einen anderen anzusehen. Die Wahrscheinlichkeit w_A, dass das andere Kind ebenfalls ein Junge ist, bestimmt sich deshalb zu $w_A = \frac{1}{3}$.
Die zweite Information bedeutet, dass nur die Fälle (jj) und (jm) möglich sind. Die Wahrscheinlichkeit w_B, dass das andere Kind ebenfalls ein Junge ist, bestimmt sich hier zu
$w_B = \frac{1}{2}$.

8.2.2 Wetten, dass ...

A Geburtstagsparadoxon

Auf einer Party sind 30 Gäste. Man hört folgendes Angebot: „Wetten, dass mindestens zwei Gäste am gleichen Tag Geburtstag haben!"

Wetten dieser Art haben nicht nur bei 30 Gästen einen Sinn. Bereits bei zwei Personen lässt sich nach der Gewinnaussicht einer solchen Wette fragen; sie ist gering. Mit zunehmender Personenzahl nimmt die Gewinnaussicht zu. Bei 366 (bzw. 377) Personen wird sie zur Gewissheit; denn im ungünstigsten Fall haben die ersten 365 Personen an unterschiedlichen Tagen Geburtstag und belegen vollständig die Tage des Jahres. Der Geburtstag jeder weiteren Person fällt mit Sicherheit auf einen bereits belegten Tag.
Wie entwickelt sich also die Gewinnaussicht mit zunehmender Personenzahl?

a) Wir argumentieren mit dem Gegenereignis. Es bedeutet, dass keine zwei der Gäste am gleichen Tag Geburtstag haben. Wir rechnen hoch!
Die 1. Person „besetzt" einen der 365 Tage.
Die 2. Person hat 364 Tage „frei"; die Wahrscheinlichkeit, dass 2 Personen nicht am gleichen Tag Geburtstag haben ist deshalb

$$w(2) = \frac{364}{365}.$$

Die 3. Person hat 363 „freie" Tage, die 4. Person hat 362, ..., die 30. Person 365 – 29 „freie" Tage. Also haben

3 Personen mit der Wahrscheinlichkeit $w(3) = \frac{364}{365} \cdot \frac{363}{365}$,

4 Personen mit der Wahrscheinlichkeit $w(4) = \frac{364}{365} \cdot \frac{363}{365} \cdot \frac{362}{365}$,

30 Personen mit der Wahrscheinlichkeit $w(5) = \frac{364}{365} \cdot \frac{363}{365} \cdot \frac{362}{365} \cdot \ldots \cdot \frac{365-29}{365}$

an verschiedenen Tagen Geburtstag.
Die Wahrscheinlichkeit, dass von 30 Personen (mindestens) 2 am gleichen Tag Geburtstag haben, ist demnach

$$w_B(30) = 1 - \frac{364}{365} \cdot \frac{363}{365} \cdot \frac{362}{365} \cdot \ldots \cdot \frac{365-29}{365} \approx 0{,}706.$$

Eine günstige Wette; in rund 7 von 10 Fällen wird man sie gewinnen.

b) Das soeben erhaltene Ergebnis lässt sich auf eine beliebige Gästezahl verallgemeinern. Die Wahrscheinlichkeit, dass zwei von n Gästen am gleichen Tag Geburtstag haben, bestimmt sich zu

$$w_B(n) = 1 - \frac{364}{365} \cdot \frac{363}{365} \cdot \frac{362}{365} \cdot \ldots \cdot \frac{365-(n-1)}{365}.$$

Diese Wahrscheinlichkeiten $w_B(n)$ sind auch hier in ihrer Abhängigkeit von n in Tabelle und Abbildung dargestellt:

n	$w_B(n)$
2	0,0274
10	0,1169
15	0,2529
20	0,4114
23	0,5073
25	0,5687
30	0,7063
40	0,8912
50	0,9704
100	0,9999997

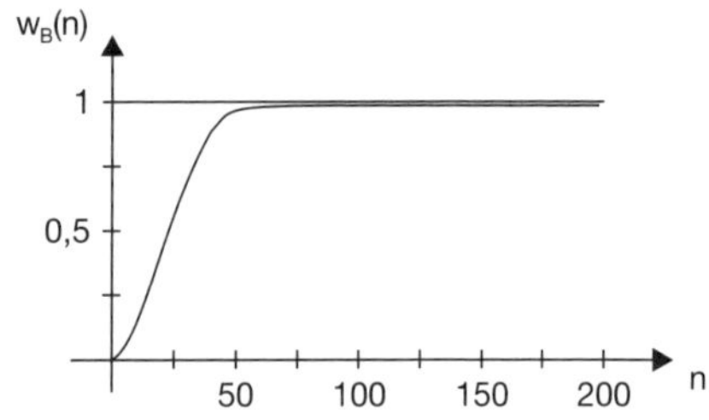

Bereits bei 23 Personen lohnt es sich zu wetten, dass sich unter ihnen (mindestens) zwei Personen befinden, die am gleichen Tag Geburtstag haben.
Diese Tatsache überrascht; man bezeichnet sie als Geburtstagsparadoxon. Sie wird merkwürdig und paradox empfunden, weil sie im Widerspruch zu unseren alltäglichen Erfahrungen zu sein scheint: Wie selten trifft man auf jemanden, der am gleichen Tag Geburtstag hat wie man selbst. Doch dabei übersieht man, dass es hierbei um das Zusammentreffen der Geburtstage zweier beliebiger Personen und nicht um das mit einer ganz bestimmten Person geht.

Eva ist auf einer Party mit 50 Gästen. Sie hat am 1.1. Geburtstag.

a) Wie groß ist die Wahrscheinlichkeit, dass einer der Partygäste am gleichen Tag wie Eva Geburtstag hat?

b) Bei wie vielen Personen ist es günstig zu wetten, mindestens eine weitere Person anzutreffen, die am gleichen Tag wie Eva Geburtstag hat?

a) Es bewährt sich auch hier, mit dem Gegenereignis zu arbeiten. Es bedeutet, dass keine der 50 Personen am 1.1. Geburtstag hat. Wir rechnen hoch: Die Wahrscheinlichkeit, dass die 1. Person an einem anderen Tag als dem 1.1. Geburtstag hat, beträgt

$$w(1) = \frac{364}{365}.$$

Soll auch die 2. Person, und die 3. Person, ... und die 50. Person nicht am 1.1. Geburtstag haben, so betragen die zugehörigen Wahrscheinlichkeiten

$$w(2) = \left(\frac{364}{365}\right)^2 \text{ bzw. } w(3) = \left(\frac{364}{365}\right)^3, \ldots, w(50) = \left(\frac{364}{365}\right)^{50}.$$

Die Wahrscheinlichkeit, dass eine der 50 Personen am gleichen Tag wie Eva Geburtstag hat, bestimmt sich so zu

$$w_A(50) = 1 - w(50) = 1 - \left(\frac{364}{365}\right)^{50} \approx 0{,}1282, \text{ d. h. knapp } 13\ \%.$$

b) Die Wahrscheinlichkeit, einen weiteren Gast anzutreffen, der am 1.1. Geburtstag hat, nimmt mit zunehmender Personenzahl zu. Die Tabelle und die Abbildung zeigen dies:

n	w(n)
2	0,0255
10	0,0271
50	0,1282
100	0,2400
150	0,3374
200	0,4223
250	0,4963
253	0,5005
300	0,5609
400	0,6663
500	0,7463
1000	0,9357

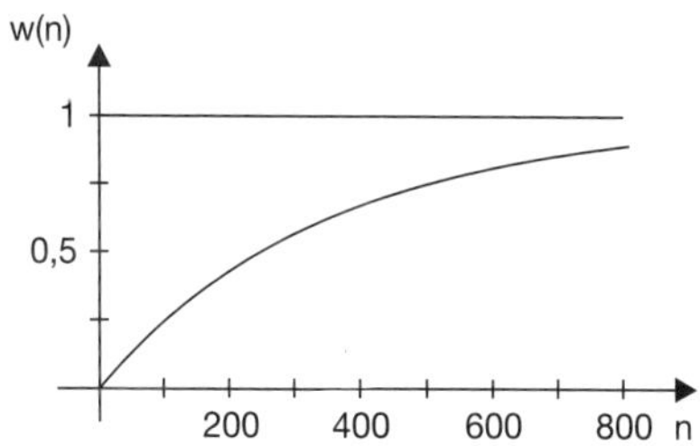

Die für eine Wette kritische Marke ist die Wahrscheinlichkeit $\frac{1}{2}$. Die Personenzahl n, bei der diese Wahrscheinlichkeit erreicht wird, lässt sich rechnerisch bestimmen:

$$w_B(n) > \frac{1}{2} \quad 1 - \left(\frac{364}{365}\right)^4 > \frac{1}{2} \quad \frac{1}{2} > \left(\frac{364}{365}\right)^n \quad n > \frac{\ln 2}{\ln \frac{364}{365}} \approx 252{,}65$$

Die Zahlen sprechen eine deutliche Sprache! Erst ab 253 Personen ist es günstig zu wetten, beim „Geburtstagsparadoxon“ genügten schon 23 Personen! Und noch eines: Beim „Geburtstagsparadoxon“ konnte man ab 366 Personen sicher sein, die Wette zu gewinnen; hier jedoch erreicht die Wahrscheinlichkeit

$$w(n) = 1 - \left(\frac{364}{365}\right)^n$$

bei keiner Personenzahl den Gewissheitsgrad 1.

B Roulette

Beim Roulette rollt die Kugel; schließlich fällt sie auf eines von 37 Feldern. Glücklich der Spieler, der auf dieses Feld gesetzt hat!

Jemand wettet, dass die Kugel bei 10 Spielen nicht in 10 unterschiedliche Felder rollt. Sollte man diese Wette annehmen?

Man sollte nicht; die Chance zu verlieren liegt bei fast 74 %! Die Gewinnwahrscheinlichkeit berechnet sich ganz ähnlich wie jene beim Geburtstagsparadoxon.
Wir rechnen die Gegenwahrscheinlichkeiten für 1, 2, 3, 4, ..., 10 Spiele hoch. Bei jedem Spiel gibt es m = 37 mögliche Fälle. Beim 1. Spiel sind 37 Fälle günstig, beim 2. Spiel 36 Fälle, beim 3. Spiel 35 Fälle, ..., beim 10. Spiel 28 Fälle. Die Wahrscheinlichkeiten, dass bei 1, 2, 3, ..., 10 Spielen die Kugel stets in unterschiedliche Felder rollt, beträgt demnach

$$w(1) = \frac{37}{37},$$
$$w(2) = \frac{37 \cdot 36}{37 \cdot 37},$$
$$w(3) = \frac{37 \cdot 36 \cdot 35}{37 \cdot 37 \cdot 37},$$
$$w(4) = \frac{37 \cdot 36 \cdot 35 \cdot 34}{37 \cdot 37 \cdot 37 \cdot 37}, \ldots,$$
$$w(10) = \frac{37 \cdot 36 \cdot 35 \cdot 34 \cdot 33 \cdot 32 \cdot 31 \cdot 30 \cdot 29 \cdot 28}{37 \cdot 37 \cdot 37 \cdot 37 \cdot 37 \cdot 37 \cdot 37 \cdot 37 \cdot 37 \cdot 37}$$

Und dass bei 1, 2, 3, ..., 10 Spielen die Kugel nicht stets in unterschiedliche Felder rollt, beträgt 1 – w(1), 1 – w(2), 1 – w(3), ..., 1 – w(10); sie sind in der Tabelle festgehalten.
Man erkennt:
Bereits bei 8 Spielen ist die Wahrscheinlichkeit, dass die Kugel wiederholt im gleichen Feld zu finden ist, größer als 0,5.

Spiele	1 – w(n)
1	0
2	0,027
3	0,080
4	0,154
5	0,246
6	0,348
7	0,453
8	0,557
9	0,653
10	0,737

C Autokennzeichen

Wetten, dass unter den nächsten 20 Autos mindestens 2 ein gleiches Endziffernpaar haben? Soll man die Wette annehmen oder ablehnen?

Es gibt 100 verschiedene Endziffernpaare, also muss sich bei 101 Autos mit absoluter Sicherheit ein Paar wiederholen – aber bei 20? Wir arbeiten mit dem Gegenereignis und rechnen hoch; d. h., wie groß ist die Wahrscheinlichkeit, dass bei 2, 3, 4, …, 20 Autos die beiden letzten Ziffern verschieden sind?

Für das 2. Auto sind 100 Endziffernpaare möglich, jedoch nur 99 günstig. Die Wahrscheinlichkeit, dass die Endziffern bei 2 Autos unterschiedlich sind, beträgt

$$w(2) = \frac{99}{100}.$$

Für das 3. Auto sind 100 Endziffernpaare möglich, jedoch nur 98 günstig. Die Wahrscheinlichkeit, dass die Endziffern bei 3 Autos unterschiedlich sind, beträgt

$$w(3) = \frac{99 \cdot 98}{100 \cdot 100}.$$

Entsprechendes gilt für jedes weitere Auto.

Die Wahrscheinlichkeit, dass die Endziffern bei 4, bei 5, …, bei 20 Autos unterschiedlich sind, ist

$$w(4) = \frac{99 \cdot 98 \cdot 97}{100 \cdot 100 \cdot 100},$$

$$w(5) = \frac{99 \cdot 98 \cdot 97 \cdot 96}{100 \cdot 100 \cdot 100 \cdot 100}, \ldots,$$

$$w(20) = \frac{99 \cdot 98 \cdot 97 \cdot 96 \cdot 95 \cdot \ldots \cdot 81}{100 \cdot 100 \cdot 100 \cdot 100 \cdot 100 \cdot \ldots \cdot 100}.$$

Und somit bestimmt sich die Wahrscheinlichkeit, dass bei 2, 3, 4, 5,…, 20 Autos die Endziffern mindestens einmal übereinstimmen, zu

$$1 - w(2), 1 - w(3), 1 - w(4), 1 - w(5), \ldots, 1 - w(20).$$

Die Tabelle weist ihre Werte aus.

Man erkennt:

Bereits bei 12 Autos ist diese Wahrscheinlichkeit knapp 0,5; bei 20 Autos ist sie 0,87. Wer die Wette annimmt, ist hoch favorisiert, sie zu verlieren.

Anzahl der Autos	1 – w(n)
1	0
2	0,010
3	0,030
4	0,059
5	0,097
6	0,142
7	0,193
8	0,250
9	0,310
10	0,372
11	0,435
12	0,497
13	0,557
14	0,615
15	0,669
16	0,718
17	0,763
18	0,804
19	0,839
20	0,870

8.2.3 Der Würfel ist gefallen

A Mensch ärgere dich nicht

Mensch ärgere dich nicht – es ist noch immer der Klassiker der Würfelspiele. Wer starten will, muss zuerst einmal eine 6 würfeln.

a) Bei Spielbeginn darf man dreimal würfeln. Wie groß ist die Wahrscheinlichkeit, dabei mindestens einmal die 6 zu würfeln?

b) Wie groß ist die Wahrscheinlichkeit, bei sechs Würfen mindestens einmal die 6 zu würfeln?

c) Wie oft muss man mindestens würfeln, damit die Wahrscheinlichkeit, eine 6 zu würfeln, größer als $\frac{1}{2}$ wird?

a) Das Ereignis „Mindestens eine 6" spaltet sich hier in vier Teilereignisse („keine 6", „eine 6", „zweimal 6", „dreimal 6") auf. Es ist daher günstiger, mit dem Gegenereignis zu arbeiten. Es bedeutet, dreimal „keine 6" zu werfen. Dies geschieht mit der Wahrscheinlichkeit $\frac{5}{6} \cdot \frac{5}{6} \cdot \frac{5}{6}$. Also ist die Wahrscheinlichkeit, eine 6 zu werfen,

$$w_A = 1 - \frac{5}{6} \cdot \frac{5}{6} \cdot \frac{5}{6} = \frac{91}{216} \approx 0{,}42.$$

b) Entsprechend bestimmt sich die Wahrscheinlichkeit, bei sechs Würfen mindestens eine 6 zu werfen, zu

$$w_B = 1 - \left(\frac{5}{6}\right)^6 \approx 0{,}67.$$

c) Und ebenso bestimmt sich die Wahrscheinlichkeit, bei n Würfen mindestens eine 6 zu werfen, zu

$$w_c = 1 - \left(\frac{5}{6}\right)^n.$$

Sie wird größer als $\frac{1}{2}$, wenn $w_c = 1 - \left(\frac{5}{6}\right)^n > \frac{1}{2} > \left(\frac{5}{6}\right)^n$.

Diese Ungleichung löst sich am einfachsten auf dem Taschenrechner. Man „tastet" sich hoch; bereits ab n = 4 ist die Ungleichung richtig.
Wer Vorliebe fürs Formale hat, logarithmiert und erhält als Lösung

$$n > \frac{\ln 2}{\ln 6 - \ln 5} \approx 3{,}802.$$

B Kein Wurf wie der andere!

Man würfelt, einmal, zweimal, ..., n-mal.
Wie groß ist die Wahrscheinlichkeit, dass stets unterschiedliche Augenzahlen gewürfelt werden?

Der 2. Wurf muss eine andere Augenzahl ausweisen als der bereits geworfene; die Wahrscheinlichkeit dafür ist $w(2) = \frac{5}{6}$.

Der 3. Wurf – er muss eine andere Augenzahl ausweisen als die bereits geworfenen.

Die Wahrscheinlichkeit dafür ist

$$w(3) = \frac{5}{6} \cdot \frac{4}{6}.$$

Beim 4. Wurf ist die entsprechende Wahrscheinlichkeit

$$w(4) = \frac{5}{6} \cdot \frac{4}{6} \cdot \frac{3}{6},$$

beim 5. bzw. 6. ist sie

$$w(5) = \frac{5}{6} \cdot \frac{4}{6} \cdot \frac{3}{6} \cdot \frac{2}{6} \quad \text{bzw.} \quad w(6) = \frac{5}{6} \cdot \frac{4}{6} \cdot \frac{3}{6} \cdot \frac{2}{6} \cdot \frac{1}{6},$$

bei 7 und mehr Würfen ist sie 0, denn spätestens dann muss sich eine der bereits geworfenen Augenzahlen wiederholen.

C Wer hat die erste 6?

Conny und Dolly würfeln. Wer zuerst 6 wirft, hat gewonnen. Sie würfeln abwechselnd; Conny beginnt.
Mit welcher Wahrscheinlichkeit gewinnt Conny, mit welcher Dolly?
Der Spielverlauf lässt sich durch einen Ereignisbaum veranschaulichen.
Die Gewinnwahrscheinlichkeit für Conny:

$$\begin{aligned} w(C) &= \frac{1}{6} + \left(\frac{5}{6}\right)^2 \cdot \frac{1}{6} + \left(\frac{5}{6}\right)^4 \cdot \frac{1}{6} + \left(\frac{5}{6}\right)^6 \cdot \frac{1}{6} + \left(\frac{5}{6}\right)^8 \cdot \frac{1}{6} + \ldots \\ &= \frac{1}{6} \cdot \left(1 + \left(\frac{5}{6}\right)^2 + \left(\frac{5}{6}\right)^4 + \left(\frac{5}{6}\right)^6 + \left(\frac{5}{6}\right)^8 + \ldots\right) \\ &= \frac{1}{6} \cdot \frac{1}{1 - \left(\frac{5}{6}\right)^2} = \frac{6}{11} \end{aligned}$$

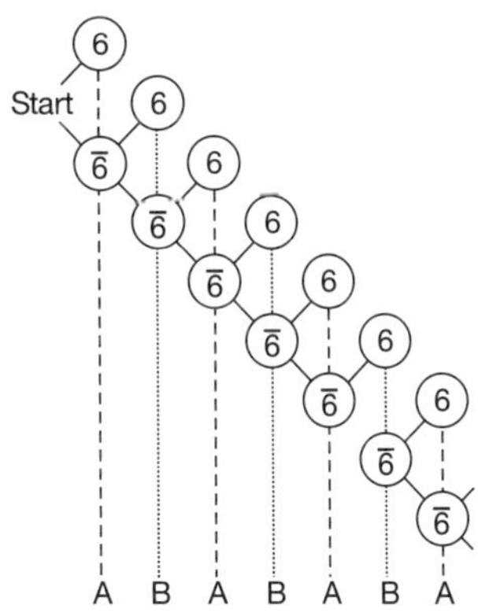

Die Gewinnwahrscheinlichkeit für Dolly bestimmt sich demnach zu

$$w(D) = 1 - w(C) = \frac{5}{11}.$$

Übrigens: Die Bestimmung der Wahrscheinlichkeit w(C) steht und fällt mit der Bestimmung der unendlichen Summe

$$s = 1 + \left(\frac{5}{6}\right)^2 + \left(\frac{5}{6}\right)^4 + \left(\frac{5}{6}\right)^6 + \left(\frac{5}{6}\right)^8 + \ldots$$

Sie ist in Wahrscheinlichkeitsbetrachtungen eingebunden. Dieser Zusammenhang lässt sich nutzen, ihren Wert festzuklopfen. Am Ereignisbaum erkennt man:

$$w(C) = \frac{1}{6} \cdot \left(1 + \left(\frac{5}{6}\right)^2 + \left(\frac{5}{6}\right)^4 + \left(\frac{5}{6}\right)^6 + \left(\frac{5}{6}\right)^8 + \ldots\right) = \frac{1}{6} \cdot s \quad \text{und}$$

$$\begin{aligned} w(D) &= \frac{5}{6} \cdot \frac{1}{6} + \left(\frac{5}{6}\right)^3 \cdot \frac{1}{6} + \left(\frac{5}{6}\right)^5 \cdot \frac{1}{6} + \left(\frac{5}{6}\right)^7 \cdot \frac{1}{6} + \left(\frac{5}{6}\right)^9 \cdot \frac{1}{6} + \ldots \\ &= \frac{5}{6} \cdot \frac{1}{6} \cdot \left(1 + \left(\frac{5}{6}\right)^2 + \left(\frac{5}{6}\right)^4 + \left(\frac{5}{6}\right)^6 + \left(\frac{5}{6}\right)^8 + \ldots\right) = \frac{5}{6} \cdot \frac{1}{6} \cdot s. \end{aligned}$$

Andererseits gilt

$$w(C) + w(D) = 1, \quad \text{d. h.}$$

$$\frac{1}{6} \cdot s + \frac{5}{6} \cdot \frac{1}{6} \cdot s = 1, \quad \text{und damit}$$

$$s = 1 + \left(\frac{5}{6}\right)^2 + \left(\frac{5}{6}\right)^4 + \left(\frac{5}{6}\right)^6 + \left(\frac{5}{6}\right)^8 + \ldots = \frac{36}{11} = \frac{1}{1-\left(\frac{5}{6}\right)^2}.$$

D Kommt sie – kommt sie nicht?

Man würfelt – so lange, bis die 6 erscheint. Das kann dauern!

a) Mit welcher Wahrscheinlichkeit erscheint sie beim 1., beim 2., beim 3., …, beim n-ten Wurf?

b) Wie oft muss man im Mittel werfen, um die 6 zu erhalten?

Das Ereignis lässt sich an einem Baum veranschaulichen. Bei jedem Wurf wird mit der Wahrscheinlichkeit $\frac{1}{6}$ die 6 und mit der Wahrscheinlichkeit $\frac{5}{6}$ nicht die 6 (d. h. $\overline{6}$) gewürfelt. Die Anzahl A der Würfe berechnet sich zu

$$A = 1 \cdot \frac{1}{6} + 2 \cdot \frac{5}{6} \cdot \frac{1}{6} + 3 \cdot \left(\frac{5}{6}\right)^2 \cdot \frac{1}{6} + 4 \cdot \left(\frac{5}{6}\right)^3 \cdot \frac{1}{6} + 5 \cdot \left(\frac{5}{6}\right)^4 \cdot \frac{1}{6} + \ldots$$

$$A = \frac{1}{6}\left(1 + 2 \cdot \frac{5}{6} + 3 \cdot \left(\frac{5}{6}\right)^2 + 4 \cdot \left(\frac{5}{6}\right)^3 + 5 \cdot \left(\frac{5}{6}\right)^4 + \ldots\right), \text{ d. h.}$$

$$\frac{5}{6}A = \frac{1}{6}\left(1 \cdot \frac{5}{6} + 2 \cdot \left(\frac{5}{6}\right)^2 + 3 \cdot \left(\frac{5}{6}\right)^3 + 4 \cdot \left(\frac{5}{6}\right)^4 + 5 \cdot \left(\frac{5}{6}\right)^5 \ldots\right).$$

$$A - \frac{5}{6}A = \frac{1}{6}\left(1 + \frac{5}{6} + \left(\frac{5}{6}\right)^2 + \left(\frac{5}{6}\right)^3 + \left(\frac{5}{6}\right)^4 + \left(\frac{5}{6}\right)^5 \ldots\right),$$

$$\text{Also: } A = 1 + \frac{5}{6} + \left(\frac{5}{6}\right)^2 + \left(\frac{5}{6}\right)^3 + \left(\frac{5}{6}\right)^4 + \left(\frac{5}{6}\right)^5 \ldots$$

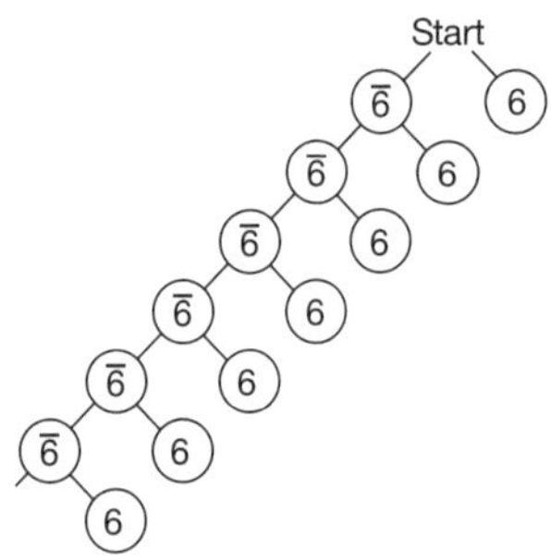

Hieraus folgt:

$$\frac{5}{6}A = \frac{5}{6} + \left(\frac{5}{6}\right)^2 + \left(\frac{5}{6}\right)^3 + \left(\frac{5}{6}\right)^4 + \left(\frac{5}{6}\right)^5 \ldots$$

$$A - \frac{5}{6}A = 1$$

Und damit schließlich:

A = 6 – wen wundert's?!

E Ein Würfelspiel

Anni und Berti würfeln mit 2 Würfeln. Anni beginnt. Sie gewinnt, wenn sie eine ungerade Augenzahl erwürfelt, Berti gewinnt, wenn er eine gerade Augenzahl erwürfelt. Wer hat die größere Chance zu gewinnen?

Die schnelle Lösung: Es können die Augenzahlen 2 bis 12 erwürfelt werden, das sind 11 unterschiedliche Fälle. Anni gewinnt bei den Augenzahlen 3, 5, 7, 9, 11, Berti bei den Augenzahlen 2, 4, 6, 8, 10, 12.

Also gewinnt Anni mit der Wahrscheinlichkeit

$$w(A) = \frac{5}{11} \text{ und Berti mit } w(B) = \frac{6}{11}.$$

Diese „Lösung“ ist falsch, denn die 11 Fälle sind nicht gleich wahrscheinlich! Die Tabelle listet die möglichen Augenzahlen auf.

	⚀	⚁	⚂	⚃	⚄	⚅
⚀	2	3	4	5	6	7
⚁	3	4	5	6	7	8
⚂	4	5	6	7	8	9
⚃	5	6	7	8	8	10
⚄	6	7	8	9	10	11
⚅	7	8	9	10	11	12

Man erkennt: Die Gewinnwahrscheinlichkeiten für Anni und Berti sind gleich; beide gewinnen in 18 der 36 möglichen Fälle. Es ist also

$$w(A) = w(B) = \frac{18}{36}.$$

8.2.4 Kopf oder Zahl?

A Münzen – zehnmal

Eine Münze wird zehnmal geworfen. Was ist wahrscheinlicher, dass
a) k z z k z z z k z k oder
b) k z k z k z k z k z oder
c) k k k k k k k k k k geworfen wird?

Man ist geneigt, Fall a) als den wahrscheinlichsten anzunehmen, denn unregelmäßige Muster beobachtet man öfter als regelmäßige.
Die Beobachtung ist zutreffend, die Schlussfolgerung nicht! Jedes einzelne unregelmäßige Muster ist jedem einzelnen regelmäßigen Muster gleich wahrscheinlich, nicht aber „unregelmäßige“ den „regelmäßigen“ schlechthin. Es ist

$$w(a) = w(b) = w(c) = \left(\frac{1}{2}\right)^{10} = 0{,}001 = 1\ ‰.$$

Bei Cantor (*Vorlesungen über Geschichte der Mathematik*, Bd. 4, S. 225) erfährt man: „Die Theorie nimmt bei der Wiederholung von Ereignissen jede Kombination als gleich möglich und als gleich wahrscheinlich an, z. B. bei 10-maligem Werfen einer Münze das 10-malige Auftreffen von Kopf als so wahrscheinlich wie einen beliebigen Wechsel von Kopf und Schrift. Ist das berechtigt? D'Alembert glaubt es nicht: Ist schon 9-mal Kopf gefallen, so ist es wahrscheinlicher, dass das nächste Mal Schrift fällt als wieder Kopf. Man sieht, dass dabei ein Einfluss angenommen würde, den das vorangehende Ereignis auf das folgende ausübt. Dieser Ansicht, die d'Alembert durch Scheingründe stützt, war schon von de Montmort widersprochen worden; ‚die Vergangenheit entscheidet nichts für die Zukunft'. Euler drückt sich noch drastischer aus: ‚Dann müsste auf jeden folgenden Wurf jeder vorhergehende, wenn er auch vor hundert Jahren und an irgendwelchem Ort geschehen wäre, von Einfluss sein, ungefähr das Absurdeste, was man überhaupt ausdenken kann'."

Wäre es bei a) darum gegangen, 4-mal Kopf und 6-mal Zahl zu werfen, so wäre dieses Ereignis sehr wohl viel wahrscheinlicher als jenes von b) bzw. c)!

Die Anzahl der günstigen Fälle wäre $g = \binom{10}{4} = 210.$

die der möglichen $m = 2^{10} = 1024$, d. h. $w = \frac{g}{m} = \frac{210}{1024} \approx 0{,}205 = 205\ ^0/_{00}$.

B Viel Kopf, viel Ehr

A wirft die Münze dreimal, B zweimal. Es gewinnt, wer öfter Kopf wirft. Wie groß ist die Wahrscheinlichkeit,

a) dass A gewinnt?

b) dass B gewinnt?

a) B kann höchstens 2-mal, A höchstens 3-mal Kopf werfen; die Wahrscheinlichkeiten sind:

$$w_B(2k) = \frac{1}{4},\ w_B(1k) = 2 \cdot \frac{1}{4} = \frac{1}{2},\ w_B(0k) = \frac{1}{4} \text{ bzw.}$$

$$w_A(3k) = \frac{1}{8},\ w_A(2k) = 4 \cdot \frac{1}{8} = \frac{1}{2},\ w_A(1k) = 2 \cdot \frac{1}{8} = \frac{1}{4},\ w_A(0k) = \frac{1}{8}.$$

Der Ereignisbaum stellt die Gewinnsituationen für A dar:

Wirft B (2k), so muss A (3k) werfen, die Wahrscheinlichkeit dafür ist

$$w_2 = \frac{1}{4} \cdot \frac{1}{8} = \frac{1}{32}.$$

Wirft B (1k), so muss A (3k) oder (2k) werfen, die Wahrscheinlichkeit dafür:

$$w_1 = \frac{1}{2} \cdot \left(\frac{1}{8} + \frac{1}{2}\right) = \frac{10}{32}.$$

Wirft B (0k), so muss A (3k), (2k) oder (1k) werfen, es ist

$$w_0 = \frac{1}{2} \cdot \left(\frac{1}{8} + \frac{1}{2} + \frac{1}{4}\right) = \frac{7}{32}.$$

Die Wahrscheinlichkeit, dass A gewinnt, bestimmt sich zu

$$w(A) = w_2 + w_1 + w_0 = \frac{18}{32}.$$

b) Voreilige schließen, dass die Gewinnwahrscheinlichkeit für B

$$w(B) = 1 - w(A) = \frac{14}{32} \quad \text{sei!}$$

Um zu gewinnen muss B häufiger Kopf werfen als A. „B gewinnt" ist deshalb nicht das Gegenereignis zu „A gewinnt". Spiele enden „unentschieden", wenn A genauso häufig Kopf wirft wie B; die Wahrscheinlichkeit dafür bestimmt sich zu

$$\begin{aligned} w(U) &= w_A(2k) \cdot w_B(2k) + w_A(1k) \cdot w_B(1k) + w_A(0k) \cdot w_B(0k) \\ &= \frac{1}{2} \cdot \frac{1}{4} + \frac{1}{4} \cdot \frac{1}{2} + \frac{1}{8} \cdot \frac{1}{4} = \frac{9}{32}. \end{aligned}$$

„A gewinnt", „Unentschieden" und „B gewinnt" schließen sich gegenseitig aus, also bestimmt sich die Gewinnwahrscheinlichkeit für B zu

$$w(B) = 1 - w(A) - w(U) = \frac{5}{32}.$$

C Kopf gewinnt!

Zwei Spieler A, B werfen abwechselnd eine Münze. Es gewinnt, wer zuerst Kopf wirft. A beginnt. Wie groß ist die Wahrscheinlichkeit, dass A gewinnt, wie groß die Wahrscheinlichkeit, dass B gewinnt?

A kann bereits beim 1. Wurf gewinnen – wenn Kopf fällt! Die nächste Chance: B wirft Zahl, A wirft Kopf.
Und die nächste: B wirft erneut Zahl, A wirft Kopf.
Und die nächste: B wirft Zahl, A Kopf.
Und so weiter ..., das Spiel kann dauern!

Der Gewinnplan für B sieht ähnlich aus. Im 1. Wurf muss A Zahl werfen, B hingegen Kopf.
Die nächste Chance: A wirft wieder Zahl, B Kopf.
Und die nächste Chance: A wirft Zahl, B Kopf usw.

Der Ereignisbaum veranschaulicht den Spielverlauf und erlaubt die Gewinnwahrscheinlichkeiten anzugeben

$$w(A) = \frac{1}{2} + \left(\frac{1}{2}\right)^3 + \left(\frac{1}{2}\right)^5 + \left(\frac{1}{2}\right)^7 + \ldots + \left(\frac{1}{2}\right)^{2n-1} + \ldots$$

$$w(B) = \left(\frac{1}{2}\right)^2 + \left(\frac{1}{4}\right)^4 + \left(\frac{1}{2}\right)^6 + \ldots + \left(\frac{1}{2}\right)^{2n} + \ldots$$

Die Ereignisse „A gewinnt" bzw. „B gewinnt" sind Gegenereignisse.

Das bedeutet

$$w(A) + w(B) = 1.$$

Andererseits erkennt man

$$w(B) = \frac{1}{2}\,w(A).$$

Damit folgt

$$w(A) + \frac{1}{2}\,w(A) = 1;$$

und damit

$$w(A) = \frac{1}{2} + \left(\frac{1}{2}\right)^3 + \left(\frac{1}{2}\right)^5 + \left(\frac{1}{2}\right)^7 + \ldots + \left(\frac{1}{2}\right)^{2n-1} + \ldots = \frac{2}{3}$$

und

$$w(B) = \left(\frac{1}{2}\right)^2 + \left(\frac{1}{2}\right)^4 + \left(\frac{1}{2}\right)^6 + \ldots + \left(\frac{1}{2}\right)^{2n} + \ldots = \frac{1}{3}$$

Das Problem lässt sich auf vielfache Weise zwanglos variieren:

1. A beginnt und ist deshalb im Vorteil. Zum Ausgleich darf B das erste Mal zweimal werfen, danach werfen A und B abwechselnd je einmal. Mit welcher Wahrscheinlichkeit gewinnt A, mit welcher B?
2. Statt nur eine Münze wirft man zwei Münzen. Es gewinnt, wer zuerst (kk) wirft.
3. Drei Spieler A, B, C werfen nacheinander eine Münze. Es gewinnt, wer zuerst Kopf wirft. Mit welcher Wahrscheinlichkeit gewinnt A, B bzw. C?

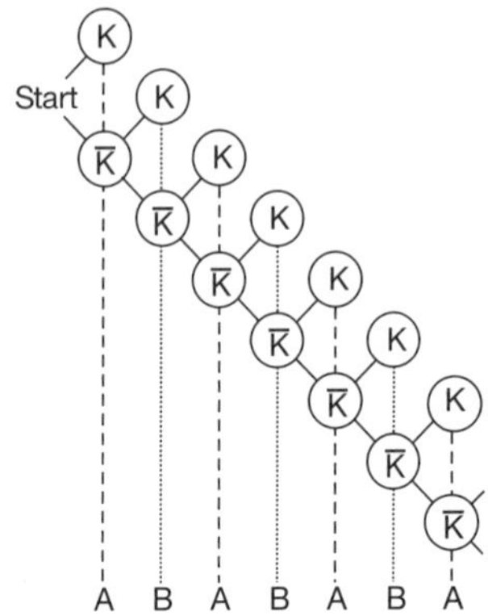

D Münzwürfe und Pascalzahlen

Eine Münze wird 10-mal geworfen. Wie groß ist die Wahrscheinlichkeit, dass 4-mal Kopf geworfen wird?

1. Ob Kopf oder Zahl – jeder Einzelwurf hat die gleiche Wahrscheinlichkeit; deshalb lässt sich die Wahrscheinlichkeit aus der Anzahl der möglichen und günstigen Fälle bestimmen. Wie viele Fälle m_{10} sind bei 10 Würfen möglich?

   Wer 10-mal werfen will, muss bereits 9-mal geworfen haben. Ein weiterer Wurf bringt entweder Kopf oder Zahl. Also ist $m_{10} = 2 \cdot m_9$. Ein 9-Wurf entsteht, indem ein 8-Wurf fortgesetzt wird; es ist deshalb $m_9 = 2 \cdot m_8$. Entsprechendes gilt für 8-Würfe, 7-Würfe usw. bis zu 2-Würfen; es ist $m_2 = 2 \cdot m_1 = 2$.

   Damit folgt: $m_{10} = 2 \cdot m_9 = 2^2\, m_8 = 2^3 \cdot m_7 = \ldots = 2^9 \cdot m_1 = 2^{10}$.

   Wie viele Fälle g sind günstig?
   Bequeme Bezeichnungen sind hilfreich – auch hier! „Günstig“ bedeutet, bei 10 Würfen 4-mal Kopf zu werfen; dafür schreiben wir $g = \binom{10}{4}$.

   Ganz entsprechend gibt z. B. $\binom{17}{7}$ die Anzahl der Fälle an, bei 17 Würfen 7-mal Kopf zu werfen.

   Wir rechnen $g = \binom{10}{4}$ „herunter“.

   Wer bei 10 Würfen 4-mal Kopf werfen will, muss zuvor bei 9 Würfen entweder 3-mal oder aber 4-mal Kopf geworfen haben. Also ist

   $$\binom{10}{4} = \binom{9}{3} + \binom{9}{4}.$$

9-Würfe entstehen aus 8-Würfen; es ist

$\binom{9}{3} = \binom{8}{2} + \binom{8}{3}$ bzw. $\binom{9}{4} = \binom{8}{3} + \binom{8}{4}$. Deshalb folgt:

$\binom{10}{4} = \binom{8}{2} + 2 \cdot \binom{8}{3} + \binom{8}{4}$.

8-Würfe entstehen aus 7-Würfen; es ist

$\binom{8}{2} = \binom{7}{1} + \binom{7}{2}$, $\binom{8}{3} = \binom{7}{2} + \binom{7}{3}$, $\binom{8}{4} = \binom{7}{3} + \binom{7}{4}$ Deshalb folgt:

$\binom{10}{4} = \binom{7}{1} + 3 \cdot \binom{7}{2} + 3 \cdot \binom{7}{3} + \binom{7}{4}$ Entsprechend folgt weiter:

$\binom{10}{4} = \binom{6}{0} + 4 \cdot \binom{6}{1} + 6 \cdot \binom{6}{2} + 4 \cdot \binom{6}{3} + \binom{6}{4}$ Es ist $\binom{6}{0} = 1$; und weiter:

$\binom{10}{4} = 1 + 4 \cdot \binom{5}{0} + 10 \cdot \binom{5}{1} + 3 \cdot \binom{5}{2} + 5 \cdot \binom{5}{3} + \binom{5}{4}$ $\binom{5}{0} = 1$; weiter folgt:

$\binom{10}{4} = 5 + 10 \cdot \binom{4}{0} + 20 \cdot \binom{4}{1} + 15 \cdot \binom{4}{2} + 6 \cdot \binom{4}{3} + \binom{4}{4}$ $\binom{4}{0} = 1; \binom{4}{4} = 1$ weiter folgt:

$\binom{10}{4} = 16 + 20 \cdot \binom{3}{0} + 35 \cdot \binom{3}{1} + 21 \cdot \binom{3}{2} + 6 \cdot \binom{3}{3}$ $\binom{3}{0} = 1; \binom{3}{3} = 1$ weiter folgt:

$\binom{10}{4} = 42 + 35 \cdot \binom{2}{0} + 56 \cdot \binom{2}{1} + 21 \cdot \binom{2}{2}$ $\binom{2}{0} = 1; \binom{2}{2} = 1$ weiter folgt:

$\binom{10}{4} = 98 + 56 \cdot \binom{1}{0} + 56 \cdot \binom{1}{1}$ $\binom{1}{0} = 1; \binom{1}{1} = 1$ und damit:

$\binom{10}{4} = 210$

Zugegeben, etwas mühsam und langwierig, aber das Ergebnis steht: Die Wahrscheinlichkeit, bei 10 Würfen 4-mal Kopf zu werfen, beträgt

$$w = \frac{g}{m} = \frac{\binom{10}{4}}{2^{10}} = \frac{210}{1024} \approx 0{,}205.$$

2. Das „Herunterrechnen" ist mühsam, einfacher ist das „Hinaufrechnen".
   Beim Wurf von einer Münze gibt es 2 Ausfälle: 0-mal Kopf oder aber 1-mal Kopf.
   Beim Wurf von 2 Münzen gibt es 3 Ausfälle: 0-mal, 1-mal, 2-mal Kopf.
   Beim Wurf von 3 Münzen gibt es 4 Ausfälle: 0-mal, 1-mal, 2-mal, 3-mal Kopf.
   Beim Wurf von 4 Münzen gibt es 5 Ausfälle: 0-mal, 1-mal, 2-mal, 3-mal, 4-mal Kopf.
   .... usw. ....

   Beim Wurf von 10 Münzen gibt es 11 Ausfälle: 0-mal, 1-mal, 2-mal, 3-mal, ..., 9-mal, 10-mal Kopf.
   .... usw. ....

Diese Anzahlen lassen sich in einem Dreiecksschema übersichtlich anordnen:

$\binom{0}{0}$	1
$\binom{1}{0}\ \binom{1}{1}$	1 1
$\binom{2}{0}\ \binom{2}{1}\ \binom{2}{2}$	1 2 1
$\binom{3}{0}\ \binom{3}{1}\ \binom{3}{2}\ \binom{3}{3}$	1 3 3 1
$\binom{4}{0}\ \binom{4}{1}\ \binom{4}{2}\ \binom{4}{3}\ \binom{4}{4}$	1 4 6 4 1
.... usw.	.... usw. ....
$\binom{9}{0}\binom{9}{1}\binom{9}{2}\binom{9}{3}\binom{9}{4}\binom{9}{5}\binom{9}{6}\binom{9}{7}\binom{9}{8}\binom{9}{9}$	1 9 36 84 126 126 84 36 9 1
$\binom{10}{0}\binom{10}{1}\binom{10}{2}\binom{10}{3}\binom{10}{4}\binom{10}{5}\binom{10}{6}\binom{10}{7}\binom{10}{8}\binom{10}{9}\binom{10}{10}$	1 10 45 120 210 252 210 120 45 10 1
.... usw.	.... usw. ....

Es war kein Geringerer als Pascal, der dieses Zahlenschema nutzte und populär machte; man nennt es deshalb hierzulande auch *pascalsches Zahlendreieck.* Aber schon etwa 300 Jahre vor Pascal war es den Chinesen bekannt. Das Konstruktionsprinzip des pascalschen Zahlendreiecks wurde bereits oben erläutert und angewandt. Es ist bedeutsam genug um nochmals ausformuliert zu werden:

Die Pascalzahl $\binom{n}{k}$ gibt an, auf wie viele unterschiedliche Weisen bei n Münzwürfen k mal Kopf geworfen werden kann. Es gilt

(*) $\binom{n}{0} = 1, \binom{n}{n} = 1$

(**) $\binom{n+1}{k+1} = \binom{n}{k} + \binom{n}{k+1}$

(***) $\binom{n}{k} = \binom{n}{n-k}$

Bei n Münzwürfen ist es nur auf eine einzige Weise möglich, 0-mal bzw. alle n-mal Kopf zu werfen; das bedeutet

$$\binom{n}{0} = 1 \text{ bzw. } \binom{n}{n} = 1.$$

Diese Zahlen sind die Randzahlen beim pascalschen Zahlendreieck.
Wer eine Münze (n + 1)-mal wirft, wird nur dann (k + 1)-mal Kopf werfen, wenn die Münze zuvor n-mal und dabei entweder (k + 1)-mal oder aber k-mal Kopf geworfen wurde: Diese Einsicht wird durch die Formel

$$\binom{n+1}{k+1} = \binom{n}{k} + \binom{n}{k+1}$$

ausgedrückt. Sie erlaubt, das Pascaldreieck Zeile für Zeile aufzubauen: Die Summe zweier benachbarter Pascalzahlen einer Zeile ergibt die darunter stehende Pascalzahl der nächsten Zeile.
Bei n Münzwürfen k-mal Kopf zu werfen ist gleichbedeutend damit, (n – k)-mal Zahl zu werfen; es ist deshalb

$$\binom{n}{k} = \binom{n}{n-k}.$$

Diese Eigenschaft wird in der Achsensymmetrie des pascalschen Zahlendreiecks augenfällig.
Die Pascalzahlen finden in der Mathematik vielfache Anwendung – nicht nur in der Wahrscheinlichkeitsrechnung. Und sie weisen eine Vielzahl interessanter Eigenschaften auf. Hier eine dürftige Kostprobe: Für Pascalzahlen gilt:

$$(*) \quad \binom{n}{0} + \binom{n}{1} + \binom{n}{2} + \binom{n}{3} + \ldots + \binom{n}{n-1} + \binom{n}{n} = 2^n$$

$$(**) \quad \binom{n}{0}^2 + \binom{n}{1}^2 + \binom{n}{2}^2 + \binom{n}{3}^2 + \ldots + \binom{n}{n-1}^2 + \binom{n}{n}^2 = \binom{2n}{n}$$

Bei n Münzwürfen gibt es 2^n verschiedene Ausfälle. Andererseits erscheint bei n Münzwürfen Kopf entweder 0-mal, 1-mal, 2-mal, …, (n – 1)-mal, n-mal. Ob man es pauschal oder detaillierter sieht, die Anzahl der unterschiedlichen Ausfälle ist davon nicht betroffen; diese Einsicht wird in (*) formelmäßig erfasst.
Man betrachte nun 2n Münzwürfe. Wie viele Ausfälle gibt es, n-mal Kopf zu werfen? Zunächst einmal $\binom{2n}{n}$ Fälle. Eine detailliertere Betrachtung weist auf: 0-mal Kopf bei den ersten n-Würfen, n-mal Kopf bei den nächsten

n: $\binom{n}{0}\binom{n}{n} = \binom{n}{0}^2$ Fälle.

1-mal Kopf bei den ersten n-Würfen, (n – 1)-mal Kopf bei den nächsten

n: $\binom{n}{1}\binom{n}{n-1} = \binom{n}{1}^2$ Fälle.

2-mal Kopf bei den ersten n-Würfen, (n – 2)-mal Kopf bei den nächsten

n: $\binom{n}{2}\binom{n}{n-2} = \binom{n}{2}^2$ Fälle usw.

(n – 1)-mal Kopf bei den ersten n-Würfen, 1-mal Kopf bei den nächsten

n: $\binom{n}{n-1}\binom{n}{1} = \binom{n}{n-1}^2$ Fälle.

n-mal Kopf bei den ersten n-Würfen, 0-mal Kopf bei den nächsten

n: $\binom{n}{n}\binom{0}{1} = \binom{n}{n}^2$ Fälle.

Auch hier: Die unterschiedliche Betrachtungsweise der möglichen Ausfälle führt zu (**)!

8.3 Glücksspiele

8.3.1 Geometrische Wahrscheinlichkeit

Zufällige Ereignisse haben endlich oder unendlich viele unterschiedliche Ausfälle. Grundlegendes Anliegen ist es, Wahrscheinlichkeiten von Ereignissen zu bestimmen. Sind nur endlich viele Ausfälle möglich, wie etwa beim Werfen von Würfeln oder Münzen, bleibt dieses Anliegen überschaubar. Unter gewissen Bedingungen hilft kunstvolles Abzählen, wir nennen diese Kunst Kombinatorik. Bisweilen kommt man nicht umhin, Wahrscheinlichkeiten aus hinreichend langen Beobachtungsreihen zu ermitteln.
Wie aber ist es, wenn unendlich viele unterschiedliche Ausfälle möglich sind?

A Wahrscheinlichkeiten, die ins Auge springen

Aufgabe 1: *Eine Zielscheibe besteht aus 5 konzentrischen Kreisen der Radien 0,5; 1,5; 2,5; 3,5; 4,5.*
Wie groß ist die Wahrscheinlichkeit für einen
a) goldenen Schuss (d. h. Schuss in Bereich 1)
b) silbernen Schuss (d. h. Schuss in Bereich 2)
c) bronzenen Schuss (d. h. Schuss in Bereich 3)

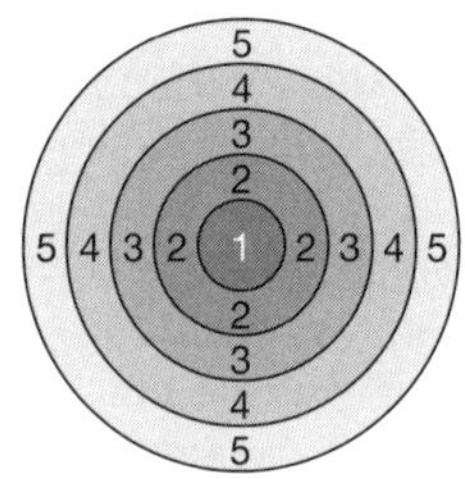

Wir empfehlen, diese Wahrscheinlichkeit ganz unvoreingenommen zu schätzen, sie schätzen zu lassen – und zu sehen, wie weit der Blick für Wahrscheinlichkeiten entwickelt ist.
Wir gehen davon aus, dass die Treffer in die verschiedenen Bereiche zufällig erfolgen, wohl wissend, dass sehr routinierte und trainierte Schützen einen Drang „ins Schwarze" haben! Die Wahrscheinlichkeiten bestimmen sich dann durch die Flächenanteile; man erhält

$$w(1) = \frac{F(1)}{F} = \frac{0{,}5^2\pi}{4{,}5^2\pi} \approx 0{,}0123 = 1{,}2\ \%$$

$$w(2) = \frac{F(2) - F(1)}{F} = \frac{1{,}5^2\pi - 0{,}5^2}{4{,}5^2\pi} \approx 0{,}099 = 9{,}9\ \%$$

$$w(3) = \frac{F(3) - F(2)}{F} = \frac{2{,}5^2\pi - 1{,}5^2}{4{,}5^2\pi} \approx 0{,}198 = 19{,}8\ \%$$

Aufgabe 2: *Eine Münze wird zufällig auf ein Schachbrett geworfen; ihr Durchmesser ist genauso groß, wie ein Schachfeld breit ist. Wie groß ist die Wahrscheinlichkeit, dass die Münze nicht auf eines der Randfelder kommt – auch nicht teilweise?*

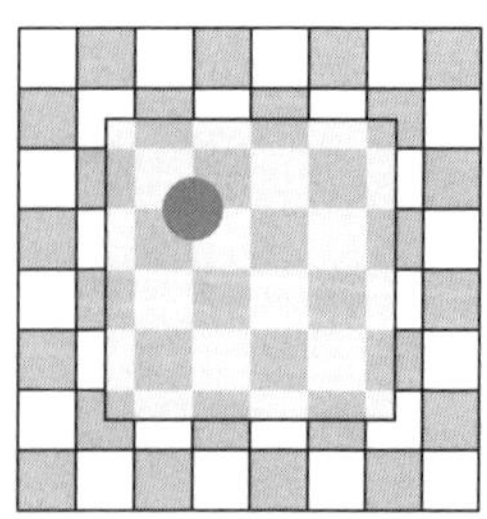

Wir empfehlen auch hier: erst schätzen, dann rechnen. Die Position der Münze ist bereits durch ihren Mittelpunkt festgelegt. Er muss, damit die Münze nicht in eines der Randfelder ragt, von ihnen einen Abstand haben, der mindestens so groß ist wie der Münzradius. Der Anteil der schraffierten Fläche I zur Gesamtfläche S des Schachbrettes rückt diese Chance in den Blick. Es ist also

$$w = \frac{F(I)}{F(S)} = \frac{5^2}{8^2} \approx 0{,}391 = 39{,}1\ \%.$$

Aufgabe 3: *Aus einem Würfel wird zufällig ein Punkt herausgegriffen. Mit welcher Wahrscheinlichkeit trifft man einen Punkt, der näher zur Würfelmitte als zum Würfelrand liegt?*

Ein Punkt P liegt dann näher zum Mittelpunkt M des Würfels der Kantenlänge a, wenn er in einem Würfel mit gleichem Mittelpunkt, aber der halben Kantenlänge $\frac{a}{2}$ liegt. Die Wahrscheinlichkeit, auf einen solchen Punkt zu treffen, bestimmt sich durch das Verhältnis der Volumina v und V von kleinem und großem Würfel:

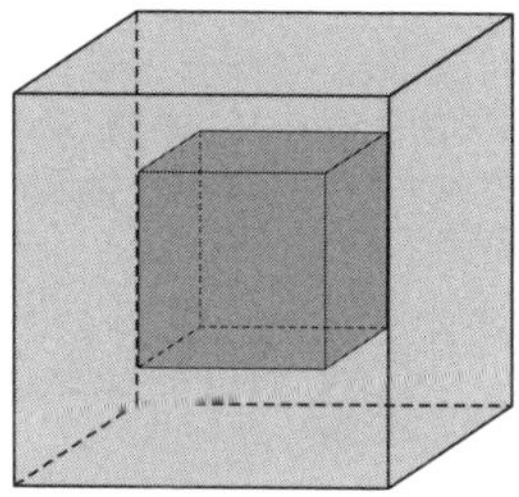

$$w = \frac{v}{V} = \frac{\left(\frac{a}{2}\right)^3}{a^3} = \frac{1}{8} = 12{,}5\ \%.$$

B Rendezvous

Aufgabe 1: *Anni und Berti haben sich zwischen 12 und 14 Uhr verabredet. Sie kommen zufällig während dieser Zeit an und warten bis zu 20 Minuten (längstens bis 14 Uhr!). Mit welcher Wahrscheinlichkeit treffen sie sich?*

Wir geometrisieren die Situation. Dazu legen wir ein Koordinatensystem an; auf den beiden Achsen werden die möglichen Ankunftszeiten x bzw. y von Anni bzw. Berti angetragen.

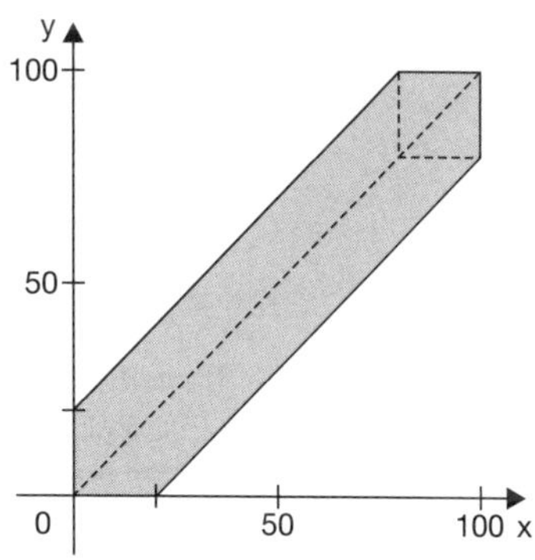

Die Zeit messen wir in Minuten ab 12.00 Uhr (d. h. 12.00 = 0 und 14.00 = 120).

Ob sie sich treffen oder verfehlen, wird durch entsprechende Bereiche dargestellt.

So gehört beispielsweise (10;50) zu jenem Bereich, in dem sie sich verfehlen: Anni kommt zum Zeitpunkt 10 (d. h. 12.10 Uhr) an, sie wartet 20 Minuten, d. h. bis zum Zeitpunkt 30, aber Berti kommt erst zum Zeitpunkt 50 an!

Damit sie sich treffen, dürfen sich die Ankunftszeiten x und y höchstens um 20 Minuten unterscheiden. Damit das Rendezvous zustande kommt, muss daher gelten:

$x - y \leq 20$ und $y - x \leq 20$.

Der entsprechende Bereich T ist im Koordinatensystem dargestellt; er wird durch Geraden mit $y = x - 20$ bzw. $y = x + 20$ begrenzt. Der Bereich T lässt sich zerlegen in zwei Parallelogramme und ein Quadrat; sein Inhalt ist $F(T) = 2 \cdot 20 \cdot 100 + 20^2$. Die Wahrscheinlichkeit, dass Anni und Berti sich treffen, bestimmt sich durch den Anteil des Inhalts dieser Fläche T an der Gesamtfläche F:

$$w = \frac{F(T)}{F} = \frac{2 \cdot 20 \cdot 100 + 20^2}{120^2} = \frac{11}{36} \approx 0{,}306 = 30{,}6\ \%.$$

Aufgabe 2: *Dieses Mal haben sich Anni, Berti und Conny verabredet. Sie kommen zufällig zwischen 12 und 14 Uhr zum Treffpunkt und warten bis zu 20 Minuten (längstens bis 14 Uhr!). Mit welcher Wahrscheinlichkeit treffen sie sich?*

Die Geometrisierung gelingt hier durch ein dreidimensionales Koordinatensystem. Die drei Achsen repräsentieren hier die Ankunftszeiten x, y, z von Anni, von Berti und von Conny.

Damit sie sich treffen, dürfen sich die Ankunftszeiten von je zwei von ihnen um höchstens 20 Minuten unterscheiden, d. h.

$x - y \leq 20$ und $y - x \leq 20$
$x - z \leq 20$ und $z - x \leq 20$
$y - z \leq 20$ und $z - y \leq 20$.

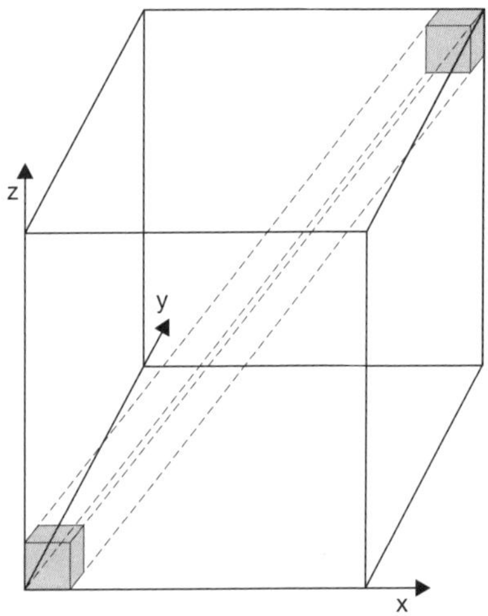

Die zugehörigen Gleichungen bestimmen hier Ebenen. So wird beispielsweise durch $x - y = 20$ in der x-y-Ebene eine Gerade bestimmt. Die dritte Koordinate tritt in dieser Gleichung nicht auf; in der Höhe $z = 3$ beispielsweise sieht das durch $x - y = 20$ charakterisierte Gebilde genauso aus wie in der Höhe 0. $x - y = 20$ stellt also eine Ebene dar, die zudem senkrecht auf der x-y-Ebene steht, Entsprechendes gilt für die anderen Gleichungen.

Diese Ebenen sind Begrenzungsebenen jenes Bereiches T, der die gelungenen Treffen der drei repräsentiert. Er ist in der Abbildung dargestellt.

Dieser Bereich T lässt sich zerlegen in einen kleinen Würfel w und drei volumengleiche Parallelepipede P.

Sein Inhalt bestimmt sich zu $V(T) = V(W) + 3 \cdot V(P) = 20^3 + 3 \cdot 20^2 \cdot 100$.
Die Wahrscheinlichkeit w, dass sich Anni, Berti und Conny treffen, ist deshalb

$$w = \frac{V(T)}{V(W)} = \frac{20^3 + 3 \cdot 20^2 \cdot 100}{120^3} = \frac{2}{27} \approx 0{,}074 = 7{,}4\ \%.$$

C π – durch Zufall!

Regen – kein Sturzregen, sondern ein sanfter Sommerregen. Tropfen für Tropfen fällt auf den Asphalt, man kommt ins Zählen. Dort auf den großen Parkplatz fallen viele Tropfen, hier auf den kleinen Stellplatz nur wenige.
Das ist es! Wenn auf jene Fläche dort 10-mal so viele Tropfen fallen wie auf diese hier, dann müsste die Fläche dort doch etwa 10-mal so groß sein wie diese hier. Und je mehr Tropfen fallen, umso aussagekräftiger die Zahlen …
Diese Idee lohnt kultiviert zu werden!

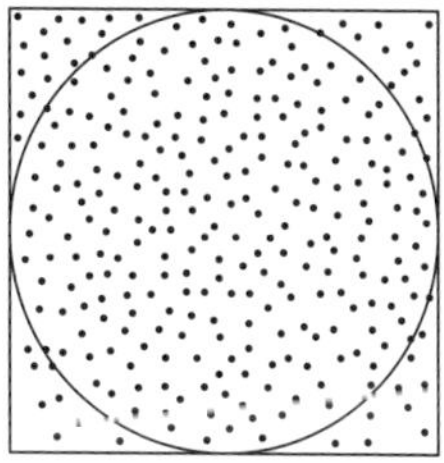

Man steckt einen Kreis ab.
Man umschreibt ihm ein Quadrat.
Man wartet auf Regen.
Man zählt die Tropfen:
jene, die in den Kreis fallen,
jene, die ins Quadrat fallen.
Was lässt sich damit machen?

Fallen k Tropfen in den Kreis und q ins Quadrat, dann wird sich mit zunehmender Tropfenzahl das Verhältnis dieser Zahlen stabilisieren; es wird sich stabilisieren auf das Verhältnis der Inhalte beider Flächen. Das bedeutet für einen Kreis vom Radius 1 und das ihm umschriebene Quadrat der Seitenlänge 2:

$$\frac{k}{q} = \frac{1^2\pi}{2^2}, \text{ d. h. } \pi \approx \frac{4k}{q}.$$

Wer nur tüchtig genug zählt, erhält auf diese Weise Näherungswerte für π – im Prinzip! Was wie ein nutzloser Zeitvertreib für eingefleischte Mathematiker anmutet, hat sich dank des Computers zu einer überaus fruchtbaren Methode entwickelt. Zufällige Regentropfen lassen sich leicht simulieren und bei anhaltendem Dauerregen zählt der Computer geduldig und verlässlich Tropfen für Tropfen.

Übersetzt man die oben beschriebene Rezeptur in die Computersprache, so erhält man sehr brauchbare Näherungswerte für die Kreiszahl π. Hier ein kärgliches Progrämmchen zu diesem Zweck – es versteht sich als Einladung, daraus ein gefälliges und komfortables Programm für π zu entwickeln.

```
REM pi
CLS

INPUT "Wie viele Tropfen", q

k=0
FOR i=1 TO q
   RANDOMIZE TIMER
   x=RND
   y=RND
   IF x^2+y^2<=1 THEN k=k+1
NEXT i
pi=4*k/q
PRINT pi
```

8.3.2 Glück im Spiel

A Lotto

Lottozahlen

6 aus 49 ankreuzen, und schon ist man Millionär – wenn es die 6 Richtigen sind! Millionen warten Woche für Woche gespannt auf die Ziehung der Lottozahlen, sie alle hoffen auf das große Glück.

Warum gelingt es so selten, die 6 Richtigen anzukreuzen? Warum besorgt man sich nicht einen Stapel Lottoscheine, füllt sie aus, um eine Woche später den großen Gewinn einzuheimsen?

Wer das wissen will, muss sich mit „Lottozahlen" – man nennt sie auch „Pascal-" oder „Binomialzahlen" – beschäftigen. Sie finden in unterschiedlichsten Bereichen vielfache Anwendung und werden in der Form $\binom{n}{k}$ notiert.

Die Zahl $\binom{n}{k}$ gibt an, wie viele Möglichkeiten es gibt, aus n unterschiedlichen Dingen k davon auszuwählen. So ist beispielsweise $\binom{3}{2} = 3$, $\binom{5}{3} = 10$, man überzeugt sich davon, indem man Lottoscheine der Art

1	2	3

bzw.

1	2	3	4	5

anfertigt und alle Möglichkeiten von 2 bzw. 3 Ankreuzungen durchspielt. Bei längeren Lottoscheinen verliert man bald Übersicht und Geduld, hier hilft nur Mathematik! Lottozahlen haben eine Fülle interessanter Eigenschaften, wir nennen nur vier davon:

(1) $\binom{n}{0} = \binom{n}{n} = 1$

(2) $\binom{n}{k} = \binom{n}{n-k}$

(3) $\binom{n}{k} + \binom{n}{k+1} = \binom{n+1}{k+1}$

(4) $\binom{n}{k+1} = \frac{n-k}{k+1} \cdot \binom{n}{k}$

(1) bedeutet beispielsweise: Ein Lottospiel der Länge 7 aus 1 2 3 4 5 6 7 lässt nur auf eine einzige Weise keine oder aber alle Ankreuzungen zu.

(2) bedeutet beispielsweise: Liegen Lottospiele der Länge 7 vor, so kann man z. B. 3 Felder ankreuzen und damit 7 – 3 = 4 Felder offen lassen, oder aber 7 – 3 = 4 Felder ankreuzen und 3 Felder offen lassen – in beiden Fällen erhält man die gleiche Anzahl von Spielen.

(3) bedeutet beispielsweise: Lottospiele der Art $\binom{8}{5}$ lassen sich in zwei Gruppen unterteilen; entweder ist die 8 angekreuzt oder aber nicht. Ist die 8 angekreuzt, dann müssen von den restlichen 7 Feldern 4 angekreuzt sein. Ist die 8 nicht angekreuzt, dann müssen 5 von 7 angekreuzt sein.

Also ist $\binom{8}{5} = \binom{7}{4} + \binom{7}{5}$.

(4) bedeutet z. B.: Lottospiel der Art $\binom{7}{5}$ erhält man aus jenen der Art $\binom{7}{4}$ durch ein zusätzliches Kreuz. Aus **einem** Lottospiel „4 aus 7" erhält man (7 – 4) Spiele „5 aus 7". Aber Vorsicht, daraus $\binom{7}{5} = (7-4) \cdot \binom{7}{4}$ zu schließen, wäre voreilig und falsch! Hat man auf diese Weise aus allen Lottospielen „4 aus 7" Spiele „5 aus 7" erzeugt, dann tritt jedes Spiel 5-fach auf. Von den 5 Kreuzen lässt sich im Nachhinein nicht mehr feststellen, welches das letzte war; also ist $\binom{7}{5} = \frac{7-4}{5} \cdot \binom{7}{4}$

Lotto „6 aus 49"

Die 6 Richtigen – man erhält sie mit Sicherheit, wenn man nur genügend viele Lottoscheine unterschiedlich ausfüllt. Wir fragen:

Wie viele unterschiedliche Lottospiele „6 aus 49" gibt es? Oder: Wie viele Möglichkeiten gibt es, auf unterschiedliche Weise „6 aus 49" auszuwählen?

Die Antwort ist in Symbolschreibweise schnell hingeschrieben: Davon gibt es genau $\binom{49}{6}$. Unter wiederholter Anwendung von 4 erhält man:

$$\begin{aligned}\binom{49}{6} &= \frac{49-5}{6} \cdot \binom{49}{5}\\ &= \frac{49-5}{6} \cdot \frac{49-4}{5} \cdot \binom{49}{4}\\ &= \frac{49-5}{6} \cdot \frac{49-4}{5} \cdot \frac{49-3}{4} \cdot \binom{49}{3}\\ &= \frac{49-5}{6} \cdot \frac{49-4}{5} \cdot \frac{49-3}{4} \cdot \frac{49-2}{3} \cdot \binom{49}{2}\\ &= \frac{49-5}{6} \cdot \frac{49-4}{5} \cdot \frac{49-3}{4} \cdot \frac{49-2}{3} \cdot \frac{49-1}{2} \cdot \binom{49}{1}\\ &= \frac{49-5}{6} \cdot \frac{49-4}{5} \cdot \frac{49-3}{4} \cdot \frac{49-2}{3} \cdot \frac{49-1}{2} \cdot \frac{49-0}{1} \cdot \binom{49}{0}.\end{aligned}$$

Mit (1) erhält man schließlich

$$\binom{49}{6} = \frac{49 \cdot 48 \cdot 47 \cdot 46 \cdot 45 \cdot 44}{1 \cdot 2 \cdot 3 \cdot 4 \cdot 5 \cdot 6} = 13\,983\,816.$$

Diese Zahl erklärt, warum Hauptgewinne beim Lotto so selten sind: Man muss für einen sicheren Sechser nahezu 14 Millionen Lottospiele auszufüllen.

Wie groß sind beim Lotto „6 aus 49" die Gewinnwahrscheinlichkeiten?

Da bei jeder Ziehung der Lottozahlen die zuständigen Aufsichtsbeamten den ordnungsgemäßen Zustand des Ziehungsgerätes und der Kugeln überprüfen, dürfen wir davon ausgehen, dass jede Kugel die gleiche Chance hat, gezogen zu werden. Die Gewinnwahrscheinlichkeiten bestimmen sich deshalb wie folgt: $w = \frac{\text{Anzahl der günstigen Fälle}}{\text{Anzahl der möglichen Fälle}} = \frac{g}{m}$.

Die Gewinnränge anzugeben ist kein Kunststück. Sie jedoch ohne Rechenhilfe zu berechnen, ist harte Arbeit; zum Glück stehen heute Taschenrechner bereit!

Gewinnrang 1: 6 Richtige und Superzahl

$$w(1) = \frac{\binom{6}{6} \cdot \binom{43}{0}}{\binom{49}{6}} \cdot \frac{1}{10} = \frac{1 \cdot 1}{13983816 \cdot 10} \approx 0{,}000\,000\,007$$

Gewinnrang 2: 6 Richtige

$$w(2) = \frac{\binom{6}{6} \cdot \binom{43}{0}}{\binom{49}{6}} = \frac{1 \cdot 1}{13983816} \approx 0{,}000\,000\,072$$

Gewinnrang 3: 5 Richtige und Zusatzzahl

$$w(3) = \frac{\binom{6}{5} \cdot \binom{1}{1}}{\binom{49}{6}} = \frac{6 \cdot 1}{13983816} \approx 0{,}000\,000\,429$$

Gewinnrang 4: 5 Richtige

$$w(4) = \frac{\binom{6}{5} \cdot \binom{43}{1}}{\binom{49}{6}} = \frac{6 \cdot 43}{13983816} \approx 0{,}000\,018\,450$$

Gewinnrang 5: 4 Richtige

$$w(5) = \frac{\binom{6}{4} \cdot \binom{43}{2}}{\binom{49}{6}} = \frac{15 \cdot 903}{13983816} \approx 0{,}000\,968\,620$$

Gewinnrang 6: 3 Richtige

$$w(6) = \frac{\binom{6}{3} \cdot \binom{43}{3}}{\binom{49}{6}} = \frac{20 \cdot 12341}{13983816} \approx 0{,}017\,650\,404$$

Gewinnrang 7: 2 Richtige

$$w(7) = \frac{\binom{6}{2} \cdot \binom{43}{4}}{\binom{49}{6}} = \frac{15 \cdot 123410}{13983816} \approx 0{,}132\,378\,029$$

Gewinnrang 8: 1 Richtige

$$w(8) = \frac{\binom{6}{1} \cdot \binom{43}{5}}{\binom{49}{6}} = \frac{6 \cdot 962598}{13983816} \approx 0{,}413\,194\,505$$

Gewinnrang 9: 0 Richtige

$$w(9) = \frac{\binom{6}{0} \cdot \binom{43}{6}}{\binom{49}{6}} = \frac{1 \cdot 6096454}{13983816} \approx 0{,}435\,964\,976$$

Die Wahrscheinlichkeit, genau 0, 1 oder 2 Zahlen richtig angekreuzt zu haben und damit von der Gewinnausschüttung ausgenommen zu sein, beträgt $w(9) + w(8) + w(7) \approx 0{,}981$, also mehr als 98 %. Und die Wahrscheinlichkeit den Gewinnrang 1 einzuheimsen – so wissen die Statistiker – ist geringer als vom Blitz getroffen zu werden!

Die Glückszahlen

Viele Lottospieler tippen stets die gleichen Kombinationen; sie glauben an ihre persönlichen Glückszahlen. Gibt es beim Lotto bevorzugte Zahlen?
Ein Blick zurück zeigt:
Bis zum 05.04.2006 haben insgesamt 4 427 Ziehungen „6 aus 49" stattgefunden (Lotto am Samstag und Lotto am Mittwoch!). Dabei sind 4 427 · 6 = 26 562 Kugeln gerollt. Jede der 49 Kugeln dürfte somit im Mittel 26 562 : 49 ≈ 542-mal erscheinen. Die Tabelle weist aus, wie oft die Zahlen tatsächlich gezogen wurden. In den meisten Fällen liegen diese Anzahlen recht dicht bei 542 – ausgerechnet die 13 weicht am deutlichsten von diesem Mittelwert ab!

1 545	**2** 549	**3** 562	**4** 542	**5** 541	**6** 559	**7** 540
8 516	**9** 562	**10** 515	**11** 534	**12** 527	**13** 478	**14** 533
15 513	**16** 545	**17** 542	**18** 550	**19** 543	**20** 510	**21** 539
22 536	**23** 533	**24** 533	**25** 579	**26** 585	**27** 577	**28** 499
29 518	**30** 537	**31** 564	**32** 552	**33** 557	**34** 519	**35** 548
36 546	**37** 539	**38** 594	**39** 541	**40** 546	**41** 558	**42** 542
43 575	**44** 545	**45** 498	**46** 530	**47** 545	**48** 552	**49** 569

Sensationelle Ziehung

Am 21.6.1995 passierte es: Die Ziehung beim Lotto am Mittwoch ergab die Gewinnreihe 15 25 27 30 42 48. Genau die gleichen Gewinnzahlen wurden schon einmal gezogen, nämlich beim Samstagslotto am 21.12.1986. Die Zeitungen kommentierten dieses sensationelle Ereignis: Beim Lotto „6 aus 49" gibt es ja nahezu 14 Millionen unterschiedliche Gewinnreihen. Welch ein ungewöhnlicher Zufall, dass die gleichen Gewinnzahlen gezogen werden. Wir fragen:
Wie groß sind die Wahrscheinlichkeiten, dass beim Lotto „6 aus 49" nach einer bestimmten Anzahl von Ziehungen die gleichen Gewinnreihen erscheinen?
Es gibt

$\binom{49}{6} = \frac{49 \cdot 48 \cdot 47 \cdot 46 \cdot 45 \cdot 44}{1 \cdot 2 \cdot 3 \cdot 4 \cdot 5 \cdot 6} = 13\ 983\ 816$ unterschiedliche Gewinnreihen.

Bei 13 983 817 und mehr Ziehungen erhält man daher mit Sicherheit eine bereits früher gezogene Gewinnreihe.
Die Wahrscheinlichkeit, dass eine Gewinnreihe mit einer bestimmten anderen übereinstimmt, ist winzig klein, sie beträgt
$\frac{1}{13\,983\,816} \approx 0{,}000\ 000\ 07$.

Dieser winzigen Wahrscheinlichkeit wirkt entgegen, dass bei mehreren Ziehungen die Anzahl der Möglichkeiten für übereinstimmende Gewinnreihen rasant zunimmt. Bei 10 Ziehungen beispielsweise kann die 1. Ziehung mit einer der nachfolgenden 9, oder die 2. Ziehung mit einer der nachfolgenden 8, oder die 3. Ziehung mit einer der nachfolgenden 7 Ziehungen usw. übereinstimmen.
Die Wahrscheinlichkeit w(10), bei 10 Ziehungen übereinstimmende Gewinnreihen zu erhalten, bestimmt sich am einfachsten mit dem Gegenereignis. Diese Wahrscheinlichkeit w(10u), nämlich 10 unterschiedliche Gewinnreihen zu ziehen, bestimmt sich zu

$$w(10u) = \frac{13\,983\,816 - 1}{13\,983\,816} \cdot \frac{13\,983\,816 - 2}{13\,983\,816} \cdot \frac{13\,983\,816 - 3}{13\,983\,816} \cdot \frac{13\,983\,816 - 4}{13\,983\,816} \cdot \ldots \cdot \frac{13\,983\,816 - 9}{13\,983\,816};$$

denn für die 2. Ziehung bleiben 13 983 816 – 1, für die 3. bleiben 13 983 816 – 2, ... usw., für die 10 bleiben 13 983 816 – 9 nicht gezogene Gewinnreihen.
Also ist $w(10) = 1 - w(10u) =$

$$1 - \frac{13\,983\,816 - 1}{13\,983\,816} \cdot \frac{13\,983\,816 - 2}{13\,983\,816} \cdot \frac{13\,983\,816 - 3}{13\,983\,816} \cdot \frac{13\,983\,816 - 4}{13\,983\,816} \cdot \ldots \cdot \frac{13\,983\,816 - 9}{13\,983\,816}.$$

Entsprechendes gilt für jede andere Anzahl von Ziehungen. Tabelle und Graph weisen diese Wahrscheinlichkeiten aus.
Bereits bei 4 402 Ziehungen ist es wahrscheinlicher, wenigstens zwei gleiche Gewinnreihen zu ziehen als lauter verschiedene.
Und was das „sensationelle“ Lottoereignis am 21.6.1996 betrifft: Es handelte sich um die 3 016. Ziehung und es ist w(3 016) ≈ 0,277. Ereignisse dieser Wahrscheinlichkeit sind so ungewöhnlich nicht!

n	w(n)
500	0,009
1 000	0,035
1 500	0,773
2 000	0,133
2 500	0,200
3 000	0,275
3 500	0,355
4 000	0,436
4 500	0,515
5 000	0,591
5 500	0,661
6 000	0,724
7 000	0,827
8 000	0,899
9 000	0,945
10 000	0,972

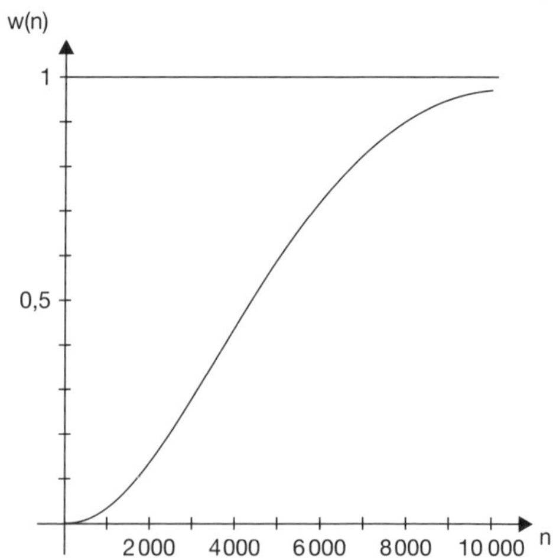

Polizeikontrolle

Lottozahlen lassen sich vielfältig einsetzen – vielleicht sogar in einem Polizeipräsidium!

Longfinger fährt auf kürzestem Weg von A nach B. In C befindet sich eine Polizeikontrolle (siehe Abbildung). Mit welcher Wahrscheinlichkeit gerät Longfinger in diese Kontrolle?

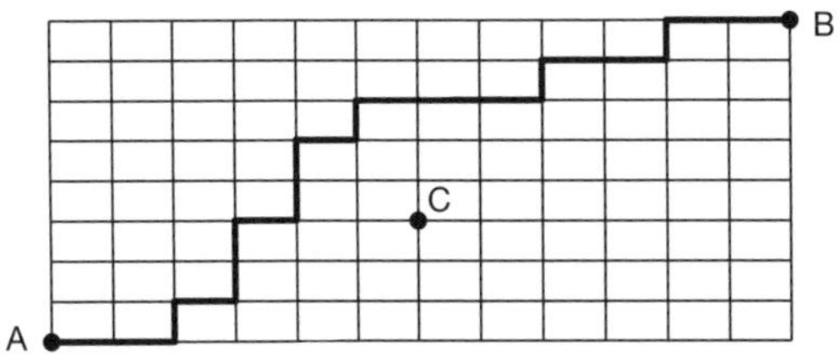

Wir nehmen an, dass keiner der Wege bevorzugt wird, dass sie alle gleich wahrscheinlich sind. Jeder Weg lässt sich als Lottostreifen darstellen. Die Länge des Streifens ist 20, weil es von A nach B 20 Wegabschnitte gibt. Angekreuzt werden die Wegabschnitte nach Norden, es sind also 8 Kreuze zu setzen. So ist z. B. der Code des eingezeichneten Weges.

		X		X	X		X	X		X				X			X		

Die Anzahl der möglichen Wege von A nach B ist die Lottozahl „8 aus 20“,

d. h. $m = \binom{20}{8}$.

Die (für die Polizei) günstigen Fälle sind die Wege über C. Ihre Anzahl bestimmt sich durch die Lottozahlen „3 aus 9“ und „5 aus 11“; es ist

$$g = \binom{9}{3} \cdot \binom{11}{5}$$

Die Wahrscheinlichkeit, in die Kontrolle zu geraten, berechnet sich demnach zu

$$w = \frac{g}{m} = \frac{\binom{9}{3} \cdot \binom{11}{5}}{\binom{20}{8}} = \frac{9 \cdot 8 \cdot 7 \cdot 11 \cdot 10 \cdot 9 \cdot 8 \cdot 7 \cdot 1 \cdot 2 \cdot 3 \cdot 4 \cdot 5 \cdot 6 \cdot 7 \cdot 8}{1 \cdot 2 \cdot 3 \cdot 1 \cdot 2 \cdot 3 \cdot 4 \cdot 5 \cdot 20 \cdot 19 \cdot 18 \cdot 17 \cdot 16 \cdot 15 \cdot 14 \cdot 13} \approx 0{,}308 = 30{,}8\ \%$$

– ein Risiko, mit dem ernsthaft zu rechnen ist!

B Skatspiel

Zuerst wird gemischt!

Anders als Lotto ist Skat kein reines Glücksspiel. Sind die Karten gemischt und ausgeteilt, sind Erfahrung und Können gefragt. Welche Karten jedoch einem Spieler ausgeteilt werden, das ist reines Glück – oder Pech!

Das Skatblatt besteht aus 32 Karten. Es gibt 4 „Farben“: Kreuz, Pik, Herz, Karo; jede Farbe hat 8 Werte: Ass, König, Dame, Bube, 10, 9, 8 und 7. Gespielt wird zu dritt. Jeder Spieler erhält 10 Karten, 2 Karten werden zur Seite gelegt.

Wir fragen:

1. Wie viele verschiedene Kartenverteilungen sind möglich?

2. Wie groß ist die Wahrscheinlichkeit, dass ein Spieler alle 8 Werte einer Farbe und zusätzlich noch ein Ass und einen Buben erhält?

1. Der erste Spieler erhält 10 Karten, dann der zweite und dritte, die letzten 2 Karten liegen im „Skat". Mathematisch gesprochen finden Auswahlen statt, zunächst die Auswahl „10 aus 32", dann „10 aus 22", schließlich „10 aus 12" und dann „2 aus 2". Die Anzahl unterschiedlicher Kartenverteilungen ist demnach

$$\binom{32}{10}\cdot\binom{22}{10}\cdot\binom{12}{10}\cdot\binom{2}{2}=\frac{32!}{10!10!10!10!}=2\,753\,294\,408\,204\,460$$

– eine wahrhaft stattliche Zahl. Es gibt so gut wie keine Chance, irgendwann ein Spiel mit der gleichen Kartenverteilung zu beginnen.

2. Der Spieler erhält „10 aus 32" Karten; für ihn gibt es also

$m=\binom{32}{10}$ mögliche Fälle.

Für das betreffende Ereignis ist es günstig, eine der 4 Farben, danach noch eines der verbliebenen 3 Asse und einen der verbliebenen 3 Buben zu erhalten. Die Anzahl der für den Spieler „günstigen" Fälle beträgt

$g=\binom{4}{1}\cdot\binom{3}{1}\cdot\binom{3}{1}$; deshalb ist

$$w=\frac{\binom{4}{1}\cdot\binom{3}{1}\cdot\binom{3}{1}}{\binom{32}{10}}=\frac{4\cdot 3\cdot 3\cdot 1\cdot 2\cdot 3\cdot 4\cdot 5\cdot 6\cdot 7\cdot 8\cdot 9\cdot 10}{23\cdot 24\cdot 25\cdot 26\cdot 27\cdot 28\cdot 29\cdot 30\cdot 31\cdot 32}=0{,}00000056.$$

Das zweite Ass

Faires Skatspiel bedeutet, dass man weder beim Nachbarn kiebitzt, noch den Nachbarn in die eigenen Karten schauen lässt. Wenn aber doch ...?

1. Man weiß, dass der Nachbar ein Ass hat. Mit welcher Wahrscheinlichkeit hat er ein zweites Ass?

2. Man weiß, dass der Nachbar das Herz-Ass hat. Mit welcher Wahrscheinlichkeit hat er ein zweites Ass?

Nein, die Wahrscheinlichkeiten sind nicht gleich! Unterschiedliches Wissen über Ungewisses führt in der Regel zu unterschiedlichen Gewissheiten. Rechnen wir nach!

1. Wie viele mögliche Fälle m_1 gibt es? Unter den 10 Karten ist (wenigstens) ein Ass. Das bedeutet: Von allen möglichen Fällen, „10 aus 32" Karten auf der Hand zu haben, sind jene ausgeschlossen, bei denen kein einziges Ass auf der Hand ist. Man erhält

$$m_1=\binom{32}{10}-\binom{28}{10}=\frac{32\cdot 31\cdot 30\cdot 29\cdot 28\cdot 27\cdot 26\cdot 25\cdot 24\cdot 23}{1\cdot 2\cdot 3\cdot 4\cdot 5\cdot 6\cdot 7\cdot 8\cdot 9\cdot 10}$$

$$-\frac{28\cdot 27\cdot 26\cdot 25\cdot 24\cdot 23\cdot 22\cdot 21\cdot 20\cdot 19}{1\cdot 2\cdot 3\cdot 4\cdot 5\cdot 6\cdot 7\cdot 8\cdot 9\cdot 10}=51\,389\,130.$$

Günstig sind jene Fälle, bei denen man mehr als ein Ass hat. Von allen möglichen Fällen sind jene auszuschließen, bei denen man kein oder nur 1 Ass auf der Hand hat. Es ist also:

$$g_1 = \binom{32}{10} - \binom{28}{10} - \binom{4}{1} \cdot \binom{28}{9} =$$

$$m_1 - \frac{4 \cdot 28 \cdot 27 \cdot 26 \cdot 25 \cdot 24 \cdot 23 \cdot 22 \cdot 21 \cdot 20}{1 \cdot 2 \cdot 3 \cdot 4 \cdot 5 \cdot 6 \cdot 7 \cdot 8 \cdot 9}$$

$$= 51\,389\,130 - 27\,627\,600 = 23\,761\,530.$$

Die Wahrscheinlichkeit für ein weiteres Ass berechnet sich somit zu

$$w_1 = \frac{g_1}{m_1} = \frac{23\,761\,530}{51\,389\,130} \approx 0{,}462 = 46{,}2\ \%.$$

2. Hier liegt eine deutlich andere Situation vor. Hat man Herz-Ass auf der Hand, so sind die weiteren 9 Karten aus den restlichen 31 auszuwählen. Die Anzahl m_2 der möglichen Fälle ist

   $$m_2 = \binom{31}{9} = \frac{31 \cdot 30 \cdot 29 \cdot 28 \cdot 27 \cdot 26 \cdot 25 \cdot 24 \cdot 23}{1 \cdot 2 \cdot 3 \cdot 4 \cdot 5 \cdot 6 \cdot 7 \cdot 8 \cdot 9} = 20\,160\,075.$$

   Günstig sind jene Fälle, bei denen man ein weiteres Ass auf der Hand hat – oder anders gesagt: Von den möglichen Fällen sind jene auszuschließen, bei denen kein weiteres Ass auf der Hand ist. Dies erreicht man, indem man sich aus dem Skatspiel die 4 Asse wegdenkt und aus den restlichen 28 Karten 9 auswählt. Man erhält also

   $$g_2 = \binom{31}{9} - \binom{28}{9} =$$

   $$m_2 - \frac{28 \cdot 27 \cdot 26 \cdot 25 \cdot 24 \cdot 23 \cdot 22 \cdot 21 \cdot 20}{1 \cdot 2 \cdot 3 \cdot 4 \cdot 5 \cdot 6 \cdot 7 \cdot 8 \cdot 9}$$

   $$= 20\,160\,075 - 6\,906\,900 = 13\,253\,175.$$

   Die Wahrscheinlichkeit für ein weiteres Ass berechnet sich hier zu

   $$w_2 = \frac{g_2}{m_2} = \frac{13\,253\,175}{20\,160\,075} \approx 0{,}657 = 65{,}7\ \%.$$

   – ein deutlich anderer Wert für die Wahrscheinlichkeit als zuvor.
   Aber wie gesagt: anderes Wissen, andere Gewissheit!

C Roulette

Der Mittelpunkt aller Spielkasinos – ob nun in Las Vegas oder in Monte Carlo oder in Baden-Baden – ist der Roulettetisch. Er besteht aus einer drehbaren Schüssel mit 37 Zahlenfeldern, einer Kugel und einem Spielfeld, auf das die Einsätze gesetzt werden.

Die Spieler setzen ihre Einsätze aufs Spielfeld; die Kugel wird in Bewegung gesetzt, die Scheibe in entgegengesetzter Richtung gedreht. Die Bewegungen werden langsamer, die Kugel fällt in eines der Zahlenfelder – damit ist entschieden, wer gewonnen, wer verloren hat!

Folgende Einsätze und Gewinne sind möglich:

Spieleinsatz		Auszahlung (Vielfaches des Einsatzes)
1. Plein	(volle Nummer)	36
2. Cheval	(2 angrenzende Nummern)	18
3. Tranversale pleine	(Querreihe von 3 Nummern)	12
4. Carré	(4 Nummern)	9
5. Transversale simple	(Querreihe von 6 Nummern)	6
6. Colonne	(Längsreihe von 12 Nummern)	3
7. Douzaine	(ein Dutzend Nummern)	3
8. Pair Impair	(gerade Nummern) (ungerade Nummern)	2
Rouge Noir	(rote Nummern) (schwarze Nummern)	2
Manque Passe	(erste Hälfte) (zweite Hälfte)	2

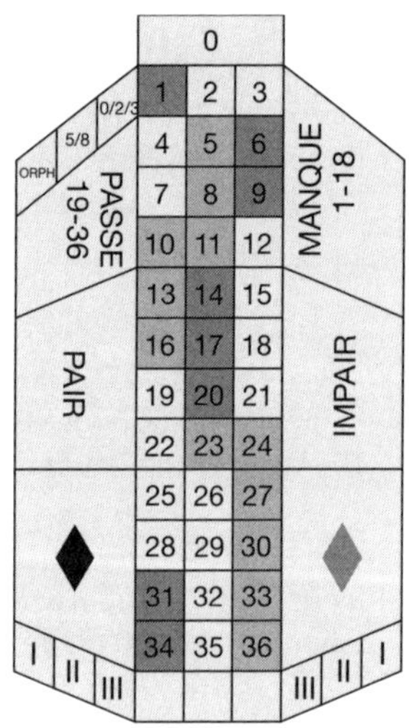

Ist das Roulette ein faires Spiel? Bei einem fairen Spiel sind die Spielregeln so gestaltet, dass die Aussicht auf Gewinn oder Verlust ausgeglichen ist. Wir betrachten dazu einige Beispiele.

1. Plein: Ein Spieler setzt auf eine bestimmte Nummer einen Einsatz a. Die Kugel fällt mit der Wahrscheinlichkeit $\frac{1}{37}$ auf diese Nummer. In diesem Fall wird ihm der Betrag 36a ausbezahlt, sein Gewinn beträgt also 35a und seine Gewinnaussicht $\frac{1}{37} \cdot 35a$. Mit der Wahrscheinlichkeit $\frac{36}{37}$ fällt sie jedoch auf eine andere Nummer. Seine Verlustaussicht beträgt deshalbhalb $\frac{36}{37} \cdot (-a)$. Der mathematische Erwartungswert bestimmt sich also zu

$$E_1 = \frac{1}{37} \cdot 35a + \frac{36}{37} . (-a) = -\frac{1}{37} a.$$

6. Colonne: Der Erwartungswert berechnet sich ganz entsprechend; man erhält:

$$E_1 = \frac{12}{37} \cdot 2\,a + \frac{25}{37} \cdot (-a) = -\frac{1}{37} a.$$

8. Einfache Chancen: Hier ist der Erwartungswert günstiger. Fällt nämlich die Kugel auf „Zero" – 0 – dann verliert man entweder nur den halben Einsatz oder aber die Einsätze verbleiben auf dem Feld für das nachfolgende Spiel. In allen Fällen ist der Erwartungswert negativ. Dem Spielkasino verbleibt im Durchschnitt nahezu $\frac{1}{37}$ der Einsätze.

8.4 Worte – Worte – Worte

Das Wort „Zufall" dient eigentlich nur dazu, unsere Unwissenheit zu verschleiern.
Lambert Quetelet (1796–1874)

Unmöglich ist ein Wort, das ich nie gebrauche.
Colin d'Harleville

Kein Mensch muss das Unmögliche erzwingen wollen.
Friedrich Schiller (1759–1805)

Den lieb ich, der Unmögliches begehrt.
Johann Wolfgang Goethe (1749–1832)

Dem Klugen, Weltumsichtigen zeigt fürwahr sich oft Unmögliches noch als möglich.
Johann Wolfgang Goethe

Geduld, Vernunft und Zeit macht möglich die Unmöglichkeit.
Sprichwort Siebenbürgen

Wer nichts Unerwartetes erwartet, / wird das Unerwartete nicht finden, weil es schwer aufspürbar und unzugänglich ist.
Heraklit (um 500 v. Chr.)

Möglich scheint fast alles unseren Wünschen; unsrer Tat setzt sich, von innen wie von außen, viel, was sie durchaus unmöglich macht, entgegen.
Johann Wolfgang Goethe

Möglich ist das, was einen, wenn auch sehr kleinen Teil der Gewissheit für sich hat; unmöglich dagegen das, was keinen oder einen unendlich kleinen Teil der Gewissheit besitzt.
Jakob Bernoulli (1654–1705)

Es ist wahrscheinlich, dass das Unwahrscheinliche geschieht.
Aristoteles (384–322 v. Chr.)

Denn das, was wahrscheinlich ist, / ist das, was sich am meisten ereignet.
Aristoteles

Das Wahrscheinliche ist dies, was am meisten zu geschehen pflegt oder auf einer allgemeinen Meinung beruht oder das in sich eine gewisse Ähnlichkeit in Bezug auf diese Eigenschaften hat, ob dies nun falsch oder wahr sei.
Marcus Tullius Cicero (106–43 v. Chr.)

Weil die Wahrscheinlichkeit etwas ist, so zwischen dem Wahren und Falschem gleichsam mitten inne ist.
Christian Thomasius (1655–1728)

Wahrscheinlich heißt die Einsicht, wovon das Gegenteil nicht gänzlich widersprechend oder unmöglich ist.
Hermann Samuel Reimarus (1694–1768)

Wahrscheinlich heißt dasjenige, was für wahr gehalten,
mehr als die Hälfte der Gewissheit auf seiner Seite hat.
Immanuel Kant (1724–1804)

Man darf nicht das, was unwahrscheinlich und unnatürlich erscheint, mit dem verwechseln, was absolut unmöglich ist.
Carl Friedrich Gauß (1777–1855)

Die Wahrscheinlichkeit ist nur der der Berechnung unterworfene gesunde Menschenverstand.
Pierre Simon de Laplace (1749–1827)

Unter den wenigen Dingen, die wir mit einiger Gewissheit kennen, …
basieren die grundlegenden Mittel, mit denen wir zur Wahrheit finden, auf Wahrscheinlichkeiten.
Pierre Simon de Laplace

Es ist bemerkenswert, dass jene Wissenschaft, die mit der Untersuchung von Glücksspielen begann, zum wichtigsten Gegenstand menschlichen Wissens werden sollte.
Pierre Simon de Laplace

Irgendein Ding vermuten heißt so viel als seine Wahrscheinlichkeit messen.
Jacob Bernoulli

Die Wahrscheinlichkeit ist nämlich ein Grad der Gewissheit und unterscheidet sich von ihr wie ein Teil vom Ganzen.
Jacob Bernoulli

Die Wahrscheinlichkeit eines Ereignisses ist die Anzahl der dem Ereignis günstigen Fälle, geteilt durch die Anzahl der überhaupt möglichen Fälle.
Pierre Simon de Laplace

Die Wahrscheinlichkeit der Ereignisse einer Versuchsreihe ist gleich dem Grenzwert der „relativen Häufigkeit", es ist $W = \lim_{n \to \infty} H_n$.
Richard von Mises (1883–1953)

Manche Probleme, die der Zufall aufwirft, erscheinen uns zunächst sehr einfach; man glaubt, sie wären mit etwas gesundem Menschenverstand zu lösen. Aber das erweist sich leider allzu oft als falsch, und die Fehler, die wir so begehen, sind nicht selten.
Abraham de Moivre (1667–1754)

8.5 Statistik und Manipulation

In Diskussionen, in der Politik, in Berichterstattungen usw. werden häufig die Ergebnisse statistischer Untersuchungen als Begründungen herangezogen, um die Richtigkeit der eigenen Argumente „unumstößlich“ zu untermauern. Statistischen Erhebungen wird dabei die Kraft zugeschrieben, das sonst Unüberschaubare geeignet zu bündeln und Wesentliches sichtbar zu machen. Die dabei „entdeckten“ geeigneten Meinungen einer Mehrheit werden zur Unterstützung der eigenen Meinung herangezogen und die Macht bildlicher Darstellungen durch Diagramme wird dabei oft plakativ genutzt.
Doch sind die Ergebnisse von Statistiken oft umstritten, da nicht immer klar wird, welche Fragestellungen zu Grunde gelegt wurden, bei welcher Grundgesamtheit und mit welcher Stichprobe die Untersuchung durchgeführt worden ist. Der englische Politiker Winston Churchill (1874–1965) soll seine Skepsis gegenüber Statistiken so geäußert haben: „Ich glaube keiner Statistik, die ich nicht selbst gefälscht habe.“ So gibt es tatsächlich viele Möglichkeiten, bei Statistiken zu manipulieren, einige Beispiele sollen dies illustrieren.

A Rundung

Bei Ergebnissen einer Erhebung sind Rundungen sinnvoll, damit die Zahlenwerte überschaubar werden. Die letzte angegebene Stelle einer gerundeten Zahl signalisiert dabei auch die Genauigkeit einer Messung: So bedeutet die Angabe 1,5 km, dass auf 100 m genau gemessen wurde, bei der Angabe 1,50 km wird deutlich, dass die Messung auf 10 m genau ist.
Welche Bedeutung hat dann die Angabe „0 % Cadmium“ bei einer Batterie? Sicher nicht, dass „0 Cadmium“ also wirklich „nichts“ von diesem giftigen Schwermetall in der Batterie enthalten ist. Die Angabe „0 %“ lässt zu, dass jeder Prozentsatz unter 0,5 % zutreffen kann.
Aufgabe für Schüler: Suche aus der Zeitung gerundete Größenangaben und bestimme die Genauigkeit der Messung.

B Ganz genau

Andererseits sind auch ungerundete, scheinbar genaue Zahlenangaben nicht sinnvoll. Die Aussage, dass im Jahr 2000 in Deutschland 4 717 586 Kinder unter sechs Jahren gelebt haben, ist einfach nicht sinnvoll, da dies nur für einen ganz bestimmten Zeitpunkt dieses Jahres gelten konnte. Im Lauf des gesamten Jahres kamen in diese Altersgruppe Kinder durch Geburten dazu, andere Kinder verließen durch Erreichen des 6. Geburtstags die Altersgruppe. Hier könnte eine gerundete Angabe, z. B. 4 717 tausend Kinder, den Sachverhalt ausreichend beschreiben.
Aufgabe für Schüler: Suche aus der Zeitung ähnliche ungerundete Größenangaben und gib geeignete Rundungen an.

C Falsche oder zu kleine Stichprobe

„Zur Fußball-WM bricht in Deutschland das Fußballfieber aus! Für 90 Prozent ist Fußball der Lieblingssport!“

Da bei dieser Zeitungsmeldung keine Angaben über die Stichprobe gemacht werden, ist Vorsicht geboten! Wie kann eine solches Ergebnis einer Umfrage zu Stande kommen?
Vielleicht war es ja so: Ein Reporter befragt 10 Personen vor dem Betreten eines Fußballstadions nach ihrer Lieblingssportart. Bis auf eine Person geben alle „Fußball“ an – und schon „stimmt“ die Zahlenangabe in der Zeitungsmeldung.
Allerdings ist dabei die gezogene Verallgemeinerung von der „Stichprobe“ auf die Gesamtheit der ganzen Bevölkerung in Deutschland aus mehreren Gründen nicht erlaubt: Die Stichprobengröße ist völlig unzureichend, die erhaltene Datenmenge dadurch zu klein, sodass das Ergebnis als wenig zuverlässig angesehen werden muss. Um von einer Stichprobe auf die Grundgesamtheit sinnvoll schließen zu können, muss die Stichprobe ein ungefähres Bild der Gesamtheit darstellen. Für sichere Ergebnisse ist daher eine sinnvolle, planmäßige Auswahl einer Stichprobe wichtig. Diese Auswahl erfolgt nach bestimmten Kriterien oder zufällig (Zufallsstichprobe).

D Diagramme aufmerksam lesen

Auch wenn die Daten richtig erhoben worden sind, kann durch eine „geeignete“ graphische Darstellung die Interpretation noch beeinflusst werden.

Beispiel: Die drei Geschwister Florian, Anne und Eva vergleichen, wie sich ihr monatliches Taschengeld in den letzten Jahren entwickelt hat. Dazu erstellen die drei jeweils ein Diagramm:

Florian:

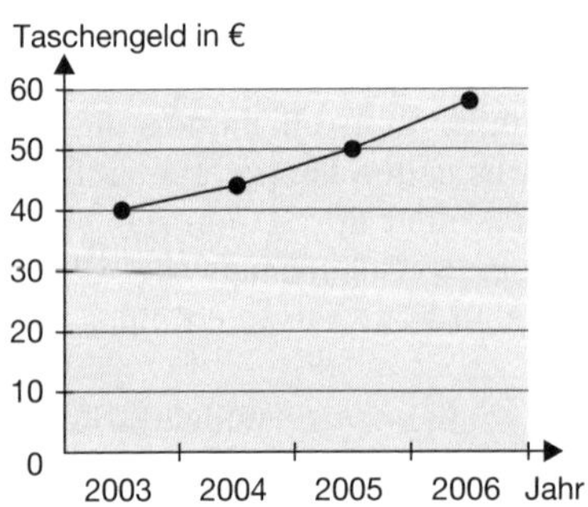

Anne:

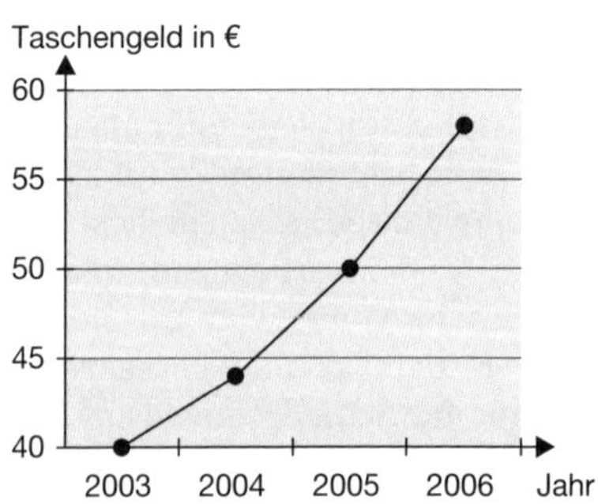

Eva:

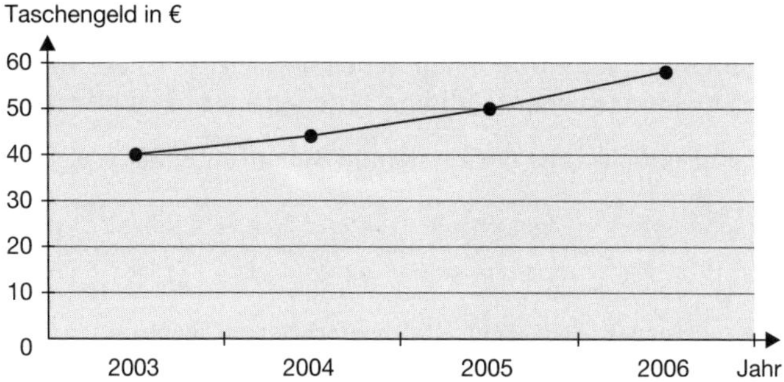

„Auf den ersten Blick" scheint sich „offensichtlich" für Anne die finanzielle Lage am besten entwickelt zu haben, der Anstieg der Kurve ist am steilsten. Bei Eva erscheint der Taschengeldzuwachs eher spärlich, die Kurve verläuft recht flach.
Eine genauer Blick zeigt aber, dass für alle drei die gleiche Datentabelle zutrifft:

2003	2004	2005	2006
40 €	44 €	50 €	58 €

Beim Lesen von Diagrammen muss also unbedingt die Achseneinteilung und Achsenbeschriftung beachtet werden. Vorsicht ist vor allem dann geboten, wenn die Achsen sich nicht beim Wert Null schneiden (Annes Diagramm).
Auch falsche bildliche Veranschaulichungen sind Ausgangspunkte für Fehlinterpretationen: das Taschengeld wird hier durch Münzstapel illustriert:

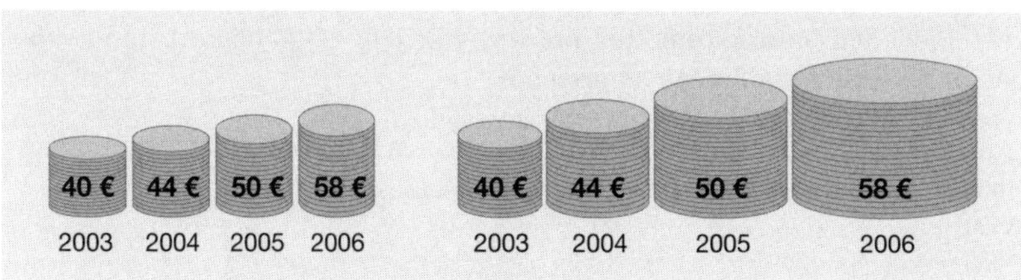

Während das linke Bild noch den Taschengeldzuwachs als Vergrößerung der Stapelhöhe richtig darstellt, wird im rechten Bild sowohl die Höhe der Stapel als auch die Münzgröße verändert, sodass der letzte Stapel gegenüber dem ersten Stapel ein viel zu großes Volumen besitzt: Der Zuwachs an Taschengeld wird hier völlig falsch durch die Vergrößerung der Münzmaße in allen drei Dimensionen illustriert.

E Zeitliche Entwicklungen

Graphische Darstellungen von Zahlenwerten in Abhängigkeit von der Zeit sollen visualisiert die zeitlichen Veränderungen einer Größe verdeutlichen. Je nach Art der gewählten Darstellung können neben der „eigentlichen" Information gezielt auch Meinungen oder Fehlinformationen suggeriert werden.

Beispiel: Bevölkerungsentwicklung der Gemeinde Bubenreuth, Bayern.

1840	1871	1900	1925	1939	1950	1961	1970	1987	2004
215	241	231	306	415	880	2884	3414	4104	4493

(Quelle: Bayerisches Landesamt für Statistik und Datenverarbeitung: Datenbank GENESIS Online)

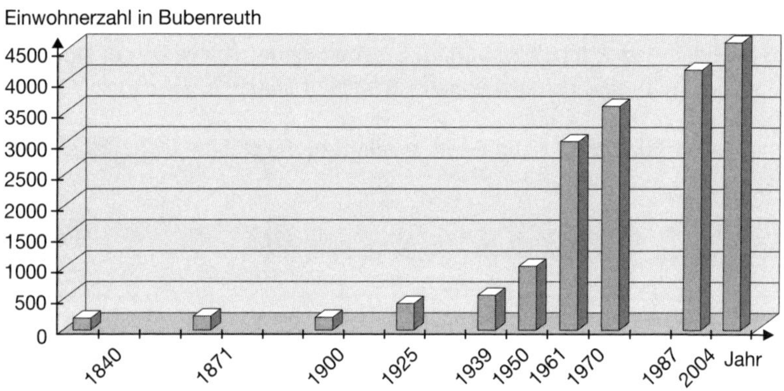

Bei diesem Balkendiagramm wird erkennbar, dass die Einwohnerzahl ab dem Jahr 1939 deutlich und durchaus beeindruckend ansteigt. Die Darstellung durch nebeneinanderstehende Balken ist den voneinander unabhängig zu verschiedenen Messzeitpunkten mit erheblichem zeitlichem Abstand erhobenen Einwohnerzahlen angemessen.

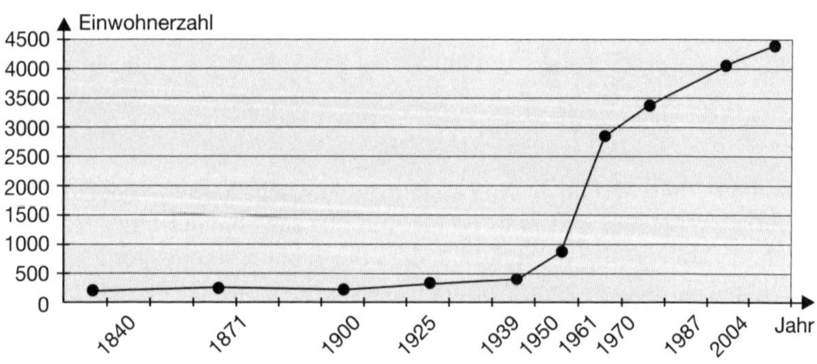

Verwendet man dagegen für die Darstellung der gleichen Daten ein Liniendiagramm, so wird ein stetiger Verlauf auch zwischen den Messzeitpunkten suggeriert. Darüber hinaus erscheint eine – unzulässige – Extrapolation über den letzten Messzeitpunkt hinaus naheliegend.

Besonders in Verlaufsbildern zur Entwicklung eines Unternehmens kann die suggestive Handhabung von Schaubildern wirtschaftliche Entscheidungen beeinflussen.
Auf Grund des folgenden Beispieldiagramms über die jährlichen Gewinne einer Firma kann man sich das Auf und Ab dieses Betriebes gut vorstellen.

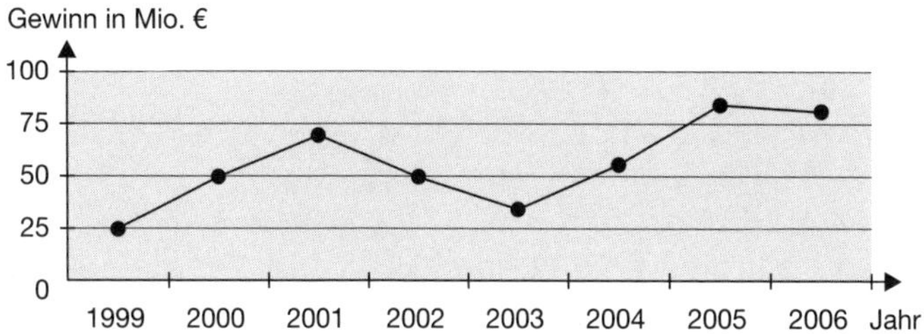

Unseriös ist es, wenn solche Diagramme nur unvollständig gezeigt werden – vielleicht sogar ohne Zeitangaben, um eine bestimmte Argumentation zu „belegen“:

„Es wird deutlich, dass die Firmenleitung versagt!“

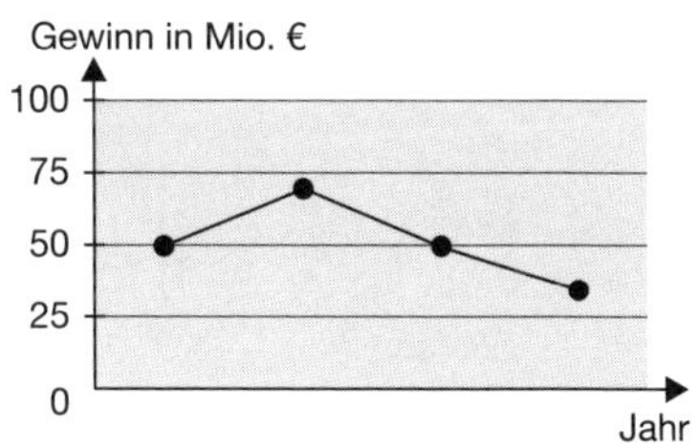

„Die Firma wird hervorragend geleitet!“

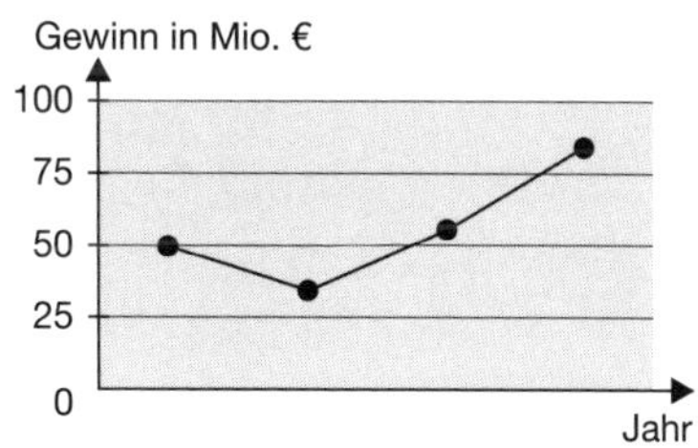

Problematisch ist es auch, bei den Daten, deren zeitliche Entwicklung keiner bestimmten Gesetzmäßigkeit unterliegt, eine Extrapolation vorzunehmen: „Im nächsten Jahr werden die Firmengewinne noch einmal enorm steigen!“

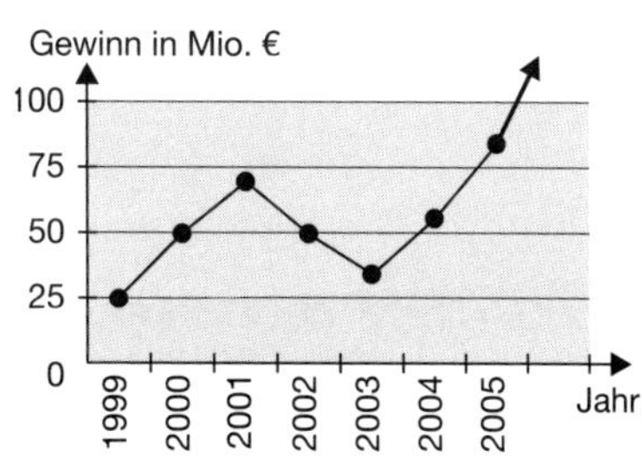

Kein noch so dicker Pfeil ist eine Garantie dafür, dass diese Entwicklung eintritt, wie ein Blick auf das drittletzte Diagramm (s. S. 251) zeigt.

Zusammenfassung: Die Beispiele zeigen, dass unvollständige Informationen und plakative Darstellungen einer statistischen Untersuchung mit Vorsicht betrachtet werden müssen. Für eine genaue Beurteilung einer Statistik ist es deshalb unbedingt notwendig, neben Kurzinformationen über die Ergebnisse weitere Daten, die Rahmenbedingungen der Erhebung und vor allem die Quelle dieser Statistik zu kennen.
Statt wie Churchill könnte man sich dann besser äußern: „Ich glaube nur einer Statistik, über die ich genug weiß.“

9 Kleine Worte – große Wirkung

9.1 Zum Sprachgebrauch in der Mathematik

9.1.1 Die logische Sprache der Mathematik

Der Umgang mit mathematischen Objekten (z. B. Zahlen, Funktionen, geometrische Figuren und Körper) und deren Beziehungen untereinander wird auf einer relativ hohen Abstraktionsebene durchgeführt. Das kommt auch im Sprachgebrauch zum Ausdruck. Neben alltagssprachlichen und fachspezifischen Begriffen enthält die Sprache der Mathematik eine Vielzahl **logischer Bestandteile**.

Zu den logischen Bestandteilen der Sprache gehören u. a. die Quantifizierungen „für jedes" und „es gibt (mindestens, höchstens, genau) n", die Aussagenverbindungen „und", „oder", „wenn ..., so", „genau dann, wenn ..." und die Verneinung von Aussagen „Es gilt nicht, dass ...", aber auch solche Ausdrücke wie „hinreichend" und „notwendig". Der Mathematikunterricht will erreichen, dass die Schülerinnen und Schüler solche logischen Bestandteile der Sprache verstehen und bei der Beschreibung von mathematischen Sachverhalten fehlerfrei anwenden.

Das bedeutet z. B., dass
- ihnen der Unterschied zwischen konjunktiven und alternativen Aufzählungen bekannt ist;
- ihnen der Unterschied zwischen Implikationen und ihren Umkehrungen, aber auch Implikationen und Äquivalenzen bewusst ist;
- sie Quantifizierungen verstehen und sachgerecht benutzen und
- sie Verneinungen von Aussagen und Aussagenverbindungen bilden können.

9.1.2 Konjunktion und Alternative

Schon im Mathematikunterricht der Grundschule treten konjunktive (häufiges Bindewort: „und") Aussagenverbindungen auf. Hier einige Beispiele:
- 66 ist ohne Rest durch 2 und 66 ist ohne Rest durch 3 teilbar. (Kürzer: 66 ist ohne Rest durch 2 und durch 3 teilbar).
- 3 ist kleiner als 7 und größer als 2. (Kürzer: $2 < 3$ und $3 < 7$ bzw. $2 < 3 < 7$)
  Auch in der folgenden Aufgabe ist eine Konjunktion „versteckt".
- Gib alle Zahlen an, die größer als 7 und kleiner als 15 sind.
  (Kürzer: $7 < x < 15$)

Beim Umgang mit Konjunktionen ist den Schülern bewusst zu machen, dass eine Konjunktion wahr ist, wenn alle Teilaussagen, aus denen sie gebildet wurde, wahr sind. Ist nur eine Teilaussage falsch, so ist die mit „und“ gebildete Aussagenverbindung falsch. So sind z. B. folgende Aussagenverbindungen falsch:

- 111 ist die kleinste dreistellige Zahl und 999 ist die größte dreistellige Zahl.
- 100 ist der Vorgänger von 200 und 300 ist der Nachfolger von 200.
- 26 ist durch 13 und durch 3 teilbar.

Neben dem Bindewort „und“ findet man bei Konjunktionen auch solche Formulierungen wie

- sowohl A als auch B;
- A, aber auch B;
- A, darüber hinaus auch B;
- nicht nur A, sondern auch B.

Um mit Schülerinnen und Schülern explizit Übungen zur logischen Schulung durchzuführen, sind u. a. Aufgaben sinnvoll, bei denen der **Wahrheitswert von Aussagen** zu bestimmen ist. Beim Einsatz derartiger Aufgaben ist insbesondere auf die Begründungen Wert zu legen. Hier folgen dafür einige Beispiele.

1. Wahr oder falsch?
   a) 3 732 ist durch 3 und durch 4 teilbar.
   b) 234 ist sowohl durch 2 als auch durch 4 teilbar.
   c) 213 ist durch 2, aber auch durch 3 teilbar.
2. Ersetze das Zeichen * durch eine Zahl, sodass eine wahre Aussage entsteht.
   a) 423 ist durch 3 und durch * teilbar.
   b) * ist durch 3 und durch 4 teilbar.
   c) 60 ist durch 6, aber nicht durch * teilbar.

Während das „und“ in der Mathematik im Allgemeinen wie in der Umgangssprache verwendet wird, ist das bei der Verwendung von „oder“ **(Alternative)** nicht immer so. Bei der Aussage

„Klaus geht heute ins Kino *oder* ins Theater.“

geht man davon aus, dass Klaus entweder ins Kino oder ins Theater geht.

Bei der Frage

„Möchtest du Milch *oder* Zucker in den Kaffee?“

wird aber niemand verwundert sein, wenn man „Ja“ sagt, aber Milch und Zucker wünscht oder nur eines von beiden nimmt.

- In der Mathematik ist eine Aussagenverbindung mit dem Bindewort „oder“ wahr, wenn mindestens eine der Teilaussagen wahr ist. Nur wenn alle Teilaussagen falsch sind, so ist die Aussagenverbindung falsch.

Die mit „entweder – oder" gebildete Aussagenverbindung (auch Disjunktion genannt) ist nur wahr, wenn genau eine Teilaussage wahr ist, ansonsten ist sie falsch.

So ist z. B. die Aussage

- 3 627 ist durch 3 *oder* durch 9 teilbar wahr,
  dagegen ist die Aussage
- 3 627 ist *entweder* durch 3 *oder* durch 9 teilbar falsch.

Die Aussage

- Für die drei Innenwinkel α, β, γ eines Dreiecks ABC gilt: α ist ein spitzer Winkel *oder* β ist ein spitzer Winkel *oder* γ ist ein spitzer Winkel ist auch dann wahr, wenn alle drei Innenwinkel spitze Winkel sind.

Im Folgenden finden Sie Beispiele für die drei genannten Aussagenverbindungen (Konjunktion, Alternative, Disjunktion).

1. Welches von den Mädchen (s. u.) hat welche der folgenden Aufgaben richtig gelöst?

a) Zeichne ein Dreieck, das rechtwinklig oder gleichschenklig ist.
b) Zeichne ein Dreieck, das rechtwinklig und gleichschenklig ist.
c) Zeichne ein Dreieck, das entweder rechtwinklig oder gleichschenklig ist.

Lösungen:

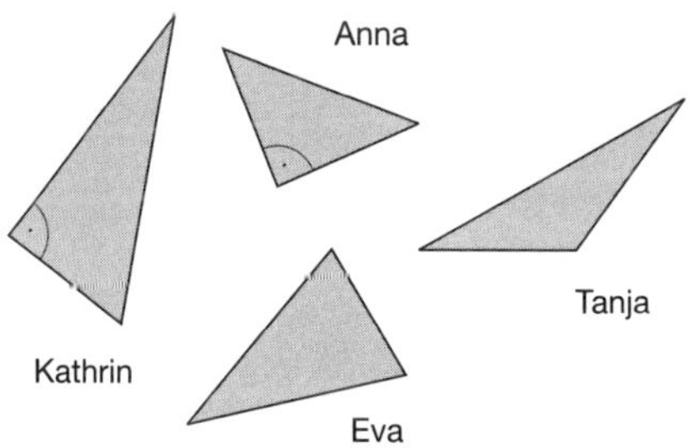

2. Welche der Kreisfiguren sind richtig gezeichnet, wenn die Aufgabe lautet:

a) Zeichne zwei Kreise, die sich gegenseitig berühren oder bei denen einer ganz im Inneren des anderen liegt.
b) Zeichne zwei Kreise, die sich entweder gegenseitig berühren oder bei denen einer ganz im Inneren des anderen liegt.
c) Zeichne zwei Kreise, die sich gegenseitig berühren, aber bei denen einer ganz im Inneren des anderen liegt.

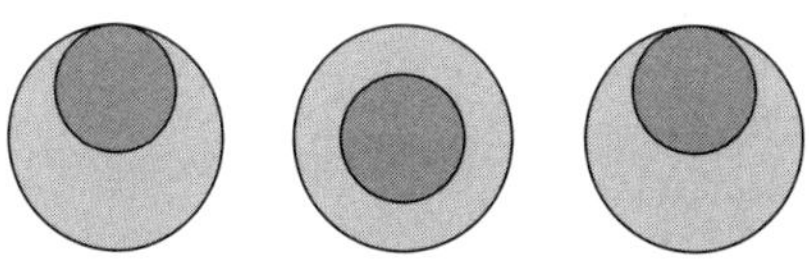

9.1.3 Implikation und Äquivalenz

In der Mathematik treten Implikationen („Wenn ..., so"-Aussagenverbindungen) sehr häufig auf, da eine Vielzahl der zu behandelnden mathematischen Aussagen und insbesondere mathematische Sätze in Form von Implikationen formuliert werden.
Hier zwei Beispiele:

- *Wenn* eine Zahl durch 6 teilbar ist, so ist sie auch durch 3 teilbar.
- *Wenn* die Quersumme einer Zahl durch 3 teilbar ist, *so* ist die Zahl durch 3 teilbar.

In solchen Sätzen nennt man den ersten Teil (vor dem Komma) oft **Voraussetzung** und den zweiten Teil **Behauptung**. Sprachlich wird diese Reihenfolge nicht immer eingehalten, wie das nächste Beispiel zeigt.

- Ein Dreieck ist spitzwinklig, wenn es gleichseitig ist.

Implikationen sind dann und nur dann falsch, wenn die Voraussetzung wahr und die Behauptung falsch ist, z. B.:

- Wenn 122 durch 2 teilbar ist, so ist 122 auch durch 4 teilbar.

Implikationen werden mitunter sprachlich recht unterschiedlich zum Ausdruck gebracht. Hier einige Paare von Aussagen, die denselben Sachverhalt auf sprachlich unterschiedliche Weise zum Ausdruck bringen.

- Alle durch 9 teilbaren Zahlen sind durch 3 teilbar.
- Wenn eine Zahl durch 9 teilbar ist, so ist diese Zahl auch durch 3 teilbar.
- Die Winkelsumme im Dreieck beträgt 180°.
- Wenn α, β, γ Innenwinkel eines Dreiecks ABC sind, so gilt $\alpha + \beta + \gamma = 180°$.

Um beim Beweisen Voraussetzung und Behauptung von Sätzen zu erkennen, ist es sinnvoll, die so genannte **„Wenn ..., so"**-Form anzustreben.
Vertauscht man nun in einer Implikation die Voraussetzung und die Behauptung, erhält man die Umkehrung dieser Aussagenverbindung. Für die Beispiele auf Seite 252 f. bedeutet das:

- Wenn eine Zahl durch 3 teilbar ist, so ist die Zahl auch durch 6 teilbar.
- Wenn eine Zahl durch 3 teilbar ist, so ist auch die Quersumme dieser Zahl durch 3 teilbar.

Wie man sieht, kann die Umkehrung einer Implikation wahr oder falsch sein. Das Bilden von Satzumkehrungen ist in der Mathematik eine Methode, um zu neuen Vermutungen zu kommen. Die Wahrheit oder Falschheit einer Vermutung muss aber noch bewiesen werden.
Das Bilden von Satzumkehrungen kann man bei den Schülerinnen und Schülern im Sinne eines „Elementtrainings" festigen.
Ist die Umkehrung einer wahren „Wenn ..., so"-Aussage wahr, so kann man die Aussage und deren Umkehrung in einem Satz formulieren, indem man die Redewendung „genau dann ..., wenn ..." oder „... dann und nur dann, wenn ..." verwendet. Eine solche Aussagenverbindung bezeichnet man als Äquiva-

lenz. (Um eine Äquivalenz „A genau dann, wenn B“ zu beweisen, sind also die beiden Aussagen „Wenn A, so B“ und „Wenn B, so A“ zu beweisen.)

Im Folgenden finden Sie Beispiele zur Implikation, zu deren Umkehrung und zur Äquivalenz.

a) Jedes Quadrat ist ein Rechteck.
b) Wenn ein Viereck ein Parallelogramm ist, dann ist es auch ein Trapez.
c) Alle Parallelogramme sind Rechtecke.
d) Wenn in einem Viereck alle Seiten gleich lang sind, so ist das Viereck ein Quadrat.
e) Wenn in einem Viereck die Diagonalen gleich lang sind, so ist es ein Rechteck.
f) Jedes Viereck, in dem sich die Diagonalen halbieren, ist ein Parallelogramm.

1. Welche der Aussagen sind wahr, welche falsch?
2. Formuliere alle Sätze (falls nicht vorhanden) in der „Wenn ..., so“-Form.
3. Gib von jedem der Sätze Voraussetzung und Behauptung an.
4. Bilde die Umkehrung der Sätze und überprüfe, ob sie wahr oder falsch sind. Welche der folgenden Aussagen sind wahr und welche sind falsch?

a) Ein Dreieck besitzt genau dann drei gleich große Innenwinkel, wenn es gleichseitig ist.
b) Genau dann, wenn ein Dreieck rechtwinklig ist, ist es nicht gleichseitig.
c) Wenn ein Dreieck gleichseitig ist, dann und nur dann ist es auch gleichschenklig.
d) Wenn ein Dreieck gleichschenklig ist, dann und nur dann sind zwei Innenwinkel gleich groß.
e) Wenn zwei Dreiecke in allen drei Seiten übereinstimmen, genau dann sind sie kongruent zueinander.
f) Wenn zwei Dreiecke in allen drei Innenwinkeln übereinstimmen, dann und nur dann sind sie kongruent zueinander.

9.1.4 Hinreichend oder notwendig?

Mit der Implikation in Zusammenhang stehen die Begriffe **hinreichend** und **notwendig**, die in der Mathematik häufig benutzt werden.

Betrachtet man eine Implikation Wenn A, so B, so spricht man auch davon, dass A eine notwendige Bedingung für B und B eine hinreichende Bedingung für A sei. Diese Sprechweisen sind für Schülerinnen und Schüler oft ungewohnt und schwer verständlich, da sie in der Umgangssprache kaum Verwendung finden. Um Schülerinnen und Schüler für den Gebrauch dieser Redewendungen zu sensibilisieren, kann man z. B. das im Folgenden beschriebene Modell der Bahnhofsdurchfahrt eines Zuges in Abhängigkeit vom Schienenstrang und der Weichenstellungen betrachten.

Wenden wir uns dazu zunächst dem folgenden Bild zu und überprüfen die Abhängigkeit der Bahnhofsdurchfahrt des Zuges von der Weichenstellung W1.

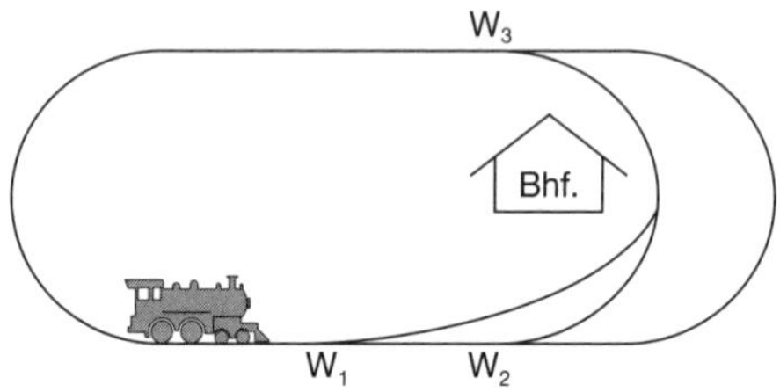

Wir kommen zu folgender Feststellung. Die Stellung der Weiche W1 nach links (bezüglich der eingezeichneten Fahrtrichtung des Zuges) ist ganz sicher *hinreichend* dafür, dass der Zug den Bahnhof passiert, d. h., es ist nicht möglich, dass die Weiche W1 nach links gestellt ist und der Zug nicht den Bahnhof passiert. Diesen Zusammenhang kann man auch in einem Satz mit der Wendung „wenn ..., so" ausdrücken:

- Wenn die Weiche W1 nach links gestellt ist, so passiert der Zug den Bahnhof.

Oder

- Immer, wenn die Weiche W1 nach links gestellt ist, so passiert der Zug den Bahnhof.

Überlegen wir noch, ob die Stellung der Weiche W1 nach links auch notwendig für eine Bahnhofsdurchfahrt des Zuges ist. Das ist sicher nicht der Fall, denn auch bei einer Stellung der Weiche W1 nach rechts besteht noch die Möglichkeit (Weiche W2 nach links), dass der Zug den Bahnhof passiert.
Betrachten wir nun das folgende **Beispiel:**

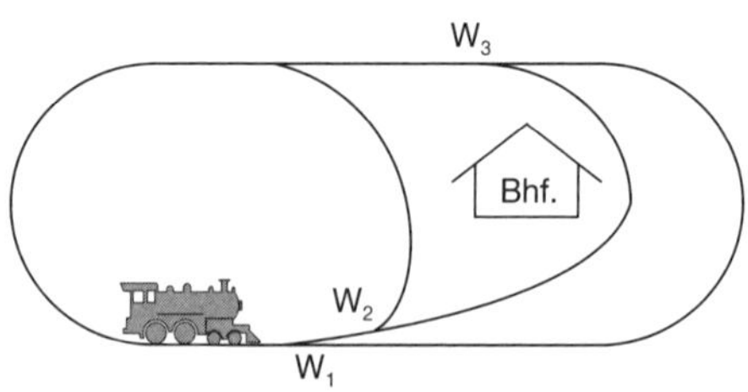

Jetzt ist die Stellung der Weiche W1 nicht hinreichend dafür, dass der Zug den Bahnhof passiert, aber *notwendig*. Denn wenn die Weiche W1 nach rechts gestellt wird, so kann der Zug ganz sicher nicht den Bahnhof passieren. Diesen Zusammenhang kann man wie folgt zum Ausdruck bringen:

- Wenn der Zug den Bahnhof passiert, so war die Weiche W1 nach links gestellt.

Oder

- Immer wenn der Zug den Bahnhof passiert, so ist die Weiche W1 nach links gestellt.

Gleichbedeutend mit diesen Sätzen sind auch folgende Formulierungen:

- Nur wenn die Weiche W1 nach links gestellt ist, so passiert der Zug den Bahnhof.

Oder

- Der Zug passiert nur dann den Bahnhof, wenn die Weiche W1 nach links gestellt ist.

Auch in der nächsten Abbildung soll noch einmal geprüft werden, ob die Stellung der Weiche W1 nach links hinreichend oder notwendig für eine Bahnhofsdurchfahrt des Zuges ist.

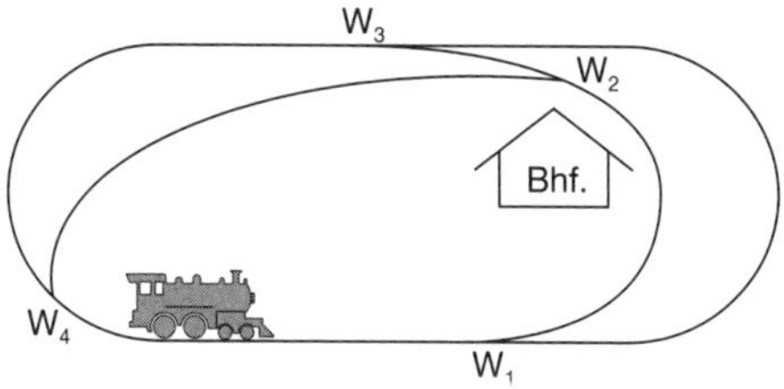

Sicher ist die Stellung der Weiche W1 nach links hinreichend dafür, dass der Zug den Bahnhof passiert, d. h. die Aussage

- *Wenn die Weiche W1 nach links gestellt ist, dann passiert der Zug den Bahnhof* ist wahr. Die Stellung der Weiche nach links ist aber auch eine notwendige Bedingung für die Bahnhofsdurchfahrt des Zuges. Es gilt:
- Nur wenn die Weiche W1 nach links gestellt ist, passiert der Zug den Bahnhof.

Oder

- Wenn der Zug den Bahnhof passiert, so ist die Weiche W1 nach links gestellt.

Im letzten Beispiel ist also die Stellung der Weiche W1 nach links eine *notwendige* und *hinreichende* Bedingung für die Bahnhofsdurchfahrt des Zuges.

Diesen Zusammenhang kann man mit den Wendungen

- … dann und nur dann, wenn …;
- … genau dann, wenn …

ausdrücken.

Folgende Aussagen sind also bezogen auf das obige Bild wahr.

- Der Zug passiert dann und nur dann den Bahnhof, wenn die Weiche W1 nach links gestellt ist.

Oder

- Der Zug passiert genau dann den Bahnhof, wenn die Weiche W1 nach links gestellt ist.

Zur Vertiefung der Wendungen „hinreichend“ und „notwendig“ sind hier noch weitere Beispiele aufgeführt:

1. Welche der Aussagen sind wahr und welche falsch?

a) Die Teilbarkeit einer Zahl durch 5 ist eine hinreichende Bedingung dafür, dass die Zahl durch 10 teilbar ist.

b) Die Gleichseitigkeit eines Dreiecks ist eine hinreichende Bedingung dafür, dass das Dreieck spitzwinklig ist.

c) Die durch 9 teilbare Quersumme einer natürlichen Zahl ist eine notwendige und hinreichende Bedingung dafür, dass die Zahl durch 9 teilbar ist.

d) $a < 7$ und $b < 6$ ist hinreichend dafür, dass $a \cdot b < 42$ ist.

e) $a = 0$ ist eine hinreichende Bedingung dafür, dass $a \cdot b = 0$ ist.

f) Die Gleichheit aller vier Seiten des Vierecks ABCD ist eine notwendige und hinreichende Bedingung dafür, dass das Viereck ABCD ein Rhombus ist.

g) Die Teilbarkeit einer Zahl durch 6 ist notwendig dafür, dass die Zahl durch 2 teilbar ist.

2. Setze jeweils in die Leerstellen das Wort „notwendig“ oder „hinreichend“ so ein, dass eine wahre Aussage entsteht.

a) Die Teilbarkeit einer Zahl durch 4 ist …… dafür, dass die Zahl durch 8 teilbar ist.

b) Die Teilbarkeit einer Zahl durch 8 ist …… dafür, dass die Zahl durch 22 teilbar ist.

c) Die Teilbarkeit einer Zahl durch 2 und 3 ist …… dafür, dass die Zahl durch 6 teilbar ist.

d) Die Teilbarkeit einer Zahl durch 3 ist …… dafür, dass die Quersumme dieser Zahl durch 3 teilbar ist.

e) $x < 2$ und $y < 14$ ist …… dafür, dass $x + y < 17$ gilt.

f) $a \cdot b = 0$ ist …… dafür, dass $a = 0$ und $b = 0$.

g) $a \cdot b = 0$ …… dafür, dass $a = 0$ oder $b = 0$.

h) $a > 3^3$ und $7 < b < 10$ ist …… dafür, dass $a \cdot b > 4 \cdot 3^3$.

9.1.5 *Mindestens – höchstens – genau*

In mathematischen Texten findet man immer wieder solche Redeweisen wie

- mindestens ein (zwei, drei, …) im Sinne von „mehr als ein (zwei, drei, …)“,
- höchstens ein (zwei, drei, …) im Sinne von „weniger als ein (zwei, drei, …)“ oder
- genau ein (zwei, drei, …).

Betrachten wir dazu folgende Beispiele:

- Jeder natürlichen Zahl ist mindestens ein Punkt auf der Zahlengeraden zugeordnet.

Diese Aussage ist wahr und bringt denselben Sachverhalt zum Ausdruck wie die Aussage:

– Jeder natürlichen Zahl ist ein Punkt auf der Zahlengeraden zugeordnet.

Mit den obigen Aussagen wird also festgestellt, dass jeder natürlichen Zahl ganz sicher ein Punkt auf dem Zahlenstrahl zugeordnet wird, es könnten jedoch auch mehrere sein, weniger auf keinen Fall. Wie man sieht, ist der Informationsgehalt dieser Aussage viel geringer, als wenn man formuliert:

– Zu jeder natürlichen Zahl gehört genau ein Punkt auf der Zahlengeraden.

Nicht in jedem Fall kann man die Redeweise „mindestens ein" durch „genau ein" ersetzen, ohne den Wahrheitswert der Aussage zu verändern. So ist z. B. die Aussage

– *Die Gleichung* $(x-2)\cdot(x+3)=0$ *hat mindestens eine Lösung*

eine wahre Aussage, die folgende Aussage dagegen ist falsch:

– *Die Gleichung* $(x-2)\cdot(x+3)=0$ *hat genau eine Lösung.*

Aussagen der Form „Es gibt **mindestens n** …" sind wahr, wenn der Sachverhalt für x Elemente zutrifft.

Aussagen der Form „Es gibt **höchstens n** …" sind wahr, wenn der Sachverhalt für x Elemente zutrifft wie in den folgenden Beispielen:

– Ein Dreieck hat höchstens einen rechten Innenwinkel.
– Ein Dreieck hat höchstens drei spitze Innenwinkel.
– Zwischen 1 und 100 gibt es höchstens 50 durch drei teilbare Zahlen.

Treffen für einen Sachverhalt gleichzeitig die Redeweisen *Es gibt mindestens n …* und *Es gibt höchstens n …* zu, so ist dann auch die Aussage *Es gibt genau n …* (die diesen Sachverhalt erfüllen) wahr.

Hier ein **Beispiel:**

– Es gibt *mindestens eine* Primzahl, die eine gerade Zahl ist.
– Es gibt *höchstens eine* Primzahl, die eine gerade Zahl ist.
– Es gibt *genau eine* gerade Primzahl.

Alle drei Aussagen sind wahre Aussagen.

Auch dazu folgen wieder einige Beispiele, die Schülerinnen und Schüler mit den Formulierungen „mindestens", „höchstens", „genau" vertraut machen sollen.

1. Überprüfe!

a) Es gibt höchstens zehn einstellige natürliche Zahlen.
b) Es gibt mindestens zehn einstellige natürliche Zahlen.
c) Es gibt höchstens drei natürliche Zahlen, die die Gleichung $3\cdot x=0$ erfüllen.
d) Die Zahl 60 hat im Bereich der natürlichen Zahlen höchstens 12 Teiler.
e) Die Gleichung $x^2=4$ hat mindestens eine Lösung.
f) Die Gleichung $x^2=4$ hat höchstens zwei Lösungen.
g) Die Gleichung $x^2=4$ hat genau zwei Lösungen.
h) Die Gleichung $(x-2)(x+2)x=0$ hat höchstens drei Lösungen.

i) Es gibt mindestens eine natürliche Zahl, die die Gleichung $3 : a = 1$ erfüllt.
j) Genau fünf einstellige natürliche Zahlen sind durch 2 teilbar.
k) Für höchstens eine natürliche Zahl a gilt $a \cdot a = 1$.

2. Vervollständige so, dass wahre Aussagen entstehen.
a) Jedes Dreieck hat höchstens einen … Innenwinkel.
b) Jedes Dreieck hat mindestens einen … Innenwinkel.
c) Jedes stumpfwinklige Dreieck hat genau zwei … Innenwinkel.

3. Setze jeweils in die Leerstelle das Wort „höchstens“ oder „mindestens“ oder „genau“ so ein, dass eine wahre Aussage entsteht.
a) Die Gleichung $3x = 27$ hat … eine Lösung.
b) Zwischen 1 und 1 000 gibt es … 50 natürliche Zahlen, die durch 7 teilbar sind.
c) Jede Primzahl hat … zwei Teiler.
d) Es gibt … drei einstellige natürliche Zahlen, die durch 3 teilbar sind.
e) Jede natürliche Zahl hat … einen Vorgänger.
f) Es gibt … eine natürliche Zahl, für die gilt $3 + a = 3$.
g) Jedes Dreieck hat … einen rechten Winkel.
h) Jedes Dreieck hat … einen spitzen Winkel.

9.1.6 Verneinung von Aussagen

Um mathematische Aussagen inhaltlich voll zu verstehen, ist es mitunter sinnvoll, ihre Verneinung **(Negation)** zu bilden. Bei der Begriffsbildung ist es zweckmäßig, Gegenbeispiele anzugeben, also Objekte, auf die gewisse Bedingungen nicht zutreffen. Auch beim Beweisen (indirekte Beweise) ist es zuweilen erforderlich, Aussagen zu verneinen. Somit ist es auch durchaus gerechtfertigt, im Mathematikunterricht die Negation von Aussagen zu thematisieren. Dabei ist u. a. herauszustellen, dass die logische Negation einer wahren Aussage stets eine falsche Aussage ergibt und die logische Negation einer falschen Aussage stets zu einer wahren Aussage führt.
Hier einige Beispiele:

- 267 ist eine Primzahl.
- 267 ist *keinesfalls* eine Primzahl.
- 143 ist durch 13 teilbar.
- 143 ist *nicht* durch 13 teilbar.
- a ist eine gerade Zahl.
- a ist eine *ungerade* Zahl.
- b ist größer als 7.
- b ist *kleiner* oder *gleich* 7.

Wie man sieht, sind die Verneinungen recht unterschiedlich gebildet worden. Zum Teil findet man in der Umgangssprache Verstärkungen oder auch Abschwächungen der Negation. So sind bezogen auf den Satz: *„Cornelia heiratet*

Alfred" folgende Aussagen aus logischer Sicht Negationen dieses Satzes:
- Cornelia heiratet keinesfalls Alfred.
- Cornelia heiratet Alfred ganz sicher nicht.
- Cornelia heiratet Alfred nicht.
- Cornelia heiratet Alfred wahrscheinlich nicht.
- Möglicherweise heiratet Cornelia Alfred nicht.

Im Mathematikunterricht werden solche Wendungen u. U. aus methodischer Sicht genutzt, um einen Sachverhalt besonders zu betonen, z. B. „Eine ungerade Zahl ist ganz sicher nicht durch 8 teilbar".

Um Schülerinnen und Schülern wichtige Regeln für das Verneinen von Aussagen bewusst zu machen, sollten geeignete Beispiele aus dem jeweiligen Stoffgebiet genutzt werden. Ein isoliertes Behandeln der Regeln ist nicht zweckmäßig und wird nicht empfohlen. Im Folgenden werden einige Aufgaben vorgestellt, bei deren Lösung man Regeln der Negation von Aussagen herausstellen kann.

- Welche der Dreiecke sind falsch gezeichnet, wenn die Aufgabe wie folgt lautet:

Zeichne ein Dreieck, das gleichschenklig *und* stumpfwinklig ist?

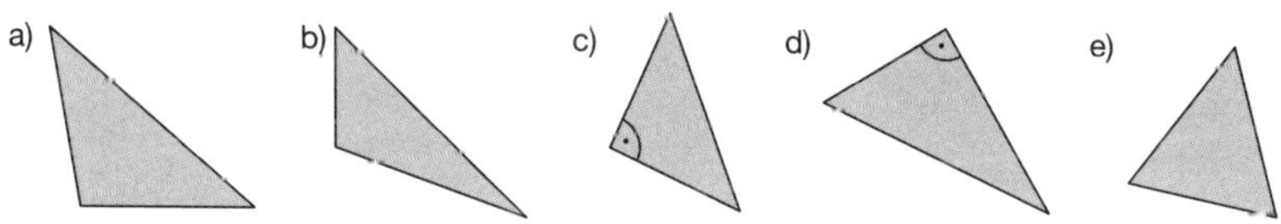

Ein Dreieck erfüllt nicht die Bedingungen, wenn es mindestens eine der beiden Bedingungen nicht erfüllt (b), c), d), e)). Die Verneinung der Aussage „Das Dreieck ABC ist gleichschenklig und rechtwinklig" lautet also:
„*Es gilt nicht*, dass das Dreieck ABC gleichschenklig und stumpfwinklig ist"
oder
„Das Dreieck ABC ist *nicht* gleichschenklig *oder nicht* stumpfwinklig."

- Welche der Dreiecke sind falsch gezeichnet, wenn die Aufgabe wie folgt lautet:

Zeichne ein Dreieck, das gleichschenklig *oder* rechtwinklig ist.

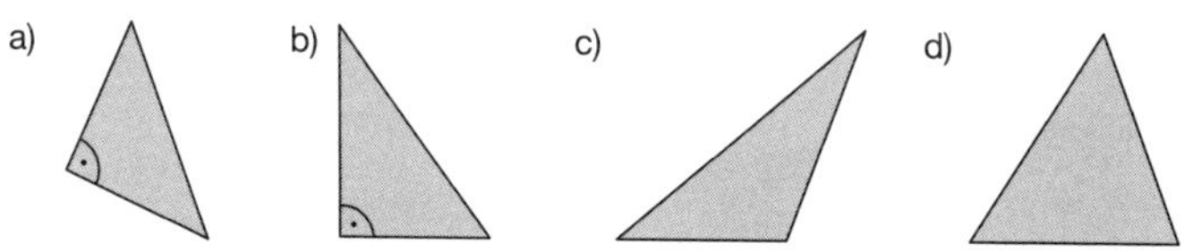

Nur *die* Dreiecke erfüllen nicht die Bedingung, die *keine* der beiden Bedingungen erfüllen, die also *weder* gleichschenklig *noch* stumpfwinklig sind c).
Die Verneinung der Aussage
„Das Dreieck ABC ist gleichschenklig oder stumpfwinklig" lautet:
„*Es gilt nicht*, dass das Dreieck ABC gleichschenklig *oder* stumpfwinklig ist."
oder
„Das Dreieck ABC ist *nicht* gleichschenklig *und nicht* stumpfwinklig."
Schwierigkeiten bereitet Schülerinnen und Schülern häufig die **Negation von All- und Existenzialaussagen**, auf die hier noch näher eingegangen werden soll. Auch diesmal gehen wir von einer Aufgabe aus.
Welche der Aussagen stellt die Negation der falschen Aussage „Alle Primzahlen sind ungerade" dar?

Ralf: Alle Primzahlen sind gerade.
Inge: Nicht alle Primzahlen sind ungerade.
Petra: Es gilt nicht, dass alle Primzahlen ungerade sind.
Susanne: Keine Primzahl ist ungerade.

Bei der Überprüfung der Aussagen von Rolf, Inge, Petra und Susanne stellt man fest, dass nur die Aussagen von Inge und Petra wahre Aussagen sind. Sie haben auch die Negation der falschen Allaussage korrekt gebildet.
Die folgende Übersicht stellt Möglichkeiten der sprachlichen Verneinung weiterer Anzahlaussagen dar.

Aussage	Negation
Es gibt *ein* x, für das gilt …	Es gibt *kein* x, für das gilt …
Es gibt *mindestens n x*, für die gilt …	Es gibt *weniger als n x*, für die gilt …
Es gibt *höchstens n x*, für die gilt …	Es gibt *mehr als n x*, für die gilt …
Es gibt *genau n x*, für die gilt …	Es gibt *mehr oder weniger als n x*, für die gilt …
Es gibt x, für das gilt $x^2 = -1$	Es gibt *kein x*, für das gilt $x^2 = -1$ oder Für alle *x* gilt, $x^2 \neq -1$. Auf diese Situation wird nicht eingegangen.

Dazu im Folgenden wieder einige Beispiele:

1. Verneine!
a) 249 ist eine Primzahl.
b) a ist nicht durch 5 teilbar.
c) x ist größer als 7.
d) $a < b$
e) $x = y$
f) Petra ist kleiner als Jochen.
g) Die Gerade g hat mit dem Kreis k einen Punkt gemeinsam.

2. Verneine alle falschen Aussagen!
a) Jedes Quadrat ist ein Rechteck.
b) Jedes Parallelogramm ist ein Trapez.
c) Es gibt kein Rechteck, das ein Quadrat ist.
d) Es gibt ein Trapez, das ein Rechteck ist.
e) Alle Vierecke sind Rechtecke.
f) Alle Rhomben sind Drachenvierecke.

3. Verneine alle falschen Aussagen!
a) Alle Dreiecke haben einen spitzen Winkel.
b) Alle gleichschenkligen Dreiecke haben einen rechten Winkel.
c) Alle gleichschenkligen Dreiecke sind gleichseitig.
d) Es gibt gleichschenklige Dreiecke, die rechtwinklig sind.
e) Es gibt gleichseitige Dreiecke, die stumpfwinklig sind.
f) Ein spitzwinkliges Dreieck hat höchstens zwei spitze Innenwinkel.
g) Alle Dreiecke haben einen rechten Winkel.
h) Mindestens ein gleichseitiges Dreieck ist rechtwinklig.

4. Verneine!
Gib jeweils drei Zahlen an, die die Negation erfüllen.
a) a ist durch 3 und durch 4 teilbar.
b) a ist durch 2 oder durch 5 teilbar.
c) a ist eine Primzahl oder durch 7 teilbar.
d) x ist eine gerade Zahl und durch 3 teilbar.
e) y ist eine ungerade Zahl oder durch 6 teilbar.
f) a ist durch 5 oder durch 7 teilbar.
g) y ist eine Quadratzahl und durch 4 teilbar.

9.2 Etymologie mathematischer Begriffe

Was bedeuten die Wörter? Wo kommen die Wörter her?

Viele Wörter und Begriffe, die in der Mathematik gebraucht werden, haben wir von den alten Griechen und den Römern übernommen. Das Wort Mathematik ist griechischen Ursprungs ebenso wie viele Begriffe aus der Geometrie. Hier sind einige erläutert:

Axiom	axioma	Ehre, Wertschätzung, Ansehen
Arithmetik	arithmós arithmetiké (téchne)	Reihe, Zahl, Anzahl Rechenkunst, Zahlenlehre
Diagonale	dia gonía	durch, über Winkel, Ecke also: über die Ecken
Diagramm	diágramma	Umriss, Figur, Zeichnung

Graph	graphein graphé	schreiben Zeichnung, Umriss, Gemälde
Geometrie	ge métron geometría	Erde, Land, Gebiet Maß, Werkzeug zum Messen Feldmesskunst
Hyperbel	hyperbolé	Übermaß, Übertreibung
Hypotenuse	hypoteinein hypoteínusa	darunter spannen, hinbreiten Sehne
Kubik-	kybikós	würflich, würfelförmig (kybos = Würfel)
Kathete	kathétos	herabgelassen, Senkblei
Logarithmus	logos arithmós	Sprechen, Wort, Rede Zahl also: Wortzahl oder Sprechzahl
Mathematik	máthema mathematiké (téchne)	ursprüngl.: Gegenstand des Lernens, dann: Kenntnis, Wissenschaft Lernkunst, Wissenschaft
Parabel	parábolos parabolé	gewagt, gefährlich Vergleichung, Wagnis
parallel	parállelos	nebeneinander befindlich
Peripherie	periphérein periphéreia	herumtragen, herumgeben Umkreis
Polyeder	polyedros	mit vielen Sitzen ausgestattet, vielsitzig
Polygon	polýgonos	vielwinklig, vieleckig
Trapez	trápeza trapézion	Tisch Tischchen
zyklisch	kyklos	Kreis, Umkreis, Ring

Die meisten mathematischen Begriffe stammen aus der lateinischen Sprache. Sie wurden übernommen, als das Lateinische noch die Sprache der Wissenschaftler war. Hier sind die wichtigsten und am häufigsten gebrauchten mathematischen Begriffe lateinischen Ursprungs:

addieren	addere	hinzufügen, anfügen
Addition	additio	das Hinzufügen
assoziativ	sociare adsociare = associare	verbinden, vereinigen dazu verbinden
definieren	definire	abgrenzen, genau bezeichnen
Definition	definitio	Abgrenzung, Bestimmung
Determinante	determinare	festsetzen, bestimmen
Differenz	differre differentia	unterscheiden Unterschied
distributiv	distribuere	verteilen, zuteilen
dividieren	dividere	teilen

Division	divisio	Teilung
Dividend	dividendum	das zu Teilende
Divisor	divisor	Teiler
Exponent	expónere	aussetzen, hinaussetzen, vor Augen stellen
Faktor	fácere factor	machen, tun Verfertiger, Hersteller
Funktion	fungi functio	verwalten, verrichten, ausführen Verrichtung, Besorgung
interpolieren	interpolare	neu herrichten, später: verfälschen (einen Text durch Einschalten von Wörtern)
Intervall	intervallum	Zwischenraum, Abstand (Zwischenraum zwischen zwei Schanzpfählen)
Kardinalzahl	cardinalis	ursprüngl.: zur Türangel gehörig; später: wichtig, Haupt …
kommutativ	commutare	ändern, vertauschen, auswechseln
Koordinate	ordinare co(n)ordinare	in Reih und Glied stellen, ordnen, regeln, zuordnen
Mantisse	mantissa	Zugabe, Zukost
minus	minor, minus (Komparativ zu parvus = klein)	kleiner
Minuend	minúere minuendum	verkleinern, vermindern das zu Vermindernde
multiplizieren	multiplicare	vervielfältigen, vermehren
Multiplikation	multiplicatio	Vervielfältigung, Vermehrung
Primzahl	primus	der Erste hier „erste Zahl“ im Sinne von Urzahl
Produkt	prodúcere	hervorbringen, erzeugen
Prozent	pro cento aus per cento (italien.) abgeleitet	von Hundert
plus	plus (komparativ zu multum = viel)	mehr, ein größerer Teil, eine größere Menge
Potenz	potentia	Vermögen, Kraft
Quotient	quotiens	wie oft
Radius	radius	Stab, Radspeiche
rational	rationalis	vernünftig, berechenbar
Relation	relatio	Beziehung, Verhältnis
Segment	segmentum	Abschnitt
Sektor	secare sector	schneiden, abschneiden Abschneider

Sinus	sinus	Krümmung, Bucht, Busen
subtrahieren	subtráhere	entziehen, entreißen, wegziehen
Subtrahend	subtrahendum	das Wegzuziehende
Summe	summa	Gesamtzahl, Summe
Tangente	tángere tangens	berühren die Berührende
Tripel	triplex	dreifach
Volumen	volumen	Krümmung, Windung, Bücherrolle

Auch aus der arabischen Sprache haben wir Wörter übernommen. **Algebra** und **Algorithmus** kommen aus dem Arabischen und sind über die lateinische Sprache in den mathematischen Wortschatz gelangt.
Um das Jahr 800 schrieb der Araber Muhammad ibn Musa al-Khwarizmi ein grundlegendes mathematisches Werk, das Buch *Hisab al-gabr wa'l-muqabala*, „Das Buch der Ergänzung und Ausgleichung". Robert von Chester hat dieses Werk im 12. Jahrhundert in die lateinische Sprache übertragen und uns mit der Übersetzung auch die beiden Begriffe Algebra (aus al-gabr, was Wiederherstellung, Einrenkung, Ergänzung bedeutet) und Algorithmus (eine Verballhornung des arabischen Namens al-Khwarizmi) gegeben.
Aus dem Arabischen wurden im Mittelalter auch die Zahlenzeichen übernommen. Besondere Schwierigkeiten machte dabei die Null (lat.: nullus = keiner). Aus ihrer arabischen Bezeichnung sifr (türk.: sifir) bildeten sich die Wörter cifa, chiffre und **Ziffer** und in den romanischen Sprachen auch das Wort zéro.

9.3 Wie sind die Rechenzeichen entstanden?

+ und – Die Rechenzeichen „+" und „–" sind im 15. Jahrhundert wohl aus der verkürzten Schreibweise für „et" (lat.: und) und „minus" entstanden. Sie wurden das erste Mal 1489 in dem Rechenbuch von Johann Widmann gedruckt. Seit etwa 1500 werden sie allgemein als Zeichen für die Addition bzw. Subtraktion verwendet.
· und : Der Punkt für die Multiplikation findet sich zum ersten Mal bei dem Rechenmeister und Astronomen Johannes Müller (1436–1476). Er stammte aus Königsberg und wurde deshalb – nach dem lateinischen Namen dieser Stadt – auch Regiomontanus genannt. Von englischen Mathematikern wurden zu Beginn des 17. Jahrhunderts das Andreaskreuz **x** als Zeichen für die Multiplikation (William Oughtreed 1631) und der Doppelpunkt : für die Division (Johnson 1633) verwendet. Weil das Andreaskreuz leicht mit dem inzwischen üblich gewordenen Buchstaben für Variable, dem x, verwechselt werden konnte, plädierte Gottfried Wilhelm Leibniz (1646–1716) für den Punkt als

Zeichen für die Multiplikation. Von Leibniz stammt auch der Vorschlag, bei der Multiplikation den Malpunkt zwischen Buchstaben und in Kombinationen von Buchstaben und Zahlen wegzulassen.

= Das Gleichheitszeichen entwickelte sich aus der grafischen Darstellung der Parallelität. Seine endgültige Bedeutung als Symbol „=“ für die Gleichheit erhielt es zusammen mit den Zeichen „<“ (kleiner als) und „ >“ (größer als) im Jahre 1631 nach einem Vorschlag des englischen Mathematikers Thomas Harriot (1560–1621).

() Der Gebrauch der runden Klammern in der Arithmetik geht auf den Theologen und Mathematiker Michael Stifel (1487–1567) zurück, der sie 1544 zum ersten Mal benutzte.

a^n Die Potenzschreibweise in der heutigen Form ist erst 1628 von dem Philosophen und Mathematiker René Descartes (1596–1650) eingeführt worden. Vorher gab es unterschiedliche Schreibweisen, vor allem das Hintereinanderschreiben aaa für a^3. Die älteste Schreibweise benutzte Buchstaben als Symbole: Q war die Abkürzung für Quadratum und C die für Cubus. 5C bedeutete also 5^3. Wenn man 3^4 darstellen wollte, schrieb man 3QQ (Quadrato Quadratum) und 2^5 ließ sich als 2QC (Quadrato cubus) aufschreiben.

$\sqrt{}$ Die Darstellung des Wurzelziehens mit diesem Zeichen hat ebenfalls eine lange Geschichte mit verschiedenen Schreibweisen hinter sich. Sie reicht von der Benutzung des Buchstabens R (radix = Wurzel) bis zu Punkten, die man vor die zu radizierende Zahl gesetzt hat: ...8 bedeutete also $\sqrt[3]{8}$. Die Notation, wie sie heute verwendet wird, findet sich zum ersten Mal bei Albert Girard (1595–1632). Er hatte aber in dem italienischen Mathematiker Niccolò Tartaglia (1499–1557) einen Vorläufer, der 1566 ein vereinfachtes Wurzelzeichen verwendete.

Das Wort **„Gerade“** hat als Erster Johannes Kepler (1571–1630) benutzt, vorher wurde immer von der „geraden Linie“ gesprochen und geschrieben.

Auf den Schweizer Mathematiker Leonard Euler (1707–1783) geht die noch heute übliche Bezeichnung der Ecken einer Fläche mit Großbuchstaben A, B, C, ... und ihrer Seiten mit Kleinbuchstaben a, b, c, ... zurück.

9.4 Wo kommen unsere Zahlen her?

Kleinkinder haben ihren ersten Kontakt mit der Arithmetik, wenn sie zu zählen beginnen. Aus der Tätigkeit des Zählens heraus bildet sich ein Begriff der Zahl: 3 Löffel, 3 Bauklötze, 3 Hasen haben als geneinsame Eigenschaft die Anzahl 3. Der Zahlbegriff ist damit auch einer der ersten abstrakten Begriffe, mit denen ein Kind umgeht. Abstrakt insofern, als sich dieser Zahlbegriff unabhängig von den äußeren Erscheinungen, der Lage und Anordnung der Gegenstände herausbildet. Vorausgegangen sind der Entwicklung des Zahlbegriffs Vergleiche der Form „mehr als“, „weniger als“ usw.

Die Menge der Zahlen, mit denen gezählt werden kann, nennt man Menge der **natürlichen** Zahlen. Sie wird im Allgemeinen mit ℕ (Doppelstrich) oder Na bezeichnet: Na = {0, 1, 2, 3, ...}, oft auch Na = {1, 2, 3, ...}. Die Null wird in einigen Schulbüchern nicht zur Menge der natürlichen Zahlen gezählt.
Ähnlich wie bei der Entwicklung des Zahlbegriffs beim einzelnen Menschen verlief es auch bei der Geschichte der Zahl: Die Menschen benötigten sie sowohl zum Zählen (13 Tiere, 2 Pfeile) als auch zum Sortieren (der 1. Platz, der 5. Stier). Natürliche Zahlen wurden schon lange vor Christi Geburt sowohl als Zählzahlen **(Kardinalzahlen)** als auch als Ordnungszahlen **(Ordinalzahlen)** gebraucht. Zählzahlen geben eine Anzahl an, wie 3 Hühner, 5 Tische. Ordnungszahlen geben eine Platzierung an, wie der dritte Endlauf, die zweite Runde.
Zahlzeichen verwenden die Menschen seit 4 000 v. Chr. Hier einige Beispiele:

Ägypter (ab etwa 3000 v. Chr.)

1	10	100	1 000	10 000	100 000	1 000 000

Strich	Fessel	Strick-pflanze	Lotus-pflanze	Stehender Finger	Kaul-quappe	Gott

Beispiel für die Zahl 1 021 245

Ab etwa 1990 v. Chr. werden auch Abkürzungen eingeführt: 3 · 1 000 = 3 000

Babylonier (Sumerer) (etwa 2000 v. Chr.) 1 10 60

Griechen: Älteres System

1	5	10	50	100	500	1 000	5 000	10 000	50 000

Beispiel für die Zahl 1979

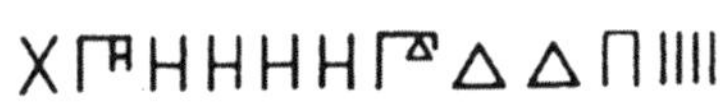

Griechen: Jüngeres System: (ab 450 v. Chr.)

α 1	δ 4	ζ 7	ι 10	μ 40	o 70	ρ 100	υ 400	Ψ 700
β 2	ε 5	η 8	κ 20	ν 50	π 80	σ 200	φ 500	ω 800
γ 3	ς 6	ϑ 9	λ 30	ξ 60	ς 90	τ 300	χ 600	$\varkappa$ 900

Die Tausender erhalten links einen Strich. Die Zehntausender werden durch M mit darübergeschriebenem Faktor geschrieben. Zur Unterscheidung von den Buchstaben werden Zahlzeichen überstrichen.
Beispiel: $\frac{\tau\vartheta}{\mathrm{M}}$, $\delta\varphi\xi\gamma$ 3 094 563

Römer

1	5	10	50	100	500	1 000	5 000	10 000	50 000	100 000	500 000
I	V	X	L	C	D	(I)	I))	((I))	I)))	(((I)))	$\vert\overline{\mathrm{X}}\vert$

Heute werden Zahlen in Stellenwertsystemen dargestellt. Die Darstellung für Zahlen kann also mit Ziffern vorgenommen werden. Unsere Zifferndarstellung geht auf die Inder zurück und kam über die Araber nach Europa. Die Abbildung zeigt, wie sich einige Ziffern bis zum Beginn des 16. Jh.s entwickelt haben. Ebenfalls von den Indern stammt die Entdeckung der Zahl 0 und die der negativen Zahlen, die eine erste Erweiterung des Zahlenbereiches $\mathbb{N}$ darstellen: Bekanntlich führen Addition und Multiplikation zweier natürlicher Zahlen wieder auf eine natürliche Zahl. Nicht aber die Subtraktion und die Division.

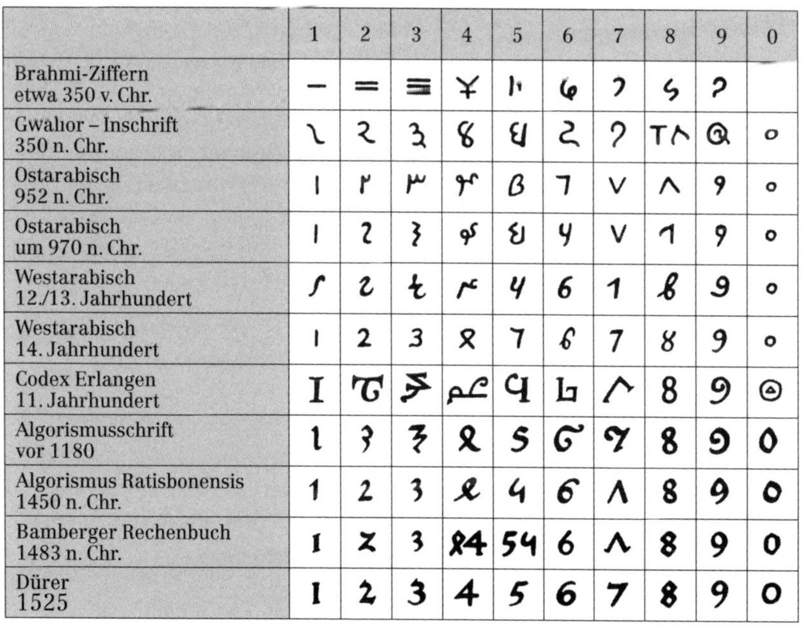

10 Mathematische Kurzweil

10.1 Absonderliches, Absurdes und Paradoxes

■ *Wie lange kann man zählen?* (H 8–9; R, G 7 +)

Wenn man eine zweistellige Zahl ausspricht, braucht man ungefähr eine Sekunde. Für eine sechsstellige Zahl sind im Durchschnitt schon 5 Sekunden notwendig. Es wird angenommen, dass man für jede Zahl durchschnittlich eine Zeit von 4 Sekunden braucht. Wie weit kann man dann zählen, wenn man im Alter von 10 Jahren zu zählen anfinge und bis zum 70. Lebensjahr ununterbrochen zählte? Wie müsste die letzte Zahl heißen? Dabei sollen die dazwischenliegenden Schaltjahre unberücksichtigt bleiben.
Lösung: Wenn man nicht vorher verhungert und verdurstet ist, heißt die letzte Zahl 473 040 000.

■ *Ein großer Holzklotz* (H 9–10; R, G 8 +)

Ein Streichholz hat die Gestalt einer quadratischen Säule. Es ist 2 mm breit, 2 mm dick und 45 mm lang. Wie viele Streichhölzer passen in eine Kiste, die ein Volumen von 1 Kubikmeter hat? Dabei wird angenommen, dass sich die Streichhölzer völlig dicht stapeln und packen lassen. Wie viele Streichhölzer sind es, wenn man mit 3 % Raumverlust durch Unebenheiten und Maßungenauigkeiten rechnen muss? Lassen Sie Ihre Schülerinnen und Schüler erst einmal schätzen. Die Schätzergebnisse kann man an der Tafel notieren. Und dann wird gerechnet.
Lösung: Es sind 5 555 555 ganze Streichhölzer und ein abgebrochenes von etwas mehr als halber Länge (0,6).
Bei 3 % Raumverlust braucht man immer noch 5 388 888,9 Streichhölzer, wenn man die Kiste füllen will.

■ *Die größte Zahl* (H 10; R, G 9–10)

Wie heißt die größte Zahl aus drei Ziffern? Wenn Ihre Schülerinnen und Schüler noch nicht bis zur Potenzrechnung gelangt sind, werden sie richtig 999 angeben. Mehr ist zunächst nicht drin. Wenn sie aber schon mit Potenzen umgehen können, dann müsste die
Lösung: $9^{(9^9)}$ lauten.
Wenn man das ausrechnen will, streiken viele Taschenrechner.

Darum sei es hier aufgeschrieben:

$9^{(9^9)} = 9^{387\,420\,489}$, das ist ungefähr $10^{369\,693\,120}$.

Eine unvorstellbare Zahl und es ist doch noch nicht die größte.

Ein bisschen Schwindel (H 9–10; R, G 8 +)

1. Anna meint: „17 hat den gleichen Wert wie 11. Man kann schreiben 17 = 11." – „Du spinnst, das stimmt doch nicht", sagt Max. – „Dann will ich es dir beweisen", sagt Anna, und sie schreibt auf:

$11 = 9 + 2$

„Nun wird auf beiden Seiten das Quadrat gebildet."

$11^2 = (9 + 2)^2$

und ausgerechnet. Dabei wende ich die erste binomische Formel, du weißt ja, $(a + b)^2$ an."

$121 = 81 + 36 + 4$

„Nun wird auf beiden Seiten die Wurzel gezogen."

$\sqrt{121} = \sqrt{81} + \sqrt{36} + \sqrt{4}$

„Das ist ganz leicht."

$11 = 9 + 6 + 2$

„Siehste! Und wenn du das zusammenzählst, erhältst du

$11 = 17$. „

Max schüttelt den Kopf, er ist ratlos. Er weiß nicht, wo ihn Anna hinters Licht geführt hat.

Lösung: Der Hund liegt beim Wurzelziehen begraben. Wenn man eine Summe quadriert, das Ergebnis anschließend wieder in eine Summe zerlegt und die Wurzel aus den einzelnen Summanden zieht, hat man die Gleichheitskette unterbrochen, denn es gilt: $\sqrt{(a + b)} \neq \sqrt{a} + \sqrt{b}$

2. Ein anderes Beispiel für Beweisschwindel, der auf den ersten Blick einen Anflug von mathematischer Korrektheit hat:

Behauptung: $7 = 5$

„Beweis": $x = 7$ und $y = 5$

Es gilt: $x = y + 2$

Diese Gleichung wird mit $(x - y)$ multipliziert:

$x \cdot (x - y) = (y + 2) \cdot (x - y)$

$x^2 - xy = xy - y^2 + 2x - 2y$, dann umgeformt:

$x^2 - xy - 2x = xy - y^2 - 2y$, dann ausgeklammert:

$x \cdot (x - y - 2) = y \cdot (x - y - 2)$, auf beiden Seiten durch $(x - y - 2)$ dividiert:

$x = y$ oder $7 = 5$.

Wo liegt der Fehler? Der Term $(x - y - 2)$ hat, wenn man die Zahlen 7 für x und 5 für y einsetzt, den Wert 0. Die Division durch 0 ist aber nicht zulässig, weil sie zu mehrdeutigen Ergebnissen führt, wie man ja auch sehen kann.

3. Ein drittes Beispiel ist unter Benutzung einer quadratischen Gleichung (einer Gleichung 2. Grades) zwar sehr elegant, aber trotzdem falsch:

Behauptung: $11 = 7$

„Beweis":

$x + y = 18$; multipliziert mit $(x - y)$

$(x + y) \cdot (x - y) = 18 \cdot (x - y)$

$x^2 - y^2 = 18x - 18y$, umgeformt:

$x^2 - 18x = y^2 - 18y$, die quadratische Ergänzung wird hinzugefügt:

$x^2 - 18x + 9^2 = y^2 - 18y + 9^2$, umgeformt:

$(x - 9)^2 = (y - 9)^2$, auf beiden Seiten wird die Wurzel gezogen:

$x - 9 = y - 9$

$x = y$, also $11 = 7$.

Der Fehler wird schnell aufgedeckt, wenn man bedenkt, dass jede quadratische Wurzel zwei Ergebnisse hat, ein positives und ein negatives. Dann heißt die andere Gleichung nämlich:

$x - 9 = -(y - 9)$, das führt zu

$x - 9 = -y + 9$ und zu $x + y = 18$

Das entspricht aber der Ausgangsgleichung. Es ist also weiter gar nichts bewiesen, als dass die Summe aus 11 und 7 den Wert 18 hat.

4. Falsches Kürzen führt zum richtiges Ergebnis **(H, R, G 6 +)**

Die Schülerinnen und Schüler lernen, dass beim Kürzen eines Bruches der gleiche Faktor im Zähler und im Nenner gestrichen werden darf, weil er als Bruch den Wert 1 hat. Dem Kürzen geht also eigentlich immer, auch wenn man es nicht ausführt, sondern im Kopf rechnet, eine Faktorenzerlegung voraus. Es gibt aber auch Brüche, bei denen man nach der Zerlegung des Zählers und des Nenners in eine Summe durch Wegstreichen kürzen kann und zum richtigen Ergebnis kommt. Hier sind einige Beispiele:

$$\frac{1\not6}{\not64} = \frac{1}{4} \qquad \frac{1\not9}{\not95} = \frac{1}{5} \qquad \frac{\not1\not24}{\not2\not17} = \frac{4}{7}$$

Das ist natürlich ein Kuriosum. Es kommt zustande, weil z. B. bei zweistelligen Zahlen in Zähler und Nenner die Einerziffer gegen die Zehnerziffer aufgewogen werden:

$$\frac{16}{64} = \frac{1 \cdot \not1\not0 + \not6}{\not1\not0 \cdot \not6 + 4} = \frac{1}{4}$$

Bei dreistelligen Brüchen ist das komplizierter, beruht aber im Prinzip auf demselben Phänomen. Es werden gleiche Ziffern ohne Rücksicht auf ihren Stellenwert gestrichen. Lassen Sie Ihre Schülerinnen und Schüler andere Brüche suchen, bei denen das „falsche Kürzen" zu richtigen Ergebnissen führt. Hier sind noch ein paar Beispiele:

$$\frac{4\not9}{\not98} = \frac{1}{2} \qquad \frac{1\not9\not9}{\not9\not95} = \frac{1}{5} \qquad \frac{2\not6\not6}{\not6\not65} = \frac{2}{5} \qquad \frac{\not2\not01}{4\not0\not2} = \frac{1}{4}$$

5. Achilles und die Schildkröte **(H 10; R, G 9–10)**

Von dem Philosophen Zenon von Elea (um 490/485 bis um 445/440 v. Chr.) stammt das bekannte Paradoxon von dem Wettlauf zwischen der Schildkröte und dem schnellfüßigen Achilles.
Zenon behauptete das Folgende:
Achilles gibt der Schildkröte einen Vorsprung von 100 m. Dann laufen sie los. Immer wenn Achilles eine Strecke von 10 m zurücklegt, schafft die Schildkröte in der gleichen Zeit 1 m. Jedes Mal, wenn Achilles die Stelle erreicht hat, an der vorher die Schildkröte sich befand, ist diese um ein Zehntel der von Achilles aufgeholten Strecke weitergekrochen. Er wird sie also nie erreichen, so Zenon.
Die **Lösung** ist ziemlich einfach. Wenn man die Zeit berechnet, die Achilles für die Einholung braucht, stellt man fest, dass hier ein Trugschluss vorliegt: Wenn t sec die Zeit ist, die Achilles braucht, um die vorgegebene Strecke von 100 m zu durchlaufen, dann ergibt sich:

$$t + t/10 + t/100 + t/1\,000 + \ldots = t \cdot (1 + 1/10 + 1/100 + \ldots)$$
$$= t \cdot 1{,}1111 \ldots = 10/9 \text{ t sec}$$

Achilles hat die Schildkröte also nach 1 1/9 sec eingeholt.
Wieso hat die Behauptung des Zenon aber beim ersten Lesen trotzdem einen Anschein von Wahrheit? Das ist offensichtlich ein Denk- oder gar ein Sprachproblem. In jedem Zeitpunkt, in dem Achilles den Platz erreicht, an dem vorher die Schildkröte war, ist diese nicht mehr dort. Das passiert unbegrenzt oft. Er erreicht sie also unbegrenzt oft nicht. „Unbegrenzt oft nicht" ist logisch aber nicht das Gleiche wie „nie". Eine Summe aus unendlich vielen Summanden kann endlich sein (Grenzwert).

6. Die Weltuniversalbibliothek **(H 10; R, G 9–10)**

Kurd Lasswitz (1848–1910), ein Mathematiker aus dem thüringischen Gotha, hat in einem Buch beschrieben, wie man – in Gedanken, versteht sich – eine vollständige Universalbibliothek herstellen kann, die alles enthält, was jemals in der Welt gedacht und in Sprache ausgedrückt wurde, jetzt und künftig ausgedrückt werden wird und jemals ausgedrückt werden kann. Lasswitz nahm an, dass man mit 100 Zeichen (Buchstaben, Symbole, Satzzeichen) und dem Zwischenraum (Spatium) zwischen Wörtern und Sätzen alle Sprachen der Welt festhalten kann. Lasswitz legte zudem fest, dass jeder Band dieser Bibliothek eine Million Zeichen enthalten soll. Für den Text der ganzen Bibel würde man etwa fünfeinhalb solcher Bände brauchen. Dann lässt Kurd Lasswitz eine – noch zu erfindende Maschine – alle Kombinationen, Permutationen und Variationen der 100 Zeichen drucken. Der erste Band der Universalbibliothek ist völlig leer, denn er enthält eine Million Spatien (Zwischenräume). Der zweite Band ist auch

nicht viel interessanter: Er besteht aus einem a und 999 999 Spatien, wobei das a jedes Mal an einer anderen Stelle steht. Der dritte Band enthält zwei a und 999 998 Spatien. Und so geht es weiter. Die meisten Bände sind mit derartigen Sinnlosigkeiten gefüllt. Aber irgendwo dazwischen stehen dann auch die im Laufe der Geschichte verloren gegangenen Werke und alle die Werke, die noch gar nicht geschrieben sind, aber irgendwann geschrieben werden. Diese Universalbibliothek des Kurd Lasswitz würde insgesamt $10^{2\,000\,000}$ Bände umfassen. Das ist eine Zahl mit 2 Millionen Stellen. Eine solche Bibliothek ist unfassbar groß. Man bedenke nur: Die Gesamtzahl aller Atombausteine in unserem ganzen Weltall, aus denen alles besteht, was wir wahrnehmen, wird auf 10^{120} Urteilchen geschätzt. Da auch diese Bände aus diesen Urteilchen hergestellt werden müssten, mehr steht nicht zur Verfügung, würde diese Anzahl dafür in keiner Weise hinreichen.
(Quelle: nach Helmut Kracke: *Aus eins mach zehn und zehn ist keins.*)

7. Die Menge aller Mengen **(H, R, G 10)**

Von dem englischen Mathematiker und Philosoph Bertrand Russell (1872 bis1970) stammt das Mengen-Paradox. Es wurde vor allem als Kritik an der formalen Logik von Gottlob Frege (1848–1925) formuliert, der in seinem Werk *Grundgesetze der Arithmetik* die Arithmetik vollständig aus den logischen Grundsätzen ableiten wollte. Russell deckte den Widerspruch auf, dass die Menge aller Mengen, die sich nicht selbst enthalten, sich selbst enthält. Wenn sie sich nicht selbst enthält, ist sie nicht die Menge aller Mengen, die sich nicht selbst enthalten usw. Man macht es sich am besten an einem Beispiel klar: Es gibt Verzeichnisse, die führen neben den Gegenständen, z. B. Büchern, auch sich selbst auf, also das Verzeichnis. In einem Verzeichnis aller Verzeichnisse, die sich selbst enthalten, wäre dann auch dieses Verzeichnis selbst enthalten. Anders ist es mit einem Verzeichnis aller Verzeichnisse, die sich nicht selbst enthalten. Wenn man den Titel dieses Verzeichnisses selbst aufnimmt, gehört es nicht mehr in dieses Verzeichnis, denn es enthält sich ja selbst. Streicht man aber, dann stimmt der Titel nicht mehr, dann enthält dieses Verzeichnis eben nicht alle Verzeichnisse, die sich selbst nicht enthalten. Hier sitzt also ein nicht auflösbarer Widerspruch (Antinomie). Nach einem Beispiel von Albrecht Beutelspacher muss sich mit diesem Widerspruch auch der Friseur befassen, der in seinem Schaufenster ein Schild aufgestellt hat „Ich rasiere genau diejenigen, die sich nicht selbst rasieren". Rasiert er sich selbst, stimmt die Aussage auf dem Schild nicht. Soll aber das, was auf dem Schild steht, ohne Einschränkung gelten, dann darf er sich nur selbst rasieren, wenn er sich nicht selbst rasiert. Das ist aber nicht möglich oder, gelinde gesagt, Unsinn.

10.2 Hier wird über die Mathematik gelacht

Mathe-Witze

„Peter", unterbricht die Lehrerin den munter schwatzenden Schüler, „wie viel ist die Wurzel aus vier?" – „Zwei," antwortet Peter sofort. – „Ganz gut." – „Was heißt hier ganz gut?", fragt Peter. „Besser geht es nicht."

Zwei Männer machen eine Ballonfahrt und verlieren über schwierigem Gelände schließlich die Orientierung. Als sie auf einem Weg unter sich einen Spaziergänger sehen, rufen sie hinunter. „Hallo, können Sie uns sagen, wo wir sind?" – Der Spaziergänger bleibt stehen, kratzt sich am Kopf und reagiert nicht. Als der Ballon schon fast außer Rufweite ist, schreit er hoch: „Sie befinden sich im Korb des Ballons." – „So ein Dösbaddel", sagt zornig der eine Ballonfahrer zu seinem Freund. „Ja", sagt der, „das muss ein Mathematiker gewesen sein." – „Wieso?" – „Nun, erstens: Er hat ziemlich lange nachgedacht. Zweitens: Die Antwort war völlig korrekt. Und drittens: Man kann mit der Antwort nichts anfangen."

Der Literaturprofessor fragt seinen Kollegen aus der mathematischen Abteilung: „Sie beschäftigen sich immer mit Formeln und Zahlen. Ihre Arbeit ist doch ziemlich monoton." – „Das mag wohl sein", sagt der Mathematiker, „aber dafür ist sie stetig und nicht beschränkt."

Im ersten Schuljahr sollen die Kinder das Addieren lernen. Der kleine Henrik tut sich schwer. „Henrik", sagt die Lehrerin, „pass auf: Wenn ich auf den einen Teller drei Eier lege und auf den anderen zwei, wie viele Eier habe ich dann?" – „Das geht nicht", sagt Henrik, „Sie können doch gar keine Eier legen."

Auf den lukrativen Posten des leitenden Direktors haben sich drei Personen beworben: ein Philosoph, eine Statistikerin und ein Kaufmann. Bei den Vorstellungsgesprächen wird auch das mathematische Grundwissen erforscht. Auf die Frage „Wie viel ist 3^2?" antwortet der Philosoph: „Was heißt drei? Ist die Dreiheit die ontologische Überhöhung der Zweiheit? Ist hoch metaphysisch oder ästhetisch zu verstehen?" Die Statistikerin denkt kurz nach und sagt dann: „8,99999 mit einer Fehlervarianz von ± 0,00001." Der Kaufmann lächelt freundlich und meint: „3^2 macht im Einkauf 8,5 und im Verkauf 9,5. Bei hohen Lagerbeständen geht's für 4,5 weg."

Ein Mathematiker, ein Physiker und ein Soziologe waren im Nachbarland auf einem interdisziplinären Kongress. Nun fahren sie gemeinsam im Zug wieder nach Hause. Als sie über die Landesgrenze kommen, sehen sie vom Zug aus drei schwarze Schafe auf einer Wiese. „Oh", sagt der Soziologe, „in diesem Land sind die Schafe schwarz." – „Das können Sie so nicht sagen", gibt der Physiker zu bedenken. „Sie können höchstens behaupten: In diesem Land sind drei Schafe schwarz." – „Auch das geht nicht", wirft der Mathematiker da ein. „Korrekt wäre nur: In diesem Land gibt es drei Schafe, die auf einer Seite schwarz sind."

Von dem mecklenburgischen Dichter Fritz Reuter wird die folgende Geschichte erzählt: In der Rechenstunde, es wird noch auf der Schiefertafel gerechnet, diktiert der Rektor eine Aufgabe. Schon nach kurzer Zeit meldet sich ein Schnellrechner: „Ich hab's." – „Was hast du?" – „491 $\frac{1}{4}$." – Der Herr Rektor schaut in sein Lösungsbuch und verlässt sich streng auf das, was dort aufgeschrieben ist: „Falsch!" – Zu einem anderen Schüler: „Was hast du?" – „491 $\frac{1}{4}$" – „Falsch! Rechnet's noch mal." – Nach kurzer Zeit steht fast die ganze Klasse auf: „Ja, anders können wir's nicht rauskriegen: 491 $\frac{1}{4}$." – „Ich sage euch, es ist falsch; ein Bruch ist gar nicht dabei. Rechnet's noch mal!" – Das geschieht; aber bevor die besten Rechner ein neues Ergebnis gefunden haben, erhebt sich ein kleiner, pfiffiger Knirps: „Herr Rektor, ich hab's!" – „Was hast du?" – „491", war die Antwort. – „Richtig! 491! Und wie hast du's gemacht, mein Sohn?" – „Ich hab den Bruch weggewischt."

„Wer", fragt die Lehrerin, „kann mir ein Beispiel dafür nennen, dass Ehrlichkeit am längsten währt?" – „Ich, Frau Kremer", ruft der kleine Ben. „Wenn ich meine Rechenarbeit abschreibe, bin ich in ein paar Minuten fertig. Wenn ich aber ehrlich bin und alles alleine ausrechne, dann dauert es viel länger."

Als Patrick schon wieder seine Hausaufgaben nicht gemacht hat und sich mit Kopfschmerzen entschuldigt, sagt der Mathematiklehrer zu ihm: „Du hast wohl die Lebensgewohnheiten des Mathematikers Blaise Pascal auf dich abgewandelt. Wenn der Kopfschmerzen hatte, bekämpfte er sie durch das Erfinden von geometrischen Aufgaben." – „Was hat das mit mir zu tun?", fragt Patrick verwundert. „Das verstehe ich nicht." – „Nun, du scheinst mir geometrische Aufgaben durch das Erfinden von Kopfschmerzen zu bekämpfen."

Der Lehrer: „Berlin und Zürich liegen in der Luftlinie 700 Kilometer auseinander. Wie lange benötigt eine Brieftaube, die von Berlin mit einer durchschnittlichen Geschwindigkeit von 100 km/h nach Zürich fliegt?" – Der kleine Jörn meldet sich: „Acht Stunden." – „Es sind sieben Stunden. Wie kommst du auf acht?" – „Die Taube hat sich in Nürnberg eine Stunde ausgeruht."

Ein Student hatte sich bei seinem Mathematikprofessor zu einem Besuch angemeldet. Der hatte den Termin aber vergessen und ließ den Studenten in seinem Büro warten. Als schon fast eine Stunde vergangen war, beschloss der Student, den Professor in dessen Privatwohnung aufzusuchen. Auf sein Klingeln öffnete der kleine Sohn des Professors. „Wo kann ich deinen Vater zu fassen bekommen?", fragte der Student etwas nervös. „Das weiß ich nicht", erwiderte der kleine Junge. „Mein Vater ist überall kitzlig."

Rotkäppchen auf mathematisch

von Friedrich Wille

Es war einmal ein Mädchen, dem wurde eindeutig eine rote Kappe zugeordnet, wodurch es als Rotkäppchen definiert wurde.
„Kind", argumentierte die Mutter, „werde kreativ, mathematisiere die kürzeste Verbindung des Wegs zur Großmutter, analysiere aber nicht die Blumen am Wege, sondern formalisiere deinen Weg in systematischer Ordnung."
Rotkäppchen vereinigte einen Kuchen, eine Wurst und eine Flasche Wein zu einer Menge, hinterfragte noch mal den Weg und ging los. Im Walde schnitt ihr Weg den eines Wolfes. Sie diskutierte mit ihm über die Relevanz eines Blumenstraußes für die Großmutter und motivierte es, einen geordneten, höchstens abzählbaren Strauß zu verknüpfen. Inzwischen machte der Wolf die Großmutter zu einer Teilmenge von sich.
Als Rotkäppchen dann ankam, fragte es: „Großmutter, warum hast du so große Augen?"
„Ich habe gerade mein Bafög erhalten!"
„Großmutter, warum hast du so große Ohren?"
„Ich habe versucht, Prüfungsaufgaben durch die Tür zu erlauschen!"
„Großmutter, warum hast du so einen großen Mund?"
„Ich habe gerade versucht das Mensaessen zu schlucken!"
Darauf machte sich der Wolf zur konvexen Hülle von Rotkäppchen. Ein Jäger kam, sah eine leere Menge von Großmüttern im Haus und problematisierte die Frage, bis sie ihm transparent wurde.
Die im Wolf integrierten Personen wurden schleunigst von ihm subtrahiert. Zum Wolf wurde eine mächtige Menge von Steinen addiert. Er fiel in einen zylinderförmigen, kartesischen Brunnen, bis seine Restmenge nicht mehr lebte.
(Aus: Hermann Dieter Hornschuh, *Humor rund um die Mathematik*, Manz-Verlag, München 1989.)

10.3 Mathematische Poesie – Reimereien und Gedichte

Im Trauerspiel *Faust* (Erster Teil) von **Johann Wolfgang von Goethe** spricht die Hexe in der Szene „Hexenküche" das bekannte Hexen-Einmaleins:

Du musst verstehn!
Aus Eins mach Zehn,
Und Zwei lass gehen,
Und Drei mach gleich,
So bist du reich.
Verlier die Vier!
Aus Fünf und Sechs,
So sagt die Hex',
Mach Sieben und Acht,
So ist's vollbracht:
Und Neun ist Eins,
Und Zehn ist keins:
Das ist das Hexen-Einmaleins.

Von Pythagoras wird berichtet, dass er nach Entdeckung seines Satzes hundert Ochsen den Göttern zum Dank geopfert habe. Der Romantiker **Adelbert von Chamisso** hat zu dieser Anekdote das folgende Sonett gedichtet:

Vom pythagoräischen Lehrsatz

Die Wahrheit, sie besteht in Ewigkeit,
Wenn erst die blöde Welt ihr Licht erkannt;
Der Lehrsatz, nach Pythagoras benannt,
Gilt heute, wie er galt zu seiner Zeit.
Ein Opfer hat Pythagoras geweiht
den Göttern, die den Lichtstrahl ihm gesandt;
Es taten kund, geschlachtet und verbrannt,
Einhundert Ochsen seine Dankbarkeit.
Die Ochsen seit dem Tage, wenn sie wittern,
Dass eine neue Wahrheit sich enthülle,
Erheben ein unmenschliches Gebrülle;
Pythagoras erfüllt sie mit Entsetzen;
Und machtlos, sich dem Licht zu widersetzen,
Verschließen sie die Augen und erzittern.

Christian Morgenstern hat die Parallelität in seiner Sammlung von Nonsens-Gedichten „Palma Kunkel" in einem Gedicht besungen:

Die zwei Parallelen

Es gingen zwei Parallelen
ins Endlose hinaus,
zwei kerzengerade Seelen
und aus solidem Haus.
Sie wollten sich nicht schneiden
bis an ihr seliges Grab:
das war nun einmal der beiden
geheimer Stolz und Stab.
Doch als sie zehn Lichtjahre
gewandert neben sich hin,
da ward's dem einsamen Paare
nicht irdisch mehr zu Sinn.

War'n sie noch Parallelen?
Sie wussten's selber nicht, –
Sie flossen nur wie zwei Seelen
zusammen durch ewiges Licht.

Das ewige Licht durchdrang sie,
da wurden sie eins in ihm;
die Ewigkeit verschlang sie,
als wie zwei Seraphim.

Erich Kästner hat sich in einem Epigramm auch über den Bruch ausgelassen:

Niedere Mathematik

Ist die Bosheit häufiger
oder die Dummheit geläufiger?
Mir sagte ein Kenner
menschlicher Fehler
folgenden Spruch:
„Das eine ist ein Zähler,
das andere Nenner,
das Ganze – ein Bruch!"

Auch **Gotthold Ephraim Lessing** hat sich eines geometrischen Problems angenommen. Hier ist sein poetischer Beitrag zur Quadratur des Kreises:

Auf den Herrn M** den Erfinder der Quadratur des Kreises

Der mathematsche Theolog,
Der sich und andre nie betrog,
Saß zwischen zweimal zweien Wänden,
mit archimedscher Düsternheit,
und hatte – welche Kleinigkeit! –
Des Zirkels Vierung unter
Händen.
Kühn schmäht er auf das x + z
(Denn was ist leichter als
geschmäht?)
Als ihn der Hochmut sacht und sachte
Bei seinen Zahlen drehend machte.
So wie auf einem Fuß der Bube
Sich dreht, und dreht sich endlich dumm,
So ging die tetragonsche Stube,
Und Stuhl und Tisch mit ihm herum.
O Wunder, schrie er, o Natur!
Da hab ich sie, des Zirkels Quadratur.

Von **Erich Kästner** stammt ein Gedicht, das die möglichen gesellschaftlichen Folgen der Addition und Multiplikation mit null in poetischer Form aufzeigt:

Kleine Rechenaufgabe

Allein ging jedem alles schief.
Da packte sie die Wut.
Sie bildeten ein Kollektiv
und glaubten, nun sei's gut.
Sie blinzelten mit viel Geduld
der Zukunft ins Gesicht.
Es blieb, wie's war.
Was war dran schuld?
Die Rechnung stimmte nicht.
Addiert die Null zehntausendmal!
Rechnet's nur gründlich aus!
Multipliziert's! Mit jeder Zahl!
Steht Kopf! Es bleibt euch keine Wahl:
Zum Schluss kommt Null heraus.

Und von **Johannes Trojan**, dessen Kindergedichte einmal sehr beliebt waren, stammt dieses Gedicht:

Die Unbekannte

Den sie stets den Klugen nannten,
Er, der Mathematikus,
Suchte nach einer „Unbekannten",
Die durchaus er finden muss.
Und er operiert mit Zahlen,
Macht, was sich nur machen lässt,
Doch er stellt trotz aller Qualen
Nicht die Unbekannte fest.
Sonst zu seines Ziels Erreichung
Braucht er nur wenig Müh,
Und die allerschwerste Gleichung,
Spielend gleichsam löste er sie.
Aber heut vergeblich sinnt er,
Und umsonst müht sich sein Geist,
Und er kommt, ach, nicht dahinter.
Wie die Unbekannte heißt.
Ach, er fühlt es wohl, es wandte
Von der Arbeit ab sein Herz
Eine andere Unbekannte,
und die folgt ihm allerwärts.
Immerzu muss sie sich mischen
In die trockene Rechnerei;
Immer drängt sie sich dazwischen,
Als ob sie die Rechte sei.
Hilf, o Himmel, ihm zu beiden
Unbekannten, aber gib
Ihm zuerst, die mehr ihm Leiden
Bringt und ist auch mehr ihm lieb.

Aus der Sammlung *Carmina mathematica* von **H. Cremer** sind die beiden folgenden Gedichte:

Das Lied der Funktion f(z)

Ich bin aus der klassischen Schule,
und ich bekenne es frei:
Ich habe nur eine Variable
und bin ihr winkeltreu.
Ich habe nur eine Variable,
die ist so lieb und nett,
ihr bleibe ich stetig verbunden,
ihr, meinem einzigen Zet.
Ich habe nur eine Variable
(in Münster, da nennt man's „trivial"),
der bleibe ich zugeordnet
als brave komplexe Zahl.

Ich habe nur eine Variable,
die meine Schritte lenkt,
ich wandre mit ihr durch Gebiete
und bin dort mitunter beschränkt.
Mag sein, dass die Winkeltreue
mich an manchen Stellen geniert, –
doch was da auch möge passieren,
bleibt jedenfalls isoliert.
Ich habe nur eine Variable,
die lieb ich wie einst im Mai,
und bin – das lässt sich beweisen –
fast immer winkeltreu.

Der Einer

Einst höhnten natürliche Zahlen
(sie glaubten, weiß Gott was zu sein)
den alten wehrlosen Einer;
er war ja so arm und so klein.

Da sprach der Verachtete bitter,
vom Schmerz solchen Schimpfes gebeugt:
„Ihr undankbaren Geschöpfe –
und ich hab euch alle erzeugt!"

Hier werden die pythagoreischen Körper gereimt angeboten:

Die Polyeder-Ballade

Den Freunden des Pythagoras
macht nur die Ordnung wirklich Spaß,
sodass auch in der Körperwelt
erst Regelmäßigkeit gefällt.
Denn freie Formen, bringen die
die angestrebte Harmonie?
Die Ordnung, die sie Kosmos nannten,
heißt: Gleiche Flächen, gleiche Kanten.
Drum galt das Polyeder mehr,
war seine Formung regulär.
Vier Flächen hat, das weiß ein jeder,
das einfachste, das Tetraeder,
bei dem in jeder Fläche stecken
drei gleiche Seiten und drei Ecken.
Das Oktaeder ist aus acht
derselben Dreiecke gemacht.
Ikosaeder ist gemeint,
sind zwanzig Dreiecke vereint.
Wo sechs Quadrate sich verbinden,
da wird man einen Würfel finden.
Der war im alten Griechenland
als Hexaeder wohl bekannt.
Hippasos baut' aus Pentagrammen
nun eine neue Form zusammen.
Er ließ zwölf Flächen mit fünf Ecken
zum Zwölferflach zusammenstecken.
Den Freunden aber kamen Zweifel:
Das Fünfeck ist nicht regulär,
Dodekaeder ist vom Teufel.
Wer stellt den Kosmos wieder her?
Hippasos, der die Ordnung störte,
Was sich ja schließlich nicht gehörte,
ward schnell in einen See versenkt
und von den anderen ertränkt.

Und schließlich: Aus einem unbekannten Schülermund stammt die folgende Strophe, die den Anfang des bekannten Gedichts von **Joseph von Eichendorff** parodiert.

In einem kühlen Grunde
Da geht ein Mühlenrad,
Wie groß ist dessen Umfang,
Wenn man den Radius hat?

Quellen

AKTUELL – Harenberg Lexikon der Gegenwart '98, Dortmund 1997.
BEUTELSPACHER, A.: „In Mathe war ich immer schlecht ...“, Braunschweig 1996.
BOTERMANNS J./VAN DELFT P./VAN DEN DOBBELSTEEN R.: Denkspiele mit Bleistift und Papier, München 1983.
DILKE, O. A. W.: Mathematik, Maße und Gewichte in der Antike, Stuttgart 1991.
EHLERS, A.: Liebes Hertz! Physiker und Mathematiker in Anektdoten, Basel 1994.
ELFERS, J.; SCHUYT, M.: Tangram, Köln 1997.
ENDRES, F. C./SCHIMMEL, A.: Das Mysterium der Zahl, Köln 1986[3].
GÜNDEL, B.: Pythagoras im Urlaub, Frankfurt/M. 1970[5].
HORNSCHUH, H.-D.: Mathe mit Köpfchen, München 1989[2].
Ders.: Mehr Mathe mit Köpfchen, München 1988.
DERS.: Noch mehr Mathe mit Köpfchen, München 1989.
KÖHLER, P. (Hrsg.): Das Anekdoten-Buch, Stuttgart 1997.
KRACKE, H.: Aus eins mach zehn und zehn ist keins, Hamburg 1972.
KRANZER, W.: So interessant ist Mathematik, Köln 1989.
LEHMANN, J.: So rechneten Ägypter und Babylonier, Leipzig 1994.
MEERSMANN, W. (Hrsg.): Mathematik-Lexikon, Frankfurt/M. 1994.
MERMET, G.: Die Europäer – Länder, Leute, Leidenschaften, München 1993.
MILLER, M.: Gelöste und ungelöste mathematische Probleme, Frankfurt/M. 1989.
MITTENZWEY, L./RÜGER, B.: Mathematische Kurzweil, Bad Heilbrunn 1955.
WILLE, F.: Humor in der Mathematik, Göttingen 1992[4].
ZWEISTEIN: 99 Logeleien von Zweistein, Hamburg 1968.

Lern- und Übungssoftware für den Mathematikunterricht aus dem Cornelsen Verlag

Programm	Inhalt	Schuljahr	System-voraus-setzungen	Bestell-nummer ISBN 3-464-...
Lern-vitamine	Mathe-Komplettrainer (mit Geometrie-Werkzeug; Werkzeug zum schriftlichen Rechnen)	je ein Paket für die Klassen-stufen 5 6 7 8	PC mit Pentium-Prozessor 200 Mhz; 32-MB-Arbeitsspeicher; Grafikauflösung 1024 × 768; Windows 95 oder höher	 ...90162-9 ...90163-7 ...90164-5 ...90132-7
Mathe Coach	Übungsprogramm zu allen Lehrplaninhalten der Sekundarstufe I (Bundesland und Schulform einstellbar; Lerninhalte entsprechen vollständig den verschiedenen Lehrplänen aller Bundesländer; mit Geometrie-Werkzeug und Werkzeug zum schriftlichen Rechnen)	je ein Paket für die Klassen-stufen 5 6 7 8 9 10	PC mit Pentium-Prozessor 200 Mhz; 64-MB-Arbeitsspeicher; 200 MB freier Festplatten-speicher; 4-fach-CD-ROM-Laufwerk; Windows 98 oder höher	 ...56155-0 ...56156-9 ...56157-7 ...56158-5 ...56159-3 ...56160-7
Mathlantis Mathematik (mit Geometriewerkzeug und Schrittrechner)	3 CD-ROMs zum Lernen und Üben zu den Themen: • Rechnen mit natürlichen Zahlen • Dreiecke, Vierecke, Kreis • Bruchrechnung • Prozent- und Zinsrechnung • geometrische Grundbegriffe	Klasse 5 bis 7	PC mit Pentium-Prozessor; 16-MB-Arbeitsspeicher; 8-Bit-Soundkarte; Windows 95 oder höher	...56401-0
Mathlantis Mathematik (mit Geometriewerkzeug und Schrittrechner)	3 CD-ROMs zum Lernen und Üben zu den Themen: • Terme mit Variablen • lineare Gleichungssysteme und Funktionen • quadratische Gleichungen und Funktionen • Potenzfunktionen und Quadratwurzel • Exponential- und Logarithmusfunktionen • geometrische Grundbegriffe	Klasse 8 bis 10	PC mit Pentium-Prozessor; 16-MB-Arbeitsspeicher; 8-Bit-Soundkarte; Windows 95 oder höher	...56402-9

Weitere Software für den Mathematikunterricht findet der Leser in Katalogen einschlägiger Verlage und Hersteller.

Stichwortverzeichnis

Personenregister